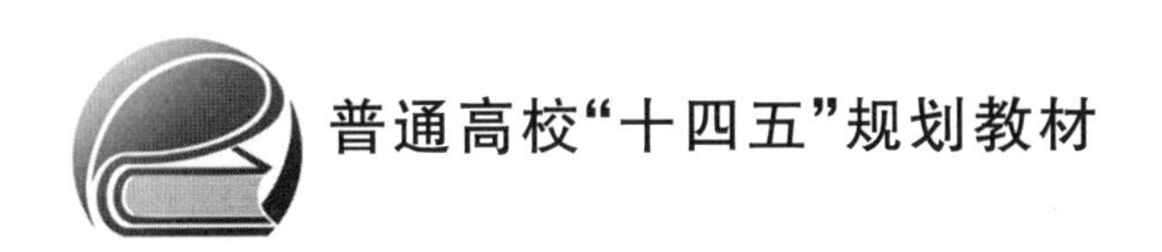

数字逻辑原理与 FPGA 设计

（第 3 版）

刘昌华　班鹏新　周　劲　编著

北京航空航天大学出版社

内 容 简 介

本书系统介绍了数字逻辑的基本原理与 FPGA 设计的实际应用，并通过大量设计实例详细介绍了基于 FPGA 技术的数字逻辑设计方法。本书分为 10 章，包括数字系统、数制与编码、逻辑代数基础、组合逻辑电路的分析与设计、时序逻辑电路的分析与设计、可编程逻辑器件、Verilog HDL 设计基础、FPGA 设计入门、数字逻辑基础实验、数字系统 FPGA 设计实践等，并安排习题近百道、实验题 10 个、综合性设计课题 10 个。

书中列举的设计实例均经 Quartus Ⅱ 13.1 工具编译通过，并在 DE2 - 115 开发板上通过了硬件测试。所提供电子资料中包含了部分习题解答、部分设计实例与实验题的 Verilog HDL 源程序，以及综合性设计实例与设计课题参考源程序。为便于教学，本书电子资料包括 35 段共计 680 分钟教学视频，并配有教学课件供任课老师选用，读者请发邮件至 goodtextbook@126.com 或致电 010 - 82339817 申请索取。

本书可作为普通高等院校计算机、电子、通信、自动控制等电子与电气类相关专业的本科教材，也可作为成人自学考试用书及电子设计工程师技术培训的指导教材，还可作为从事数字逻辑电路和系统设计的电子工程师的参考用书。

图书在版编目(CIP)数据

数字逻辑原理与 FPGA 设计/刘昌华，班鹏新，周劲编著. -- 3 版. -- 北京 ：北京航空航天大学出版社，2021.1

ISBN 978 - 7 - 5124 - 3403 - 5

Ⅰ. ①数… Ⅱ. ①刘… ②班… ③周… Ⅲ. ①数字逻辑－高等学校－教材②可编程序逻辑器件－系统设计－高等学校－教材 Ⅳ. ①TP302.2②TP332.1

中国版本图书馆 CIP 数据核字(2020)第 229702 号

数字逻辑原理与 FPGA 设计 (第 3 版)

刘昌华　班鹏新　周 劲　编著

策划编辑　冯 颖　　责任编辑　冯 颖

*

北京航空航天大学出版社出版发行

北京市海淀区学院路 37 号(邮编 100191)　http://www.buaapress.com.cn

发行部电话：(010)82317024　传真：(010)82328026

读者信箱：goodtextbook@126.com　邮购电话：(010)82316936

北京时代华都印刷有限公司印装　各地书店经销

*

开本：787×1 092　1/16　印张：19　字数：486 千字

2021 年 2 月第 3 版　2021 年 2 月第 1 次印刷　印数：2 000 册

ISBN 978 - 7 - 5124 - 3403 - 5　定价：56.00 元

第 3 版前言

2019 年我国电子信息产业销售收入总规模已突破 20 万亿元，行业收入占工业总体比重超过 20%。电子信息产业在工业经济中的支撑作用凸显，更加促进了信息化和工业化的高层次融合。物联网、云计算、大数据、嵌入式等新兴技术的不断发展，对电子产业信息人才的培养模式提出了新的挑战。

教育部于 2012 年颁布的《高等学校本科专业目录》将电子信息类专业进行了整合，为各高校建立系统化人才培养体系，培养理论基础扎实、专业技能宽、兼顾基础和系统的高层次信息类人才给出了指导思想。

基于以上指导思想，本次修订在第 2 版的基础上，对第 1～6 章的内容作了部分删减和更新，并修正了部分错误；将第 7 章的内容全部更新，将 VHDL 语言改为目前流行的 Verilog HDL 语言；在第 8 章中，针对新的实验开发系统 DE2－115，通过具体实例介绍了 FPGA 设计工具 Quartus Ⅱ 13.1 的基本使用方法和设计技巧；基于 DE2－115 系列平台，更新了第 9 章和第 10 章中有关 FPGA 设计的内容。为便于读者自学，在附录中给出了台湾友晶公司 DE2－115 开发板的 FPGA 引脚分配表。

《数字逻辑原理与 FPGA 设计(第 3 版)》是作者多年教学与科研经验的总结，是作者对“数字逻辑”课程体系、教学内容、教学方法和教学手段进行综合改革形成的教研成果。本书从传授知识和培养能力的目标出发，结合本课程教学的特点、难点和要点，按照“数字时代、数制与编码、逻辑代数基础、组合逻辑和时序逻辑的分析与设计、Verilog HDL 设计基础、可编程逻辑器件及其开发工具、数字逻辑基础实验、数字系统 FPGA 设计”的体系结构来编写。在内容上，将数字逻辑与 FPGA 设计有机结合在一起，方便读者快速进入现代数字逻辑设计领域。

本课程理论教学建议 48～56 学时，实验教学建议 16 学时，另外小学期可独立设计实验课，集中安排 32 学时的课程综合设计实践。具体如下：第 1 章 4 学时，第 2 章 6 学时，第 3 章 8 学时，第 4 章 8 学时，第 5 章 8 学时，第 6 章 2 学时，第 7～9 章共 12 学时，第 10 章 8 学时。

本书由刘昌华负责统稿，并编写第 1～6 章、第 8 章、第 9 章及附录；班鹏新编写第 7 章；周劲编写第 10 章。在本书编写过程中，作者参考了许多同行专家的专著和文章,Intel FPGA(Altera)大学计划武汉轻工大学 FPGA&SOPC 联合实验室、武汉轻工大学数学与计算机学院“数字逻辑”课程组及电气与电子工程学院“数字电路”课程组的全体老师均提出了许多宝贵意见,并给予了大力支持和鼓励,在此一并表示感谢。

书中错误和不足,敬请各位专家批评指正。

刘昌华
2020 年 12 月 15 日于武汉轻工大学

☞ 更多本书相关资料可通过湖北省课程共享中心网站 http://mooc1.chucoonline.com/course/216043183.html 获取。

☞ 为便于教学,本书电子资料包括 35 段共计 680 分钟视频讲解、“DE2-115 开发板引脚配置信息”文档,并配有教学课件供任课老师选用,请发送邮件至 goodtextbook@126.com 或致电 010-82339817 申请索取。

目 录

第1章

绪 论

1.1 数字时代

21 世纪是信息数字化的时代。从计算机到数字电话，从 CD、VCD、DVD、数字电视等家庭娱乐音像设备到 CT 等医疗设备，从军用雷达到太空站，数字电子技术在计算机、仪器仪表、通信、航空航天等民用、军用领域得到了广泛应用。信息处理数字化是数字技术渗透到人类生活各个领域的基础，是人类进入信息时代的标志。数字化编码的基础是采用“0”“1”两个数码的二进制。作为数字技术的基础，数字逻辑是计算机专业的主要技术基础课程。

1.1.1 模拟信号

模拟信号是指用连续变化的物理量所表达的信息。自然界中大多数物理量都是模拟量。系统中被监测、处理、控制的输入/输出经常是模拟量，如温度、湿度、压力、长度、电流、电压、速度等等。通常，模拟信号又称为连续信号，它在一定的时间范围内可以有无限多个不同的取值，在数学上以正弦波来表示。模拟信号幅度的取值是连续的(幅值可由无限个数值表示)。时间上离散的模拟信号是一种抽样信号，是对模拟信号每隔时间 t 抽样一次所得到的信号。虽然其波形在时间上不连续，但其幅度取值是连续的，因此仍是模拟信号，称为脉冲幅度调制(PAM，简称脉幅调制)信号。

模拟信号用电压、电流或与所反映的数量成比例的表头移动来表示其数值。例如：汽车的速度表指针的偏转与车速成比例，指针偏转角度反映了车速的高低；普通水银温度计，水银柱的高度与房间温度成比例，用水银柱的高度表示温度值。

1.1.2 数字信号

数字信号是指在两个稳定状态之间呈阶跃式变化的信号。与人们熟悉的自然界中许多在时间和数值上都连续变化的物理量不同，数字信号在时间和数值上是不连续的，其数值的变化总是发生在一系列离散时间的瞬间，数量的大小以及增减变化都是某一最小单位的整数倍。通常将这类物理量称为数字量，用于表示数字量的信号叫作数字信号。数字信号有电位型(见图 1.1(a))和脉冲型(见图 1.1(b))两种表示形式：电位型数字信号是用信号的电位高低表示数字“1”和“0”；脉冲型数字信号是用脉冲的有无表示数字“1”和“0”。图 1.1(a)和(b)均表示数字信号 100110111。

数字信号的最小度量单位叫作比特(bit)，有时也叫作位，即二进制的一位。在媒体中传输的信号是以比特的电子形式组成的数据。比特是一种存在的状态：开或关，真或伪，上或下，

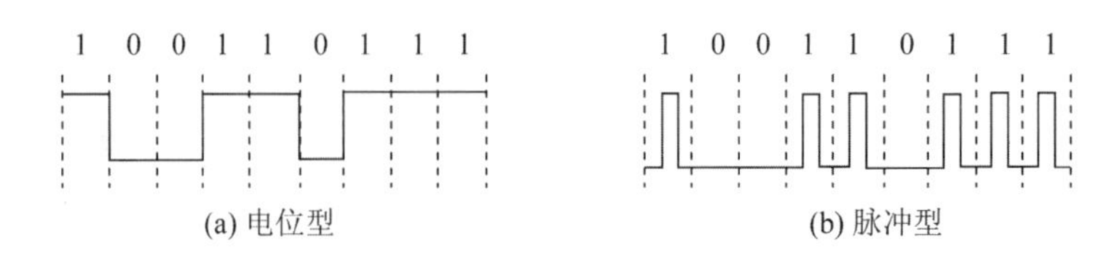

图 1.1　数字信号的两种表示形式

入或出,黑或白。bit 即“二进制数字”,也就是 0 和 1。“数字时代”准确的表述应该是“二进制数字时代”或“比特时代”。

数字信号在时间和数值上均是离散的,它只有两种可能的形式:开和关(1 和 0),在数学上以方波表示。早在 20 世纪 40 年代,香农证明了采样定理,即在一定条件下,用离散的序列可以完全代表一个连续函数。采样定理为数字化技术奠定了重要基础。

1.2　数字系统

数字系统是用来处理逻辑信息,对数字信号进行加工、传输和存储的电路实体。最常见的数字系统包括计算机、计算器、数字音像设备、数字电话系统等。通常,一个数字系统由若干个单元电路组成,各单元电路的功能相对独立而又相互配合,共同实现数字系统。构成数字系统的单元电路称为数字逻辑电路,它是“数字逻辑”的研究对象。

1.2.1　数字技术的优势

数字系统中处理的是数字信号。当数字系统要与模拟信号发生联系时,必须经过模/数(A/D)转换和数/模(D/A)转换电路对信号类型进行变换。数字技术是将模拟(连续)的过程(如:语音、地图、信息传输、发动机的运转过程等)按一定的规则进行离散取样,然后进行加工、处理、控制和管理的技术。与模拟技术相比,数字技术具有便于处理、控制精度高、通用灵活和抗环境干扰能力强等一系列优点。

数字技术的重要性主要体现在以下几方面:

- 数字技术是数字计算机的基础。若没有数字化技术,就没有当今的计算机,这是因为数字计算机的一切运算和功能都是用数字来完成的。
- 数字技术是多媒体技术的基础。多媒体技术是通过计算机对语言文字、数据、音频、视频等各种信息进行存储和管理,使用户能够通过多种感官与计算机进行实时信息交流的技术。数字、文字、图像、语音以及虚拟现实与可视世界的各种信息等,实际上根据采样定理都可以用 0 和 1 来表示,这样数字化以后的 0 和 1 就是各种信息最基本、最简单的表示。多媒体技术是利用计算机把文字材料、影像资料、音频及视频等媒体信息数字化为 0 和 1,并将其整合到交互式界面上,使计算机具有了交互展示不同媒体形态的能力。
- 数字技术是软件技术的基础,是智能技术的基础。软件中的系统软件、工具软件、应用软件等,以及信号处理技术中的数字滤波、编码、加密、解压缩等,都是基于数字化实现的。例如:图像的数据量很大,数字化后可以将数据压缩至 1/10 甚至几百分之一;图像受到干扰变模糊,可以用滤波技术使之变清晰。这些都是经过数字化处理后所得到的结果。

- 数字技术是信息社会的技术基础。数字化技术正在引发一场范围广泛的产品革命,各种家用电器设备、信息处理设备都在向数字化方向发展,如数字电视、数字广播、数字电影、DVD 等,甚至通信网络也在向着数字化方向发展。
- 数字技术是信息社会的技术基础。人们习惯上把信息社会的经济说成是数字经济,这足以证明数字化对社会的影响有多么深远。

自 20 世纪 90 年代开始,整个社会进入数字化、信息化、知识化的时代,数字技术与国民经济、社会生活的关系日益密切,计算机、计算机网络、通信、电视及音像传媒、自动控制、医疗、测量等无一不纳入数字技术并获得了较大的技术进步。

在人们的日常生活中,每天的生活用品已逐渐从模拟形式转变为数字形式。音频数字化产生了 CD 光盘,图像数字化产生了 DVD,还有数字电视、数字相机、数字化移动电话、数字化 X 片、核磁共振成像仪,以及医院使用的数字心电图仪、超声系统等现代医疗仪器等。这些仅是数字化革命所带来的一部分应用。伴随着现代电子技术的飞速发展,数字领域的增长将持续强劲:若家用汽车配备了车用计算机,它将把你的仪表盘变为无线通信、导航及信息中心;一旦相应的基础设施建成,电话和电视系统将进入数字化时代,电话机就如同训练有素的秘书,可以接收并分类信息、回复来电,而当用户观看了重要的电视内容时,所看的内容在几秒钟内即传回到用户的家中,并存储在电视机内存中,以供随时回放。

1.2.2 数字逻辑电路

数字逻辑的研究对象是数字逻辑电路。从功能上看,除了可以对信号进行算术运算外,数字逻辑电路还能够进行逻辑判断,即具有一定的“逻辑思维能力”。所谓逻辑,是指一定的规律性。数字逻辑电路就是按一定的规律控制和传送多种信号的电路,它实际上就是用电来控制的开关。当满足某些条件时,开关接通,信号就能通过;否则开关断开,信号不能通过。因此,逻辑电路又叫开关电路或门电路,它是构成数字逻辑电路的基本单元。

数字逻辑电路简称数字电路或逻辑电路,其基本任务是用电子电路的形式实现逻辑运算。在逻辑电路中,两个基本逻辑量以高电平与低电平的形式出现。例如,用高电平代表逻辑 1,用低电平代表逻辑 0。逻辑电路就是要根据用户的目的,运用逻辑运算法则对数字量进行运算。

数字逻辑电路具有如下特点:

- 被处理的量为逻辑量,且用高电平或低电平表示,不存在介于高、低电平之间的量。例如,规定高于 3.6 V 的电位一律认作高电平,记为逻辑 1;低于 1.4 V 的电位一律认作低电平,记为逻辑 0。一般的干扰很难如此大幅度地改变电平值,故其在工作中的抗干扰能力很强,数据不容易出错。
- 表示数据的基本逻辑量的位数可以很多。当进行数值运算时,可以达到很精确的程度;当进行信息处理时,可以表达非常多的信息。
- 随着电子技术的进步,逻辑电路的工作速度越来越快,通常完成一次基本逻辑运算花费的时间为纳秒(10^{-9} s)级。要完成一个数据的运算需要将其分解为大量的基本逻辑运算,而在电路中可以让大量的基本逻辑运算单元并行工作,因此数据处理的速度非常快。

➢ 基本逻辑量仅有 2 个,故基本逻辑运算类型也少,仅为 3 种。任何复杂的运算都是由这 3 种逻辑运算完成的。在逻辑电路中,实现 3 种运算的电路称为逻辑门。逻辑运算电路就是 3 种门的大量重复,因此,逻辑电路在制作工艺上要比模拟电路简单得多。

随着集成电路技术的发展,数字逻辑电路的集成度(每一个芯片所包含门的个数)越来越高。从早期的小规模集成电路(SSI)、中规模集成电路(MSI),到现在广泛应用的大规模集成电路(LSI)、超大规模集成电路(VLSI)和甚大规模集成电路(ULSI),使数字系统的功能越来越强,体积越来越小,成本越来越低。值得一提的是,目前广泛应用的大规模可编程逻辑门阵列(Programmable Logic Device,PLD)集成电路,可以让用户按自己需要的逻辑功能开发数字系统;所配备的开发工具功能极为强大,使复杂数字系统的开发周期大大缩短。第 8 章将详细介绍 PLD 的设计工具和设计方法。

1.2.3 数字系统的组成

数字系统可以认为是电路的一种层次结构。任何复杂的数字系统都是由最底层的基本电子元件开始逐步向上构建起来的。基本电路由单独的电子元件组成,可执行特定的功能。在研制更复杂的功能模块时,这些功能块被设计为构造块以设计更复杂的数字系统。级别越高,功能复杂度越高,如图 1.2 所示。门电路是加法器的组成部件,而加法器是 CPU 的组成部件,CPU 又是复杂数字系统(如计算机)的功能单元。

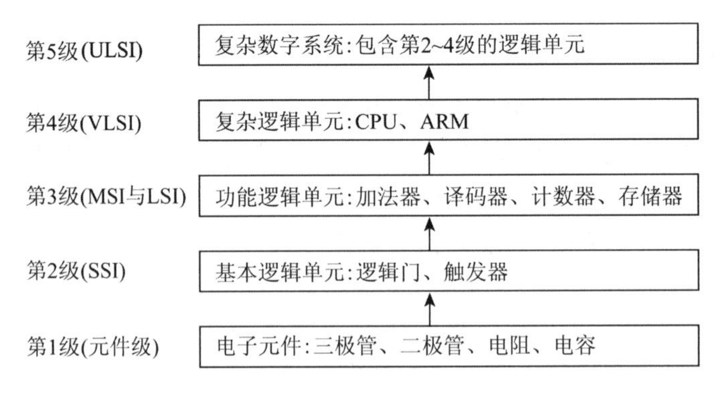

图 1.2 数字系统的电路层次结构

集成电路是构成数字系统的物质基础。数字系统设计时考虑的基本逻辑单元为逻辑门。读者在理解了基本逻辑门的工作原理之后,不必过于关心门电路内部电子线路的细节,而应更多地关注它们的外部特性与用途,以便实现更高级的逻辑功能。

1.2.4 典型的数字系统——计算机

计算机是一种能够自动、高速、精确地完成数值计算、数据加工、控制、管理等功能的数字系统。计算机由存储器、运算器、控制器、输入设备、输出设备以及适配器等主要部分组成。各部分通过总线连成一个整体即数字系统。

图 1.3 所示为计算机的基本结构。各单元均由逻辑电路组成,它们用来处理和修改二进制信息,即数据和指令;同时,也为保存二进制信息做好了准备,其信息存储是由存储器来实现的。一台计算机的操作包括一系列数据和指令从存储器转移到存储器,并同时完成对信息的修改和处理。

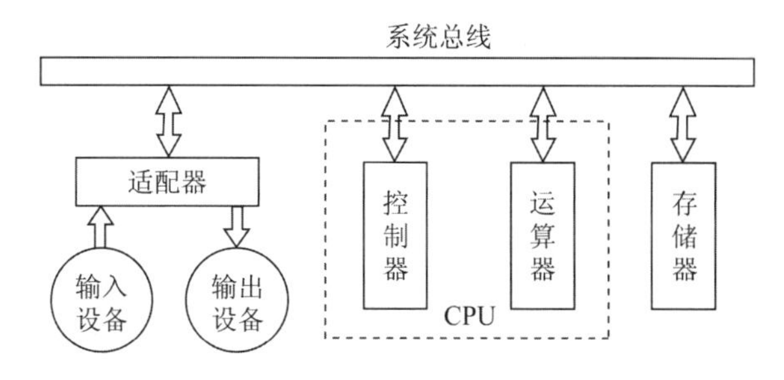

图 1.3 计算机的基本结构

大多数对数据的数学运算和逻辑运算操作在运算器(ALU)中完成。由图 1-3 可知,运算器和存储器间存在双向通信。运算器从存储器接收数据,对其执行操作,且将中间和最终结果送到存储器。存储器又分为若干子存储单元(亦称寄存器),每一个单元对应一个地址,每一个地址只存储一个数。指令也保存在存储器中,每条指令分别存放在一个地址中。每一条指令都由一个用来确定要执行操作类型的命令,以及指明操作中所用数值数据位置的一个或多个地址构成。在程序开始运行之前,各指令和数值数据就已经存放在存储器中了。

控制器从存储器中一次接收一条指令,并对其作出解释。在存储器中,程序指令是顺序存储的。利用位于控制器的程序计数器可指出下一条指令的地址,正确的指令传送到控制单元,被保存在指令寄存器中便于译码。通过译码,控制器使得不同的单元之间建立连接,以便每一条指令得以正确执行。当建立了正确连接时,根据特殊指令的要求,运算器即可具有相应的功能,如加法和乘法等。控制器也可与存储器建立连接,以便运算器获得与指令相对应的正确数据。输入/输出单元是计算机与外界的接口,在二者之间交换数据。输入单元从外界接收数据和指令,并将其传送到存储器中;输出单元接收数值结果,并将其传送给外界。

1.2.5 数字逻辑的内容及研究方法

数字逻辑的主要内容包括逻辑代数、逻辑电路及其分析与设计方法。

逻辑代数是数字逻辑的数学基础,是逻辑电路分析和设计的数学工具。其基本定义是为对逻辑量进行运算的规律、法则和方法。

逻辑电路是实现逻辑运算的物质基础,因此,必须研究逻辑电路的结构及其工作原理。逻辑电路的研究方法分为"逻辑电路分析"与"逻辑电路设计"两种:逻辑电路分析就是对于一个给定的逻辑电路,分析其工作原理,获得该电路所具有的逻辑功能;逻辑电路设计就是根据给定的功能要求,设计出逻辑电路。从信号加工、处理的角度来看,被处理的原始数据是电路的输入,处理后的结果数据是电路的输出。逻辑电路的分析与设计就是要研究输入与输出之间的逻辑关系,以及实现这种关系所采用的方法。逻辑设计也称为逻辑综合。

数字逻辑有一套严谨的理论与方法体系,并且与实际问题结合得非常紧密,在理论与方法的运用上表现出很强的灵活性。随着逻辑规模的日益增长,逻辑关系也日益复杂。面对这一形势,读者应特别注重基本理论和方法的准确、熟练掌握,在实践中提高灵活运用的能力,善于协调局部和整体之间的关系。

EDA(Electronics Design Automation,电子设计自动化)技术是进行逻辑电路分析与设计的强有力工具。掌握这一工具是对现代数字系统设计者的基本要求。虽然 EDA 技术把设计者从过去繁重的脑力劳动中解放出来,但是要想正确、合理地利用这一工具实现设计,仍然需要熟练掌握数字逻辑的基本理论和方法。

1.3 数制及其转换

数字技术中使用了多种数制,最常用的有十进制、二进制、八进制和十进制。数制是对数量计数的一种统计规律。在日常生活中,人们已习惯于使用十进制数,而在数字系统中,为便于使用电路实现对数据进行加工处理,并与逻辑运算相统一,多采用二进制,但二进制的缺点是不便于书写、识别。为了弥补二进制的不足,通常采用八进制和十六进制作为二进制的缩写。

1.3.1 数　制

任何一种数制都包括基数、进位规则及位权三项特征。基数是指数制中所采用的数字符号(又称为数码)个数,基数为 R 的数制称为 R 进制。R 进制中有 $0\sim(R-1)$共 R 个数字符号,进位规律是"逢 R 进一"。一个 R 进制数 N 有以下两种表示方法:

并列表示法(位置记数法)

$$(N)_R=(K_{n-1}\ K_{n-2}\cdots K_1\ K_0,K_{-1}\ K_{-2}\cdots K_{-m})_R$$

多项式表示法(按权展开式)

$$(N)_R=\sum_{i=-m}^{n-1}(K_i\times R^i)$$

式中:R——基数;

K_i——$0\sim(R-1)$中的一个数字符号;

n——正整数,表示数 N 的整数部分位数;

m——正整数,表示数 N 的小数部分位数;

Ri——数 N 第 i 位的位权。

可见,R 进制的特征有:基数为 R,从 0 到 $R-1$ 共有 R 个数字符号;进位规律是"逢 R 进 1";各位数字的位权为 R^i,$i=-m\sim(n-1)$。

4 种常用数制的特点如表 1.1 所列。

表 1.1　4 种常用数制的特点

数　制	数字符号	进位规则	表示形式	位　权
十进制(DEC)	0,1,2,3,4 5,6,7,8,9	逢 10 进 1, 借 1 当 10	$\sum_{i=-m}^{n-1}(K_i\times 10^i)$	10^i
二进制(BIN)	0,1	逢 2 进 1, 借 1 当 2	$\sum_{i=-m}^{n-1}(K_i\times 2^i)$	2^i
八进制(OCT)	0,1,2,3,4,5,6,7	逢 8 进 1, 借 1 当 8	$\sum_{i=-m}^{n-1}(K_i\times 8^i)$	8^i
十六进制(HEX)	0,1,2,3,4,5,6,7 8,9,A,B,C,D,E,F	逢 16 进 1, 借 1 当 16	$\sum_{i=-m}^{n-1}(K_i\times 16^i)$	16^i

在实际使用数制时，常将各种数制用简码来表示，如十进制数用字母 D 表示或省略(默认)；二进制用字母 B 表示；八进制用字母 O 表示；十六进制数用字母 H 表示。

例如：十进制数 168 表示为 168D 或者 168；二进制数 1001 表示为 1001B；八进制数 789 表示为 789O；十六进制数 3E8 表示为 3E8H。

1.3.2 数制转换

二进制数和十六进制数广泛用于数字系统的内部运算。由于我们通常习惯与十进制数打交道，因此在数字系统的输入端必须将十进制数转换为二进制数或十六进制数以便于传送、存储和处理，处理的结果又必须转换为十进制数以方便阅读和理解。

数制的转换可分为十进制数与非十进制数之间的相互转换以及非十进制数之间的相互转换两类。表 1.2 给出了 4 种常用进制数码之间的对应关系。

表 1.2 4 种常用进制数码之间的对应关系

十进制数	二进制数	八进制数	十六进制数	十进制数	二进制数	八进制数	十六进制数
0	0000	0	0	8	1000	10	8
1	0001	1	1	9	1001	11	9
2	0010	2	2	10	1010	12	A
3	0011	3	3	11	1011	13	B
4	0100	4	4	12	1100	14	C
5	0101	5	5	13	1101	15	D
6	0110	6	6	14	1110	16	E
7	0111	7	7	15	1111	17	F

1. 非十进制数转换成十进制数

由于任意一个数都可以按权展开为 $\sum_{i=-m}^{n-1}(K_i \times R^i)$，故将一个非十进制数转换为相应的十进制数并不难。具体步骤如下：将一个非十进制数按权展开成一个多项式，每项是该位的数码与相应的权之积，把多项式按十进制数的运算规则进行求和运算，所得结果即为该数的十进制数。

例 1-1 将二进制数 10101.011B 转换为十进制数。

解： 10101.011B $=1\times2^4+0\times2^3+1\times2^2+0\times2^1+1\times2^0+0\times2^{-1}+1\times2^{-2}+1\times2^{-3}$

$=16+0+4+0+1+0+0.25+0.125$

$=21.375$D

例 1-2 将十六进制数 5E.4BH 转换为十进制数。

解： 5E.4BH $=5\times16^1+14\times16^0+4\times16^{-1}+11\times16^{-2}$

$=80+14+0.25+0.04296875$

$=94.29296875$D

2. 十进制数转换成非十进制数

十进制数转换为非十进制数时，可将其整数部分和小数部分分别进行转换，最后将结果合并为待转换的目的数。下面以十进制数转换为二进制数为例进行说明。

(1) 整数部分的转换

任何十进制整数 S 均可表示为

$$(S)_{10}=k_n 2^n+k_{n-1}2^{n-1}+\cdots+k_1 2^1+k_0 2^0 \qquad (1-1)$$

式中,k_n,k_{n-1},…,k_1,k_0是二进制数各位的数码。要实现转换,只需得到 k_n,k_{n-1},…,k_1,k_0的值。为此,将等式两边除以 2 得到余数 k_0,将商再除以 2 得到 k_1……重复此过程,直到商为 0 即可,由以上所有的余数得到对应的二进制数。

例 1-3 将 173D 化为二进制数。

解:

除数	被除数		余数		
2	173	……	余1	……	k_0
2	86	……	余0	……	k_1
2	43	……	余1	……	k_2
2	21	……	余0	……	k_3
2	10	……	余1	……	k_4
2	5	……	余1	……	k_5
2	2	……	余0	……	k_6
2	1	……	余1	……	k_7
	0				

综上,173D=10101101B。

可见,十进制整数转换为非十进制整数采用的是除基取余法。所谓除基取余法,就是用欲转换数据的基数除以十进制数的整数部分,第一次除得的余数为目的数的最低位,用得到的商再除以该基数,所得余数为目的数的次低位……依此类推,重复上面的过程,直到商为 0 时,所得余数为目的数的最高位。

(2) 小数部分的转换

若$(S)_{10}$是一个十进制的小数,对应的二进制小数为$(0.k_{-1}k_{-2}\cdots k_{-m})_2$,则有

$$(S)_{10}=k_{-1}2^{-1}+k_{-2}2^{-2}+\cdots+k_{-m}2^{-m} \qquad (1-2)$$

将上式两边同时乘 2,得

$$2(S)_{10}=k_{-1}+k_{-2}2^{-1}+k_{-3}2^{-2}+\cdots+k_{-m}2^{-m+1} \qquad (1-3)$$

显然,式(1-3)所得乘积的整数部分为 k_{-1},依此类推,将每次十进制数乘以 2 所得积中的个位数去掉,再继续乘 2 运算,直到小数部分为 0 或满足精度要求为止,即完成将十进制小数转换为二进制小数。

例 1-4 将$(0.625)_{10}$化为二进制小数。

解: $0.625\times2=\boxed{1}.250$ …… $k_{-1}=1$ 最高位小数

$0.250\times2=\boxed{0}.500$ …… $k_{-2}=0$

$0.500\times2=\boxed{1}.000$ …… $k_{-3}=1$ 最低位小数

综上,0.625D=0.101B。

一般来说,十进制小数转换为非十进制小数采用的是乘基取整法。所谓乘基取整法,就是用该小数乘以目的数制的基数,第一次乘得结果的整数部分为目的数小数部分的最高位,其小

数部分再乘以基数，所得结果的整数部分为目的数小数部分的次高位……依此类推，重复上述过程，直到小数部分为 0 或达到所要求的精度为止。

这里需要说明两点：首先，乘基数 R 所得的非 0 整数不能参加连乘；其次，在十进制小数部分的转换中，有时连续乘 R 不一定能使小数部分等于 0，也就是说该十进制小数不能用有限位的 R 进制小数来表示，此时只要取足够多的位数，使转换误差达到所要求的精度就可以了。

3. 二进制数、十六进制数、八进制数之间的相互转换

由于 4 位二进制数共有 16 种组合，并且正好与十六进制的 16 种组合一致，故将每 4 位二进制数分为一组，使其对应 1 位十六进制数，便可非常容易地实现二进制数与十六进制之间的转换。转换规则如下：

- 二进制数转换为十六进制数时，只要将二进制数的整数部分自右向左每 4 位分为一组，最后不足 4 位的在左边用 0 补足 4 位；小数部分自左向右每 4 位分为一组，最后不足 4 位时在右边补 0。再把每 4 位二进制数对应的十六进制数写出来即可。
- 十六进制数转换为二进制数时，只要将每位十六进制数用对应的 4 位二进制数写出来就行了。

下面通过两个例子来说其转换过程。

例 1-5 将二进制数 1010110101.1100101B 转换为十六进制数。

解： 二进制数为　　0010　1011　0101.　1100　1010

　十六进制数为　　2　　B　　5.　　C　　A

综上，1010110101.1100101B=2B5.CAH。

例 1-6 将十六进制数 B2C.4AH 转换为二进制数。

解： 将每位十六进制数用 4 位二进制数表示，即

B　　2　　C.　　4　　A

1011　0010　1100.　0100　1010

综上，B2C.4AH =101100101100.01001010B。

同理可知，只要将 3 位二进制数分为一组，或者每个八进制数用相应的 3 位二进制数表示，即可实现二进制数与八进制数之间的相互转换。八进制数与十六进制数之间的相互转换只需用二进制数作为桥梁即可，即先将其转换为二进制数，再转换为目的数，这里不再赘述。

1.4 带符号二进制数的代码表示

算术运算经常会出现负数。前面讨论的数没有考虑符号问题，即默认是正数。一个实际的数包含数的符号和数的数值两部分，由于数的符号可用“正(+)”“负(-)”两个离散信息来表示，因此可用一个二进制位来表示数的符号。习惯上将一个 n 位二进制数的最高位(最左边的一位)作为符号位，符号位为 0 表示正数，为 1 表示负数，其余 $n-1$ 位表示数值的大小。直接用“+”或“-”来表示符号的二进制数称为带符号数的真值。显然，一个数的真值形式不能直接在计算机中使用。若将符号用前述方法数值化，则这个带符号的数就可以在计算机中使用了，也就是机器数。简单来说，机器数就是把符号数值化后能在计算机中使用的符号数。

二进制数真值与其对应的机器数表示法见表 1.3。

表 1.3 二进制数真值与其对应的机器数表示法

二进制数 $\|N\|=0.1101$	N 为正	N 为负数
真值表示	$N=+0.1101$	$N=-0.1101$
机器数表示	$N=0.1101$	$N=1.1101$

为了简化运算,在数字系统中,人们常将机器数分为原码、反码、补码三种表示形式。

1. 原码(Sign and Magnitude Fepresentation)

原码实际上就是一个机器数的“符号+数值”表示形式:用“0”作为正数的符号;用“1”作为负数的符号;数值部分保持不变。

例 1-7 $N_1=+10011$, $N_2=-01010$

$[N_1]_原=010011$, $[N_2]_原=101010$

原码的特点如下:

➢ 真值 0 有两种原码表示形式,即$[+0]_原=00\cdots0$,$[-0]_原=1\ 0\cdots0$;

➢ 表示范围:$-127\sim+127$(8 位二进制数)。

原码公式如下:

整数(含 1 个符号位):

$$[N]_原=\begin{cases}N & 0\leqslant N<2^{n-1}\\ 2^{n-1}-N & -2^{n-1}<N\leqslant 0\end{cases} \tag{1-4}$$

定点小数(含 1 个符号位):

$$[N]_原=\begin{cases}N & 0\leqslant N<1\\ 1-N & -1<N\leqslant 0\end{cases} \tag{1-5}$$

2. 反码(One's Complement)

对于正数,其反码表示与原码表示相同;对于负数,符号位为 1,其余各位是将原码数值按位求反。

例 1-8 $N_1=+10011$, $N_2=-01010$

$[N_1]_反=010011$, $[N_2]_反=110101$

反码的特点如下:

➢ 真值 0 也有两种反码表示形式,即$[+0]_反=00\cdots0$,$[-0]_反=11\cdots1$;

➢ 表示范围:$-127\sim+127$(8 位二进制数)。

反码公式如下:

整数(含 1 个符号位):

$$[N]_反=\begin{cases}N & 0\leqslant N<2^{n-1}\\ (2^n-1)+N & -2^{n-1}<N\leqslant 0\end{cases} \tag{1-6}$$

定点小数(含 1 个符号位):

$$[N]_反=\begin{cases}N & 0\leqslant N<1\\ (2-2^{-m})+N & -1<N\leqslant 0\end{cases} \tag{1-7}$$

用反码进行加减运算时，若运算结果的符号位产生了进位，则要将此进位加到中间结果的最低位才能得到最终的运算结果，并且±0 的反码表示也不是唯一的。因此，用反码进行运算并不方便。

3. 补码(Two's Complement)

对于正数，其补码表示与原码表示相同；对于负数，符号位为 1，其余各位是在反码数值的末位加“1”。

例 1-9 $N_1 = +10011$， $N_2 = -01010$

$[N_1]_{补} = 010011$， $[N_2]_{补} = 110110$

补码的特点如下：

- 真值 0 只有一种补码表示形式，即$(+0)_{补} = -(0)_{补} = 0.00\cdots0$；
- 表示范围：-127～+127(8 位二进制数)。

补码公式如下：

整数(含 1 位符号位)：

$$[N]_{补} = \begin{cases} N & 0 \leqslant N < 2^{n-1} \\ 2^n + N & -2^{n-1} \leqslant N < 0 \end{cases} \tag{1-8}$$

定点小数(含 1 位符号位)：

$$[N]_{补} = \begin{cases} N & 0 \leqslant N < 1 \\ 2 + N & -1 \leqslant N < 0 \end{cases} \tag{1-9}$$

补码的运算规则如下：

$$[N_1 + N_2]_{补} = [N_1]_{补} + [N_2]_{补}$$

$$[N_1 - N_2]_{补} = [N_1]_{补} + [-N_2]_{补}$$

采用补码进行加减运算时，符号位和数值位要一起参加运算，如符号位产生进位，则丢掉此进位。若运算结果的符号位为 0，说明是正数的补码；若运算结果的符号位为 1，说明是负数的补码。

例 1-10 若 $N_1 = -0.1100$，$N_2 = -0.0010$，求$[N_1 + N_2]_{补}$和$[N_1 - N_2]_{补}$。

解：(1) $[N_1 + N_2]_{补} = [N_1]_{补} + [N_2]_{补} = 1.0100 + 1.1110 = 11.0010$

由于运算结果的符号位产生了进位，要丢掉这个进位，因此

$$[N_1 + N_2]_{补} = 1.0010$$

运算结果的符号位为 1，说明运算结果是负数的补码，因此需要对运算结果再次求补才能得到原码。

$$[N_1 + N_2]_{原} = 1.1110$$

综上，运算结果的真值为

$$N_1 + N_2 = -0.1110$$

(2) $[N_1 - N_2]_{补} = [N_1]_{补} + [-N_2]_{补} = 1.0100 + 0.0010 = 1.0110$

运算结果的符号位为 1，说明运算结果是负数的补码，因此需要对运算结果再次求补才能得到原码。

$$[N_1 - N_2]_{原} = 1.1010$$

综上，运算结果的真值为

$$N_1 - N_2 = -0.1010$$

从前面的分析可以看出,用原码进行减法运算时,必须进行真正的减法,不能用加法来代替,所需的逻辑电路较复杂,运算时间较长;用反码进行减法运算时,若符号位产生了进位就要进行两次加法运算;用补码进行减法运算时,只需进行一次算术加法。因此,在计算机等数字系统中,几乎都用补码来进行加、减运算。

1.5 编 码

在数字系统中,任何数字和文本、声音、图形图像等信息都是用二进制的数字化代码来表示的。二进制数由“0”“1”两个数字符号组成。n 位二进制可有 2^n 种不同的组合,换言之,n 位二进制可表示 2^n 种不同的信息。指定某一数码组合去代表某个给定信息的过程称为编码,而这个数码组合则称为代码。代码是不同信息的代号,不一定有数的意义。数字系统中常用的编码有两类:二进制编码,另一类是二-十进制编码。

1.5.1 BCD 码

用 4 位二进制数表示 1 位十进制数的编码,称为 BCD(Binary - Coded - Decimal)码或二-十进制编码。4 位二进制数有 16 种组合值,究竟取哪 10 种值,这就形成了各种不同的编码。表 1.4 列出了几种常用的 BCD 码。

表 1.4 常用 BCD 码

十进制数	8421 码	2421 码(A)码	2421 码(B)码	5421 码	余 3 码	余 3 循环码
0	0000	0000	0000	0000	0011	0011
1	0001	0001	0001	0001	0100	0110
2	0010	0010	0010	0010	0101	0111
3	0011	0011	0011	0011	0110	0101
4	0100	0100	0100	0100	0111	0100
5	0101	0101	1011	1000	1000	1100
6	0110	0110	1100	1001	1001	1101
7	0111	0111	1101	1010	1010	1111
8	1000	1110	1110	1011	1011	1110
9	1001	1111	1111	1100	1100	1010

以上编码,除余 3 码和余 3 循环码为变权码外,其余都是恒权码。各位的权值与名称相同。例如:8421 码的位权分别为 8、4、2、1;2421 码分为 A 码和 B 码,编码方式有所不同,但位权均为 2、4、2、1。

8421 码是最常见的 BCD 码,其特点如下:

➢ 与 4 位二进制数的表示完全一样;

- 1010～1111 为冗余码；
- 8421 码与十进制的转换关系为直接转换关系；
- 运算时按逢 10 进 1 的原则，并且要进行调整，有进位或出现冗余码时，做加法时+6 调整，做减法时-6 调整。

余 3 码是十进制数加 3 对应的二进制数码，其特点如下：

- 便于十进制数加法运算，若两个十进制数相加之和为 10，则对应的两个余 3 码相加其和为十进制数的 16，因而自动产生进位位。
- 0 和 9，1 和 8、2 和 7、3 和 6、4 和 5 的余 3 码互为反码（按位求反），有利于求对 10 的补码而进行减法运算。
- 余 3 循环码是在格雷码的基础上加 3 的结果，因此具有格雷码的优点。

1.5.2 格雷码

格雷码（Gray Code）又称为循环码或反射码，其编码格式如表 1.5 所列。它的主要优点如下：

- 相邻两个编码只有 1 位不同，能避免译码逻辑电路的险象；
- 采用余 3 码计数的计数器，每次加 1 时只有一个触发器的状态发生变化，使干扰减弱。

表 1.5 格雷码编码表

十进制数	格雷码	十进制数	格雷码
0	0000	8	1100
1	0001	9	1101
2	0011	10	1111
3	0010	11	1110
4	0110	12	1010
5	0111	13	1011
6	0101	14	1001
7	0100	15	1000

设二进制码为 $B=B_{n-1}\cdots B_{i+1}B_i\cdots B_0$，对应的格雷码为 $G=G_{n-1}\cdots G_{i+1}G_i\cdots G_0$，典型二进制格雷码编码规则可表示为

$$G_{n-1}=B_{n-1};\qquad G_i=B_i\oplus B_{i+1} \tag{1-10}$$

反之，典型二进制格雷码也可转换成二进制数，其公式如下：

$$B_{n-1}=G_{n-1};\qquad B_i-B_{i+1}\oplus G_i \tag{1-11}$$

1.5.3 奇偶校验码

格雷码只能避免错误，而奇偶校验码则是一种能检查出二进制信息在传送过程中是否出现错误（单错）的代码，它由信息位和奇偶校验位两部分组成。信息位是要传送的信息本身；校验位是用来表示所给定的二进制数中“1”的个数是奇数还是偶数的二进制数。当信息位和校验位中“1” 的总个数为奇数时，称为奇校验；当信息位和校验位中“1”的总个数为偶数时，称为偶校验。

校验原理如下:①在发送端对 n 位信息编码后产生 1 位检验位,形成 $n+1$ 位信息发往接收端;②在接收端检测 $n+1$ 位信息中含“1”的个数是否与约定的奇偶性相符,若相符则判定为通信正确,否则判定为错误。例如:如果发送端正在发送 ASCII 数据,它将增加 1 位奇偶校验位给 7 位 ASCII 代码组。接收端检查从发送端接收到的数据,校验每一个代码组中“1”的个数(包含校验位)是否与所规定的奇偶校验类型一致,这通常称为检验数据的奇偶性;一旦检测到错误,接收端即给发送端发送信息要求重传上一组数据。

奇偶校验码的优点是编码简单,相应的编码电路和检测电路也简单,是一种实用的可靠性编码;缺点是发现错误后不能对错误定位,因而接收端不能纠正错误,并且只能发现单错(奇数位错误),不能发现双错(偶数位错误)。实际使用时,由于双错发生的概率远低于单错发生的概率,因此用奇偶校验码来检验代码在通信过程中是否发生错误是十分有效的。

1.5.4 ASCII 码

ASC II 码(American National Standard Code for Information Interchange)是美国国家信息交换标准代码的简称。它用 7 位二进制码表示英文字母、数字和专用的符号,常用于通信设备及计算机中的信息传输与存储。ASCII 码编码如表 1.6 所列。

表 1.6 ASCII 编码表

低 4 位 $b_3b_2b_1b_0$	高 3 位 $b_6b_5b_4$							
	000	001	010	011	100	101	110	111
0000	NUL	DLE	SP	0	@	P	\	p
0001	SOH	DC1	!	1	A	Q	a	q
0010	STX	DC2	”	2	B	R	b	r
0011	ETX	DC3	#	3	C	S	c	s
0100	EOT	DC4	$	4	D	T	d	t
0101	ENQ	NAK	%	5	E	U	e	u
0110	ACK	SYN	&	6	F	V	f	v
0111	BEL	ETB	’	7	G	W	g	w
1000	BS	CAN	(	8	H	X	h	x
1001	HT	EM	)	9	I	Y	I	y
1010	LF	SUB	*	:	J	Z	j	z
1011	VT	ESC	+	;	K	[	k	{
1100	FF	FS	,	<	L	\	l	!
1101	CR	GS	—	=	M	]	m	}
1110	SO	RS	·	>	N	↑	n	~
1111	SI	US	/	?	O	↓	o	DEL

表 1.6 中缩写单词的含义如下:

NUL 空、无效　　　　DC1 设备控制 1

SOH	标题开始	DC2	设备控制 2
STX	正文开始	DC3	设备控制 3
ETX	文本结束	DC4	设备控制 4
EOT	传输结束	NAK	否定
ENQ	询问	SYN	空转同步
ACK	承认	ETB	信息传输结束
BEL	声音报警	CAN	作废
BS	退一格	EM	纸尽
HT	横向列表	SUB	减
LF	换行	ESC	换码
VT	垂直制表	FS	文字分割符
FF	走纸开始	GS	组分隔符
CR	回车	RS	记录分隔符
SO	移位输出	US	单元分隔符
SI	移位输入	SP	空格
DLE	数据键换码	DEL	删除

1.6 习 题

1－1 举例说明模拟信号和数字信号的区别。

1－2 简要说明数字技术的优势。

1－3 简述数字计算机的组成。

1－4 多项选择题

(1) 以下代码中为无权码的是________。

A. 8421BCD 码　B. 5421BCD 码　C. 余 3 码　D. 格雷码

(2) 以下代码中为恒权码的为________。

A. 8421BCD 码　B. 5421BCD 码　C. 余 3 码　D. 格雷码

(3) 1 位十六进制数可以用________位二进制数来表示。

A. 1　B. 2　C. 4　D. 16

(4) 十进制数 25 用 8421BCD 码表示为________。

A. 10 101　B. 0010 0101　C. 100101　D. 10101

(5) 在一个 8 位的存储单元中，能够存储的最大无符号整数是________。

A. $(256)_{10}$　　B. $(127)_{10}$　　C. $(FF)_{16}$　　D. $(255)_{10}$

(6) 与十进制数 $(53.5)_{10}$ 等值的数或代码是________。

A. $(0101\ 0011.0101)_{8421BCD}$　　B. $(35.8)_{16}$　　C. $(110101.1)_2$　　D. $(65.4)_8$

(7) 常用的 BCD 码有________。

A. 奇偶校验码　　B. 格雷码　　C. 8421 码　　D. 余 3 码

1-5　判断题(正确的打√,错误的打×)

(1) 数字电路中用"1"和"0"分别表示两种状态,二者无大小之分。(　　)

(2) 八进制数 $(16)_8$ 比十进制数 $(16)_{10}$ 小。(　　)

(3) 当传送十进制数 5 时,在 8421 奇校验码的校验位上值应为 0。(　　)

(4) 在时间和幅度上都断续变化的信号是数字信号,语音信号是数字信号。(　　)

(5) 当 8421 奇校验码在传送十进制数 $(8)_{10}$ 时,在校验位上出现了 1 时,表明在传送过程中出现了错误。(　　)

1-6　填空题

(1) $(10110010.1011)_2=(\_\_\_\_\_\_)_8=(\_\_\_\_\_\_)_{16}$

(2) $(35.4)_8=(\_\_\_\_\_\_)_2=(\_\_\_\_\_\_)_{10}=(\_\_\_\_\_\_)_{16}=(\_\_\_\_\_\_)_{8421\,BCD}$

(3) $(39.75)_{10}=(\_\_\_\_\_\_)_2=(\_\_\_\_\_\_)_8=(\_\_\_\_\_\_)_{16}$

(4) $(5E.C)_{16}=(\_\_\_\_\_\_)_2=(\_\_\_\_\_\_)_8=(\_\_\_\_\_\_)_{10}=(\_\_\_\_\_\_)_{8421\,BCD}$

(5) $(0111\ 1000)_{8421\,BCD}=(\_\_\_\_\_\_)_2=(\_\_\_\_\_\_)_8=(\_\_\_\_\_\_)_{10}=(\_\_\_\_\_\_)_{16}$

第2章

逻辑代数基础

19世纪中叶，英国数学家乔治·布尔(George Boole)提出了布尔代数的概念。布尔代数是一种描述客观事物逻辑关系的数学方法，是从哲学领域的逻辑学发展来的。1938年，克劳德·香农(Claude E. Shannon)在继电器开关电路的设计中应用了布尔代数理论，提出了开关代数的概念。开关代数是布尔代数的特例。

随着电子技术特别是数字电子技术的发展，机械触点开关逐步被无触点电子开关所取代，现已较少使用"开关代数"这个术语，转而使用逻辑代数，以便与数字系统逻辑设计相适应。逻辑代数作为布尔代数的一种特例，研究数字电路输入、输出之间的因果关系，或者说研究输入和输出间的逻辑关系。因此，逻辑代数是布尔代数向数字系统领域延伸的结果，是数字系统分析和设计的数学理论工具。

2.1 逻辑代数的基本概念

2.1.1 逻辑变量及基本运算

逻辑代数是一个封闭的代数系统，由以下要件构成。

(1) 逻辑常量

与普通代数不同，逻辑代数中的常量仅有两个："1"和"0"。其含义为某命题为"真"或为"假"。如，信号的"有"或"无"、事件的"发生"或"未发生"等。通常，将命题为真记为1，命题为假记为0。

(2) 逻辑变量

逻辑变量值是可以变化的逻辑量。若一个逻辑命题在某些条件下的值为真，但在其他条件下的值为假，则该命题的值要用一个逻辑变量来表示。逻辑变量的取值只能是0或1。通常，逻辑变量用英文字母表示，如A、B、C、F等。

(3) 基本逻辑运算

逻辑运算指对逻辑量进行的操作。基本逻辑运算仅有3种："与"运算、"或"运算和"非"运算，分别用"·""+""—"表示。逻辑运算的结果仍为逻辑量，运算法则及其含义如表2.1所列。

表 2.1　3 种基本逻辑运算的法则及含义

运算名称	法　则	含　义
与	$0\cdot0=0$　$0\cdot1=0$ $1\cdot0=0$　$1\cdot1=1$	参加运算的量,只有两个同时为“1”时,则运算结果为“1”;否则运算结果为“0”
或	$0+0=0$　$0+1=1$ $1+0=1$　$1+1=1$	参加运算的量,只有两个同时为“0”时,运算结果才为“0”;否则运算结果为“1”
非	$\bar{0}=1$　$\bar{1}=0$	运算结果取相反的量

用逻辑变量表示的 3 种基本逻辑运算如下:

“与”运算:　$A\cdot B$

“或”运算:　$A+B$

“非”运算:　$\overline{A}$

由于逻辑变量的值可以变化,故运算结果由参与运算的逻辑变量的取值而定。例如,“与”运算 $A\cdot B$,当 $A=1,B=0$ 时,结果为 $1\cdot0=0$;当 $A=1,B=1$ 时,结果为 $1\cdot1=1$。

在日常生活中,这 3 种逻辑关系大量存在。例如,用两个开关并联去控制一盏电灯,由电路原理可知,只有两个开关同时断开,灯才能灭,灯的亮灭与两个开关之间的逻辑关系就是“或”的关系。

尽管构成逻辑代数系统的要件极为简单,它却能描述数字系统中任何复杂的逻辑电路。这是因为:首先,逻辑电路的信号要么为低电平,要么为高电平,可以表示成逻辑变量;其次,由于逻辑量只有两种值,故 3 种逻辑运算足以完备地描述其逻辑关系;最后,任何复杂的逻辑功能都是经过 3 种逻辑运算综合形成的。

2.1.2　逻辑表达式

逻辑表达式是由逻辑量(包括变量与常量)和基本逻辑运算符构成的式子。照此定义,前面提到的基本逻辑运算 $A\cdot B$、$A+B$、$\overline{A}$ 都是逻辑表达式,$A\cdot B+\overline{A}\cdot\overline{B}$ 也是逻辑表达式。为简便起见,当几个逻辑量进行“与”运算时,可以省略运算符号“·”,即 $A\cdot B+\overline{A}\cdot\overline{B}$ 可简记为

$$AB+\overline{A}\,\overline{B} \tag{2-1}$$

在逻辑表达式中,3 种逻辑运算的优先顺序如下:“非”→“与”→“或”。在遵守这一优先原则的基础上,按从左到右的次序进行计算。以式(2-1)为例,先求 A、B 的“与”运算,得中间结果 AB;再对 A、B 分别进行“非”运算后相“与”,得中间结果 $\overline{A}\,\overline{B}$;最后进行“或”运算。

在逻辑表达式中添加括号可以改变其运算的优先顺序。例如,将式(2-1)改为 $A(B+\overline{A}\,\overline{B})$,则应先计算括号中的式子 $B+\overline{A}\,\overline{B}$,显然其运算结果与式(2-1)的不同。

由于“非”运算的优先级最高,因此“非”运算符号下的表达式应优先计算。

2.1.3　逻辑代数的公理

逻辑代数的公理是从逻辑代数的基本运算法则出发,经推导得出的、具有普遍使用意义的逻辑运算规律。设 A、B、C 为逻辑变量,可推导出表 2.2 所列的逻辑代数的公理。建议读者

熟记这些公理,可使今后的演算更加快捷。

表 2.2 逻辑代数的公理

公理名称	基本式	对偶式
0-1律	$A+0=A$ $A\cdot 0=0$	$A+1=1$ $A\cdot 1=A$
重叠律	$A+A=A$	$A\cdot A=A$
互补律	$A+\overline{A}=1$	$A\cdot\overline{A}=0$
交换律	$A+B=B+A$	$A\cdot B=B\cdot A$
结合律	$(A+B)+C=A+(B+C)$	$(A\cdot B)\cdot C=A\cdot(B\cdot C)$
分配律	$A\cdot(B+C)=A\cdot B+A\cdot C$	$A+B\cdot C=(A+B)\cdot(A+C)$
对合律	$\overline{\overline{A}}=A$	
吸收律	$A+AB=A$	$A(A+B)=A$
消去律	$A+\overline{A}B=A+B$	$A(\overline{A}+B)=AB$
并项律	$AB+A\overline{B}=A$	$(A+B)(A+\overline{B})=A$
包含律	$AB+\overline{A}C+BC=AB+\overline{A}C$	$(A+B)(\overline{A}+C)(B+C)=(A+B)(\overline{A}+C)$

除对合律外,表 2.2 中的公理每两个为一组,且每组公理中都存在一个有趣现象:将其中一式中的“+”换成“·”,将“·”换成“+”,将 0 换成 1,将 1 换成 0,便得到与其相对应的另一式。这种现象称为两式互为“对偶”。对偶是逻辑问题中的普遍现象,在本章后续内容中将详细讨论。

表 2.2 中的公理不难用枚举和推理的方法加以证明。这里仅证明其中的一部分。在证明的过程中,总是假定所证公理之前的公理都已得证成立。

1. 重叠律

证明:

$$\left.\begin{array}{l}\text{当 } A=0 \text{ 时,}\quad A\cdot A=0\cdot 0=0\\ \text{当 } A=1 \text{ 时,}\quad A\cdot A=1\cdot 1=1\end{array}\right\}\quad \text{所以}\quad A\cdot A=A$$

2. 分配律

证明:

$$\begin{aligned}A+BC&=A(1+B+C)+BC && \text{0-1律}\\&=A+AB+AC+BC && \text{分配律}\\&=AA+AB+AC+BC && \text{重叠律}\\&=(AA+AC)+(AB+BC) && \text{结合律}\\&=A(A+C)+B(A+C) && \text{分配律}\\&=(A+B)(A+C) && \text{分配律}\end{aligned}$$

3. 吸收律

证明:

$$\begin{aligned}&A+AB\\=\;&A(1+B)\\=\;&A\end{aligned}$$

说明:在“与-或”表达式中,如果一个“与”项(A)是另一个“与”项(AB)的因子,则包含该因子的“与”项(AB)是多余的。

举例：

$$\begin{aligned} & AB+ABC\overline{D}E+BDA \\ =& AB+BDA \\ =& AB \end{aligned}$$

4. 消去律

证明：

$$\begin{aligned} A+\overline{A}B &= (A+\overline{A})(A+B) \\ &= 1\cdot(A+B) \\ &= A+B \end{aligned}$$

说明:在“与-或”表达式中,如果一个“与”项(A)的“非”是另一个“与”项($\overline{A}B$)的因子,则可在另一个“与”项($\overline{A}B$)中消去该“与”项的“非”($\overline{A}$)。

举例：

$$\begin{aligned} & \overline{XY}+XY(W+Z) \\ =& \overline{XY}+X\overline{\overline{Y}}(W+Z) \quad \text{对合律} \\ =& \overline{XY}+W+Z \end{aligned}$$

5. 并项律

证明：

$$\begin{aligned} & AB+A\overline{B} \\ =& A(B+\overline{B}) \\ =& A\cdot 1 \\ =& A \end{aligned}$$

说明:在“与-或”表达式中,若有一个变量(B),它在一个“与”项(AB)中为原变量(B),而在另一个“与”项($A\overline{B}$)中为反变量($\overline{B}$),且这两个“与”项的其余因子(($\overline{A}$))都相同,则此变量(B)是多余的。

举例：

$$\begin{aligned} & \overline{b}(\overline{a}+\overline{c})+b(\overline{a}+\overline{c}) \\ =& \overline{a}+\overline{c} \end{aligned}$$

6. 包含律

证明：

$$\begin{aligned} AB+\overline{A}C+BC &= AB+\overline{A}C+BC(A+\overline{A}) \\ &= AB+ABC+\overline{A}C+\overline{A}CB \\ &= AB+\overline{A}C \quad \text{吸收律} \end{aligned}$$

说明:在“与-或”表达式中,如果有两个“与”项,一个“与”项(AB)中包含原变量(A),另一个“与”项($\overline{A}C$)包含反变量($\overline{A}$),且这两个“与”项的其余因子(B、C)都是第三个“与”项(BC)的因子,则不包含变量(A)的乘积项(BC)是多余的。

举例：

$$\begin{aligned} & ABC+\overline{A}BD+BCD\overline{E} \\ =& ABC+\overline{A}BD+BCD+BCD\overline{E} \quad \text{包含律} \\ =& ABC+\overline{A}BD+BCD \quad \text{吸收律} \\ =& ABC+\overline{A}BD \quad \text{包含律} \end{aligned}$$

2.2 逻辑函数

2.2.1 逻辑函数的定义

与普通代数类似,逻辑代数中也有逻辑函数。

逻辑函数的定义如下:若逻辑变量 F 的值由逻辑变量 $A_1, A_2, \cdots, A_n$ 的值所决定,则称 F 为 $A_1, A_2, \cdots, A_n$ 的函数,记为 $F = f(A_1, A_2, \cdots, A_n)$,逻辑函数 F 的值也只能为 0 或 1。

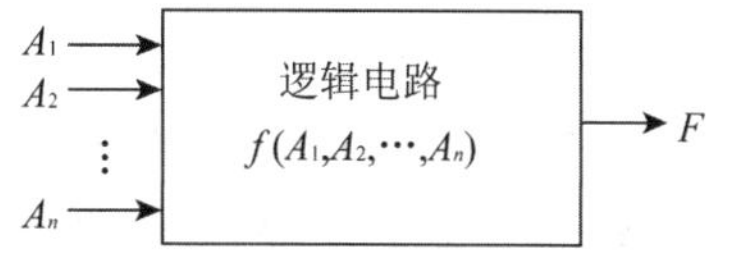

图 2.1 $F=f(A_1, A_2, \cdots, A_n)$ 电路框图

逻辑函数可以用逻辑电路来实现,如图 2.1 所示。图 2.1 中,$A_1, A_2, \cdots, A_n$ 称为电路的输入,F 称为电路的输出。$A_1, A_2, \cdots, A_n$ 是外部施加到电路的逻辑量,可以自由变化;而 F 的值则由输入和电路的结构来决定。

2.2.2 逻辑函数的表示法

逻辑函数的描述形式通常有 3 种:逻辑表达式、真值表和卡诺图。三者是等效的,已知其中一种形式便可求出另两种形式。三者各有特点,在分析和设计逻辑电路时往往同时使用。

1. 用逻辑表达式来表示

设 F 为逻辑变量,如果将 $AB+\overline{A}\ \overline{B}$ 的值作为 F 的值,则可用如下函数形式来表示:

$$F = f(A, B)$$
$$= AB + \overline{AB} \qquad (2-2)$$

逻辑函数是对一个实际的逻辑命题的抽象表达。以式(2-2)为例,如果将逻辑变量 A、B 作为两个人对某问题发表的意见,否定记为 0,肯定记为 1,则该逻辑函数所表达的逻辑命题为:两人意见不同时 F 值为 0,两人意见相同时 F 值为 1。读者可以将逻辑变量 A 和 B 的 4 种组合值 00、01、10、11 代入式(2-2),再按照逻辑运算法则,验证此逻辑关系。

2. 用真值表来表示

逻辑表达式是一种代数式子,优点是简洁,便于运用公理进行计算,缺点是不够直观。如果将逻辑变量的所有可能组合值及其对应的函数值制成表格的形式,则所表达的逻辑关系将一目了然。这种形式的表格称为真值表。

例如,式(2-2)所示的逻辑函数可以用表 2.3 所列的真值表表示。列表时,先将逻辑变量 A、B 的所有可能的组合值 00、01、10、11 按次序列于表格的左侧,再按式(2-2)逐一算出其所对应的函数值 F,列于表格右侧的相应位置。

由表 2.3 可以看出,在逻辑变量 A、B 的所有可能的组合值 00、01、10、11 中,当 $A=B$ 时 $F=1$,当 $A \neq B$ 时 $F=0$。

真值表的不足之处是:当逻辑变量较多时,表的规模将很大。一般来说,当逻辑函数的变量为 n 个时,真值表即由 2^n 行组成。可见,随着变量数目的增多,真值表的行数将急剧增加。

3. 用卡诺图来表示

为了更加直观地揭示在逻辑变量的各种组合值下其逻辑函数值之间的关系,还可以用卡诺图的方式表示逻辑函数。

将每种组合值用一个小方格来表示,n 个逻辑变量就有 2^n 个小方格。将这些小方格按一定的位置顺序排列,构成的图形就是卡诺图。例如,式(2-2)所示的逻辑函数对应的卡诺图如图 2.2 所示。4 个小方格分别表示 A、B 的组合值 00、01、10、11,方格中的值为其相应的函数值 F。为了直观地看出不同输入时的函数值之间的关系,对小方格的排列位置还会有特殊要求。鉴于卡诺图在分析和设计逻辑电路中的重要地位,这里仅给出一个粗略的框架,不深入详细介绍。下面举例说明逻辑函数的建立方法。

表 2.3 式(2-2)逻辑函数的真值表

A	B	F
0	0	1
0	1	0
1	0	0
1	1	1

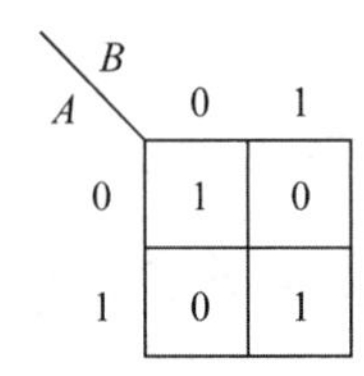

图 2.2 式 (2-2)逻辑函数的卡诺图

例 2-1 假设有 3 个输入变量 A、B、C,当其中两个或两个以上取值为 1 时,输出 F 为 1;其余输入情况输出 F 均为 0,试写出其相应的逻辑函数表达式。

解: 3 个输入变量有 $2^3=8$ 种不同组合,根据已知条件可得如表 2.4 所列真值表。

由真值表可知,使 $F=1$ 的输入变量组合有 4 种,所以 F 的"与-或"表达式如下:

$$F=\overline{A}BC+A\overline{B}C+AB\overline{C}+ABC$$

表 2.4 例 2-1 真值表

A	B	C	F
0	0	0	0
0	0	1	0
0	1	0	0
0	1	1	1
1	0	0	0
1	0	1	1
1	1	0	1
1	1	1	1

例 2-2 图 2.3 所示为加热水容器的示意图,图中 A、B、C 为水位传感器,当水面在 A、B 之间时为正常工作状态,绿色信号灯 F_1 亮;当水面在 A 之上或在 B、C 之间时为异常工作状态,黄色信号灯 F_2 亮;当水面降到 C 以下时为危险状态,红色信号灯 F_3 亮。试建立此逻辑命题的逻辑函数表达式。

解: 在本例中,水位传感器 A、B、C 应是输入逻辑变量,假定当水位降到某点或某点以下时,为逻辑 1,否则为逻辑 0;信号灯 F_1、F_2、F_3 为输出逻辑函数,假定灯亮为逻辑 1,灯不亮为逻辑 0。据此可得表 2.5 所列真值表。根据表 2.5 可得输出 F_1、F_2、F_3 的逻辑函数：$F_1=A\overline{B}\overline{C}$，$F_2=\overline{A}BC+AB\overline{C}$，$F_3=ABC$。

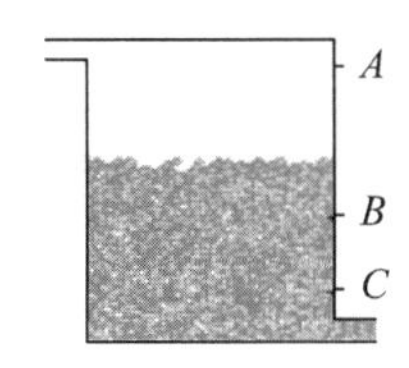

图 2.3　加热水容器的示意图

表 2.5　例 2-2 真值表

A	B	C	F_1	F_2	F_3
0	0	0	0	1	0
1	0	0	1	0	0
1	1	0	0	1	0
1	1	1	0	0	1

2.2.3　复合逻辑

由 2.1.1 小节可知，任何复杂的逻辑功能都可以用“与”“或”“非”3 种基本逻辑运算来实现。复合逻辑就是用 3 种基本逻辑运算组成的特殊逻辑运算。

1. “与非”逻辑

“与非”逻辑由“与”和“非”运算组成，两变量的“与非”逻辑函数表示如下：

$$F=\overline{AB}$$

其真值表如表 2.6 所列。逻辑功能如下：参加运算的两个逻辑变量若都为 1，则运算结果为 0，否则为 1。

虽然“与非”逻辑仅在“与”运算的基础上作“非”运算，但它却能表达任何逻辑功能，这是因为它能实现 3 种基本逻辑运算。具体说明如下：

- “非”运算：令 $B=1$，则有 $F=\overline{AB}=\overline{A\cdot 1}=\overline{A}$，即 $F=\overline{A}$。
- “与”运算：$F=\overline{(\overline{AB})\cdot(1)}=\overline{\overline{AB}}=AB$（重叠律），即 $F=AB$。
- “或”运算：$F=\overline{(\overline{A\cdot 1})\cdot(\overline{B\cdot 1})}=\overline{\overline{A}\cdot\overline{B}}$，用真值表可以验证，$\overline{\overline{A}\cdot\overline{B}}$ 和 $A+B$ 的值完全一致。

对于 n 个逻辑变量，“与非”逻辑的表达式如下：

$$F=\overline{A_1\cdot A_2\cdot\cdots\cdot A_n}$$

2. “或非”逻辑

二变量的“或非”逻辑函数表示如下：

$$F=\overline{A+B}$$

其真值表如表 2.7 所列。逻辑功能如下：参加运算的两个逻辑变变量若均为 0，则运算结果为 1，否则为 0。“或非”逻辑也能表达任何逻辑功能，请读者自行证明。

对于 n 个逻辑变量，“或非”逻辑的表达式如下：

$$F=\overline{A_1+A_2+\cdots+A_n}$$

3. “异或”逻辑

二变量的“异或”逻辑函数表示如下：

$$F=A\overline{B}+\overline{A}B$$

表 2.6 “与非”逻辑真值表

A	B	F
0	0	1
0	1	1
1	0	1
1	1	0

表 2.7 “或非”逻辑真值表

A	B	F
0	0	1
0	1	0
1	0	0
1	1	0

其真值表如表 2.8 所列。逻辑功能如下:参加运算的两个逻辑变量,若二者的取值不同,则 $F=1$,否则 $F=0$。

“异或”逻辑是一种常用的逻辑运算,通常记为

$$F=A\oplus B$$

式中,“$\oplus$”是“异或”逻辑运算符号。

可以证明,“异或”逻辑运算满足交换律和结合律,即

交换律: $F=A\oplus B=B\oplus A$

结合律: $=(A\oplus B)\oplus C$

$=A\oplus(B\oplus C)$

$=A\oplus B\oplus C$

4. “同或”逻辑

二变量的“同或”逻辑函数表示如下:

$$F=\overline{A}\,\overline{B}+AB$$

其真值表如表 2.9 所列。逻辑功能如下:参加运算的两个逻辑变量,若二者取值相同,则 $F=1$,否则 $F=0$。

表 2.8 “异或”逻辑真值表

A	B	F
0	0	0
0	1	1
1	0	1
1	1	0

表 2.9 “同或”逻辑真值表

A	B	F
0	0	1
0	1	0
1	0	0
1	1	1

“同或”逻辑通常记为

$$F=A\odot B$$

式中,“$\odot$”是“同或”逻辑运算符号。

与“异或”逻辑进行功能对比可以发现,“同或”逻辑是对“异或”逻辑进行“非”运算的结果,即

$$F=A\odot B=\overline{A\oplus B}$$

“同或”逻辑运算也满足交换律和结合律。三变量的“同或”逻辑函数可表示为

$$F=A\odot B\odot C$$

“同或”逻辑和“异或”逻辑互为对偶。

2.3 逻辑函数的标准形式

通过2.2节的学习可知，一个逻辑函数具有唯一的真值表，但它的逻辑表达式不是唯一的，如“与-或”表达式、“或-与”表达式、“与-或-非”表达式等，可以有繁简不同的多种形式。在逻辑问题研究中，为使描述某种逻辑关系的表达式具有唯一性，提出了两种标准形式，这就是逻辑函数的标准“与或”式和标准“或与”式。在介绍逻辑函数的标准形式之前，首先来了解一下最小项和最大项的概念。

2.3.1 最小项及最小项表达式

为了说明什么是最小项，下面先来看一个简单的例子。设有逻辑函数 $F=\overline{A}+B$，对其作如下变换：

$$\begin{aligned} F &= \overline{A}(B+\overline{B})+B(A+\overline{A}) && \text{0-1律} \\ &= \overline{A}B+\overline{A}\,\overline{B}+AB+\overline{A}B && \text{分配律} \\ &= \overline{A}\,\overline{B}+\overline{A}B+AB && \text{重叠律} \end{aligned}$$

以上推导过程的第二行和最后一行是由几个“与”项相“或”的形式，称为函数的“与-或”表达式。其中，最后一行表达式具有如下规则：

➢ 由3个“与”项相“或”组成，各“与”项互不相同；

➢ 各“与”项包含该函数的全部2个逻辑变量，或以原变量 A、B 出现，或以反变量 $\overline{A}$、$\overline{B}$ 出现。

不失一般性，设有 n 个逻辑变量，它们组成的“与”项(或称乘积项)中，所有变量或以原变量形式、或以反变量形式出现，且仅出现一次。这样的“与”项称为 n 个变量的最小项。显然，n 个逻辑变量共有 2^n 个最小项。

例如：2个变量 A、B 最多可构成4个最小项：

$$\overline{A}\,\overline{B},\quad \overline{A}B,\quad A\overline{B},\quad AB$$

3个变量 A、B、C 最多可构成8个最小项：

$$\overline{A}\,\overline{B}\,\overline{C},\quad \overline{A}\,\overline{B}C,\quad \overline{A}B\overline{C},\quad \overline{A}BC,\quad A\overline{B}\,\overline{C},\quad A\overline{B}C,\quad AB\overline{C},\quad ABC$$

为简便起见，用符号 m_i 表示最小项。其下标 i 的范围为 $0,1,\cdots,2^n-1$。每个 i 值对应一个最小项，其取值规则如下：先把各变量的排列顺序固定下来；接着对于某一最小项，将原变量记为1，反变量记为0，这样就得到一个二进制数；该二进制数对应的十进制数就是 i 值。例如：对于最小项 $AB\overline{C}$，$AB\overline{C}\rightarrow(110)_2\rightarrow 6$，即 $AB\overline{C}=m_6$，其中$(\cdots)_2$ 表示括号中的数为二进制数。

综上，3个变量构成的8个最小项可表示为

$$\overline{A}\,\overline{B}\,\overline{C}=m_0,\quad \overline{A}\,\overline{B}C=m_1,\quad \overline{A}B\overline{C}=m_2,\quad \overline{A}BC=m_3$$

$$A\overline{B}\,\overline{C}=m_4,\quad A\overline{B}C=m_5,\quad AB\overline{C}=m_6,\quad ABC=m_7$$

1. 最小项的性质

由最小项的定义和逻辑代数的公理不难证明：

性质1 对于任意一个最小项，在变量的各种组合值中，只有一组取值能使其为1。

例如，仅当$A=0$、$B=1$、$C=0$时，才能使m_2为1。

性质2 任意两个最小项m_i和$m_j(i\neq j)$相"与"，其结果必为0。

性质3 将n个变量的所有最小项相"或"，其结果必为1，即$m_0+m_1+\cdots+m_{2^n-1}=1$。借助普通代数的求和符号，该式可记为

$$\sum_{i=0}^{2^n-1} m_i = 1$$

为叙述方便，逻辑量相"与"也可以说成相"乘"，结果可以称为"积"；逻辑量相"或"也可以说成相"加"，结果可以称为"和"。但这里是逻辑运算意义上的乘、加、积、和，实际应用中应根据上下文，严格区分它们究竟是逻辑运算，还是普通代数运算。

2. 如何用最小项来表达逻辑函数

可以证明，任何逻辑函数总可以选择若干个不同的最小项相加而得到。当逻辑函数所描述的逻辑功能一定时，这个最小项表达式是唯一的。

例如，逻辑函数$F=\overline{A}+B$就是由3个最小项组成的：

$$\begin{aligned}F(A,B) &= \overline{A}\,\overline{B}+\overline{A}B+AB\\ &= m_0+m_1+m_3\\ &= \sum m(0,1,3)\end{aligned}$$

上式中的最后一行借用普通代数中的求和符号"$\sum$"表示多个最小项的累加运算，括号前的"m"表示最小项，括号内的十进制数表示参与累加运算的各个最小项m_i的下标值。此时，应在函数名称的括号中按照成最小项时变量的排列次序从左到右依次。

一般来说，具有n个逻辑变量的逻辑函数，可以用

$$F(A,B,\cdots)=\sum m(i_1,i_2,\cdots)$$

来表示，其中$i_1,i_2,\cdots$是构成函数所需的最小项m_i的下标值。这种最小项之和的标准形式称为逻辑函数的最小项表达式，也称为积之和范式。

3. 如何将非标准形式的逻辑函数转换为最小项表达式

下面通过一个例子来进行讲解。

例2-3 将函数$F(A,B,C)=\overline{A}B+\overline{B}\,\overline{C}+\overline{A}B\overline{C}$化为最小项表达式形式。

观察此函数右侧的表达式发现，前两个"与"项不是最小项的形式。第一项缺少变量C，第二项缺少变量A，故应在保持原函数的逻辑功能不变的前提下，将其补上：

$$\begin{aligned}F(A,B,C) &= \overline{A}B+\overline{B}\,\overline{C}+\overline{A}B\overline{C}\\ &= \overline{A}B(C+\overline{C})+\overline{B}\,\overline{C}(A+\overline{A})+\overline{A}B\overline{C} && \text{互补律}\\ &= \overline{A}BC+\overline{A}B\overline{C}+A\overline{B}\,\overline{C}+\overline{A}\,\overline{B}\,\overline{C}+\overline{A}B\overline{C} && \text{分配律}\\ &= m_3+m_2+m_4+m_0+m_2\\ &= m_3+m_2+m_4+m_0\\ &= \sum m(0,2,3,4) && \text{重叠律}\end{aligned}$$

由本例可看出，若逻辑函数为"与-或"表达式，则将表达式中的所有非最小项"与"项乘以所缺变量的"原""反"之和(如$X+\overline{X}$形式)，直至得到该逻辑函数的最小项表达式。

2.3.2 最大项及最大项表达式

通过 2.1.3 小节的学习可知，逻辑代数的公理具有对偶规律。相应地，逻辑表达式也有“或-与”的表达形式。下式即为“或-与”表达式(等号右侧括号中的项称为“或”项，也称为“和”项)：

$$F(A,B,C)=(\overline{A}+C)(\overline{B}+C)(A+B+\overline{C}) \tag{2-3}$$

相应地，逻辑函数也有最大项，其定义如下：

设有 n 个逻辑变量，它们组成的“或”项中，所有变量或以原变量或以反变量形式出现，且仅出现一次，则这样的“或”项称为 n 变量的最大项。

显然，n 个逻辑变量共有 2^n 个最大项。

例如，2 个变量 A、B 最多可构成 4 个最大项：

$$\overline{A}+\overline{B},\quad \overline{A}+B,\quad A+\overline{B},\quad A+B$$

3 个变量 A、B、C 最多可构成 8 个最大项：

$$\overline{A}+\overline{B}+\overline{C},\quad \overline{A}+\overline{B}+C,\quad \overline{A}+B+\overline{C},\quad \overline{A}+B+C,$$
$$A+\overline{B}+\overline{C},\quad A+\overline{B}+C,\quad A+B+\overline{C},\quad A+B+C,$$

一般用符号 M_i 表示最大项，但下标 i 的取值规则与最小项 m_i 恰好相反，即先把各变量的排列顺序固定下来；接着对于某一最大项，将原变量记为 0，反变量记为 1，这就得到一个二进制数；该二进制数对应的十进制数就是 i 值。例如：对于最大项 $A+B+\overline{C}$，$A+B+\overline{C}\rightarrow(001)_2\rightarrow 1$，即 $A+B+\overline{C}=M_1$。

综上，3 个变量构成的 8 个最大项可表示如下：

$$\overline{A}+\overline{B}+\overline{C}=M_7,\quad \overline{A}+\overline{B}+C=M_6,\quad \overline{A}+B+\overline{C}=M_5,\quad \overline{A}+B+C=M_4$$
$$A+\overline{B}+\overline{C}=M_3,\quad A+\overline{B}+C=M_2,\quad A+B+\overline{C}=M_1,\quad A+B+C=M_0$$

1. 最大项的性质

由最大项的定义和逻辑代数的公理不难证明：

性质 1 对于任意一个最大项，在变量的各种取值组合中，只有一组取值能使其为 0。例如，$A=0$、$B=1$、$C=0$ 时，只能使 M_2 为 0。

性质 2 任意两个最大项 M_i 和 $M_j(i\neq j)$ 之和必为 1。

性质 3 n 个变量的所有 2^n 个最大项之积必为 0，借用普通代数的求积符号“Π”来表示，即

$$\prod_{i=0}^{2^n-1} M_i=0$$

2. 如何用最大项来表达逻辑函数

可以证明，任何逻辑函数总可以选择若干个不同的最大项相乘而得到。当逻辑函数所描述的逻辑功能一定时，这个最大项表达式是唯一的。

例如，函数 $F=(\overline{A}+C)(\overline{B}+C)(\overline{A}+\overline{B}+C)$ 的最大项表达式如下：

$$\begin{aligned}F(A,B,C)&=(\overline{A}+C)(\overline{B}+C)(\overline{A}+\overline{B}+C)\\&=(\overline{A}+C+B\overline{B})(\overline{B}+C+A\overline{A})(\overline{A}+\overline{B}+C)\end{aligned}$$ 互补律，0-1 律

$= (\overline{A}+B+C)(\overline{A}+\overline{B}+C)(A+\overline{B}+C)(\overline{A}+\overline{B}+C)(\overline{A}+\overline{B}+C)$ 分配律

$= M_4 \cdot M_6 \cdot M_2 \cdot M_6 \cdot M_6$

$= M_4 \cdot M_6 \cdot M_2$ 重叠律

$= \prod M(2,4,6)$

上式中的最后一行,括号内的十进制数表示参与求积运算的各个最大项 M_i 的下标值。一般,具有 n 个变量的逻辑函数可以用

$$F(A,B,\cdots) = \prod M(i_1,i_2,\cdots)$$

来表示,其中 $i_1,i_2,\cdots$是构成函数所需的大项 M_i 的下标值。这种最大项之积的标准形式称为逻辑函数的最大项表达式,也称为和之积范式。

3. 如何将非标准形式的逻辑函数转换为最大项表达式

最大项表达式的推导过程表明,若逻辑函数为“或-与”表达式,将其转化成最大项表达式的方法如下:在每个“非”最大项中加上它所缺变量的“原”“反”之积(如 $X\overline{X}$ 形式),再运用分配律将其展开,直到全部“或”项均为最大项,即得已知函数的最大项表达式。

例 2-4 将函数 $F(A,B,C)=\overline{A}+BC$ 转换为最大项表达式的形式。

$F(A,B,C) = \overline{A} + BC$

$= (\overline{A}+B)(\overline{A}+C)$ 分配律

$= (\overline{A}+B+C\overline{C})(\overline{A}+C+B\overline{B})$ 0-1 律

$= (\overline{A}+B+C)(\overline{A}+B+\overline{C})(\overline{A}+B+C)(\overline{A}+\overline{B}+C)$ 分配律

$= M_4 \cdot M_5 \cdot M_4 \cdot M_6$

$= M_4 \cdot M_5 \cdot M_6$ 重叠律

$= \prod M(4,5,6)$

2.3.3 逻辑函数表达式的转换方法

1. 用真值表实现逻辑表达式的转换

下面仍以逻辑函数 $F(A,B,C)=\overline{A}+BC$ 为例,说明用真值表实现逻辑表达式的转换方法。列出 F 的真值表(见表 2.10),在表的右侧按行注明了 $F=1$ 时的最小项和 $F=0$ 时的最大项。

怎样由表 2.10 获得 $F=\overline{A}+BC$ 的最小项表达式呢?只要将 $F=1$ 时的最小项全部相“或”即可,即

$$F(A,B,C) = \overline{A}\,\overline{B}\,\overline{C} + \overline{A}\,\overline{B}C + \overline{A}B\overline{C} + \overline{A}BC + ABC$$

$$= \sum m(0,1,2,3,7) \qquad (2-4)$$

这是因为当 $F=0$ 时的所有最小项 m_4、m_5、m_6 均不含于式(2-4)中。由最小项的性质 1 可知,如果变量 A、B、C 的组合值使 m_4、m_5、m_6 之一为 1,则式(2-4)中的最小项必全部为 0,F 必为 0;反之,如果 A、B、C 的组合值可令式(2-4)中的某一最小项为 1,则 F 必为 1。

表 2.10　$F=\overline{A}+BC$ 的真值表

A	B	C	F	$F=1$ 时的最小项	$F=0$ 时的最大项
0	0	0	1	$\overline{A}\,\overline{B}\,\overline{C}=m_0$	
0	0	1	1	$\overline{A}\,\overline{B}C=m_1$	
0	1	0	1	$\overline{A}B\overline{C}=m_2$	
0	1	1	1	$\overline{A}BC=m_3$	
1	0	0	0		$\overline{A}+B+C=M_4$
1	0	1	0		$\overline{A}+B+\overline{C}=M_5$
1	1	0	0		$\overline{A}+\overline{B}+C=M_6$
1	1	1	1	$ABC=m_7$	

类似地，可以证明 $F=\overline{A}+BC$ 的最大项表达式如下：

$$F(A,B,C)=(\overline{A}+B+C)(\overline{A}+B+\overline{C})(\overline{A}+\overline{B}+C)$$
$$=\prod M(4,5,6)$$

一般来说，由真值表求逻辑函数的最小项表达式，可将表中 $F=1$ 时对应的全部最小项相加得到；由真值表求逻辑函数的最大项表达式，可将表中 $F=0$ 时对应的全部最大项相乘得到。这一结论适用于 n 个变量的任意逻辑函数。

例 2-5　用真值表求逻辑函数 $F=A\overline{B}+B\overline{C}+\overline{A}BC$ 的最小项表达式和最大项表达式。

解：列出 $F=A\overline{B}+B\overline{C}+\overline{A}BC$ 的真值表（见表 2.11），则 F 的最小项表达式为

$$F(A,B,C)=\sum m(2,3,4,5,6)$$

F 的最大项表达式为

$$F(A,B,C)=\prod M(0,1,7)$$

表 2.11　$F=AB+B\overline{C}+\overline{A}BC$ 的真值表

A	B	C	F	$F=1$ 时的最小项	$F=0$ 时的最大项
0	0	0	0		M_0
0	0	1	0		M_1
0	1	0	1	m_2	
0	1	1	1	m_3	
1	0	0	1	m_4	
1	0	1	1	m_5	
1	1	0	1	m_6	
1	1	1	0		M_7

由表 2.11 还可以看出，F 的值要么为 0，要么为 1，因此同一逻辑函数的最小项的下标与其最大项的下标互为补集。这一结论同样适用于 n 个变量的任意逻辑函数，即对于所有的 $i(i=0,1,\cdots,2^n)$，如果 i 是逻辑函数的最小项的下标，则必不是其最大项的下标；如果 i 不是

逻辑函数的最大项的下标,则必是其最小项的下标。

2. 用卡诺图实现逻辑表达式的转换

卡诺图是一种图解工具,用来化简逻辑方程式,或者把一个真值表以简单而有规律的方法转换为相应的逻辑电路。

(1) 卡诺图的构成

已知 n 个变量的逻辑函数有 2^n 个最小项,卡诺图中每一个小方格代表一个最小项,如何排列这些小方格?下面先给出排列原则:

在卡诺图中,任何两个上下或左右相邻的小方格对应的两个最小项中,有且仅有一个变量发生变化。例如,三变量的最小项 $A\overline{B}C$ 和 ABC,只有 B 发生变化,故应使这两个最小项对应的小方格相邻。

● 二变量逻辑函数的卡诺图

二变量逻辑函数的卡诺图框架如图 2.4 所示。

斜线下方的 A 及方格左侧的"0""1"表示 A 的值沿水平方向不变,沿垂直方向发生变化,即:第一行小方格对应的各个最小项中都含有 $\overline{A}$,故在此行的左边标以"0";第二行小方格对应的各个最小项中都含有 A,故在此行的左边标以"1"。

斜线上方的 B 及方格上方的"0""1"表示 B 的值沿垂直方向不变,沿水平方向发生变化,即:第一列小方格对应的各个最小项中都含有 $\overline{B}$,故在此列的上方标以"0";第二列小方格对应的各个最小项中都含有 B,故在此列的上方标以"1"。

若规定变量的排列顺序为 A、B,则各最小项与小方格的位置对应关系如图 2.4 所示。显然,这种排法满足排列原则。

● 三变量逻辑函数的卡诺图

三变量逻辑函数的卡诺图框架如图 2.5 所示。

该卡诺图有两行,每一行 A 不变,上下两行分别对应于 A 和 $\overline{A}$。

该卡诺图有四列,每一列 BC 不变。从左到右的各列中,BC 在对应的最小项中出现的形式分别为 $\overline{B}\ \overline{C}$、$\overline{B}C$、$BC$、$B\overline{C}$,故在各列的上方分别标以 00、01、11、10。**注意**:它们并不是按二进制值的大小递增排列的。

若规定变量的排列顺序为 A、B、C,则各最小项与小方格的位置对应关系如图 2.5 所示。**注意**:m_0 和 m_2、m_4 和 m_6 也是相邻格,因为它们满足排列原则。

● 四变量逻辑函数的卡诺图

四变量逻辑函数的卡诺图框架如图 2.6 所示。

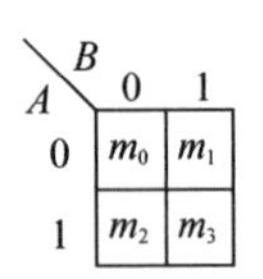

图 2.4 二变量卡诺图框架

A \ BC	00	01	11	10
0	m_0	m_1	m_3	m_2
1	m_4	m_5	m_7	m_6

图 2.5 三变量卡诺图框架

AB \ CD	00	01	11	10
00	m_0	m_1	m_3	m_2
01	m_4	m_5	m_7	m_6
11	m_{12}	m_{13}	m_{15}	m_{14}
10	m_8	m_9	m_{11}	m_{10}

图 2.6 四变量卡诺图框架

每一行 AB 不变,从上到下的各行中,AB 在对应的最小项中出现的形式分别为 $\overline{A}\,\overline{B}$、$\overline{A}B$、$AB$、$A\overline{B}$,故在各行的左侧分别标以 00、01、11、10。

每一列 CD 不变，从左到右的各列中，CD 在对应的最小项中出现的形式分别为 $\overline{C}\,\overline{D}$、$\overline{C}D$、$CD$、$C\overline{D}$，故在各列的上方分别标以 00、01、11、10。

若规定变量的排列顺序为 A、B、C、D，则各最小项与小方格的位置对应关系如图 2.6 所示。**注意**：最上一行和最下一行为相邻行，因此 m_0 和 m_8、m_1 和 m_9、m_3 和 m_{11}、m_2 和 m_{10} 分别为相邻格；最左一列和最右一列为相邻列，因此 m_0 和 m_2、m_4 和 m_6、m_{12} 和 m_{14}、m_8 和 m_{10} 分别为相邻格。

五个及以上变量的卡诺图比较复杂，使用不便，在实际中很少用到，这里不予介绍。

(2) 如何用卡诺图表达逻辑函数

卡诺图是如何表达逻辑函数的呢？已知 n 变量卡诺图共有 2^n 个小方格。如果每一小方格代表一种变量组合值，就可以计算出该方格对应的逻辑函数值，并填入该方格中。这与真值表的情况相类似，即卡诺图中列举了全部输入组合值时的函数值。下面举例说明。

例 2-6　作函数 $F=AB+BC+AC$ 的卡诺图。

解：F 是一个三变量逻辑函数，题目没有指明构成最小项的变量的排列次序，这里约定排列次序为 CBA，则对应的卡诺图框架如图 2.7(a)所示。

首先，要明确各小方格对应的变量组合值是什么。例如，左下角小方格，位于 $C=1$ 的行，$BA=10$ 的列，因此该小方格代表组合值 $CBA=110$。接下来要填入函数值。将各种变量组合值代入原函数，将算得的函数值"对号入座"，填入小方格中，如图 2.7(b)所示。

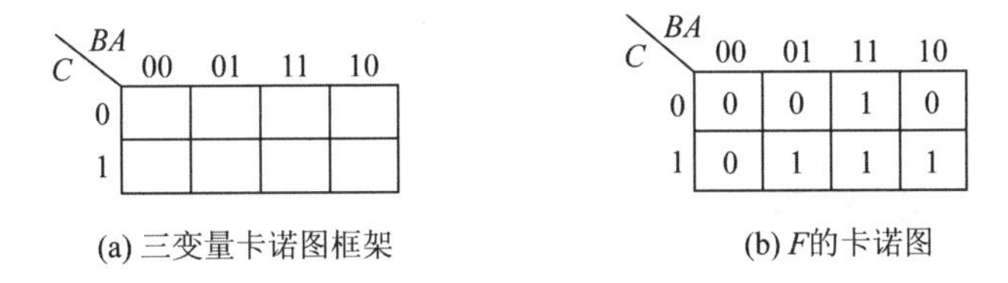

C \ BA	00	01	11	10
0				
1				

(a) 三变量卡诺图框架

C \ BA	00	01	11	10
0	0	0	1	0
1	0	1	1	1

(b) F的卡诺图

图 2.7　函数 $F=AB+BC+AC$ 的卡诺图

卡诺图的特点是突出函数值的分布情况，以便研究函数值的变化规律。尤其是各方格的排列规律，为揭示函数值与变量之间的内在联系创造了非常有利的条件。

(3) 利用卡诺图进行函数的转换

利用卡诺图进行函数的转换是卡诺图的应用之一。对于例 2-6 中的函数，由卡诺图很容易写出其最小项表达式和最大项表达式。

将函数值为 1 的小方格对应的最小项累加起来，得到其最小项表达式：

$$
\begin{aligned}
F(C,B,A) &= \sum m(3,5,6,7) \\
&= m_3+m_5+m_6+m_7 \\
&= \overline{C}BA+C\overline{B}A+CB\overline{A}+BCA
\end{aligned}
$$

将函数值为 0 的小方格对应的最大项累乘起来，得到其最大项表达式：

$$
\begin{aligned}
F(C,B,A) &= \prod M(0,1,2,4) \\
&= M_0M_1M_2M_4 \\
&= (C+B+A)(C+B+\overline{A})(C+\overline{B}+A)(\overline{C}+B+A)
\end{aligned}
$$

注意:写最大项时,有关方格对应的最小项变量应取反,并将最小项变量之间的“与”改为“或”。

例 2-7 已知逻辑表达式 $F=\overline{C}D+ABC$,画出卡诺图,并写出其最小项表达式。

解: 这是一个四变量逻辑函数,设变量的排列次序为 A、B、C、D。该函数仅有两个“与”项,在填入函数值时,建议采用逐项处理的方法。

首先,处理第一个“与”项。因缺少变量 A、B,故认为 A、B 的值任意,因此凡是 $CD=01$ 的方格都填入 1,结果如图 2.8(a)所示。

然后,处理第二个“与”项。能使 $ABC=1$ 的小方格有两个,填写结果如图 2.8(b)所示。

最后,将两个结果按“或”运算合成,如图 2.8(c)所示。

函数的最小项表达式为

$$F(A,B,C,D)=\sum m(1,5,9,13,14,15)$$

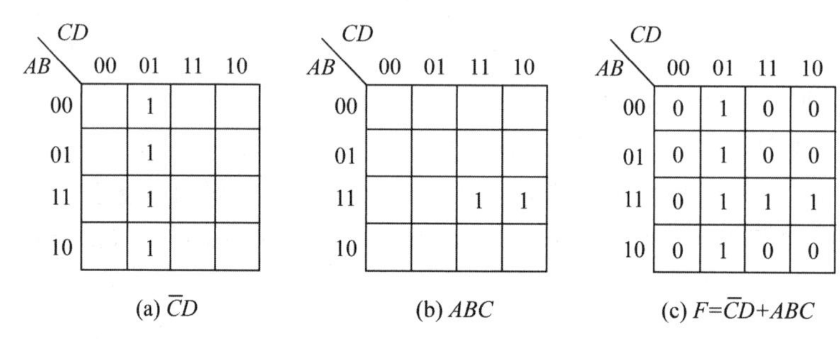

(a) $\overline{C}D$ (b) ABC (c) $F=\overline{C}D+ABC$

图 2.8 例 2-7 的卡诺图

2.3.4 逻辑函数的相等

逻辑函数也有相等的概念,定义如下:

设有两个逻辑函数 f、g,具有相同的逻辑变量 $A_1,A_2,\cdots,A_n$:

$$F=f(A_1,A_2,\cdots,A_n)$$

$$G=g(A_1,A_2,\cdots,A_n)$$

如果对应于 $A_1,A_2,\cdots,A_n$ 的任何一组变量取值,F 和 G 的值都相等,则称 F 和 G 相等,记为 $F=G$。

根据定义可知,判断两个逻辑函数是否相等,可以用代数法、真值表法、卡诺图法,其中真值表法比较直观。只要按相同的变量排列次序列出两个函数的真值表,逐行比较函数值即可作出判断。

例 2-8 已知下列两个逻辑函数

$$F(A,B,C)=\overline{A+B+C}$$

$$G(A,B,C)=\overline{A}\cdot\overline{B}\cdot\overline{C}$$

判断逻辑函数 F 和 G 是否相等。

解: 同时列出 F 和 G 的真值表,如表 2.12 所列。显然,它们的真值表完全相同,故判定 F 和 G 相等,即 $F(A,B,C)=G(A,B,C)$。

实际上,运用 2.4.1 小节中将要介绍的摩根定理,可以由上述两个函数中的一个直接推导出另一个。在方法的使用上要灵活掌握,不能一成不变。

表 2.12 $F=\overline{A+B+C}$ 和 $G=\overline{A}\cdot\overline{B}\cdot\overline{C}$ 的真值表

A	B	C	F	G
0	0	0	1	1
0	0	1	0	0
0	1	0	0	0
0	1	1	0	0
1	0	0	0	0
1	0	1	0	0
1	1	0	0	0
1	1	1	0	0

2.4 逻辑代数的重要定理

由逻辑代数的运算法则和公理基础可推导出一些重要定理。下面给出其中最重要的三条定理及其应用,定理的证明从略。

2.4.1 重要定理

1. 德·摩根定理

德·摩根(De Morgan)定理简称摩根定理,有如下两种形式:

$$\overline{X_1+X_2+\cdots+X_n}=\overline{X_1}\,\overline{X_2}\cdots\overline{X_n} \tag{2-5}$$

$$\overline{X_1X_2\cdots X_n}=\overline{X_1}+\overline{X_2}+\cdots+\overline{X_n} \tag{2-6}$$

其中 $X_i(i=1,2,\cdots,n)$均为逻辑变量。该定理表明,几个逻辑变量的“或-非”运算等于各逻辑变量的“非-与”运算;几个逻辑变量的“与-非”运算等于各逻辑变量的“非-或”运算。

摩根定理的正确性可以用真值表验证。例如,用真值表很容易验证以下等式成立:

$$\overline{A+B}=\overline{A}\,\overline{B},\qquad \overline{AB}=\overline{A}+\overline{B}$$

多变量下的摩根定理可以用归纳法加以证明,此处从略。

摩根定理在逻辑代数的演算中扮演很重要的角色,熟练运用这一定理,往往能收到事半功倍的效果。

2. 香农定理

香农(Shannon)定理:如果将一个函数表达式中的原变量换成反变量,反变量换成原变量;将“+”运算换成“·”运算,将“·”运算换成“+”运算;将常量“1”换成“0”,将“0”换成“1”,那么得到的新函数即为原来函数的反函数。

由于新函数的值与原来函数的值相反,故香农定理也称为反演定理。

例如,设 $F=1\cdot A+0+BC$,由香农定理得 $\overline{F}=(0+\overline{A})\cdot 1\cdot(\overline{B}+\overline{C})$。**注意**:操作时,要先将“与”项加上括号,再进行替换。

例 2-9 已知函数 $F=A\overline{B}+\overline{A}B$,求 F 的反函数。

解:由香农定理有

$$\overline{F}=(\overline{A}+B)(A+\overline{B})$$

由摩根定理也可以得到相同的结果,对原函数两边取反,则有

$$\overline{F}=\overline{A\overline{B}\ \overline{A}B}=(\overline{A}+\overline{\overline{B}})(\overline{\overline{A}}+\overline{B})=(\overline{A}+B)(A+\overline{B})$$

实际上,香农定理是摩根定理的推论。

例 2-10 已知逻辑函数 $F=A+\overline{B+C}$,求 F 的反函数。

解: 令 $X=\overline{B+C}$,则 $F=A+X$。由香农定理有

$$\overline{F}=\overline{A}\cdot\overline{X}=\overline{A}(\overline{\overline{B+C}})=\overline{A}(B+C)$$

此例说明,对于形如 $\overline{X+X}$、$\overline{X\cdot X}$ 的复合"非"运算,应将其视为一个整体,再应用香农定理。

3. 对偶定理

对偶是逻辑问题中的普遍现象,对偶的概念已在逻辑代数的公理中介绍过。

(1) 对偶定理定义

对偶定理:如果将一个函数 f 中的"+"运算换成"·"运算,"·"运算换成"+"运算;将常量"1"换成"0","0"换成"1",但变量保持不变,那么得到的新函数称为原来函数的对偶函数,记为 f'。

例如,设 $F=1\cdot A+0+BC$,则其对偶函数为 $F'=(0+A)\cdot 1\cdot(B+C)$。

关于函数的对偶,有如下两个推论:

➢ 原函数 f 与其对偶函数 f' 互为对偶函数,即 $(f')'=f$。

➢ 两个相等函数($f=g$)的对偶函数一定相等,即 $f'=g'$。

与反函数不同,对偶函数要求保持原来函数中的变量不变。因此,两个互相对偶的函数,其值一般不等,也不一定互为相反。对偶只是说明了两个函数在构成形式上的对应关系,有助于在逻辑推理中知其一进而知其二。

例 2-11 求下面每组函数的对偶函数:

(1) $F=\overline{A}B+\overline{C}D$　　　$F'=(\overline{A}+B)(\overline{C}+D)$

(2) $F=A+BCD$　　　$F'=A(B+C+D)$

(3) $F=BC(D+E)$　　　$F'=B+C+DE$

在使用对偶规则时,也要注意保持原函数式中运算符号的优先顺序不变,为避免出错,应正确使用括号,演算中要注意添加必要的括号。

(2) 自对偶函数

自对偶函数:若一个函数 f 的对偶函数 f' 等于原函数,则函数 f 称为自对偶函数。例如,函数 $F=A\overline{B}+A\overline{C}+\overline{CB}$ 是自对偶函数,证明如下:

$$\begin{aligned}
F'&=(A+\overline{B})(A+\overline{C})(\overline{C}+\overline{B})\\
&=(A+A\overline{C}+A\overline{B}+\overline{BC})(\overline{C}+\overline{B}) && \text{分配律,重叠律}\\
&=[A(1+\overline{C}+\overline{B})+\overline{BC}](\overline{C}+\overline{B}) && \text{分配律}\\
&=(A+\overline{BC})(\overline{C}+\overline{B}) && \text{0-1 律}\\
&=A\overline{C}+A\overline{B}+\overline{BC} && \text{分配律,重叠律}\\
&=F
\end{aligned}$$

2.4.2 重要定理与最小项、最大项的关系

最小项和最大项是构成标准逻辑函数的基本成分。为了研究逻辑函数的反函数、对偶函数，先研究对最小项和最大项进行取反、对偶操作的规律性。

以三个变量 A、B、C 为例，列出最小项和最大项及其取反、对偶操作之间的关系，结果如下：

$$
\begin{array}{lll}
m_0=\overline{A}\,\overline{B}\,\overline{C} & \overline{m}_0=A+B+C=M_0 & m'_0=\overline{A}+\overline{B}+\overline{C}=M_7 \\
m_1=\overline{A}\,\overline{B}C & \overline{m}_1=A+B+\overline{C}=M_1 & m'_1=\overline{A}+\overline{B}+C=M_6 \\
m_2=\overline{A}B\overline{C} & \overline{m}_2=A+\overline{B}+C=M_2 & m'_2=\overline{A}+B+\overline{C}=M_5 \\
m_3=\overline{A}BC & \overline{m}_3=A+\overline{B}+\overline{C}=M_3 & m'_3=\overline{A}+B+C=M_4 \\
m_4=A\overline{B}\,\overline{C} & \overline{m}_4=\overline{A}+B+C=M_4 & m'_4=A+\overline{B}+\overline{C}=M_3 \\
m_5=A\overline{B}C & \overline{m}_5=\overline{A}+B+\overline{C}=M_5 & m'_5=A+\overline{B}+C=M_2 \\
m_6=AB\overline{C} & \overline{m}_6=\overline{A}+\overline{B}+C=M_6 & m'_6=A+B+\overline{C}=M_1 \\
m_7=ABC & \overline{m}_7=\overline{A}+\overline{B}+\overline{C}=M_7 & m'_7=A+B+C=M_0
\end{array}
$$

不难看出

$$\overline{m}_i=M_i,\qquad \overline{M}_i=m_i \tag{2-7}$$

$$m'_i=M_{\overline{i}},\qquad M'_i=m_{\overline{i}} \tag{2-8}$$

其中，$\overline{i}$ 表示对二进制形式的 i 逐位取反得到的二进制数所对应的十进制数。

显然，这一结论在 n 个变量时也成立。这一关系可用于求任意函数 F 的反函数 $\overline{F}$ 和对偶函数 F'。

例 2-12 求逻辑函数

$$F=AB+BC+AC$$

的反函数 $\overline{F}$ 和对偶函数 F'。

解： 先求出 F 的最小项表达式：

$$
\begin{aligned}
F(A,B,C)&=AB(C+\overline{C})+(A+\overline{A})BC+AC(B+\overline{B}) \\
&=ABC+AB\overline{C}+ABC+\overline{A}BC+ABC+A\overline{B}C \\
&=m_7+m_6+m_3+m_5 \\
&=\sum m(3,5,6,7)
\end{aligned}
$$

由式(2-7)有

$$
\begin{aligned}
\overline{F}(A,B,C)&=\overline{m_3+m_5+m_6+m_7} \\
&=\overline{m}_3\cdot\overline{m}_5\cdot\overline{m}_6\cdot\overline{m}_7 \\
&=M_3\cdot M_5\cdot M_6\cdot M_7 \\
&=\prod M(3,5,6,7)
\end{aligned}
$$

由式(2-8)有

$$
\begin{aligned}
F'&=(m_3+m_5+m_6+m_7)' \\
&=m'_3\cdot m'_5\cdot m'_6\cdot m'_7 \\
&=M_4\cdot M_2\cdot M_1\cdot M_0 \\
&=\prod M(0,1,2,4)
\end{aligned}
$$

2.5 逻辑函数化简

如前所述,同一个逻辑函数可以用不同形式的表达式来表达。虽然逻辑函数的标准形式整齐、规范,但不一定是最简单的。在数字系统中,逻辑函数是用逻辑电路来实现的,表达式的复杂程度不同,电路的复杂程度也不同。为此,应该选择最简单的逻辑函数形式用于电路的实现,以利于降低成本,减少功耗。

什么样的逻辑函数才是最简单的呢?从表达式的结构来看,"与-或"表达式具有形如普通代数的多项式结构,比较直观、便于操作,并且由对偶关系很容易转化为"或-与"形式。最简逻辑函数一般用"与-或"表达式来判断。

若"与-或"表达式满足如下条件:

(1) 表达式中的"与"项个数最少;

(2) 每个乘积项中变量个数最少;

则称为最简"与-或"式。由最简"与-或"式实现的逻辑电路,使用的逻辑门数和逻辑门的输入端个数将最少。

逻辑函数的化简方法通常有代数化简法、卡诺图简法、列表化简法。这些方法各有特点,下面分别介绍。

2.5.1 代数化简法

代数化简法是运用逻辑代数的公理、定理和常用公式对逻辑函数进行化简的方法。在熟记公理、定理和常用公式的基础上,还要求运用灵活得当,通过练习积累经验,掌握技巧。下面通过举例介绍一些常用方法。下面的演算过程中,在即将操作的项下注以虚线,仅仅是为了观察方便而已,读者不要将其误认为是运算符号。

例 2-13 化简逻辑函数 $F=\overline{X}\overline{Y}+X\overline{Y}+\overline{X}Y$。

解:

$$\left.\begin{aligned} F &= \overline{X}\,\overline{Y} + X\overline{Y} + \overline{X}Y \\ &= \overline{X}(\overline{Y}+Y) + X\overline{Y} \end{aligned}\right\} \quad \text{分配律,结合律}$$

$$\left.\begin{aligned} &= \overline{X} + X\overline{Y} \\ &= \overline{X} + \overline{Y} \end{aligned}\right\} \quad 0-1\ \text{律,消去律}$$

本例灵活地运用了消去律 $A+\overline{A}B=A+B$。在化简过程中的第三行将 $\overline{X}$ 和 $\overline{Y}$ 分别当作消去律中的 A 和 B,得出结果。实际上,在运用公理、公式时,其中的变量都可以看作是一个表达式。

例 2-14 化简逻辑函数 $F=(A+\overline{B})(\overline{A}+C)(\overline{B}+C+D)$。

解:
$$F=(A+\overline{B})(\overline{A}+C)(\overline{B}+C+D) \tag{2-9}$$

反向运用包含律 $(A+B)(\overline{A}+C)(B+C)=(A+B)(\overline{A}+C)$,在式(2-9)中添加一项,得

$$F=(A+\overline{B})(\overline{A}+C)(\overline{B}+C)(\overline{B}+C+D) \tag{2-10}$$

对式(2-10)中虚线上方的项,运用吸收律 $A(A+B)$,得

$$F=(A+\overline{B})(\overline{A}+C)(\overline{B}+C) \tag{2-11}$$

对式(2-11)中虚线上方的项,运用包含律,得

$$F=(A+\bar{B})(\bar{A}+C) \tag{2-12}$$

本题运用“欲擒先纵”的技巧：先添加一项，使最后一项被消除；再去掉添加的项，达到化简的目的。

例 2-15 化简逻辑函数 $Y=AC+\bar{B}C+B\bar{D}+C\bar{D}+A(B+\bar{C})+\bar{A}BC\bar{D}+A\bar{B}DE$ 。

解：

$$Y=AC+\bar{B}C+B\bar{D}+\underset{\sim\sim}{C\bar{D}}+A(B+\bar{C})+\underset{\sim\sim\sim\sim}{\bar{A}BC\bar{D}}+A\bar{B}DE \tag{2-13}$$

对式(2-13)中虚线上方的项，运用消去律 $A+\bar{A}B=A+B$，得

$$Y=AC+\bar{B}C+B\bar{D}+C\bar{D}+A(\underset{\sim}{B}+\underset{\sim}{\bar{C}})+A\bar{B}DE \tag{2-14}$$

对式(2-14)中虚线上方的项，运用摩根定理，得

$$Y=AC+\underset{\sim\sim}{\bar{B}C}+B\bar{D}+C\bar{D}+A(\underset{\sim\sim}{\overline{\bar{B}C}})+A\bar{B}DE \tag{2-15}$$

对式(2-15)中虚线上方的项，运用消去律，得

$$Y=\underset{\sim}{AC}+\bar{B}C+B\bar{D}+C\bar{D}+\underset{\sim}{A}+\underset{\sim}{A}\bar{B}DE \tag{2-16}$$

对式(2-16)中虚线上方的项，运用吸收律，得

$$Y=A+\underset{\sim\sim}{\bar{B}C}+\underset{\sim\sim}{B\bar{D}}+\underset{\sim\sim}{C\bar{D}} \tag{2-17}$$

对式(2-17)中虚线上方的项，运用包含律 $AB+\bar{A}C+BC=AB+\bar{A}C$，得

$$Y=A+\bar{B}C+B\bar{D}$$

例 2-16 化简逻辑函数 $F(A,B,C)=\sum m(2,3,6,7)$。

解：

$$\begin{aligned}F&=\bar{A}B\bar{C}+\bar{A}BC+AB\bar{C}+ABC\\&=\bar{A}B(\bar{C}+C)+AB(C+\bar{C})\\&=\bar{A}B+AB\\&=(\bar{A}+A)B\\&=B\end{aligned}$$

例 2-17 化简逻辑函数 $F=(A+\bar{B})(\bar{A}+B)(B+C)(\bar{A}+C)$。

解：先求 F 的对偶式 F'，并化简：

$$\begin{aligned}F'&=A\bar{B}+\bar{A}B+BC+\bar{A}C\\&=A\bar{B}+\bar{A}B+(B+\bar{A})C\\&=A\bar{B}+\bar{A}B+\overline{A\bar{B}}C\end{aligned}$$

本例说明，如果对“或-与”形式的定理不熟悉，可先用对偶定理，将表达式转化为“与-或”形式，再化简。将化简结果求对偶，从而得到原函数的最简式。

代数化简法的优点是不受变量数目的约束，当对公理、定理和常用公式十分熟悉时，化简比较方便；其缺点是没有一定的规律和步骤，技巧性很强，而且在很多情况下难以判断化简结果是否最简。

2.5.2 卡诺图化简法

使用代数法化简逻辑函数，就是要便于发现构成函数的各个项之间的联系，以便运用适当的公式和定理进行处理。然而，这种联系有时是隐含的，发现它们需要敏锐的洞察力和丰富的联想力。获得这种能力须经过大量的实践并归纳、积累经验。

前面已述及,卡诺图揭示了在逻辑变量的各种组合值下,逻辑函数值之间的关系。它将逻辑上相邻的最小项,有机地安排成空间位置上的相邻,因而便于发现组成函数的各最小项之间隐含的联系。下面通过实例讨论运用卡诺图化简逻辑函数的方法。

1. 卡诺图化简的原理

(1) 2 个相邻最小项的合并

设逻辑函数为 $F=\overline{A}\overline{B}C+A\overline{B}C$,先用代数法化简,运用并项律,有

$$\begin{aligned} F &= \overline{A}\,\overline{B}C + A\overline{B}C \\ &= (\overline{A}+A)\overline{B}C \\ &= \overline{B}C \end{aligned} \qquad (2-18)$$

消去了变量 A。这里之所以能消去变量 A,是因为在 F 的两个最小项中,仅有 A 不同,因而能提取公共因式 $\overline{B}C$。

再看 F 的卡诺图,如图 2.9 所示。由于 F 的两个最小项仅有 A 不同,因此必对应相邻的小方格,见图 2.9 中 $F=1$ 的小方格。

由此可见,组成函数的 2 个最小项,若在卡诺图中对应相邻的小方格,则可将其中发生变化的那一个变量消去。为使操作更加直观,用一个圈将这两个为“1”的相邻小方格圈起来。这样的圈称为卡诺圈,一个卡诺圈对应一个“与”项。

图 2.9 所示的卡诺圈中,沿垂直方向变量 A 发生了变化,由于消去变量 A;变量 BC 保持 01 不变,因此该卡诺圈对应的“与”项为 $\overline{B}C$。

图 2.10 所示为函数 $F=A\overline{B}+AB\overline{C}+\overline{B}C$ 的卡诺图。由于 F 的最小项表达式为

$$F(A,B,C)=\sum m(1,4,5,6)$$

故图 2.10 中有 4 个为 1 的小方格。我们关心的正是为“1”的小方格,故为简明起见,为“0”的小方格可以不标出。**注意**:左下角和右下角的小方格也是相邻的,结果得到 2 个卡诺圈。其中卡诺圈 $A\overline{C}$,变量 B 因沿水平方向发生了变化,故应消去 B。于是,化简结果为

$$F=A\overline{C}+\overline{B}C$$

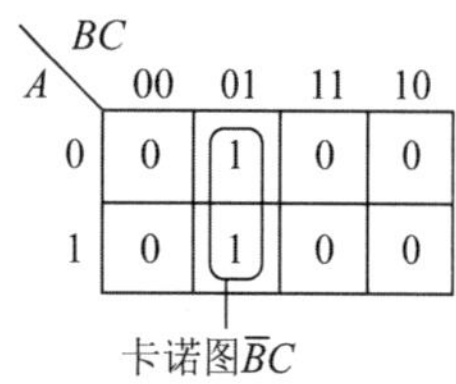

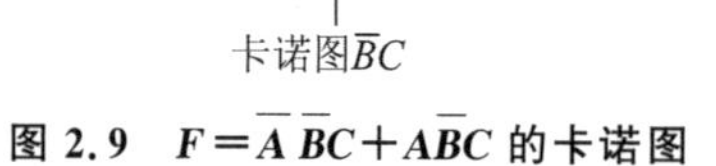
图 2.9 $F=\overline{A}\,\overline{B}C+A\overline{B}C$ 的卡诺图

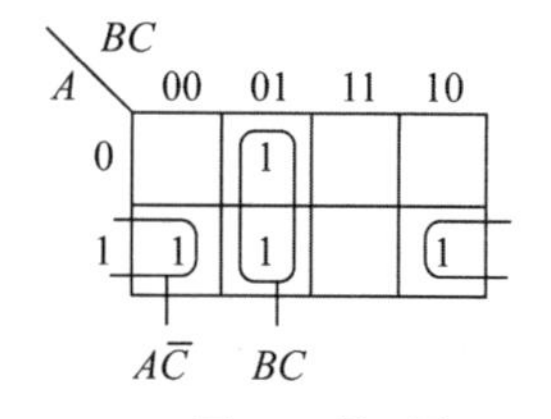

图 2.10 $F=A\overline{B}+AB\overline{C}+\overline{B}C$ 的卡诺图

图 2.11 所示为函数 $F(A,B,C,D)=\sum m(2,5,7,10,12,15)$ 的卡诺图。对 m_{12} 对应的小方格,由于无任何其他小方格与之相邻,故只能独自圈成卡诺圈;根据重叠律原理,图中重复利用了 m_7 对应的小方格,目的是使化简后得到的“与”项含有尽可能少的变量个数。**注意**:不能将中间的 3 个小方格圈成一个卡诺圈,因为它们不可能化简成一个“与”项。

由图 2.11 得到化简结果为

$$F(A,B,C,D)=AB\overline{C}\,\overline{D}+BCD+\overline{A}BD+\overline{B}C\overline{D} \qquad (2-19)$$

由于所有相邻的最小项都得到了处理，故式(2－19)为 F 的最简“与-或”表达式。

(2) 4 个相邻最小项的合并

现以函数 $F(A,B,C,D)=\sum m(8,9,12,13,15)$ 为例进行说明。图 2.12 所示为该函数的卡诺图，左下角的 4 个小方格是相邻格，并排列成矩形。这就告诉我们，这 4 个小方格对应的 4 个最小项可以合并。先考察用代数法对它们进行合并的结果：

$$
\begin{aligned}
m_8+m_9+m_{12}+m_{13} &= A\overline{B}\,\overline{C}\,\overline{D}+A\overline{B}\,\overline{C}D+AB\overline{C}\,\overline{D}+AB\overline{C}D \\
&= A\overline{C}(\overline{B}\,\overline{D}+\overline{B}D+B\overline{D}+BD) \\
&= A\overline{C} \qquad (2-20)
\end{aligned}
$$

式(2－20)第二行括号中的表达式的值为 1，正是这 4 个最小项相邻的结果。这是因为这 4 个小方格在垂直方向上变量 B 发生了变化，A 保持为 1；在水平方向上变量 D 发生了变化，C 保持为 0。因此，化简结果中消去了变量 B、D，保留了公共因式 $A\overline{C}$。将这 4 个小方格圈上卡诺圈，该卡诺圈代表“与”项 $A\overline{C}$。

对于剩下的最小项 m_{15}，它与 m_{13} 相邻。将 m_{15} 和 m_{13} 圈上卡诺圈，得“与”项 ABD。于是，最终化简结果为

$$F(A,B,C,D)=A\overline{C}+ABD$$

图 2.13 所示为函数 $F(A,B,C,D)=\sum m(0,2,4,5,6,7,8,10)$ 的卡诺图。4 个角上的小方格是相邻的，故得卡诺圈 $\overline{B}\ \overline{D}$。第二行的小方格全为 1，且 AB 保持 01 不变，C 和 D 均发生变化。因此，可消去变量 CD，保留变量 $\overline{A}B$，故得卡诺圈 $\overline{A}B$。于是，该函数的最简“与-或”表达式为

$$F=\overline{A}B+\overline{B}\,\overline{D}$$

由此可知，如果 4 个相邻最小项对应的方格排列成矩形，则可以合并为一个“与”项，并消去两个变量。合并后的结果中只包含最小项的公共因式。

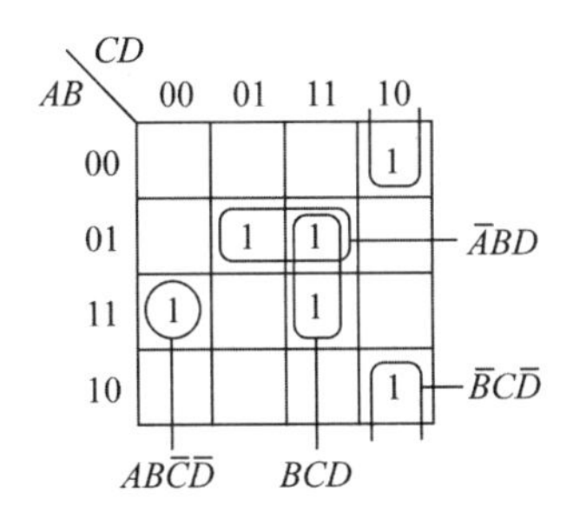

图 2.11 $F(A,B,C,D)=\sum m(2,5,7,10,12,15)$ 的卡诺图

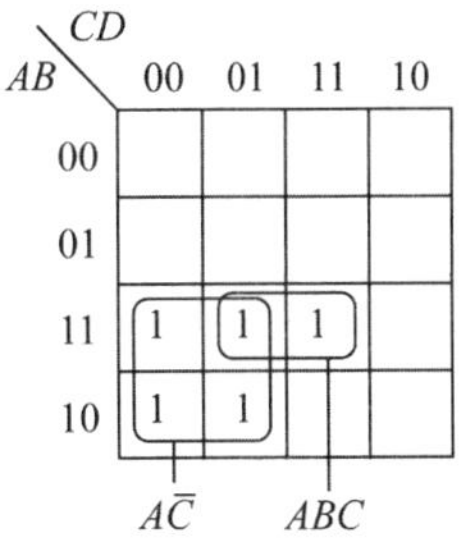

图 2.12 4 个相邻最小项的合并

(3) 8 个相邻最小项的合并

如果 8 个相邻最小项排列成一个矩形，则可以合并为 1 个“与”项，并消去 3 个变量。合并后的结果中只包含最小项的公共因子。

图 2.14 所示为函数 $F(A,B,C,D)=\sum m(0,1,2,3,8,9,10,11)$ 的卡诺图，其 8 个最小项合并为 1 个“与”项。由于在水平方向上 CD 都发生变化，垂直方向上 B 保持 0 不变，故合并结果为卡诺圈 $\overline{B}$，即 $F(A,B,C,D)=\overline{B}$。

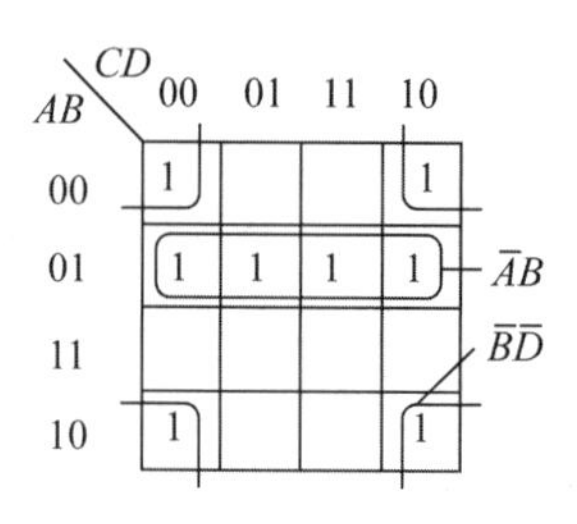

图 2.13　$F(A,B,C,D)=\sum m(0,2,4,5,6,7,8,10)$ 的卡诺图

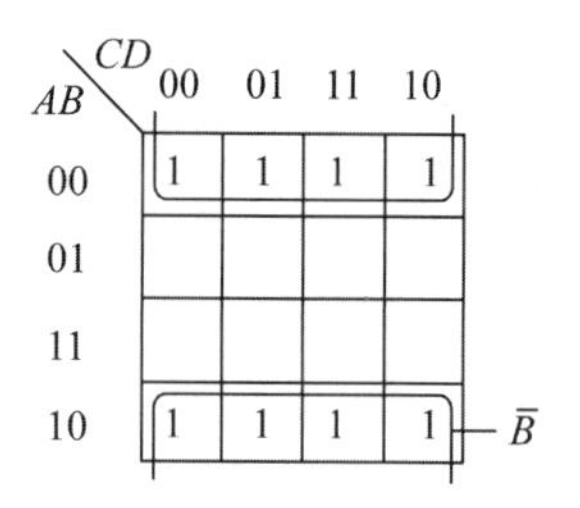

图 2.14　8 相邻最小项合并的卡诺图

以上讨论了 2 相邻、4 相邻、8 相邻最小项的合并。一般来说，如果有 2^n 个相邻最小项($n=0,1,2,3,4$)排列成一个矩形，则它们可以合并为 1 项，消去 n 个变量。合并后的结果仅包含这些最小项的公共因子。

卡诺图化简逻辑函数的一般步骤如下：

① 画出逻辑函数的卡诺图。

② 画卡诺圈。构成卡诺圈的小方格必须满足：对应的逻辑函数值全部为 1；总数为 2^n 个；拼成尽可能大的矩形。

③ 按②的要求圈出全部可能的卡诺圈，即直到为 1 的所有小方格圈完为止。小方格可以重复利用，但每一卡诺圈中至少应含有一个未被其他卡诺圈使用的小方格。

④ 逐一写出每个卡诺圈表示的"与"项。该"与"项由这样的变量乘积组成：沿垂直方向保持不变的斜线下方的变量；沿水平方向保持不变的斜线上方的变量；保持为 0 的采用反变量形式，保持为 1 的采用原变量形式。

⑤ 将各卡诺圈表示的"与"项累加起来，得到化简结果。

2. 卡诺图化简举例

例 2-18　用卡诺图将函数 $F=\overline{AB}+\overline{B}C+AC+\overline{AC}$ 化简为最简"与-或"式。

解：首先画出 F 的卡诺图，如图 2.15(a)所示。由于题目是要求 F 的最简"与-或"式，因此图中仅标出了 $F=1$ 的值。

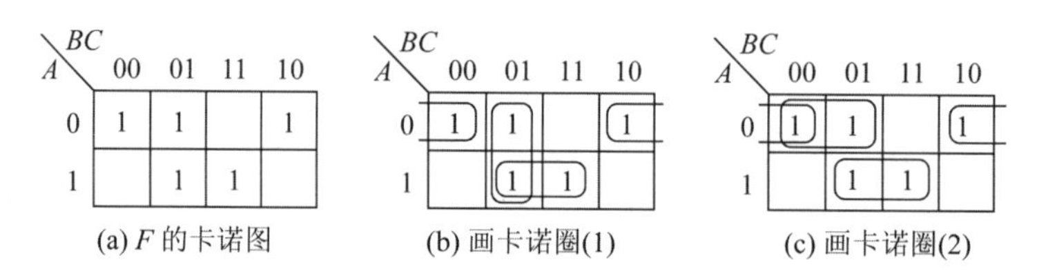

图 2.15　$F=\overline{A}\,\overline{B}+\overline{B}C+AC+\overline{A}\,\overline{C}$ 的卡诺图化简

然后，画卡诺圈。图 2.15(b)和(c)都满足画卡诺圈的要求，化简结果都是 F 的最简"与-或"式。由图 2.15(b)可得

$$F=\overline{A}\,\overline{C}+\overline{B}C+AC$$

由图 2.15(c)可得

$$F=\overline{A}\,\overline{B}+AC+\overline{A}\,\overline{C}$$

此例说明，逻辑函数的最简"与-或"表达式可能不是唯一的。

例 2-19　用卡诺图化简法将下式化简为最简"与-或"表达式：

$$F(A,B,C,D)=\sum m(0,5,7,9,10,12,13,14,15)$$

解：首先画 F 的卡诺图，如图 2.16(a)所示。然后画卡诺圈，如图 2.16(b)所示。

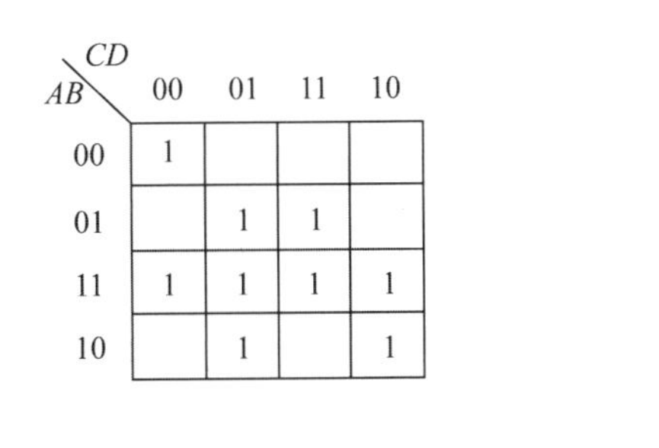

(a) F的卡诺图

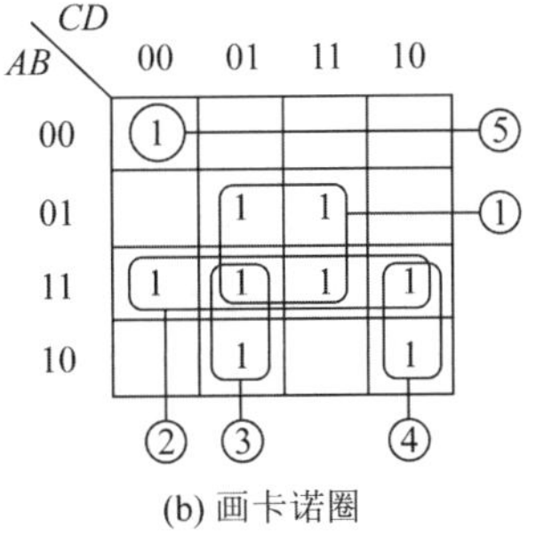

(b) 画卡诺圈

图 2.16 $F(A,B,C,D)=\sum m(0,5,7,9,10,12,13,14,15)$ **的卡诺图化简**

按从小到大的次序，首先画出卡诺圈①。为使卡诺圈②尽可能大，可以利用卡诺圈①中已使用过的两个小方格。其次，画出卡诺圈③和④，它们也重复利用了卡诺圈①和②中的小方格。最后，画出卡诺圈⑤，因为没有其他小方格与之相邻，它只含有一个小方格。至此，所有为 1 的小方格全部圈毕，每一卡诺圈中至少有一个未被其他卡诺圈包围的小方格。

写出每个卡诺圈表示的"与"项：①BD；②AB；③$A\overline{C}D$；④$AC\overline{D}$；⑤$\overline{ABCD}$。于是，得到如下最终结果：

$$F=BD+AB+A\overline{C}D+AC\overline{D}+\overline{A}\,\overline{B}\,\overline{C}\,\overline{D}$$

例 2-20 用卡诺图化简法求函数 F 的最简"与-或"表达式：

$$F=\overline{A}\,\overline{D}+\overline{A}CD+\overline{C}D+A\overline{C}\,\overline{D}+AC\overline{D}$$

解：首先作 F 的卡诺图，如图 2.17(a)所示。图 2.17(a)中为 1 的小方格较多，要用 3 个卡诺圈才能圈完。如果用卡诺圈去圈为 0 的小方格，则只要 1 个卡诺圈就能圈完，如图 2.17(b)所示。对于图 2.17(b)，若仍然像对待为 1 的小方格那样去化简，则得到的结果为 F 的反函数 $\overline{F}$：

$$\overline{F}=ACD \tag{2-21}$$

再根据香农定理，将式(2-21)变换为

$$F=\overline{A}+\overline{C}+\overline{D}$$

这就是所求的最简"与-或"表达式。

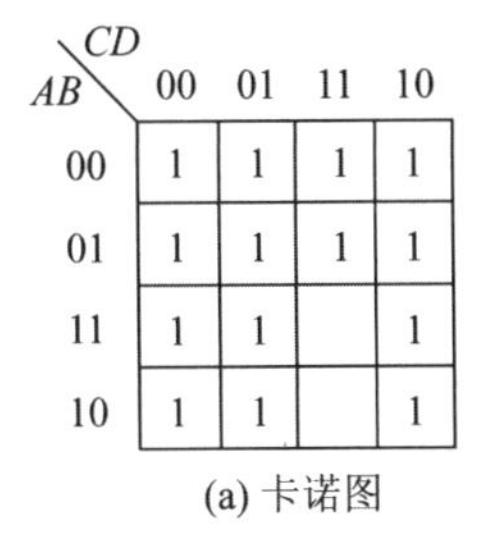

(a) 卡诺图

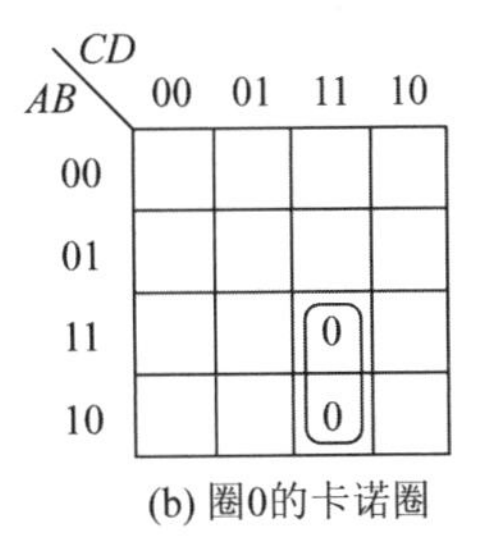

(b) 圈0的卡诺图

图 2.17 $F=\overline{A}\,\overline{D}+\overline{A}CD+\overline{C}D+A\overline{C}\,\overline{D}+AC\overline{D}$ **的卡诺图化简**

例 2-21 已知函数 $F(A,B,C)=\prod M(0,1,2,4,6)$，用卡诺图化简此函数。

解: 该函数为"或-与"表达式,"或"项较多。先将其转化为最小项表达式的形式:

$$F(A,B,C)=\sum m(3,5,7) \tag{2-22}$$

再对式(2-22)化简。作 F 的卡诺图,如图 2.18 所示。

化简结果为

$$F=AC+BC$$

由上述讨论可以看出,卡诺图化简法具有规范的操作步骤,直观性强,能得到最简表达式。但是,当变量达到 5 个或以上时,直观性变差,甚至很难操作,而且它毕竟是一种手工化简的方法,容易出错。在数字系统日益复杂的今天,我们希望借助计算机的强大功能和 EDA 工具实现复杂的多变量逻辑函数化简。

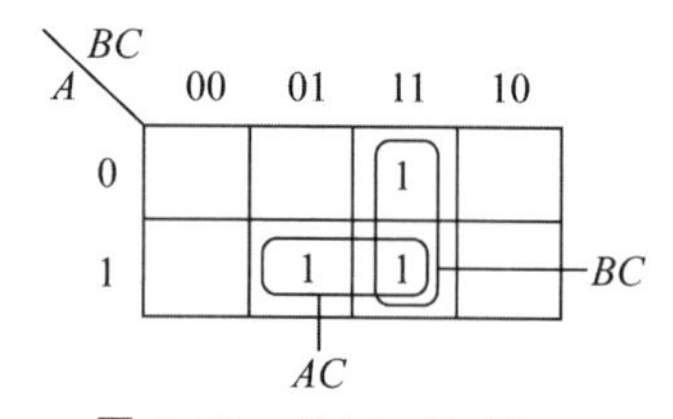

图 2.18 $F(A,B,C)=\prod M(0,1,2,4,6)$ **的卡诺图化简**

2.5.3 具有任意项的逻辑函数化简

在一些实际逻辑设计中,由于问题的某些限制,或者输入变量之间存在某种相互制约(如电机转动和停止信号不可能同时存在)等,使得输入变量的某些取值组合不会出现,或者即使这些输入组合出现,但人们并不关心对应的逻辑函数值是 1 还是 0(如 8421BCD 码输入变量的 16 种组合中,m_{10}、m_{11}、m_{12}、m_{13}、m_{14}、m_{15} 这六种组合始终不会出现,或者即使出现,也不关心其对应的函数值)。也就是说,这时的逻辑函数不再与 2^n 个最小项都有关,而仅仅与 2^n 个最小项的部分有关,与另一部分无关。

当函数输出与某些输入组合无关时,这些输入组合称为无关项(Don't Care Terms,也称任意项、约束项)。无关项构成了不完全给定函数(Incompletely Specified Functions),具有这种特征的逻辑函数称为具有任意项的逻辑函数。从上述定义可以看出,与任意项对应的逻辑函数值既可以看作 1,也可以看作 0。因此,在卡诺图或真值表中任意项常用 d 或×来表示;在函数表达式中常用 ϕ 或 d 来表示任意项:

$$F(A,B,C)=\sum m(0,1,5,7)+\sum \phi(4,6) \tag{2-23}$$

除了对任意项的值加以处理外,具有任意项的逻辑函数化简方法与不含任意项的逻辑函数化简方法相同。任意项到底按"1"还是"0"处理,就要以其取值能使函数尽量简化为原则。可见在化简逻辑函数时任意项具有一种特殊的地位。

化简具有任意项的逻辑函数的步骤如下:

① 画出函数对应的卡诺图,任意项对应的小方格填上 d 或×。

② 按 2 的整数次幂为一组构成卡诺圈,如果任意项方格为 1 时可以圈得更大,则将任意项当作 1 来处理,否则当 0 处理。未被圈过的任意项一律当作 0 处理。

③ 写出化简的表达式。

例 2-22 化简函数 $F_3(A,B,C,D)=\sum m(1,2,4,12,14)+\sum d(5,6,7,8,9,10)$。

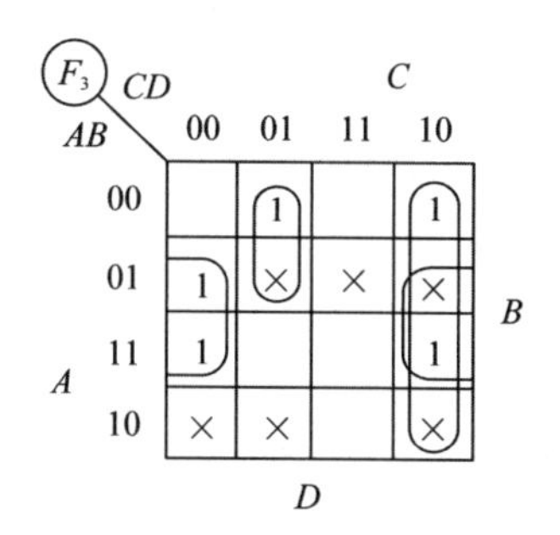

图 2.19 函数 F 卡诺图

解：做出逻辑函数 $F(A,B,C,D)$ 的卡诺图，如图 2.19 所示。若将任意项部分看作 1 来处理，卡诺圈构成如图 2.19 所示（此题将 3 个任意项×看作 1 来处理），则化简后 F_3 为

$$F_3 = B\overline{D} + C\overline{D} + \overline{A}\,\overline{C}D \tag{2-24}$$

2.6 习 题

2-1 解释下列名词，并举例说明：

(1)“与-或”表达式；

(2) 标准“与-或”表达式；

(3) 最简“与-或”表达式。

2-2 用真值表和逻辑运算法则与公理证明“或非”逻辑可实现 3 种基本逻辑运算。

2-3 设 A、B、C 为逻辑变量，试说明下列结论正确与否：

(1) 若 $A+B = A+C$，则必有 $B = C$；

(2) 若 $AB = AC$，则必有 $B = C$；

(3) 若 $A+B = A+C$ 且 $AB = AC$，则必有 $B = C$。

2-4 分别用真值表和卡诺图表示下列逻辑函数：

(1) $F=A\overline{B}+\overline{A}B$；

(2) $F=AB+A\,\overline{B}C+\overline{A}C$；

(3) $F=(A+B)(A+C)(B+C)$。

2-5 将下列逻辑函数展开为最小项表达式：

(1) $F(A,B,C)=\overline{AB}+AC$；

(2) $F(A,B,C,D)=\overline{AC}D+B\,\overline{C}D+\overline{A}BD+\overline{A}B\,\overline{C}$。

2-6 将下列逻辑函数展开为最大项表达式：

(1) $F(A,B,C)=A+BC$；

(2) $F(A,B,C,D)=\overline{A}B+\overline{C}D$。

2-7 求下列函数的反函数：

(1) $F=\overline{A\overline{B}C+B\overline{C}}$；

(2) $F(A,B,C,D)=\sum m(3,6,9,12,15)$。

2-8 求下列函数的对偶函数：

(1) $F=AB+AC+AD+BC+BD+CD$；

(2) $F(A,B,C,D)=\prod M(3,5,7,11,13)$。

2-9 试证明逻辑函数 $F=\overline{CA\overline{B}+\overline{A}B}+\overline{C}(A\overline{B}+\overline{A}B)$ 是自对偶函数。

2-10 用代数化简法将下列函数化为最简“与-或”表达式：

(1) $F=A\overline{B}+A\overline{C}+\overline{A}\ \overline{BC}$；

(2) $F=\overline{AB+\overline{A}C+BC\overline{D}}$；

(3) $F=\overline{A}B+\overline{B}+\overline{AB}(\overline{B}C+AD\overline{C})$；

(4) $F=BC+D+\overline{D}(\overline{B}+\overline{C})(AD+B)$；

(5) $F(A,B,C)=\sum m(0,2,4,6)$；

(6) $F(A,B,C,D)=\sum m(5,7,11,13,14,15)$。

2-11 用卡诺图化简法将下列函数化为最简“与-或”表达式:

(1) $F(A,B,C)=\sum m(0,1,2,3)$;

(2) $F=\overline{A\overline{B}+B\overline{C}+\overline{A}C}$;

(3) $F=\overline{A}\ \overline{B}+ACD+\overline{A}BD+\overline{A}B\overline{C}\,\overline{D}$;

(4) $F=(\overline{A}+\overline{B})(A+B)(\overline{A}+\overline{C})(A+C)$;

(5) $F(A,B,C,D)=\sum m(1,3,5,6,7,14,15)$;

(6) $F(A,B,C,D)=\prod M(0,3,8,10)$;

(7) $F(A,B,C,D)=\sum m(2,3,6,7,8,10,12,14)$;

(8) $F_1(A,B,C,D)=\sum m(3,6,8,9,11,12)+\sum d(0,1,2,13,14,15)$。

2-12 判断题(正确的打√,错误打×)

(1) 逻辑变量的取值,1 比 0 大。(　　)

(2) “异或”函数与“同或”函数在逻辑上互为反函数。(　　)

(3) 若两个函数具有相同的真值表,则两个逻辑函数必然相等。(　　)

(4) 因为逻辑表达式 $A+B+AB=A+B$ 成立,所以 $AB=0$ 成立。(　　)

(5) 若两个函数具有不同的真值表,则两个逻辑函数必然不相等。(　　)

(6) 若两个函数具有不同的逻辑函数式,则两个逻辑函数必然不相等。(　　)

(7) 逻辑函数两次求反则还原,逻辑函数的对偶式再作对偶变换也还原为它本身。(　　)

(8) 逻辑函数 $Y=A\overline{B}+\overline{A}B+\overline{B}C+B\overline{C}$ 已是最简“与-或”表达式。(　　)

2-13 填空题

(1) 逻辑代数又称为________代数。最基本的逻辑关系有________、________、________三种。常用的几种导出的逻辑运算为________、________、________、________、________。

(2) 逻辑函数的常用表示方法有________、________、________。

(3) 逻辑代数中与普通代数相似的定律有________、________、________。摩根定律又称为________。

(4) 逻辑代数的三个重要规则是________、________、________。

第3章

组合逻辑电路

数字系统的逻辑电路可分为两类:一类是组合逻辑电路,另一类是时序逻辑电路。

本章要讲的是组合逻辑电路,即由各种逻辑门电路组合而成且无反馈的逻辑电路。

逻辑门电路是实现数字系统的基本单元逻辑电路。了解逻辑门电路的内部结构、工作原理及其外部特性,对学习数字逻辑电路的分析和设计是十分必要的。

本章首先介绍组合逻辑电路的基础门电路,组合逻辑电路的基本特点及分析、设计方法;然后从设计的角度说明译码器、编码器、多路选择器、数值比较器和加法器,以及这些电路相应的中规模集成电路产品的原理及应用。

3.1 逻辑门电路的外特性

第 2 章讨论了逻辑代数的基本定律、基本公式以及逻辑函数的表示和化简方法。它们是进行逻辑电路分析和设计的基本理论知识。任何复杂的逻辑运算都是由三种基本逻辑运算组成的。因此,首先应该研究实现三种基本逻辑运算的电路,在此基础上进一步构成各种复杂的逻辑运算电路。

用以实现基本逻辑运算和复合逻辑运算的单元逻辑电路统称逻辑门电路,简称“门”。为便于使用,通常将逻辑门电路制作成集成电路。按其制作的半导体材料可分为 TTL(Transistor-Transistor-Logic)门电路和 MOS(Metal-Oxide-Semiconductor)门电路。TTL 门电路的工作速度快、负载能力强,但功耗较大、集成度低;MOS 门电路的结构简单、集成度高、功耗低,但工作速度较慢,负载能力较弱。随着技术的进步,MOS 门电路的性能已得到极大的提高。目前大规模、超大规模集成电路一般采用 MOS 工艺制造,因此本节在讨论门电路的结构与工作原理时,均以 CMOS 门电路为例。

按所实现的逻辑功能的复杂程度,可将逻辑门电路分为简单逻辑门电路和复杂逻辑门电路。

3.1.1 简单逻辑门电路

简单逻辑门电路是指只有单一逻辑功能的门电路,如实现三种基本逻辑运算的“或”门电路、“与”门电路及“非”门电路,也称基本逻辑门电路。

下面以 CMOS 门电路为例,讨论“非”门电路、“或”门电路、“与”门电路的基本工作原理。在 CMOS 门电路中,采用了两种在导电极性上互补的 MOS 管。MOS 管是“金属-氧化物-半导体”绝缘栅场效管的简称,分为 NMOS 管和 PMOS 管,下面简要说明其工作原理。

NMOS 管为 N 沟道 MOS 管,其电路符号如图 3.1(a)所示。它有三个电极,分别为漏极 D、源极 S 和栅极 G;B_N 是电路中的所有 NMOS 管公共的衬底电极,通常接“地”(参考 0 电

位)。S 和 D 之间相当于一个开关,其通断与否由 G 上施加的电位来控制,如图 3.1(b)、(c)所示;电极边的"+""−"符号表示电荷,电荷越多,电极间的电场越强。当 G 上加高电平时,G 与衬底之间形成的强电场能使 D 与 S 之间导通,呈低阻抗;当 G 上加低电平时,G 与衬底之间形成的电场太弱,D 与 S 之间截止,呈高阻抗。

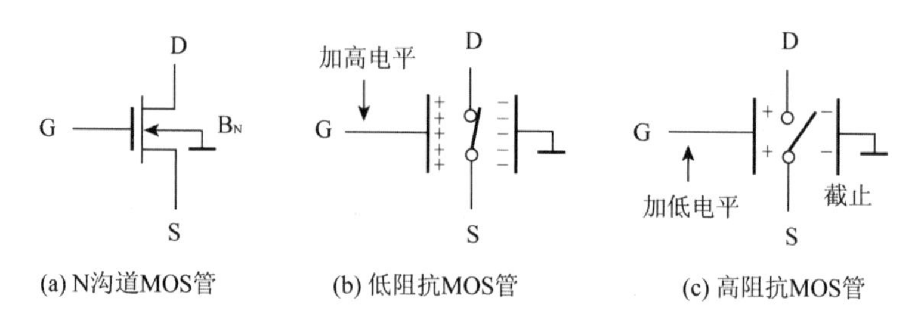

图 3.1　NMOS 管的符号及工作方式

PMOS 管为 P 沟道 MOS 管,其电路符号如图 3.2(a)所示。B_P 是电路中所有 PMOS 管公共的衬底电极,通常接电源正极。PMOS 管的导电极性与 NMOS 管相反,当栅极 G 加低电平时,D 与 S 之间导通,呈低阻抗;当 G 上加高电平时,D 与 S 之间截止,呈高阻抗。

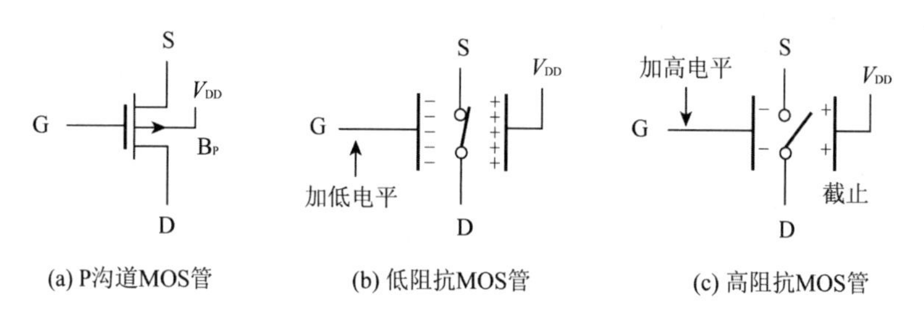

图 3.2　PMOS 管的符号及工作方式

1. "非"门电路

图 3.3(a)所示为用 NMOS 管 T_5 和 PMOS 管 T_6 互补组成的 CMOS"非"门电路。A 为输入端,F 为输出端。

当输入 A 为高电平时,T_6 截止,T_5 导通,结果输出端经 T_5 接"地",F 为低电平,等效电路如图 3.3(b)所示。

当输入 A 为低电平时,T_5 截止,T_6 导通,结果电源经 T_6 传到输出端,F 为高电平,等效电路如图 3.3(c)所示。

用 H 表示高电平,L 表示低电平,则上述输入和输出的电平关系如表 3.1 所列。若令 H 表示逻辑值"1",L 表示逻辑值"0",则由表 3.1 可得表 3.2。

表 3.2 所列即"非"门的真值表。图 3.2(a)所示电路实现了"非"逻辑运算功能,称为"非"门,其逻辑表达式如下:

$$F = \overline{A}$$

也就是说,"非"门的输出总是输入的反相,故又称为反相器。

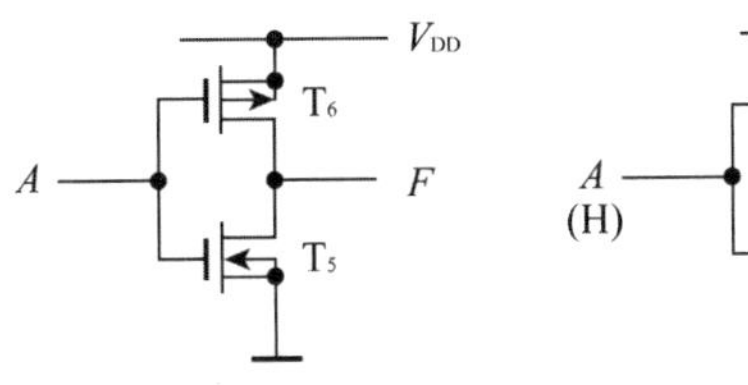

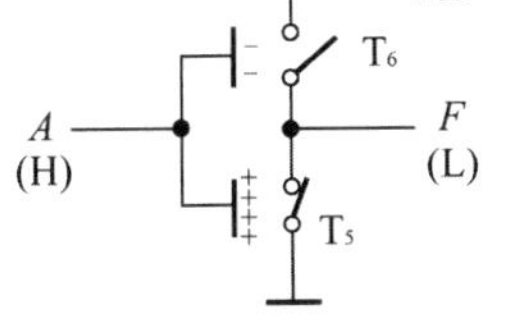

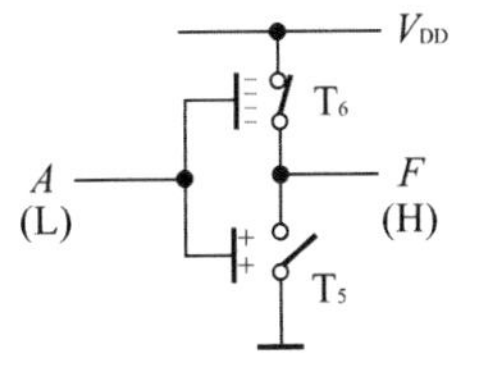

(a) COMS“非”门电路　(b) 输入高电平时的等效电路　(c) 输入低电平时的等效电路

图 3.3　COMS“非”门电路及输入高电平和低电平时的等效电路

表 3.1　“非”门的输入、输出电位

A	F
L	H
H	L

表 3.2　“非”门的真值表

A	F
0	1
1	0

“非”门的逻辑符号如图 3.4 所示，其中电路工作所需的电源和“地”是默认的，一般不予画出。图 3.4 中，(a)为国内早期沿用的符号(SJ 123—1977 标准)；(b) 为矩形轮廓图形符号(GB 4728—12—1985 标准规定的新标准符号)；(c)为特定外形图形符号(Distinctive Shape Symbols，IEEE 1991 新版国际标准)，在国外数字系统开发软件绘制的逻辑图中大都使用此类符号。本书将采用后两种标准。

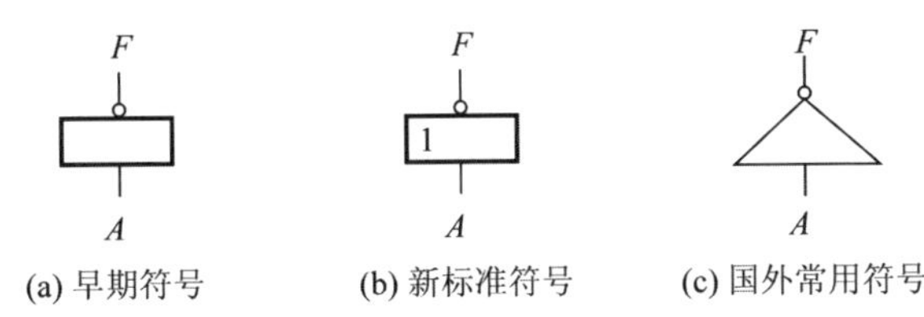

(a) 早期符号　(b) 新标准符号　(c) 国外常用符号

图 3.4　“非”门的逻辑符号

2. “或”门电路

实现“或”逻辑功能的电路称为“或”门。图 3.5(a)所示为 CMOS 结构组成的二输入“或”门电路。对比图 3.3(a)所示的“非”门电路可知，T_5 和 T_6 的接法完全相同，因此 T_5 和 T_6 在电路中等效为一个“非”门。该“非”门的输入为 p，输出为 F，故有 $F=\bar{p}$，而 A、B 是两个输入端。

再来看 $T_1 \sim T_4$：一方面，T_1 和 T_3 组成互补结构，它们受输入 A 控制，其中一个导通，另一个必然截止，而 T_2 和 T_4 组成互补结构，它们受输入 B 控制；另一方面，T_1 和 T_2 为并联结构，T_3 和 T_4 为串联结构。

先分析 A、B 中至少有一个是高电平的情况。此时 T_3 和 T_4 中至少有一个截止，电源不可能传到 p 点；T_1 和 T_2 中至少有一个导通，使 p 点与“地”接通而成为低电平。于是，p 点的电平经 T_5 和 T_6“非”运算后，F 为高电平。也就是说，只要 A 和 B 中至少有一个为高电平，F 即为高电平。图 3.5(b)所示为 A 为高电平、B 为低电平时的等效电路图。

当 A 和 B 都是低电平时，T_3 和 T_4 都导通，T_1 和 T_2 都截止，于是电源电压 V_{DD} 经 T_3 和 T_4 传到 p 点，使 p 点为高电平，输出 F 为低电平。也就是说，只有当 A 和 B 都为低电平时，

F 才能为低电平。

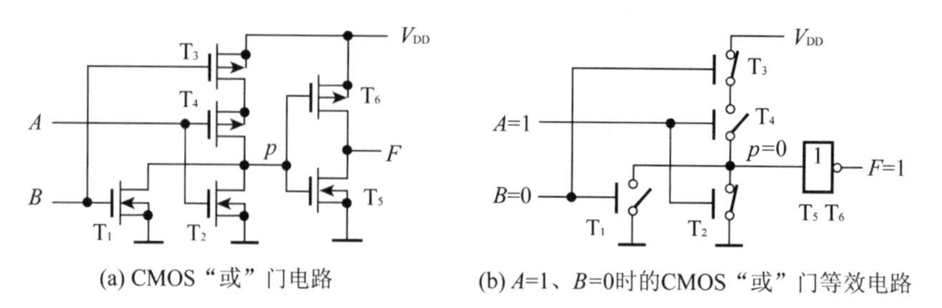

(a) CMOS“或”门电路　　(b) A=1、B=0时的CMOS“或”门等效电路

图 3.5　CMOS“或”门电路及 $A=1$、$B=0$ 时的等效电路

上述输入和输出的电平关系如表 3.3 所列，对应的真值表如表 3.4 所列。显然，表 3.4 就是“或”运算的真值表。图 3.5(a)所示电路实现了“或”逻辑运算功能，称为“或”门。

表 3.3　“或”门的输入、输出电平

A	B	F
L	L	L
L	H	H
H	L	H
H	H	H

表 3.4　“或”门的真值表

A	B	F
0	0	0
0	1	1
1	0	1
1	1	1

图 3.6 所示为“或”门的逻辑符号。二输入“或”门逻辑功能用逻辑函数表示如下：

$$F=A+B$$

集成电路“或”门的输入端可以制成多个，相应地，逻辑符号中的输入端也可画成多个。

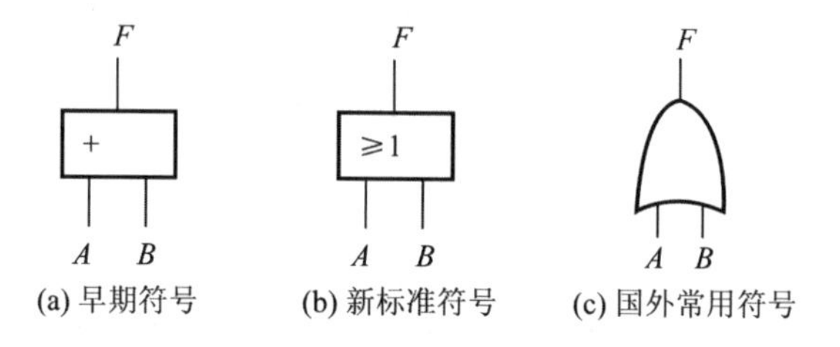

(a) 早期符号　(b) 新标准符号　(c) 国外常用符号

图 3.6　“或”门的逻辑符号

3. “与”门电路

实现“与”逻辑功能的电路称为“与”门。图 3.7 所示为 CMOS 二输入端“与”门电路。对比图 3.5(a)所示的“或”门电路可知，图 3.7 中的 T_1、T_2 变为串联结构，T_3、T_4 变为并联结构，其余电路结构相同。因此，只有当 T_1 和 T_2 同时导通时，p 点才能为低电平，F 为高电平；否则 p 点为高电平，F 为低电平。也就是说，只有 A、B 同时为高电平时，F 才能为高电平；否则 F 为低电平。

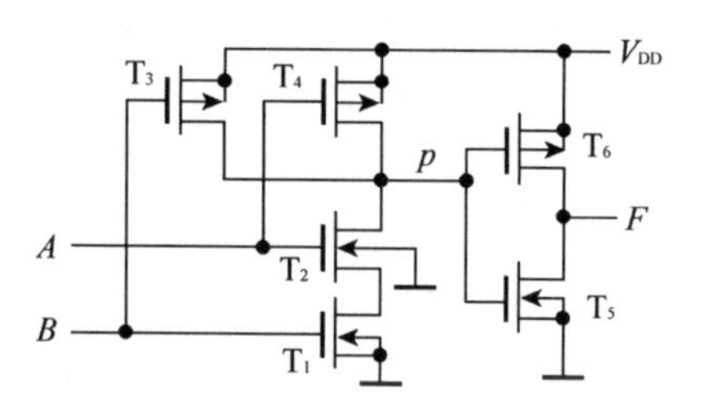

图 3.7　CMOS“与”门电路

“与”门电路的输入与输出电平关系如表 3.5 所列。表 3.6 即“与”运算的真值表。图 3.7 所示电路实现了“与”逻辑运算功能，称为“与”门。

“与”门的逻辑符号如图 3.8 所示，其逻辑功能可以用如下逻辑表达式表示：

$$F = AB$$

同样地，集成电路“与”门的输入端可以制成多个，逻辑符号中的输入端也可相应画成多个。

表 3.5 “与”门的输入、输出电位

A	B	F
L	L	L
L	H	H
H	L	H
H	H	H

表 3.6 “与”门的真值表

A	B	F
0	0	0
0	1	1
1	0	1
1	1	1

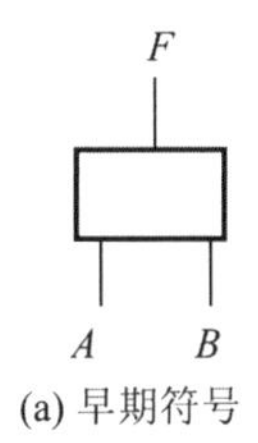

(a) 早期符号

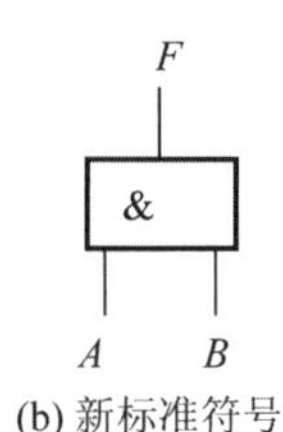

(b) 新标准符号

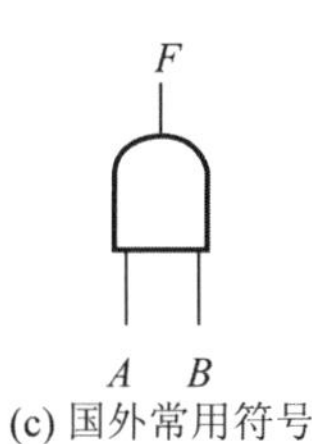

(c) 国外常用符号

图 3.8 “与”门的逻辑符号

3.1.2 复合逻辑门电路

尽管“与”“或”“非”三种基本门电路可以实现各种逻辑功能，但在实际中大量存在两种或两种以上基本逻辑的复合运算。为使用方便，将经常遇到的复合运算制成集成门电路称为复合逻辑门电路，如“与非”门、“或非”门、“与或非”门和“异或”门等。

1. “与非”门

实现“与非”逻辑功能的门电路称为“与非” 门。在图 3.7 所示的“与”门中，p 点的逻辑运算关系为 $p=\overline{AB}$。去掉图 3.7 中的 T_5 和 T_6，将 p 点直接作为输出 F，就是一个二输入端“与非”门电路。

“与非”门的逻辑符号如图 3.9 所示。**注意**：输出端上有一个小圆圈，表示“非”。表 3.7 所列为二输入“与非”门的真值表，对应的逻辑表达式为

$$F = \overline{AB}$$

集成电路“与非”门的输入端也有多个的，如 3 个、4 个等。

2. “或非”门

实现“或非”逻辑功能的门电路称为“或非” 门。在图 3.5(a)所示的“非”门中，p 点的逻辑运算关系为 $p=\overline{A+B}$。去掉图 3.5(a)中的 T_5 和 T_6，将 p 点直接作为输出 F，就是一个二输入端“或非”门电路。

表 3.7 “与非”门真值表

A	B	F
0	0	1
0	1	1
1	0	1
1	1	0

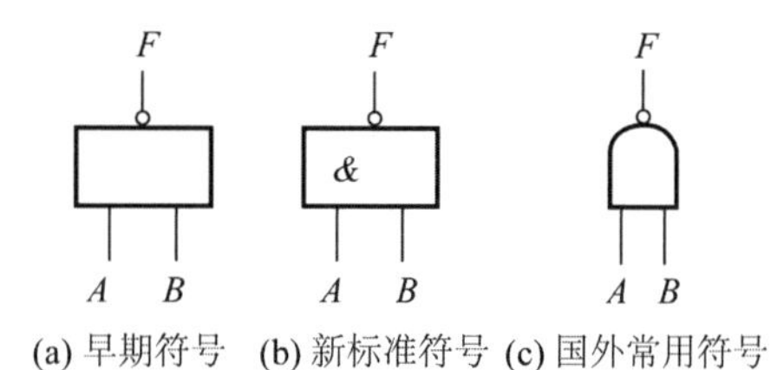

图 3.9 “与非”门的逻辑符号

“或非”门的逻辑符号如图 3.10 所示。表 3.8 即二输入“或非”门的真值表，对应的逻辑表达式为

$$F=\overline{A+B}$$

集成电路“或非”门的输入端也可以有多个。

表 3.8 或非门真值表

A	B	F
0	0	1
0	1	0
1	0	0
1	1	0

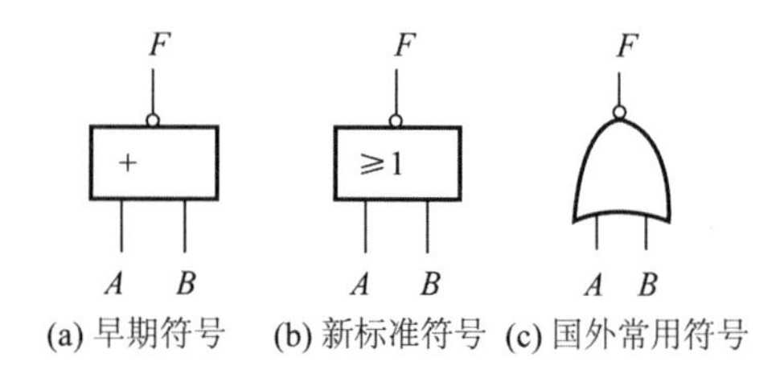

图 3.10 “或非”门的逻辑符号

3. “与或非”门

“与”“或”“非”三种逻辑功能的复合运算称为“与或非”运算，实现“与或非”逻辑功能的门电路称为“与或非”门。例如，一个四变量“与或非”运算的逻辑表达式如下：

$$F=\overline{AB+CD} \qquad (3-1)$$

实现式(3-1)的“与或非”门逻辑符号如图 3.11 所示。在实际电路中，“与或非”门的输入端个数、运算形式将根据实际需要而定，不限于式(3-1)所示的形式。因此，在画逻辑符号时应根据实际情况进行调整。

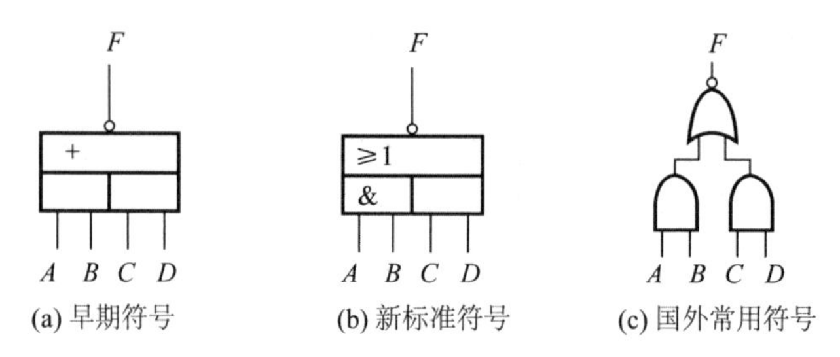

图 3.11 “与或非”门的逻辑符号

4. “异或”门、“同或”门

“异或”也是一种常用的复合逻辑功能。实现“异或”运算的门电路称为“异或”门，其逻辑符号如图 3.12 所示，其中 A、B 为输入端，F 为输出端。

“同或”门逻辑符号如图 3.13 所示。由于“同或”实际上是“异或”的“非”，因此“同或”门也称为“异或非”门，其逻辑功能可用“异或”门、“非”门来实现，故“同或”门电路实际很少用到。

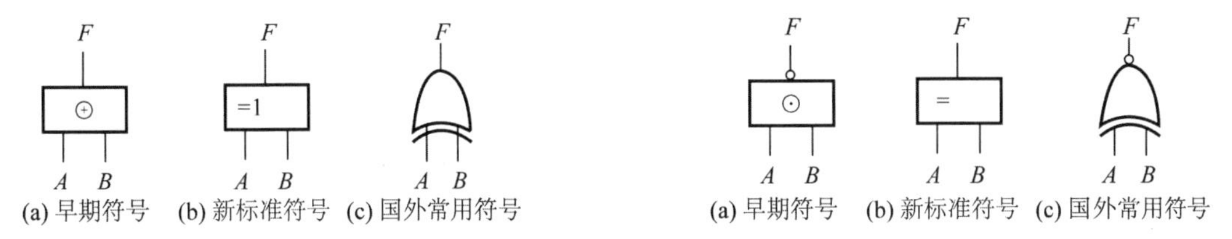

图 3.12 “异或”门的逻辑符号　　　　**图 3.13 “同或”门的逻辑符号**

5. 三态门

三态门（Three - State Output Gate）又称三态输出门或 TS 门，是在典型门电路的基础上加控制端和控制电路构成的。前面描述的几种门电路的输出只有两种状态，要么为 0，要么为 1。但在三态门电路中，有三种输出状态：低阻抗的 0、1 状态和高阻抗状态。前两种状态与上述门电路相同，称为工作状态；第三种状态称为高阻态（或隔离状态）。CMOS 三态门的电路及逻辑符号如图 3.14 所示。此电路中，A 是输入端，F 是输出端，E 为输出允许端（或称为使能端）。由图 3.14 可知，两个 MOS 管的控制信号为

$$G_1=\overline{\overline{E}A},\qquad G_2=\overline{\overline{E}+A}$$

其真值表如表 3.9 所列。由表 3.9 可知：

(1) 当 $E=0$ 时，若 $A=0$ 则有 $G_1=G_2=1$，故上管截止，下管导通，$F=0$；若 $A=1$ 则有 $G_1=G_2=0$，故上管导通，下管截止，$F=1$。总之，当 $E=0$ 时有 $F=A$，表示数据可以从输入端传向输出端。

(2) 当 $E=1$ 时，无论 A 为何值，总有 $G_1=1$，$G_2=0$，故上管和下管均为截止，输出端呈高阻态，输入端与输出端被隔离。

表 3.9 “三态”门真值表

E	A	G_1	G_2	F
0	0	1	1	0
0	1	0	0	1
1	0	1	0	高阻抗
1	1	1	0	高阻抗

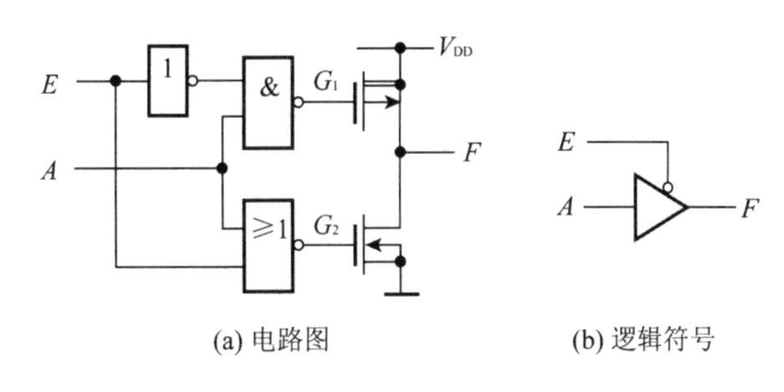

图 3.14 三态门电路及逻辑符号

在数字系统中，三态门是常用的器件之一，用于实现数据的双向传输和多路数据切换。

3.1.3 逻辑门电路的主要外特性参数

逻辑门电路的外特性是指集成逻辑门对外表现的电气特性，在实际应用时必须特别注意。

当今，数字集成电路的品种繁多，制造工艺不尽相同。3.1.1 小节和 3.1.2 小节介绍的逻辑门电路仅限于 CMOS 工艺，此外还有双极型工艺、PMOS 工艺等。采用不同工艺制造的器

件，虽然在实现的逻辑功能上是一致的，但在电气特性上却存在相当大的差异，各有特点。下面仅介绍门电路的几个主要外特性参数的定义，具体应用时请查阅相关技术手册。

1. 开门电平 V_{ON} 与关门电平 V_{OFF}

下面以“非”门为例，说明开门电平与关门电平的定义。

开门电平，是指使输出达到标准低电平时，应在输入端施加的最小电平值；关门电平，是指使输出达到标准高电平时，应在输入端施加的最大电平值。V_{ON} 与 V_{OFF} 之间的差距越大，表示器件的抗干扰能力越强，同时驱动器件正常工作所需的信号幅度越大。

上述定义也适用于其他功能的逻辑门电路，不过输出电平的高低应根据该种门电路的逻辑关系而定。

2. 高电平输出 V_{OH} 与低电平输出 V_{OL}

接下来仍以“非”门为例，说明高电平输出与低电平输出的定义。

高电平输出 V_{OH} 是指在规定负载条件下，当输入端接低电平且输出端开路(逻辑 1)时，器件输出的最小电压电平值；低电平输出 V_{OL} 是指在规定负载条件下，当输入端接高电平、输出端是逻辑 0 时，器件输出的最大电压电平值。

3. 扇入系数 N_r

扇入系数是指门电路允许的输入端数目，在器件制造时即确定。一般门电路的扇入系数为 1～5，最多不超过 8。例如，一个 4 输入端“与非”门，其 $N_r=4$。使用时，它最多允许有 4 个输入。如果要得到更多的输入端，则可用级联的方法实现。图 3.15 所示为用两个 $N_r=3$ 的“与”门和一个 $N_r=2$ 的“与非”门实现 6 输入与非运算。

如果有多余的输入端，则应在保证所需逻辑功能的前提下，将多余的输入端接“地”或接高电平。尤其是 MOS 门的输入端必须这样处理，因为 MOS 门的输入阻抗极高，悬空的输入引脚会感应空中的电磁干扰，导致电路无法正常工作。图 3.16 所示为对“与非”门、“或非”门的多余输入端的处理方法。为保证逻辑功能不变，应将多余的与运算输入端接高电平(电源“+”端)，而多余的“或”运算输入端则应接低电平(“地”)。

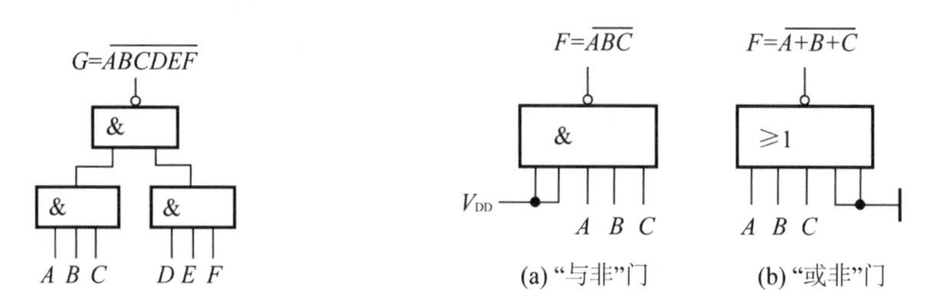

图 3.15 输入端扩展举例

图 3.16 多余输入端的连接法

4. 扇出系数 N_c

实际应用中，门电路的输出端通常与其他门电路的输入端相连。一个门电路的输出端最多能够驱动其他同类门电路的输入端个数，称为扇出系数。扇出系数实际上表示门电路的输出端带负载的能力。例如，某“与非”门的扇出系数 $N_c=8$，表明它的输出端最多可驱动 8 个同类门输入端。

5. 平均时延 t_{PD}

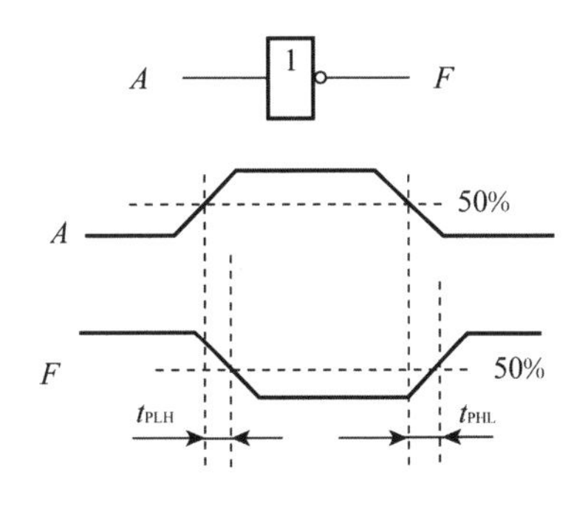

图 3.17 平均时延示意图

信号通过实际逻辑门电路时都存在延迟。平均时延是指门电路的输出信号滞后于输入信号的平均时间。例如，对于“非”门电路，如果输入一个正极性的方波，则经过“非”门后，输出是一个延迟的负极性方波，如图 3.17 所示。从输入波形上升沿的 50%处到输出波形下降沿的 50%处的时间间隔定义为前沿延迟 t_{PLH}，相应地，定义 t_{PHL} 为后沿延迟，则它们的平均值称为平均时延，表达式写作

$$t_{PD}=\frac{1}{2}(t_{PHL}+t_{PLH})$$

平均时延是反映门电路工作速度的重要参数。

3.1.4 正逻辑与负逻辑

在前面的逻辑门电路讨论中，总是规定用高电平表示逻辑值“1”，用低电平表示逻辑值“0”，这种规定称为正逻辑。然而，这仅仅是一种人为的规定。

如果反过来，用高电平表示逻辑值“0”，用低电平表示逻辑值“1”，即采用负逻辑，那么情况又会怎样呢?

必须说明，上述两种规定都没有改变门电路内部的结构，因此其输入与输出的电位高低关系并未改变。我们关心的是，同一门电路在两种规定下，所实现的逻辑功能是否相同?

以图 3.7 所示的电路为例，为方便比较，将其电平关系重绘于表 3.10 中。已知在正逻辑下，它是“与”门。接下来按负逻辑列出真值表，表 3.11。显然，此时的逻辑功能为“或”运算。因此，正逻辑下的“与”门是负逻辑下的“或”门。

表 3.10 图 3.7 对应的输入、输出电平关系

A	B	F
L	L	L
L	H	L
H	L	L
H	H	H

表 3.11 负逻辑下图 3.7 对应的真值表

A	B	F
1	1	1
1	0	1
0	1	1
0	0	0

类似地，分析图 3.5(a)所示的电路可知，在正逻辑下它是“或”门，但在负逻辑下它是“与”门；而对于“非”门，不管是正逻辑还是负逻辑，它都是“非”门。

严格地讲，对于一个门电路，在未决定采用正逻辑还是负逻辑之前，就断言它是何种逻辑运算关系是不妥的。然而，正逻辑符合人们的思维习惯，通常约定用正逻辑下电路的逻辑功能来命名该电路的名称。本书中如无特别说明，均采用正逻辑。

为便于区分采用何种逻辑，在逻辑符号的输入端上加一个小圆圈表示负逻辑下的门电路符号。常用逻辑门的正逻辑和负逻辑符号如表 3.12 所列。

表 3.12 正、负逻辑下对应的门电路

正逻辑		负逻辑	
逻辑符号	名称	逻辑符号	名称
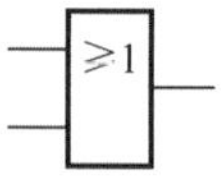 ≥1	“或”门	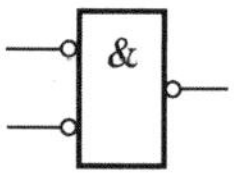 &	“与”门
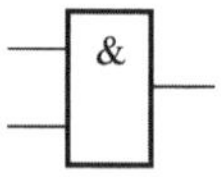 &	“与”门	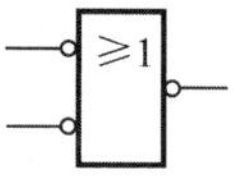 ≥1	“或”门
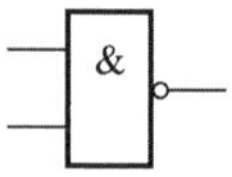 &	“与非”门	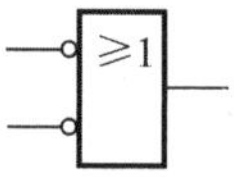 ≥1	“或非”门
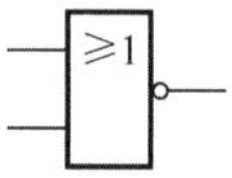 ≥1	“或非”门	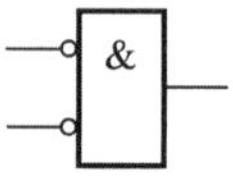 &	“与非”门
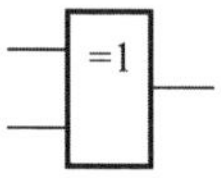 =1	“异或”门	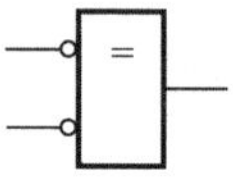 =	“同或”门

正、负逻辑的相互转换可用逻辑代数的有关定理实现。例如,正逻辑下“与非”门的逻辑表达式为

$$F=\overline{AB}$$

由摩根定理有

$$\overline{F}=\overline{\overline{AB}}=\overline{\overline{A}+\overline{B}}$$

令 $Z=\overline{F}$,$X=\overline{A}$,$Y=\overline{B}$,则

$$Z=\overline{X+Y} \tag{3-2}$$

将 X、Y 视为独立变量,将 Z 视为 X、Y 的函数,则式(3-2)采用的是负逻辑。式(3-2)表明,正逻辑下的“与非”门,在负逻辑下则是“或非”门。

3.2 组合逻辑电路分析

3.2.1 组合逻辑电路的基本特点

组合逻辑电路主要由逻辑门电路构成。在电路中,任何时刻的输出仅仅取决于该时刻的输入信号,而与这一时刻输入信号作用前电路原来的状态没有任何关系,其电路模型可表示为图 3.18,该电路模型用函数式表示如下:

$$\left.\begin{aligned}Y_0&=f_0(I_0,I_1,\cdots,I_{n-1})\\Y_1&=f_1(I_0,I_1,\cdots,I_{n-1})\\&\vdots\\Y_{m-1}&=f_{m-1}(I_0,I_1,\cdots,I_{n-1})\end{aligned}\right\} \tag{3-3}$$

可见组合逻辑电路的结构特点是由逻辑门电路构成,不含记忆元件;输入信号是单向传输

图 3.18 组合逻辑电路模型

的,电路中不含反馈回路。

根据电路输出端是一个还是多个,可将组合逻辑电路分为单输出组合逻辑电路和多输出组合逻辑电路两种类型。其功能可用逻辑函数表达式、真值表、时间图以及逻辑图等进行描述。

3.2.2 分析流程

组合逻辑电路的分析是指对于已知的逻辑电路图,推导出描述其逻辑特性的逻辑表达式,进而评述其逻辑功能的过程。组合逻辑电路分析广泛用于系统仿制、系统维修等领域,是学习、追踪最新技术的必备手段。

组合逻辑电路分析的方法,一般是按照给出的电路图,从输入端开始,根据器件的基本数字逻辑功能,逐次推导出输出逻辑函数表达式,再根据函数表达式列出真值表,从而了解逻辑电路的功能。还可以进一步评价其设计方案的优劣,改进和完善电路的结构;结合实际需要,更换逻辑电路的某些器件;对设计优秀的方案进行分析,借鉴其设计思想,为分析和设计数字系统打下基础。

下面结合具体实例来说明组合逻辑电路分析的一般步骤。

例 3-1 给定逻辑电路如图 3.19,分析其功能,并作出功能评价。

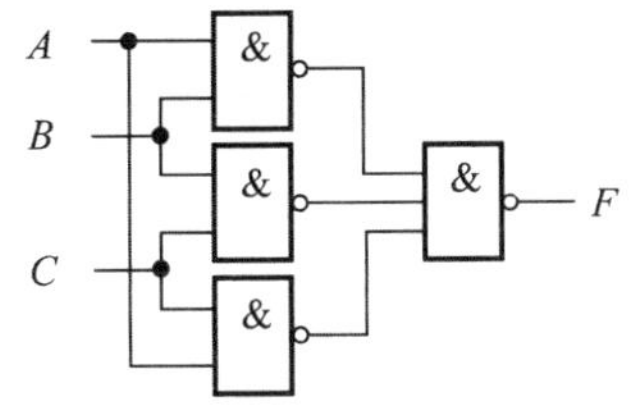

图 3.19 例 3-1 给定的逻辑电路图

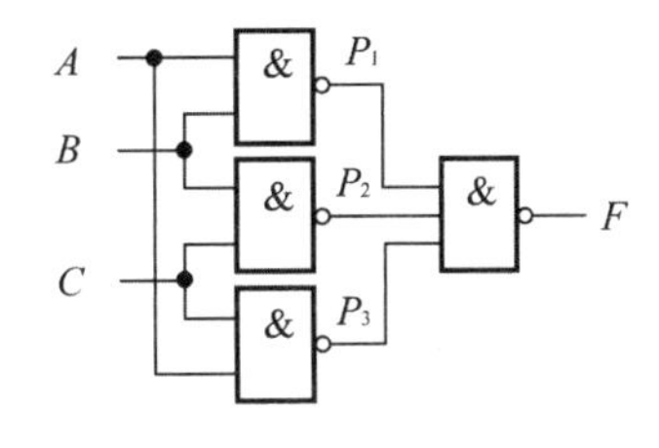

图 3.20 例 3-1 电路中的有关中间量

解:

第 1 步,写出电路的逻辑表达式。

根据图 3.19 中各逻辑门电路的功能,从输入端开始逐级写出函数表达式。为方便起见,在图 3.19 中标出有关中间量,如图 3.20 中的 P_1、P_2 和 P_3,于是有

$$P_1 = \overline{AB}, \qquad P_2 = \overline{BC}, \qquad P_3 = \overline{AC}$$

$$F = \overline{P_1 P_2 P_3} = \overline{\overline{AB}\,\overline{BC}\,\overline{AC}} \tag{3-4}$$

第 2 步,化简。

直接写出的逻辑函数往往不是最简的。为便于分析,需要将其化为最简"与-或"表达式。

用代数法化简式(3-4),有

$$\begin{aligned}F &= \overline{\overline{AB}\,\overline{BC}\,\overline{AC}} \\ &= \overline{\overline{AB}} + \overline{\overline{BC}} + \overline{\overline{AC}} \\ &= AB + BC + AC \end{aligned} \quad (3-5)$$

第3步,列出真值表。

真值表比逻辑表达式更容易看出电路的逻辑功能。由式(3-5)列出真值表,如表3.13所列。

表3.13 例3-1的真值表

A	B	C	F
0	0	0	0
0	0	1	0
0	1	0	0
0	1	1	1
1	0	0	0
1	0	1	1
1	1	0	1
1	1	1	1

第4步,分析电路的功能。

由表3.13可知,该电路仅当A、B和C中有两个或两个以上同时为1时,输出F的值为1,其他情况下输出F均为0。

该电路的逻辑功能是什么?一般应结合具体使用场合来分析。例如,设有A、B、C三个人对某事件进行表决,同意用“1”表示,不同意用“0”表示。表决结果用F表示,$F=1$表示该事件通过,$F=0$表示该事件未通过。式(3-5)表示多数表决逻辑电路。用卡诺图可以验证,该电路方案已经是最简的,不需要进一步化简。

例3-1详细列出了分析逻辑电路的一般步骤。在实际应用中,可根据电路的复杂程度和分析者的熟练程度,对上述步骤进行适当取舍。

3.2.3 常用组合逻辑电路分析举例

1. 二进制加法器

在数字系统中最基本的计算过程是二进制加法。为说明二进制加法器的功能,下面先分析两个二进制数的相加过程。设有两个4位二进制数a、b相加,$a=1011$,$b=1011$,竖式演算过程如下:

```
       1 0 1 1    ········· 被加数a
  +)   1 0 1 1    ········· 加数b
       1 0 1 1    ························· 进位c
  ------------
     1 0 1 1 0    ········· 和s
```

为了用逻辑运算实现算术运算,用逻辑0和1分别代表二进制数0和1。

先看最低位。实现最低位算术加法运算的逻辑电路框图如图3.21(a)所示,其中a_0和b_0

分别表示两个1位二进制加数和被加数，s_O 与 c_O 分别表示相加产生的和与进位。这种能对两个1位二进制数进行相加而求得和及进位的逻辑电路称为二进制半加器。其逻辑符号如图3.21(b)所示。图3.21(a)中 c_O 为进位输出，与 c_O 同侧的输出 s_0 为其和。半加器的两个输出 s_O 和 c_O 都是输入量 a_0 和 b_0 的函数。

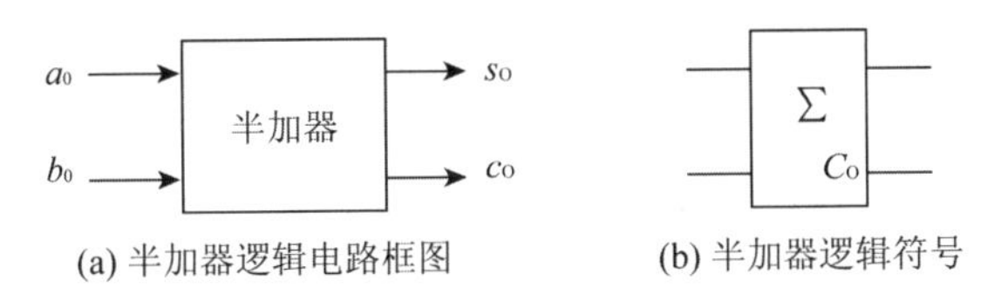

图3.21 半加器电路框图及其逻辑符号

再看其他位的运算情况。如图3.22(a)所示，参加相加的数除了 a_i 和 $b_i(i=1,2,3)$ 两个加数位外，低位运算产生的进位 c_{i-1} 也必须参与加法运算，运算结果有和 s_I 及进位输出 c_I。这种能对三个1位二进制数相加而求得和及进位的逻辑电路称为二进制全加器。其逻辑符号如图3.22(b)所示，其中 C_I 为低位运算产生的进位，C_O 为本位运算产生的进位，这里下标I和O分别表示输入(In)和输出(Out)之意，与 C_O 同侧的输出端为本位运算产生的和。

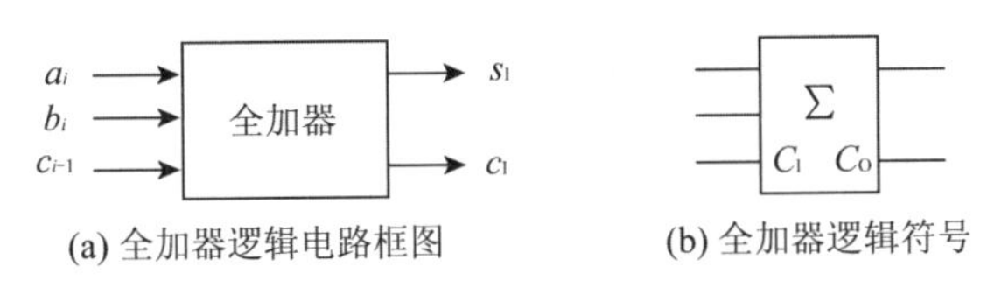

图3.22 全加器及其逻辑符号

由此可见，二进制全加器的逻辑功能齐全，但二进制半加器的电路简单。随着学习的进一步深入，在算术乘法电路中将会用到大量的半加器。常见的集成电路加法器芯片有7483(4位二进制全加器)和74283(4位二进制超前进位全加器)。

例3-2 图3.23所示为一个二进制半加器电路，试分析之。

解： 由图3.23可写出两个输出的表达式：

$$S=A\oplus B,\qquad C_O=AB \tag{3-6}$$

列出式(3-6)的真值表，如表3.14所列。

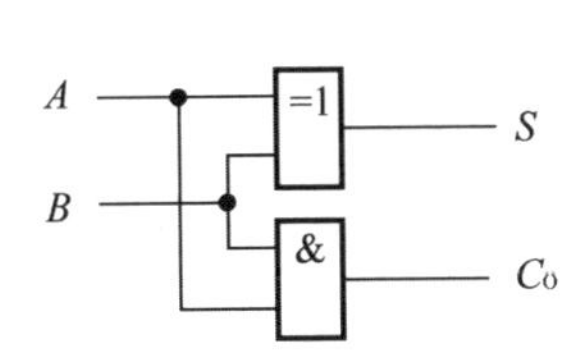

图3.23 半加器电路

表3.14 半加器的真值表

A	B	S	C_O
0	0	0	0
0	1	1	0
1	0	1	0
1	1	0	1

1位二进制数相加的算术运算规则如下：

$$0+1=0,\qquad 0+1=1,\qquad 1+0=1,\qquad 1+1=11$$

对比表3.14，显然，把 A、B 作为两个加数，S 作为本位和，C_O 作为进位，在正逻辑下，正好满足上述运算规则。因此，图3.23所示电路是一个二进制半加器。

例 3-3 图 3.24 所示为一个二进制全加器电路,试分析之。

解: 由图 3.24,可写出电路的输出端 S 的逻辑表达式:

$$S = H \oplus C_I, \qquad H = A \oplus B$$

因此有

$$S = A \oplus B \oplus C_I \tag{3-7}$$

输出 C_O 的逻辑表达式为

$$\begin{aligned} C_O &= \overline{\overline{AB + HC_I}} \\ &= AB + (A \oplus B)C_I \\ &= AB + A\overline{B}C_I + \overline{A}BC_I \\ &= A(B + \overline{B}C_I) + B(A + \overline{A}C_I) \\ &= AB + (A + B)C_I \end{aligned} \tag{3-8}$$

由式(3-7)和式(3-8)列出真值表,如表 3.15 所列。

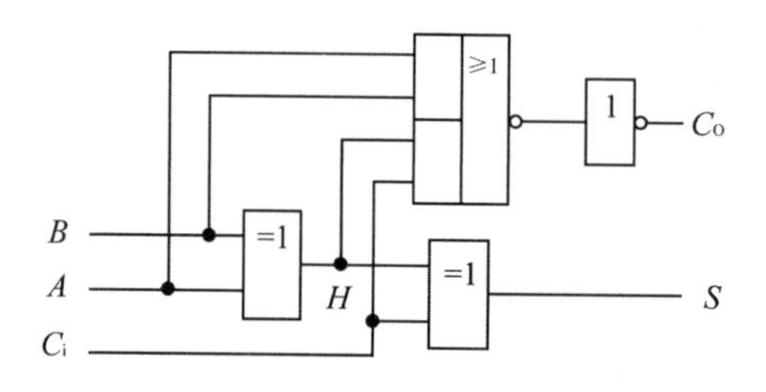

图 3.24 全加器电路

表 3.15 全加器的真值表

C_I	B	A	S	C_O
0	0	0	0	0
0	0	1	1	0
0	1	0	1	0
0	1	1	0	1
1	0	0	1	0
1	0	1	0	1
1	1	0	0	1
1	1	1	1	1

三个 1 位二进制数算术相加的运算结果如下:

$$0+0+0=0, \quad 0+0+1=1, \quad 0+1+0=1, \quad 0+1+1=10$$
$$1+0+0=1, \quad 1+0+1=10, \quad 1+1+0=10, \quad 1+1+1=11$$

对比表 3.15,显然,把 C_I、A、B 作为三个加数位,S 作为本位和,C_O 作为进位输出,在正逻辑下,正好满足二进制数的运算规则。因此,图 3.24 所示逻辑电路是一个二进制全加器。

2. 编码器与译码器

编码器与译码器是数字系统中最常用的逻辑部件之一。

在数字系统中,往往需要改变原始数据的表示形式,以便存储、传输和处理,这一过程称为编码。例如,将二进制码变换为具有抗干扰能力的格雷码,可减少传输和处理时的误码;对图像、语音数据进行压缩,使数据量大大减小,可降低传输和存储开销。

译码则是将编码后的数据变换为原始数据的形式。

无论编码器还是译码器,其逻辑功能均为将一种形式的码变换为另一种形式的码,是数字系统中广泛使用的多输入多输出组合逻辑部件。限于本课程的知识范围,这里仅分析最基本的编/译码器电路。

(1) 3-8 译码器

图 3.25 所示为由“与非”门组成的 3-8 译码器,其中 C、B、A 为 3 位二进制码,$F_7 \sim F_0$

为 8 个输出端。

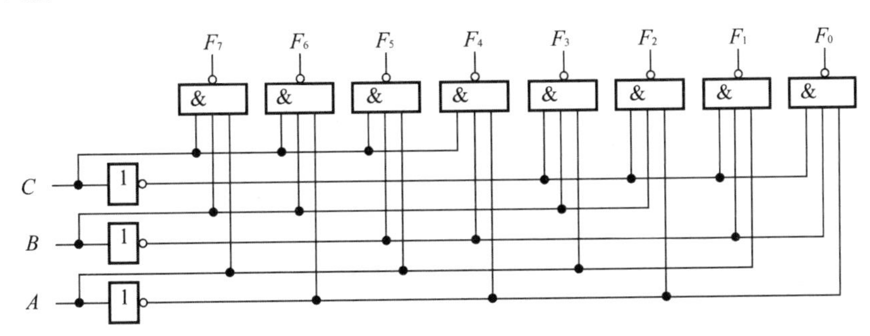

图 3.25　3－8 译码器电路图

3－8 译码器是 3 线至 8 线译码器的简称，其功能是将输入的 3 位二进制码译为 8 路输出。每一路输出与一组二进制输入对应。根据图 3.25 可写出输出函数的逻辑表达式：

$$\left.\begin{aligned} F_0&=\overline{\bar{A}\,\bar{B}\,\bar{C}}, \quad F_1=\overline{\bar{A}\,\bar{B}C} \\ F_2&=\overline{\bar{A}B\bar{C}}, \quad F_3=\overline{\bar{A}BC} \\ F_4&=\overline{A\bar{B}\,\bar{C}}, \quad F_5=\overline{A\bar{B}C} \\ F_6&=\overline{AB\bar{C}}, \quad F_7=\overline{ABC} \end{aligned}\right\} \tag{3-9}$$

根据式(3－9)可列出译码器的真值表(见表 3.16)。由真值表可知，当输入 $CBA=000$ 时，只有 $F_0=0$，其他输出全为 1；当输入 $CBA=001$ 时，只有 $F_1=0$，其余全为 1；依次类推，从而实现了将输入的二进制码译为相应输出线上的低电平。显然，二进制译码器的输入是一组二进制代码，输出是一组与输入代码一一对应的高、低电平信号。

表 3.16　3－8 译码器的真值表

C	B	A	F_7	F_6	F_5	F_4	F_3	F_2	F_1	F_0
0	0	0	1	1	1	1	1	1	1	0
0	0	1	1	1	1	1	1	1	0	1
0	1	0	1	1	1	1	1	0	1	1
0	1	1	1	1	1	1	0	1	1	1
1	0	0	1	1	1	0	1	1	1	1
1	0	1	1	1	0	1	1	1	1	1
1	1	0	1	0	1	1	1	1	1	1
1	1	1	0	1	1	1	1	1	1	1

3－8 译码器常用于地址译码、节拍分配等。例如，用 $F_7\sim F_0$ 分别控制 8 个彩灯，当 F_i $(i=0,1,\cdots,7)$ 为 0 时彩灯点亮，否则彩灯熄灭。如果输入数据 CBA 每隔一段时间加 1，加到 8 时立即返回到 0，则 8 个彩灯将轮流点亮，形成流动效果。如果把 8 个彩灯换成能执行 8 种操作的逻辑单元，则可按顺序执行 8 种操作。3－8 译码器用途广泛，已制成集成电路芯片，如 74 系列的 74138 集成电路芯片。

(2) 8421 码-格雷码编码器

根据 1.5 节内容可知,8421 码是一种用 4 位二进制码表示一个十进制数的编码器,4 个二进制位由高到低的权分别为 8、4、2、1。设 8421 码的 4 位二进制码为 $B_8B_4B_2B_1$,则十进制数 N 为 $N=8\times B_8+4\times B_4+2\times B_2+1\times B_1$。

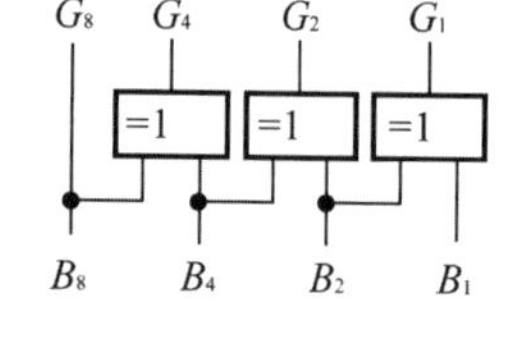

图 3.26　8421 码-格雷码译码器

图 3.26 所示为将 8421 码转换为格雷码的电路。其中,输入量 $B_8B_4B_2B_1$ 为 8421 码,输出量 $G_8G_4G_2G_1$ 为格雷码。由图 3.26 可写出该译码器的输出逻辑表达式:

$$\left.\begin{aligned} G_8 &= B_8 \\ G_4 &= B_8 \oplus B_4 \\ G_2 &= B_4 \oplus B_2 \\ G1 &= B_2 \oplus B_1 \end{aligned}\right\} \tag{3-10}$$

由式(3-10)列出真值表(见表 3.17),其中的输入 $B_8B_4B_2B_1$ 是 8421 码(0000～1001),输出 $G_8G_4G_2G_1$ 则是格雷码。

格雷(Gray)码是一种具有一定抗误码能力的编码,格雷码的码组中任何两个相邻代码(或称码字)只有一位不同,这有利于减少干扰。数字电路中,信号在跳变时会产生尖峰脉冲干扰。在很多情况下,数据逐步增大或减小。例如,在一个与正弦波的幅度成正比的数据系列中,前后两个数据之差为 1 的情况会经常发生。显然,用二进制码表示这样的数据,两个相邻的数据可能有多位发生改变。例如,8421 码从 0111 增加到 1000,4 位均发生了变化。但对应的格雷码分别为 0100 和 1100,4 位均中只有 G_8 位不同,这意味着尖峰干扰大大减少。格雷码的这一特点常用于计算机系统的某些输入转换设备中,能有效降低误码率。

表 3.17　8421 码-格雷码的真值表

B_8	B_4	B_2	B_1	G_8	G_4	G_2	G_1
0	0	0	0	0	0	0	0
0	0	0	1	0	0	0	1
0	0	1	0	0	0	1	1
0	0	1	1	0	0	1	0
0	1	0	0	0	1	1	0
0	1	0	1	0	1	1	1
0	1	1	0	0	1	0	1
0	1	1	1	0	1	0	0
1	0	0	0	1	1	0	0
1	0	0	1	1	1	0	1

(3) 键盘编码器

图 3.27 所示为一个键盘编码器,能将某一个按键的输入信号编为相应的 8421 码。10 个按键分别代表十进制数 0～9,按下某一按键表示输入对应的十进制数,再由编码电路将其转换为对应的 4 位二进制码。

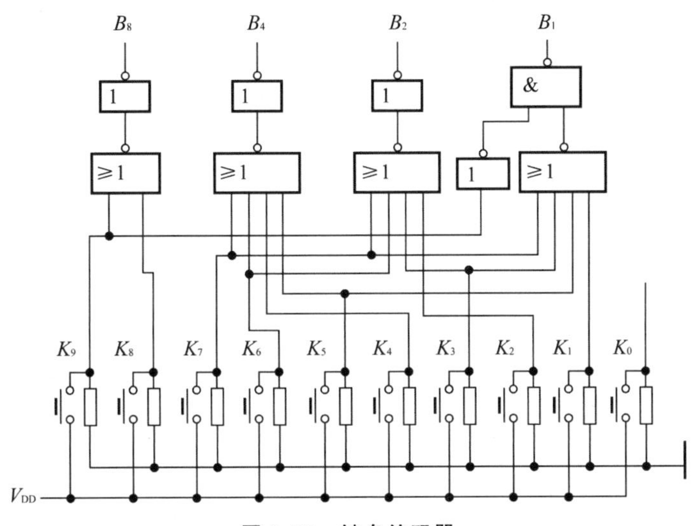

图 3.27　键盘编码器

图 3.27 中,按键未压下时,触点经电阻与地接通,向电路输入低电平;按键压下时,触点与电源 V_{DD} 接通,向电路输入高电平。设 $K_9 \sim K_0$ 为 10 个按键操作时对应的输入逻辑量,由图 3.27 可写出该译码器的输出逻辑表达式,即

$$\left.\begin{aligned} B_8 &= \overline{\overline{K_8 + K_9}} = K_8 + K_9 \\ B_4 &= \overline{\overline{K_4 + K_5 + K_6 + K_7}} = K_4 + K_5 + K_6 + K_7 \\ B_2 &= \overline{\overline{K_2 + K_3 + K_6 + K_7}} = K_2 + K_3 + K_6 + K_7 \\ B_1 &= \overline{\overline{(K_1 + K_3 + K_5 + K_7)K_9}} = K_1 + K_3 + K_5 + K_7 + K_9 \end{aligned}\right\} \qquad (3-11)$$

由式(3-11)可列出键盘译码器的真值表(见表 3.18)。可见,表 3.18 中的输出为 8421 码。图 3.28 中的 K_0 无论按下与否,电路的输出 $B_8B_4B_2B_1$ 均为 0000,故 K_0 与图 3.27 中任何一个门的输入端均不相连。

表 3.18　式(3-11)的真值表

K_9	K_8	K_7	K_6	K_5	K_4	K_3	K_2	K_1	K_0	B_8	B_4	B_2	B_1
0	0	0	0	0	0	0	0	0	1	0	0	0	0
0	0	0	0	0	0	0	0	1	0	0	0	0	1
0	0	0	0	0	0	0	1	0	0	0	0	1	0
0	0	0	0	0	0	1	0	0	0	0	0	1	1
0	0	0	0	0	1	0	0	0	0	0	1	0	0
0	0	0	0	1	0	0	0	0	0	0	1	0	1
0	0	0	1	0	0	0	0	0	0	0	1	1	0
0	0	1	0	0	0	0	0	0	0	0	1	1	1
0	1	0	0	0	0	0	0	0	0	1	0	0	0
1	0	0	0	0	0	0	0	0	0	1	0	0	1

必须说明的是,当用户同时按下两个键时,电路的输出可能发生错误。例如,同时按下

K_7 和 K_8，输出为 1111，既不代表 7，也不代表 8。为避免“二义性”，定义多键同时按下时，取代表的十进制数较大的键为有效键。因此，当 K_7 和 K_8 同时按下时，认定为仅有 K_8 按下，电路应输出 1000。实现这一编码功能的编码电路称为优先编码器，其电路如图 3.28 所示。由图 3.28 可以写出各输出的逻辑表达式如下：

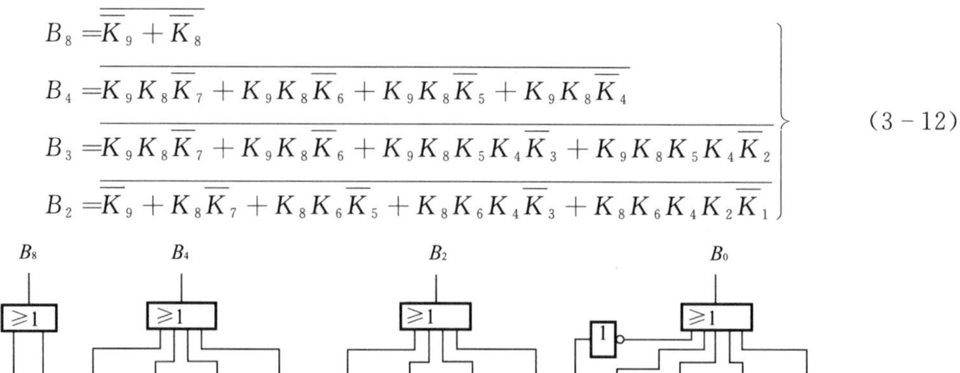

$$\left.\begin{aligned}
B_8 &= \overline{\overline{K}_9 + \overline{K}_8} \\
B_4 &= \overline{K_9K_8\overline{K}_7 + K_9K_8\overline{K}_6 + K_9K_8\overline{K}_5 + K_9K_8\overline{K}_4} \\
B_3 &= \overline{K_9K_8\overline{K}_7 + K_9K_8\overline{K}_6 + K_9K_8K_5K_4\overline{K}_3 + K_9K_8K_5K_4\overline{K}_2} \\
B_2 &= \overline{\overline{K}_9 + K_8\overline{K}_7 + K_8K_6\overline{K}_5 + K_8K_6K_4\overline{K}_3 + K_8K_6K_4K_2\overline{K}_1}
\end{aligned}\right\} \qquad (3-12)$$

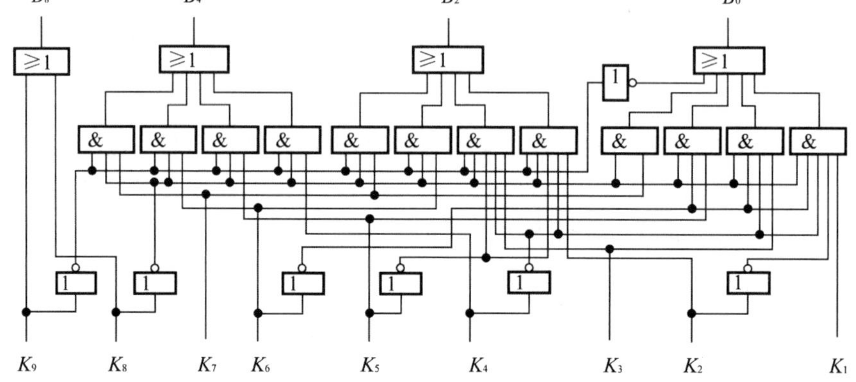

图 3.28 优先编码器电路图

由式(3－12)可列出真值表(见表 3.19)。表 3.19 中 φ 为任意值，在 10 个输入 $K_9 \sim K_0$ 中，只要下标较大的为 1，则不管下标较小的为何值，均以下标较大者所代表的 8421 码作为输出，从而实现了优先编码。常见集成电路有 74147 和 74148，CMOS 定型产品 74HC147 和 74HC148，它们在逻辑功能上没有区别，只是电性能参数不同。

表 3.19 式(3－12)的真值表

K_9	K_8	K_7	K_6	K_5	K_4	K_3	K_2	K_1	K_0	B_8	B_4	B_2	B_1
0	0	0	0	0	0	0	0	0	1	0	0	0	0
0	0	0	0	0	0	0	0	1	ϕ	0	0	0	1
0	0	0	0	0	0	0	1	ϕ	ϕ	0	0	1	
0	0	0	0	0	0	1	ϕ	ϕ	ϕ	0	0	1	1
0	0	0	0	0	1	ϕ	ϕ	ϕ	ϕ	0	1	0	
0	0	0	0	1	ϕ	ϕ	ϕ	ϕ	ϕ	0	1	0	1
0	0	0	1	ϕ	ϕ	ϕ	ϕ	ϕ	ϕ	0	1	1	
0	0	1	ϕ	ϕ	ϕ	ϕ	ϕ	ϕ	ϕ	0	1	1	1
0	1	ϕ	ϕ	ϕ	ϕ	ϕ	ϕ	ϕ	ϕ	1	0	0	
1	ϕ	ϕ	ϕ	ϕ	ϕ	ϕ	ϕ	ϕ	ϕ	1	0	0	1

(4) 总线收发器

在计算机中,总线是各种数据的公共传输通道。总线收发器的功能是通过总线发送和接收数据。图 3.29 所示为 8 位总线收发器的示意图,其中 EN 为收发允许控制信号:EN=0 时,允许数据传输;EN=1 时,A、B 端呈高阻态,总线可用于其他部件之间的数据传输。DIR 为数据传输方向控制信号,DIR=0 时,总线上的数据可从 B 端传到 A 端;DIR=1 时,A 端的数据可传到总线上。常见总线收发器集成电路有 4 总线缓冲门 74125、8 总线缓冲门 74244 以及 8 总线双向传送接收器 74245。

图 3.30 所示为 1 位总线收发器的逻辑电路。G_1、G_2 为三态门,当要求数据从 B 端传到 A 端时,G_2 门开通,G_1 门呈高阻态;反之,当要求数据从 A 端传到 B 端时,G_1 门开通,G_2 门呈高阻态;当要求 A、B 端呈高阻态时,G_1、G_2 门都不能开通;不允许 G_1、G_2 门同时开通。该电路中控制逻辑的任务就是将输入 DIR 和 EN 转换为控制 G_1、G_2 门开通与否的输出信号。由图 3.20 可知:

$$G_1 = \overline{\overline{\mathrm{EN}} \cdot \mathrm{DIR}}, \qquad G_2 = \overline{\overline{\mathrm{EN}} \cdot \overline{\mathrm{DIR}}} \tag{3-13}$$

由式(3-13)列出 G_1、G_2 的真值表(见表 3.20)。

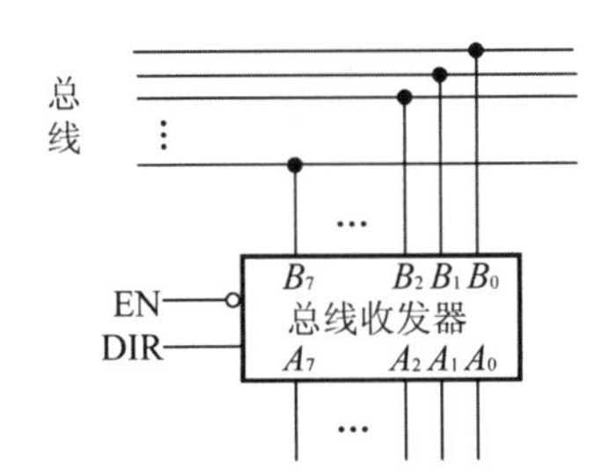

图 3.29 8 位总线收发器示意图

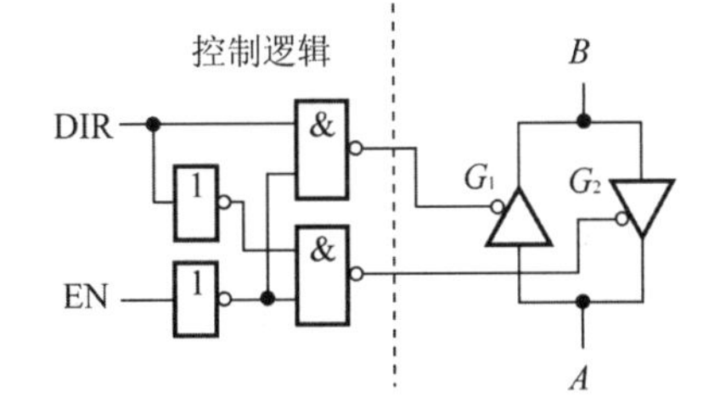

图 3.30 1 位总线收发器电路

表 3.20 控制逻辑的真值表

输入		输出		功能说明
EN	DIR	G_1	G_2	
0	0	1	0	G_1 门呈高阻态,G_2 门开通
0	1	0	1	G_2 门呈高阻态,G_1 门开通
1	0	1	1	G_1、G_2 门呈高阻态
1	1	1	1	G_1、G_2 门呈高阻态

由表 3.20 可以看出,该电路实现了所期望的功能。要实现多位数据的收/发传输,只须将图 3.30 虚线右边的电路重复多次,并共用控制逻辑的输出信号即可。图 3.31 所示为 8 总线

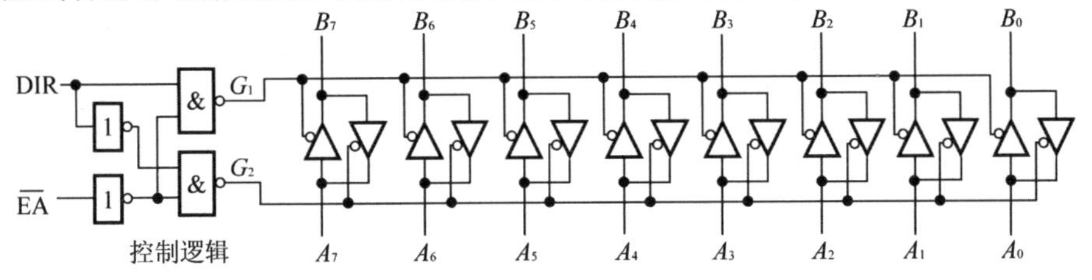

图 3.31 74245 的内部逻辑电路图

双向传送接收器 74245 的内部逻辑电路图,其中 $\overline{EA}$ 表示低电平有效。

3.3 组合逻辑电路设计

组合逻辑电路分析是已知逻辑电路图,求出该电路能实现的功能。与此相反,组合逻辑电路设计是根据给定的逻辑命题设计出能实现其功能的逻辑电路。通常,逻辑命题是用文字表达的一个具有固定因果关系的事件,如果能导出描述其功能的逻辑函数,就很容易用逻辑门实现该命题。因此,正确理解和分析逻辑命题,求出逻辑函数,是组合逻辑电路设计的关键。

本节以一个简单的逻辑命题为例,引入组合逻辑电路的设计流程。

例 3-4 设计一个判断 4 位二进制数是否大于 9 的电路,在计算机的运算器中,此功能用于将十六进制数调整为十进制数的操作中。

解:

第 1 步,分析命题,规划待设计电路的基本框架。

由命题可知,当前的结果仅与当前输入的数有关,与之前的输入和输出无关,这是一个典型的组合逻辑。要设计的电路需要 4 个输入端,分别记为 D、C、B、A,用于输入 4 位二进制数;需要 1 个输出端,记为 F,用于输出判断结果。

第 2 步,建立描述问题的逻辑函数。

首先,需要约定所有输入量、输出量的值的含义。对于输入量 D、C、B、A,令其分别代表 4 位二进制数由高到低的各个位,该位为 1 表示输入高电平 1,为 0 表示输入低电平 0。令输出量 $F=1$ 时表示“大于”,$F=0$ 时表示“不大于”。由此,可列出描述问题的真值表(见表 3.21)。由真值表可写出函数 F 的最小项表达式,即

$$F=\sum m(10,11,12,13,14,15) \tag{3-14}$$

第 3 步,化简逻辑函数。

显然,式(3-14)可以直接用门电路实现,但所需的逻辑门较多,且需要为每个输入量提供反变量,因而线路复杂,成本高。因此,需要对 F 化简,求出最简表达式。

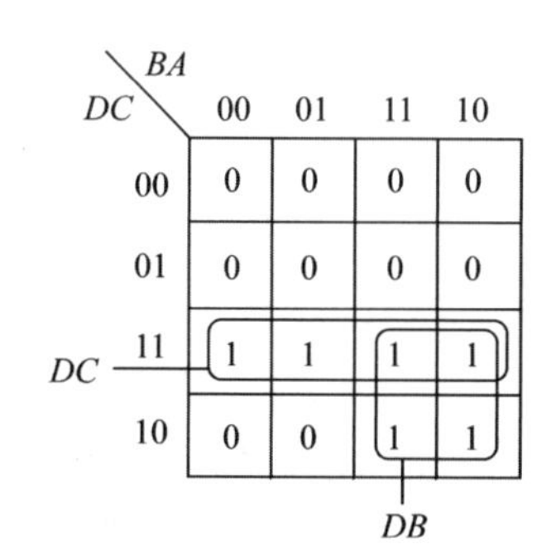

图 3.32 式(3-14)卡诺图

化简方法有公式法和卡诺图法。当输入变量不超过 4 个时,宜采用操作直观的卡诺图法。由表 3.21 作出卡诺图(见图 3.32),然后在卡诺图上进行化简即可得到

$$F=DC+DB \tag{3-15}$$

第 4 步,画出具体电路。

按照式(3-15)画出电路,如图 3.33 所示。有时,希望通过用同类型的逻辑门来实现某逻辑功能。对式(3-15)作如下变换:

$$F=\overline{\overline{DC+DB}}=\overline{\overline{DC}\,\overline{DB}} \tag{3-16}$$

按式(3-16),所需功能全部由“与非”门实现,如图 3.34 所示。**注意:**式(3-15)和

式(3-16)中均不含变量 A,即无论 A 取何值均不影响判断果,画图时不予考虑。

表 3.21 例 3-4 的真值表

D	C	B	A	F
0	0	0	0	0
0	0	0	1	0
0	0	1	0	0
0	0	1	1	0
0	1	0	0	0
0	1	0	1	0
0	1	1	0	0
0	1	1	1	0
1	0	0	0	0
1	0	0	1	0
1	0	1	0	1
1	0	1	1	1
1	1	0	0	1
1	1	0	1	1
1	1	1	0	1
1	1	1	1	1

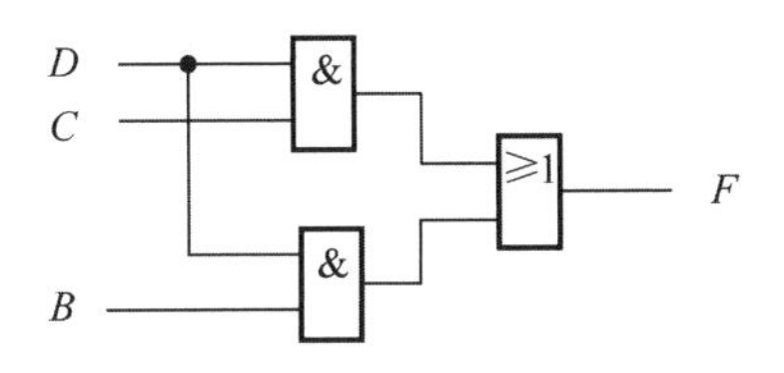

图 3.33 按式(3-14)画出电路

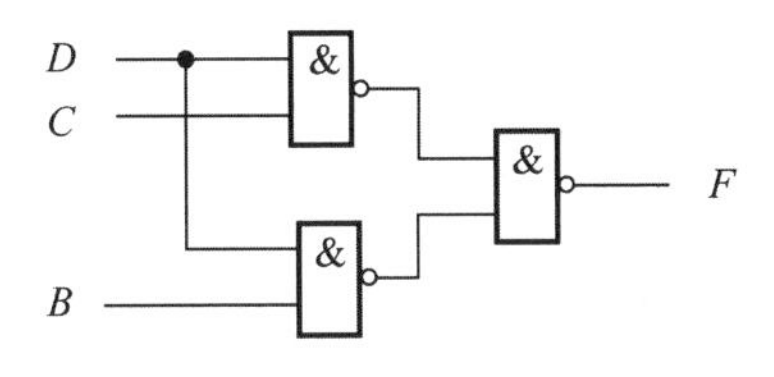

图 3.34 按式(3-15)画出电路

通过例 3-4,可以归纳出组合逻辑电路设计的一般步骤及方法如下:

(1) 分析实际逻辑问题

对命题作全盘分析,特别注意不要遗漏细节。首先,判断问题是否为组合逻辑,如果不是组合逻辑,则不能用组合逻辑方法求解;其次,确定待设计的电路需要多少输入端、多少输出端,并明确各自的用途。

(2) 建立逻辑函数

规定各输入端和输出端上出现高电平或低电平时分别代表什么含义。对于二进制数,常用 1 代表高电平,用 0 代表低电平。列出真值表,由真值表写出最小项之和(或最大项之积)形式的逻辑表达式。

(3) 化简逻辑函数

根据题意,选择合适的化简方法,求出逻辑函数的最简表达式。

(4) 画出电路图

根据实际需要选择合适的逻辑门,对最简表达式作适当变换,按变换后的逻辑表达式画出电路图。

3.4 设计方法的灵活运用

3.3 节中介绍的组合逻辑电路的设计步骤直观、规范,具有一般性。实际应用中遇到的问题却是千变万化的,目前计算机部件的逻辑规模巨大,逻辑关系极为复杂。设计者应根据问题的复杂程度和积累的经验,采取灵活的方法。

数字逻辑电路的设计目标:在保证满足功能和性能要求的前提下,使用尽可能少的逻辑元件,以降低硬件成本和系统功耗。

3.4.1 逻辑代数法

在建立逻辑表达式时,灵活地运用逻辑表达式的形式,往往会降低设计难度,使设计结果更合理。

例 3-5 设计一个数值比较器,能比较两个 2 位二进制正整数的大小。

解:

第 1 步,分析实际逻辑问题,规划电路框架。

设两个 2 位二进制正整数为 $X=X_1X_2$,$Y=Y_1Y_2$,比较结果用一个输出端 Z 指示。当 $X \geqslant Y$ 时,输出 Z 为高电平 1,否则 Z 为低电平 0。待设计的电路有 4 个输入端,1 个输出端。

第 2 步,建立逻辑函数。

根据题意列真值表,即表 3.22。由表 3.22 可知,Z 为 0 的项较少,故按最大项之积的形式写出的逻辑表达式较简单:

$$Z=\prod M(1,2,3,6,7,11) \tag{3-17}$$

第 3 步,化简逻辑函数。

按照上述思路,我们感兴趣的是最小项取值为 0 的方格,故在画卡诺图时,取值为 1 的最小项方格不用标注,如图 3.35 所示。然而,按 0 方格合并得到的项是 Z 的反函数,即

$$\overline{Z}=\overline{X}_1Y_1+\overline{X}_1\overline{X}_2Y_2+\overline{X}_2Y_1Y_2 \tag{3-18}$$

对式(3-17)两边取反,就能得到 Z 的原函数,即

$$Z=\overline{\overline{X}_1Y_1+\overline{X}_1\overline{X}_2Y_2+\overline{X}_2Y_1Y_2} \tag{3-19}$$

或

$$Z=\overline{\overline{\overline{X}_1Y_1}\,\overline{\overline{X}_1\overline{X}_2Y_2}\,\overline{\overline{X}_2Y_1Y_2}} \tag{3-20}$$

$$Z=(X_1+\overline{Y}_1)(X_1+X_2+\overline{Y}_2)(X_2+\overline{Y}_1+\overline{Y}_2) \tag{3-21}$$

第 4 步,画出电路图。

式(3-19)~式(3-21)均可由相应的门电路实现,如图 3.36 所示。究竟采用哪一种方案合适,要视具体情况而定。当使用小规模集成逻辑门器件时,希望某一局部功能尽量集中在同一个芯片中,以缩短连接导线,减少导线间的干扰,缩短传输延时。目前,标准小规模逻辑门器件大都将同一类型的几个门制作在同一个芯片中,此时应采用图 3.36(b)所示的电路形式。然而,目前广泛采用可编程逻辑门阵列器件(Programmable Logic Device,PLD)来实现数字系

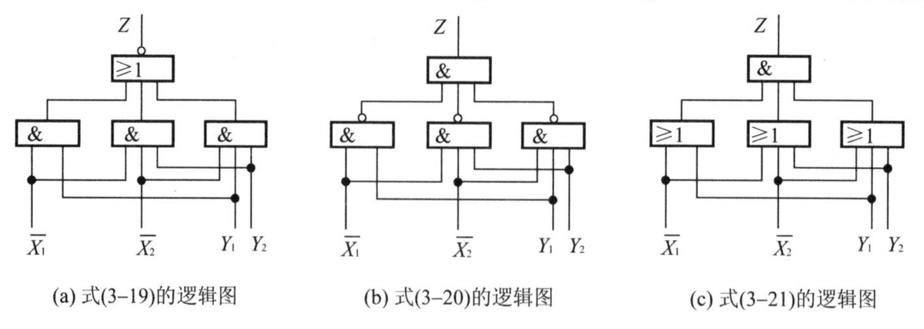

(a) 式(3-19)的逻辑图　(b) 式(3-20)的逻辑图　(c) 式(3-21)的逻辑图

图 3.36 用 3 种形式实现例 3-5

统,在一个芯片中有大量的、不同类型的逻辑门可用,设计者不必强调门的类型一致,而应着重考虑电路运行的稳定性、可靠性和速度,力求用较少的门达到设计目标。

表 3.22 例 3-5 的真值表

X_1	X_2	Y_1	Y_2	Z
0	0	0	0	1
0	0	0	1	0
0	0	1	0	0
0	0	1	1	0
0	1	0	0	1
0	1	0	1	1
0	1	1	0	0
0	1	1	1	0
1	0	0	0	1
1	0	0	1	1
1	0	1	0	1
1	0	1	1	0
1	1	0	0	1
1	1	0	1	1
1	1	1	0	1
1	1	1	1	1

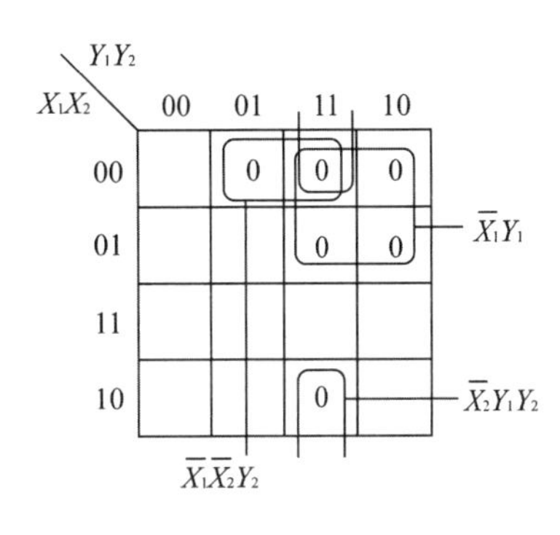

图 3.35 例 3-5 的卡诺图

由图 3.36 可知,输入量采用了反变量。在很多场合,信号源能同时提供原变量和反变量。但是,当信号源不能提供这些反变量时,就不得不使用“非”门来求反。这样做,一是需要的门数增加,二是门的插入会引入传输时延,导致 X 和 Y 信号传输到终端的耗时不一致,使电路的稳定性下降。在某些情况下,对逻辑函数作适当变换可减小输入反变量。

例如,函数 $F=\overline{A}B+B\overline{C}+A\overline{B}C$,虽然已经是最简“与非”表达式,但在实现时,各变量都需要反变量。对 F 作变换后,如下经变换后的表达式就不存在反变量了:

$$\begin{aligned} F &= B(\overline{A}+\overline{C})+AC\overline{B} \\ &= B(\overline{A}+\overline{B}+\overline{C})+AC(\overline{A}+\overline{B}+\overline{C}) \\ &= B\overline{ABC}+AC\overline{ABC} \end{aligned} \tag{3-22}$$

3.4.2 利用无关项简化设计

2.5 节中对无关项进行了描述。设一个组合逻辑有 m 个输入量,这些输入量的取值共有 2^m 个。在某些实际问题中,有些取值根本不会出现,或即使出现了也可忽略。利用这一现象,可简化逻辑设计。

例 3-6 水箱水位高度指示器如图 3.37 所示。D、C、B、A 是四个探测针,各探针间的距离均为 1 m。当水与某针接触时,该针上产生低电平,否则该针上产生高电平。设计一个组合逻辑,以 D、C、B、A 为输入量,输出高度值 $Y=Y_2Y_1Y_0$(3 位二进制数)。

解:

第 1 步,规划电路框架。

要设计的电路有 4 个输入端,3 个输出端,如图 3.38 所示。这是一个多输出组合逻辑电路,在逻辑设计的实际问题中大量存在。

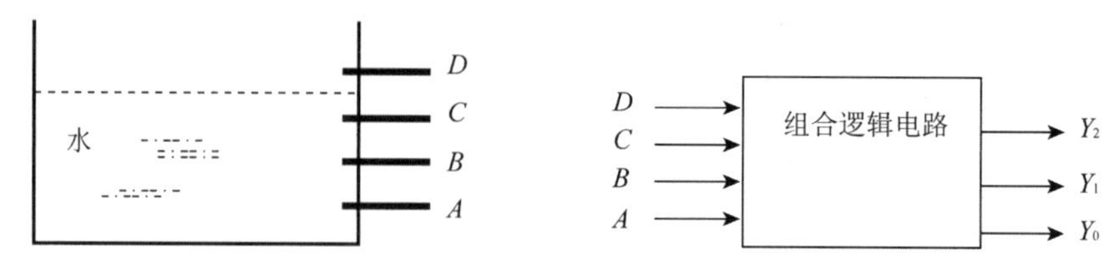

图 3.37 水位探测示意图　　图 3.38 水位指示逻辑的电路框架

现在研究输入量的取值范围,4 个输入量可以表示的值有 16 种,但在本问题中只有 5 种可能的取值(如表 3.23 所列),即 $DCBA=\{0000,1000,1100,1110,1111\}$。其余的值不会出现,将其作为无关项考虑。

表 3.23 水位高度与输入、输出量之间的关系

水位高度/m	输入				输出		
	D	C	B	A	Y_2	Y_1	Y_0
4	0	0	0	0	1	0	0
3	1	0	0	0	0	1	1
2	1	1	0	0	0	1	0
1	1	1	1	0	0	0	1
0	1	1	1	1	0	0	0

第 2 步,建立逻辑函数。

对于多输出组合逻辑,在真值表中应将全部输出量一一列出。对于无关项,输出量可任意指定,用 Φ 标记,其真值表见表 3.23。由真值表得出,各输出量的逻辑表达式如下:

$$\left.\begin{aligned} Y_2 &= m_0 + \sum\Phi(1,2,3,4,5,6,7,9,10,11,13) \\ Y_1 &= m_8 + m_{12} + \sum\Phi(1,2,3,4,5,6,7,9,10,11,13) \\ Y_0 &= m_8 + m_{14} + \sum\Phi(1,2,3,4,5,6,7,9,10,11,13) \end{aligned}\right\} \tag{3-23}$$

式(3-23)中,用 Φ 表示的最小项值是无关项。

第 3 步,化简逻辑函数,画出电路图。

为求出全部输出的逻辑表达式,对每一输出都要作出对应的卡诺图,如图 3.39 所示。在合并方格时,Φ 既可视为 0,也可视为 1,怎样对化简有利就怎样确定。

化简结果为

$$\left.\begin{aligned} Y_2 &= \overline{D} \\ Y_1 &= D\overline{B} \\ Y_0 &= B\overline{A} + D\overline{C} = \overline{\overline{B\overline{A}}\,\overline{D\overline{C}}} \end{aligned}\right\} \tag{3-24}$$

由式(3-24)画出如图 3.40 所示的电路图。

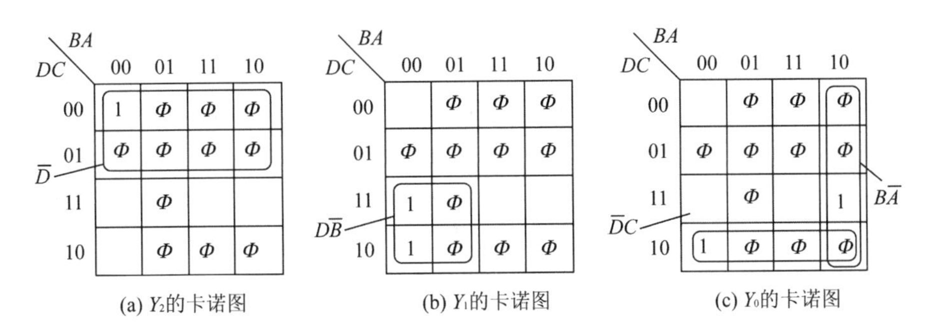

图 3.39　例 3-6 的卡诺图

表 3.24　例 3-6 的真值表

D	C	B	A	Y_2	Y_1	Y_0
0	0	0	0	1	0	0
0	0	0	1	ϕ	ϕ	ϕ
0	0	1	0	ϕ	ϕ	ϕ
0	0	1	1	ϕ	ϕ	ϕ
0	1	0	0	ϕ	ϕ	ϕ
0	1	0	1	ϕ	ϕ	ϕ
0	1	1	0	ϕ	ϕ	ϕ
0	1	1	1	ϕ	ϕ	ϕ
1	0	0	0	0	1	1
1	0	0	1	ϕ	ϕ	ϕ
1	0	1	0	ϕ	ϕ	ϕ
1	0	1	1	ϕ	ϕ	ϕ
1	1	0	0	0	1	0
1	1	0	1	ϕ	ϕ	ϕ
1	1	1	0	0	0	1
1	1	1	1	0	0	0

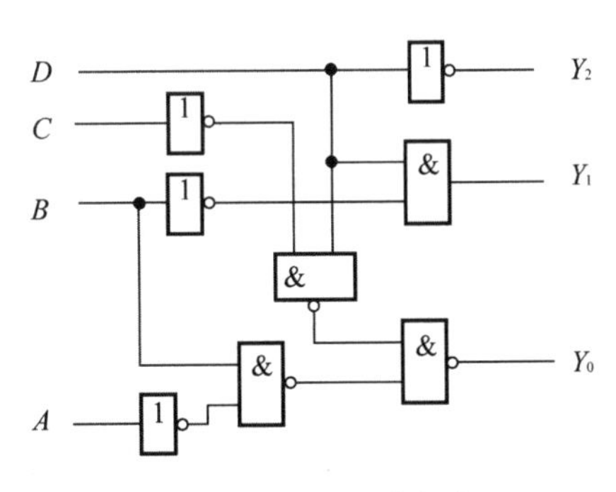

图 3.40　例 3-6 的电路图

必须指出，利用无关项简化设计，得到正确输出的前提条件是输入量不出现异常值。但实际情况是复杂的，比如图 3.37 中的探针被腐蚀、引线脱落或电磁干扰等，可能会导致输入量异常。例如，当探针 B 的引线脱落，水位达到 4 m 时的输入为 $DCBA=1101$，代入式(3-23)有 $Y_2Y_1Y_0=010$，即水位错误地指示为 2 m。因此，设计者应认真分析问题的起因及后果，谨慎使用。

3.4.3　分析设计法

由真值表建立给定问题的逻辑表达式，对全部输入、输出变量进行了无遗漏的枚举，是一种规范、直观的方法。但是，当输入变量较多时，列出完整的真值表是一件十分麻烦的事，而且化简也相当困难。在实际中，很多问题具有明显的规律性。对其加以分解，找出其中的基本操作步骤，对各步骤用逻辑电路予以实现，再把它们有机地结合为一个整体，是解决问题的有效方法。下面举例说明。

例 3-7 设计一个乘法器,实现两个 2 位二进制数相乘。

解:

乘法器是计算机的运算器中实现算术乘法运算的重要逻辑电路。如果用逻辑意义上的"1"和"0"分别表示算术意义上的数值 1 和 0,用"×"表示算术意义上的"乘","·"表示逻辑意义上的"与",则 1 位二进制数的算术乘法运算与逻辑运算的对应关系如下:

算术运算	对应的逻辑运算
0×0=0	0·0=0
0×1=0	0·1=0
1×0=0	0·1=0
1×1=1	1·1=1

这说明,一位二进制数的算术乘对应于逻辑"与"。多位二进制数的代数乘又是怎样的呢?现以两个 2 位二进制数相乘为例进行说明。

设两个乘数分别为 A_1A_0 和 B_1B_0。两个 2 位二进制数相乘,其积最多为 4 位,设为 $M_3M_2M_1M_0$。用手工演算乘法的过程如图 3.41 所示。仿照手工演算过程,可画出如图 3.42 所示逻辑电路。图 3.42 中上部的 4 个"与"门用于实现第一步和第二步运算时产生的四个"与"项;2 个半加器用于实现第三步运算。

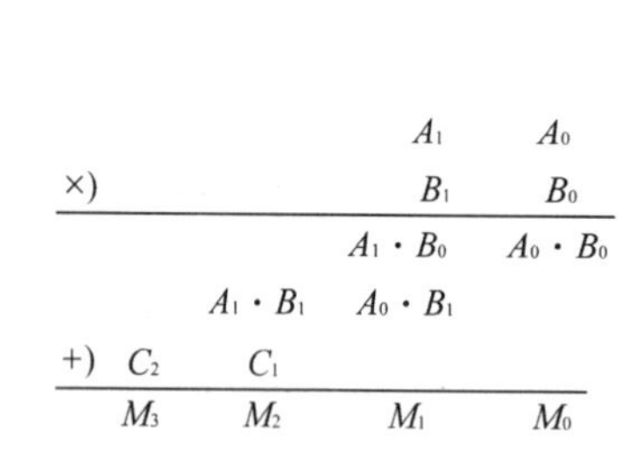

图 3.41 手工演算乘法的过程

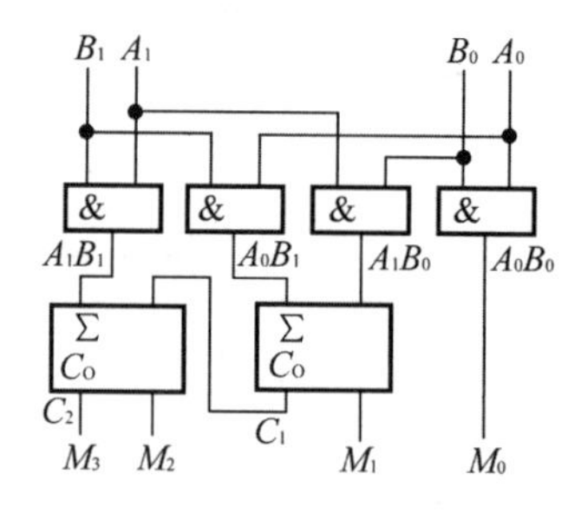

图 3.42 2 位二进制算术乘法电路

注意:上述计算中的"+"表示算术意义上的"加",乘法演算过程如下:

① 拿 B_0 去"×"A_0,其乘积为 $A_0 \cdot B_0$;接着又拿 B_0 去"×"A_1,其乘积为 $A_1 \cdot B_0$。

② 拿 B_0 分别去"×"A_0 和 A_1,分别得到积 $A_0 \cdot B_1$ 和 $A_1 \cdot B_1$;

③ 做"+"运算。结果:$M_0=A_0B_0$;M_1 是两个一位二进制数 B_0A_1 和 B_1A_0 相"+",可用半加器实现,且产生进位 C_1;类似地,M_2 也是两个一位二进制数(B_1A_1 和 C_1)相"+"的"和",也用半加器实现,且产生进位 C_2;$M_3=C_2$。

3.5 组合逻辑电路的险象

前面已经提及,信号经过逻辑门会产生延时。不仅如此,信号经过导线也会产生延时。延时的大小与信号经历的门数及导线的尺寸有关。因此,输入信号经过不同的途径到达输出端需要的时间也不同。这一因素不仅会使数字系统的工作速度减缓,使信号的波形参数变坏,而且还会在电路中产生所谓"竞争-冒险"现象,严重时甚至使系统无法正常工作。在高速数字电路中,尤其不可忽视这个问题。

3.5.1 险象的产生与分类

什么是险象？下面通过具体电路进行讨论。设有逻辑函数：

$$F = AB + \overline{A}C \tag{3-25}$$

用“与非”门实现的电路如图 3.43(a)所示。设输入信号 $B=1$，$C=1$，A 在 t_1 时刻由 1 跳变到 0。

先讨论门电路没有延时的理想工作情况，如图 3.43(b)所示。在 A 下跳的同时，q、p 信号上跳，s 信号下跳。F 信号是 q、p 信号与非运算的结果，在任何时刻，q、p 中总有一个为 0，故 F 恒为 1。因已假设跳变不需要时间，故 t_1 时刻 F 的值不予考虑。

上述理想情况在实际中并不存在。实际的逻辑门电路都有延时，记为 t_{PD}。因此，考虑 t_{PD} 后的工作波形如图 3.43(c)所示。q 和 p 信号分别来自于 G_2 和 G_1 门，要等到 t_2 时刻才能跳变为 1；从 A 到 s 经历了 G_1 和 G_3 两个门，则 s 信号要等到 t_3 时刻才能跳变为 0。q、s“与非”运算的结果将在 $t_2 \sim t_3$ 时间段为 0，此结果再经 G_4 延时 t_{PD} 后才能输出，故 F 信号在 $t_3 \sim t_4$ 时间段为 0。这与理想的情况不一致。以此作为驱动信号会导致后续逻辑电路产生误动作，其后果往往是严重的。

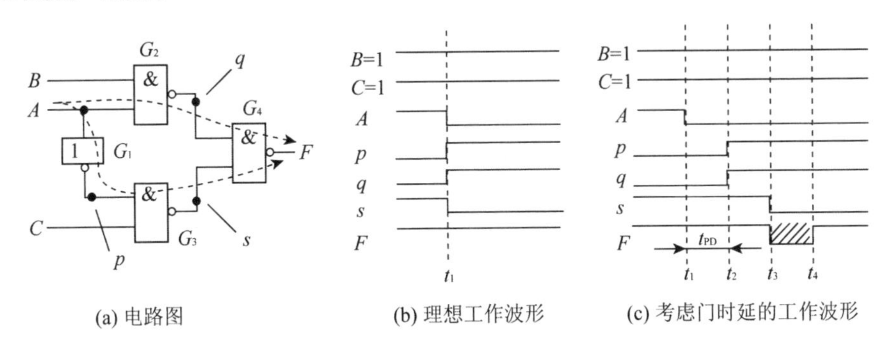

图 3.43 具有险象的逻辑电路及工作波形分析

这种现象产生的原因是，A 经过两条不同的途径传向输出端，在到达的时间上出现竞争。因两条途径的延时不同，结果输出短暂的错误脉冲，通常称为“毛刺”，即图 3.43(c)中带有阴影的脉冲。这种现象称为组合逻辑的“竞争-冒险”现象，简称险象。

按险象脉冲的极性，可将险象分为“0”型险象与“1”型险象。若险象脉冲为负极性脉冲，则称为“0”型险象；反之，若险象脉冲为正极性脉冲，则称为“1”型险象。图 3.43(c)中的险象即为“0”型险象。

按输入变化前后“正常的输出”是否应该变化，可将险象分为静态险象和动态险象。若输出本应静止不变，但险象使输出发生了不应有的短暂变化，则称为静态险象；反之，若在输出应该变化的情况下出现了险象，则称为动态险象。图 3.43(c)中的险象即为静态险象。

由以上分类和类型可组合成 4 种险象，如图 3.44 所示。

3.5.2 险象的判断与消除

为了消除险象，首先从逻辑功能的描述形式上判断险象是否存在。描述逻辑功能的形式有代数表达式、真值表和卡诺图。下面研究如何由代数表达式和卡诺图来判断险象并讨论其

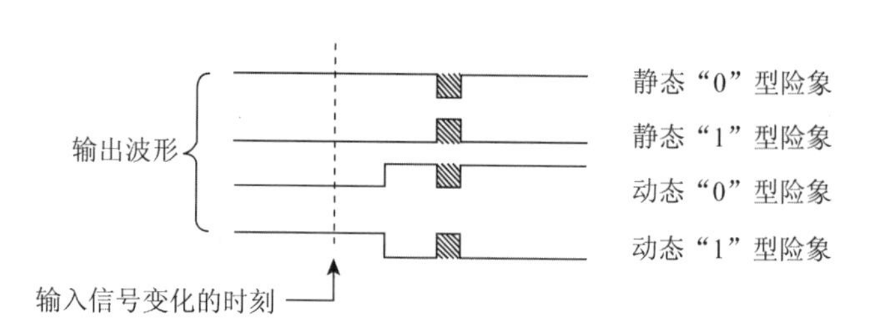

图 3.44　4 种组合险象示意图

消除方法。

1. 用代数法判断及消除险象

研究式(3-25),仍令 $B=1$、$C=1$ 保持不变,考察由于 A 变化产生的险象在式(3-25)上的表现形式。将 $B=1$、$C=1$ 代入式(3-25),有

$$F=A\cdot 1+\overline{A}\cdot 1=A+\overline{A} \tag{3-26}$$

式(3-26)表明,当不考虑门的延时时,$F=1$,与理想的结果一致。但若考虑“非”门的延时,则 A 与 $\overline{A}$ 在跳变点不能对齐,于是产生了险象。对式(3-26)作如下变换:

$$F=\overline{\overline{\overline{A}+\overline{\overline{A}}}}=\overline{\overline{A}A} \tag{3-27}$$

式(3-26)与式(3-27)中出现 $x+\bar{x}$ 或 $x\cdot\bar{x}$ 形式的项,这样的项会产生险象。这一结论具有一般性。由此,可以得到判断险象的方法如下:

对于逻辑表达式 $F(x_n,\cdots,x_i,\cdots,x_1)$,考察 $x_i(i=n,n-1,\cdots,1)$ 变化、其他量不变时是否产生险象,则将其他量的固定值代入式 $F(x_n,\cdots,x_i,\cdots,x_1)$ 中。若得到的表达式含有形如 $x_i+\bar{x}_i$ 或 $x_i\bar{x}_i$ 形式的项,则该逻辑表达式可能产生险象。

例 3-8　判断函数 $F=AB+\overline{A}C+A\overline{C}$ 描述的逻辑电路是否能产生险象。

解: 该函数含有 3 个变量,其中 A 和 C 同时存在原变量及反变量,它们的原变量及反变量分别出现在不同的最小项中。即 A、C 将通过不同的延时途径,最终由“或”门汇集起来。故电路中存在竞争,但能否产生险象尚须进一步判断。

① 考察变量 A。让 B、C 取不同的值,求 F 的表达形式,如表 3.25 所列。当 $B=1$、$C=1$ 时,$F=A+\overline{A}$,电路产生险象。

② 考察变量 C。让 A、B 取不同的值,求 F 的表达形式,如表 3.26 所列。无论 A、B 取何值,电路均不产生险象。

表 3.25　考察变量 A

B	C	F	险象?
0	0	A	
0	1	$\overline{A}$	
1	0	$A+A$	
1	1	$A+\overline{A}$	√

表 3.26　考察变量 C

A	B	F	险象?
0	0	C	
0	1	C	
1	0	$\overline{C}$	
1	1	1	

例 3-8 说明,竞争并不一定产生险象。产生险象的竞争称为临界竞争,不产生险象的竞

争称为非临界竞争。

如何消除险象？当 $BC=11$ 时本应有 $F=1$，但此时却有 $F=A+\overline{A}$。因此，若在函数中增加一个冗余项 BC，使函数表达式为

$$F=AB+\overline{A}C+A\overline{C}+BC \tag{3-28}$$

则就不再产生险象了，这是因为当 $B=1$、$A=1$ 时，式(3-28)中的 BC 项恒为1，无论其他项如何变化，恒有 $F=1$。

2. 用卡诺图法判断及消除险象

利用卡诺图可以更加直观地判断险象，并找出消除险象的方法。

仍以例3-8为例，作出卡诺图，如图3.45所示。在图3.45中，当 BC 不变时，能产生 A 及 $\overline{A}$ 的、值为1的最小项，该最小项分别落在两个“相切”的卡诺圈①、②内；当 AB 不变时，能产生 C 及 $\overline{C}$ 的、值为1的最小项，该最小项落在同一个卡诺圈②中。这说明，相切的卡诺圈会产生险象，这一结论具有一般性。现增加卡诺圈④(见虚线圈)，使①、②“连通”，即增加一个冗余项 BC，于是险象得以消除。最终得到图3.46所示的电路。

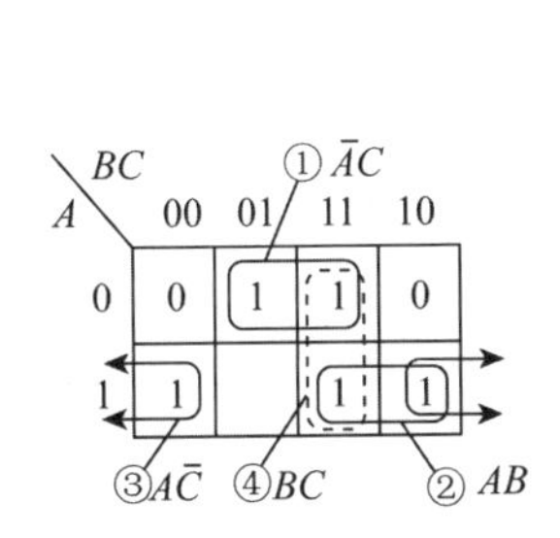

图3.45 例3-8的卡诺图

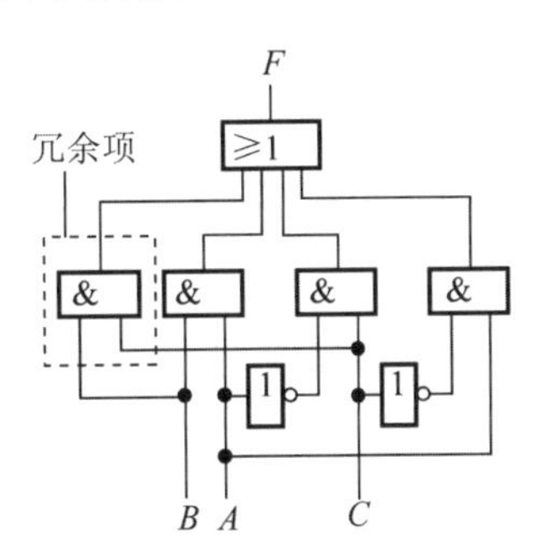

图3.46 例3-8的最终电路

例3-9 逻辑函数为 $F=DC\overline{B}+\overline{D}BA+DB\overline{A}$，试用卡诺图法消除电路中存在的险象。

解： 作出给定函数的卡诺图(见图3.47)。

图3.47中卡诺圈①、②相切，因此增加一个卡诺圈(见虚线圈)，使①、②连通。得到消除险象的函数表达式为式(3-29)，其最后一项为冗余项。

$$F=DC\overline{B}+\overline{D}BA+DB\overline{A}+\overline{D}CA \tag{3-29}$$

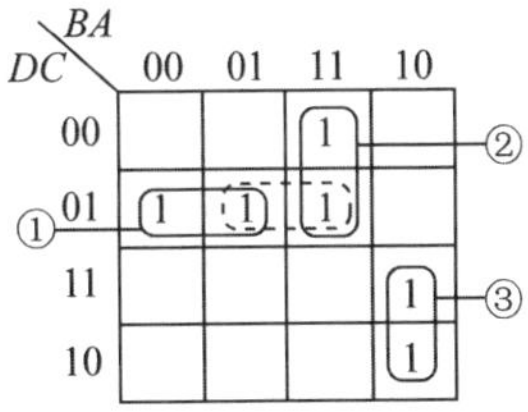

DC \ BA	00	01	11	10
00			1	
01	1	1	1	
11				1
10				1

图3.47 例3-9的卡诺图

3. 用选通法避开险象

前面的讨论仅局限于多个输入量中的某一个发生变化而产生险象的情况。在很多情况下，多个输入量会“同时”变化。这里的“同时”只是一种理想状态。若考虑导线的延时、元件参数的离散性等因素，希望“同时”变化的信号实际上总会有先有后；实际信号的变化率也不可能为无穷大。对于一个复杂的数字系统，要完全消除险象是非常困难的，或是需要付出高昂的代价的。

险象只是一种暂态过程，待电路进入稳态后，输出量即恢复成正确值。因此，使用一个选通脉冲，对稳态下的输出量取样就能避开险象，获得正确的输出。例如，在图3.43(a)中的输出端增加一个选通门，如图3.48(a)所示。在取样脉冲有效($T=1$)时，选通门的输出与 F 一

致,可作为电路的输出使用;当 $T=0$ 时,$G=0$,不予采用。只要取样脉冲有效期间发生在暂态期过后的稳态期 $t_5\sim t_6$,就能保证在 $t_5\sim t_6$ 期间得到正确的输出。

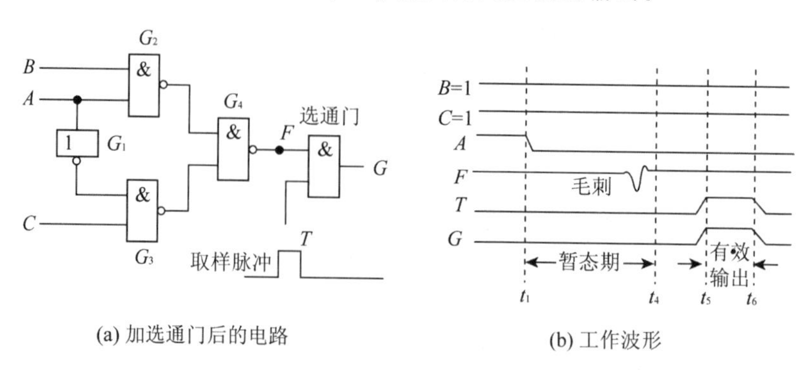

(a) 加选通门后的电路　　(b) 工作波形

图 3.48　用选通法避开险象

3.6　常用组合逻辑电路设计

3.6.1　8421 码加法器

8421 码加法器是实现十进制数相加的逻辑电路。8421 码用 4 位二进制数表示 1 位十进制数(0～9),4 位二进制码能表示 16 个编码,但 8421 码只利用了其中的 0000～1010 这 10 个编码,其余 6 个编码为非法编码。尽管利用率不高,但因人们习惯了十进制,所以 8421 码加法器也是一种常见的逻辑电路。

8421 码加法器与 4 位二进制数加法运算电路不同。这里是两个十进制数相加,和大于 9 时应产生进位。下面先研究 8421 码的加法运算规律,然后举例说明其设计方法。

设参与相加的量为被加数 X、加数 Y 及来自低位 8412 码加法器的进位 C_{-1}。设 X、Y 及 C_{-1} 按十进制相加,产生的和为 Z,进位为 W。X、Y、Z 均为 8421 码。

先将 X、Y 及 C_{-1} 按二进制相加,得到的和记为 S。显然,若 $S\leqslant 9$,则 S 本身就是 8421 码,S 的值与期望的 Z 值一致,进位 W 应为 0;但是,当 $S>9$ 时,S 不再是 8421 码。此时,须对 S 进行修正,取 S 的低四位按二进制加 6,丢弃进位,就能得到期望的 Z 值,而此时进位 W 应为 1。现举例演算如下:

① 设 $X=3$,$Y=5$,$C_{-1}=1$,则 $S=X+Y+C_{-1}=9$。因 $S\leqslant 9$,故 S 的值就是 Z 值,且 W 为 0。演算过程如下:

$$\begin{array}{r l}
0101 & \cdots\cdots X \\
0011 & \cdots\cdots Y \\
+\quad\quad 1 & \cdots\cdots C_{-1} \\
\hline
1001 & \cdots\cdots S
\end{array}
\xrightarrow{S\leqslant 9} \text{结果 } Z=S, W=0$$

② 设 $X=5$,$Y=9$,$C_{-1}=1$,则 $S=X+Y+C_{-1}=15$。因 $S>9$,故 S 的值不是 Z 值,须对 S 进行加 6 修正,而 W 应为 1,演算过程如下:

例 3-10　设计 8412 码加法器。

解:

```
       0101  …… X
       1001  …… Y
   +      1  …… C-1          S>9        1111  …… S的低4位
  ──────────                        +   0110  …… 6
       1111  …… S                    ──────────
                                       10101  …… Z  ──→ 结果 Z=0101
                                       ↑                     W=1
                                      丢弃
```

第 1 步,规划电路框架。

按上述思路,电路的框架如图 3.49 所示。图 3.49 中,C_3 是 X、Y 及 C_{-1} 按二进制相加产生的进位。“4 位二进制加法器”已在前面进行了详细讨论,因此本例的重点是“加 6 修正”电路的设计。

现在分析“加 6 修正”电路的功能:① 应能判断 $C_3S_3S_2S_1S$ 是否大于 9,以决定是“加 6”还是“加 0”;② 要有一个二进制加法器,被加数为 $C_3S_3S_2S_1S$,加数为 6 或 0。因为②所述及的仍然是二进制加法器,故完成设计的关键归结为实现①述及的功能,即“>9 判断逻辑”,其电路框架如图 3.50 所示。该电路有 5 个输入端,有一个判断结果输出端 R。

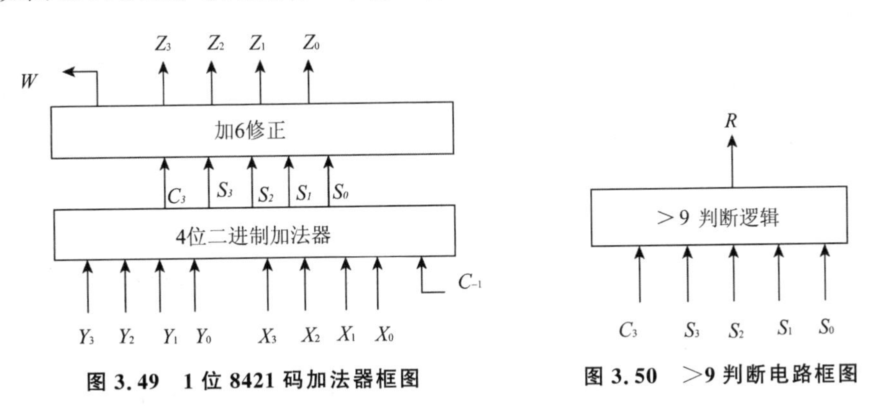

图 3.49　1 位 8421 码加法器框图　　**图 3.50　>9 判断电路框图**

第 2 步,建立逻辑函数。

现在建立图 3.50 所示电路的逻辑表达式。约定当输入量 $C_3S_3S_2S_1S>9$ 时,输出 R 为 1。据此列出真值表,见表 3.27。**注意**:表 3.27 中只列出了输入为 0~19 的情况,这是因为两个 1 位十进制数及进位 C_3 相加,其和不会超过 19。

因有 5 个输入量,故不使用卡诺图化简。这里结合分析法得出 R 的逻辑表达式。观察表 3.27,当输入>15 时,$C_3=1$,反之 $C_3=0$。因此,有

$$R=\underbrace{C_3}_{\text{保证输入大于15时}R=1}+\overline{C_3}\cdot\underbrace{\sum m(10,11,12,13,14,15)}_{\text{从}S_3S_2S_1S_0\text{中提取使}R=1\text{的项}}\tag{3-30}$$

第 3 步,化简逻辑函数。

由卡诺图化简式(3-30)中的 $\sum m(10,11,12,13,14,15)$ 项。作卡诺图,如图 3.51 所示。结合式(3-30),得到化简结果如下:

$$\begin{aligned}R&=C_3+\overline{C_3}(S_3S_2+S_3S_1)\\&=C_3+S_3S_2+S_3S_1\\&=\overline{\overline{C_3}\;\overline{S_3S_2}\;\overline{S_3S_1}}\end{aligned}\tag{3.31}$$

表 3.27　判断>9 逻辑的真值表

输入					输出	输入					输出
十进制数	C_3	S_3	S_2	S_1	S_0	R	十进制数	C_3	S_3	S_2	S_1	S_0	R
0	0	0	0	0	0	0	10	0	1	0	1	0	1
1	0	0	0	0	1	0	11	0	1	0	1	1	1
2	0	0	0	1	0	0	12	0	1	1	0	0	1
3	0	0	0	1	1	0	13	0	1	1	0	1	1
4	0	0	1	0	0	0	14	0	1	1	1	0	1
5	0	0	1	0	1	0	15	0	1	1	1	1	1
6	0	0	1	1	0	0	16	1	0	0	0	0	1
7	0	0	1	1	1	0	17	1	0	0	0	1	1
8	0	1	0	0	0	0	18	1	0	0	1	0	1
9	0	1	0	0	1	0	19	1	0	0	1	1	1

第 4 步,画出电路图。

现在的问题是,如何根据 R 的值产生 W 及加数 6 或 0。由表 3.28 可知,R 与 W 一致。而加数 6 对应的二进制数为 0110,故只须将 0110 中为“1”的位用 R 代替、为“0”的位接为固定低电平即可解决问题。最终得到的逻辑电路如图 3.52 所示。

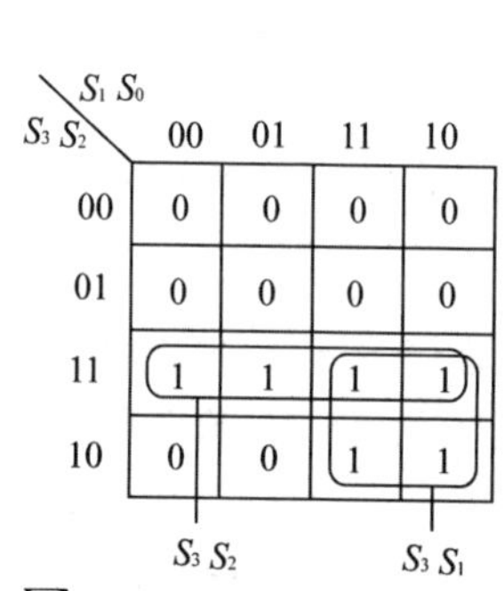

图 3.51　$\sum m(10,11,12,13,14,15)$ 的卡诺图

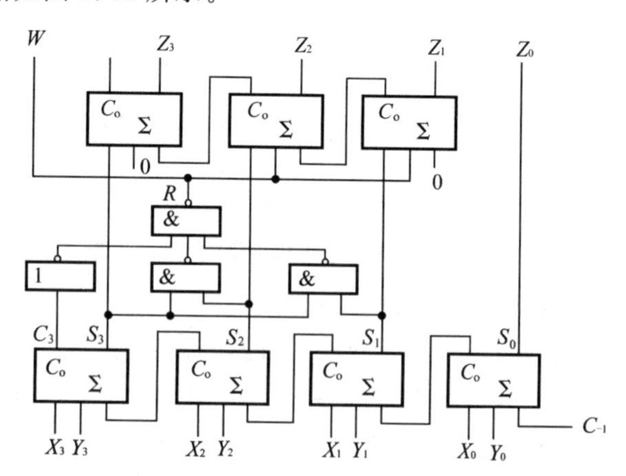

图 3.52　8421 码加法器的逻辑电路

3.6.2　七段译码器

在一些电子设备中,需要将 8421 码代表的十进制数显示在数码管上。七段译码电路框图如图 3.53 所示。数码管内的各个笔划段由 LED(发光二极管)制成。每一个 LED 均有一个阳极和一个阴极,当某 LED 的阳极接高电平、阴极接地时,该 LED 就会发光。对于共阴数码管,各个 LED 的阴极全部连在一起,接地;阳极由外部驱动,故驱动信号为高电平有效。共阳数码管则相反,使用时必须注意。图 3.53 中所使用的数码管即为共阴数码管。

七段译码器逻辑电路的功能是将一位 8421 BCD 码译为驱动数码管各电极的 7 个输出量 $a\sim g$。输入量 $DCBA$ 是 8421 码,$a\sim g$ 是 7 个输出端,分别与数码管上的对应笔划段相连(见图 3.53)。在 $a \sim g$ 中,输出为 1 的能使对应的笔划段发光,否则对应的笔划段熄灭。例如,要使数码管显示“0”字形,则 g 段不亮,其他段均点亮,即要求 $abcdefg=1111110$。h 为小数点,另用一条专线驱动,不参加译码。由此可作出七段译码器逻辑的真值表,见表 3.28。

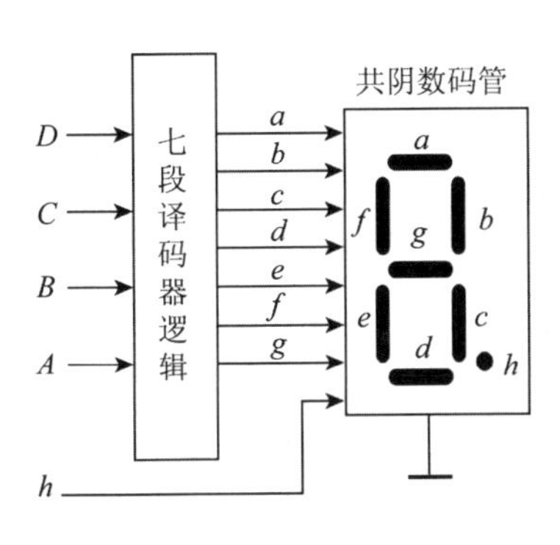

图 3.53 七段译码电路框图

表 3.28 七段译码器逻辑的真值表

输入					输出						
十进制数	8421码										
	D	C	B	A	a	b	c	d	e	f	g
0	0	0	0	0	1	1	1	1	1	1	0
1	0	0	0	1	0	1	1	0	0	0	0
2	0	0	1	0	1	1	0	1	1	0	1
3	0	0	1	1	1	1	1	1	0	0	1
4	0	1	0	0	0	1	1	0	0	1	1
5	0	1	0	1	1	0	1	1	0	1	1
6	0	1	1	0	1	0	1	1	1	1	1
7	0	1	1	1	1	1	1	0	0	0	0
8	1	0	0	0	1	1	1	1	1	1	1
9	1	0	0	1	1	1	1	1	0	1	1

对 7 个输出分别作出卡诺图,如图 3.54 所示。为简化设计,这里用卡诺圈圈定为 0 的最大项,并充分利用了无关项。注意图 3.54(e)中出现的相切卡诺圈,已被另一卡诺圈连通,险象被消除。

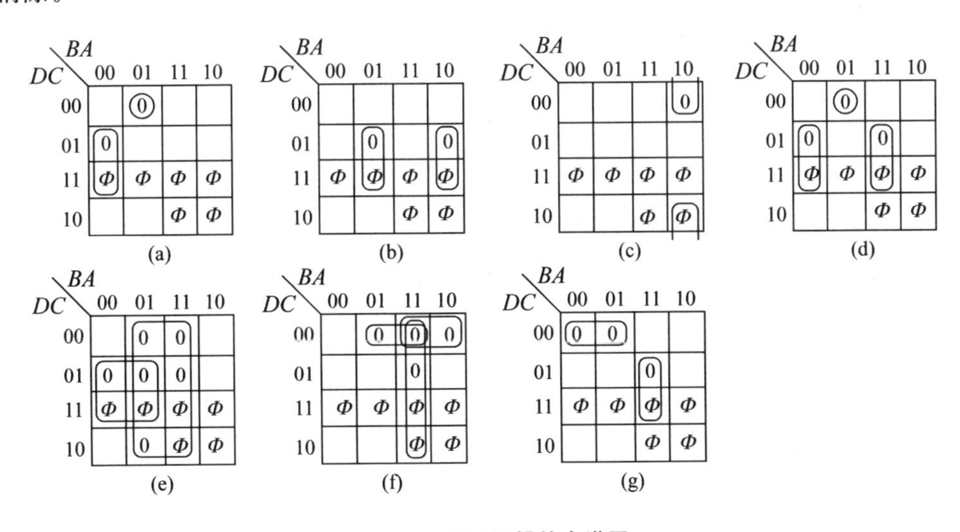

图 3.54 译码逻辑的卡诺图

化简结果如下:

$$\left.\begin{aligned}
a &= \overline{\bar{D}\bar{C}\bar{B}A + C\bar{B}\bar{A}} = \overline{\overline{\bar{D}\bar{C}\bar{B}A}\;\overline{C\bar{B}\bar{A}}} \\
b &= \overline{C\bar{B}A + CB\bar{A}} = \overline{\overline{C\bar{B}A}\;\overline{CB\bar{A}}} \\
c &= \overline{\bar{C}B\bar{A}} \\
d &= \overline{\bar{D}\bar{C}\bar{B}A + C\bar{B}\bar{A} + CBA} = \overline{\overline{\bar{D}\bar{C}\bar{B}A}\;\overline{C\bar{B}\bar{A}}\;\overline{CBA}} \\
e &= \overline{C\bar{B} + A} = \overline{C\bar{B}}\,\bar{A} \\
f &= \overline{BA + \bar{D}\bar{C}A + \bar{D}\bar{C}B} = \overline{BA}\;\overline{\bar{D}\bar{C}A}\;\overline{\bar{D}\bar{C}B} \\
g &= \overline{\bar{D}\bar{C}\bar{B} + CBA} = \overline{\overline{\bar{D}\bar{C}\bar{B}}\;\overline{CBA}}
\end{aligned}\right\} \tag{3-32}$$

电路实现见图 3.55。**注意**,图 3.55 中共用了式(3-32)中重复出现的最大项,节省了“与非”门数量。如果输入能提供反变量,则 4 个“非”门也可以省去。

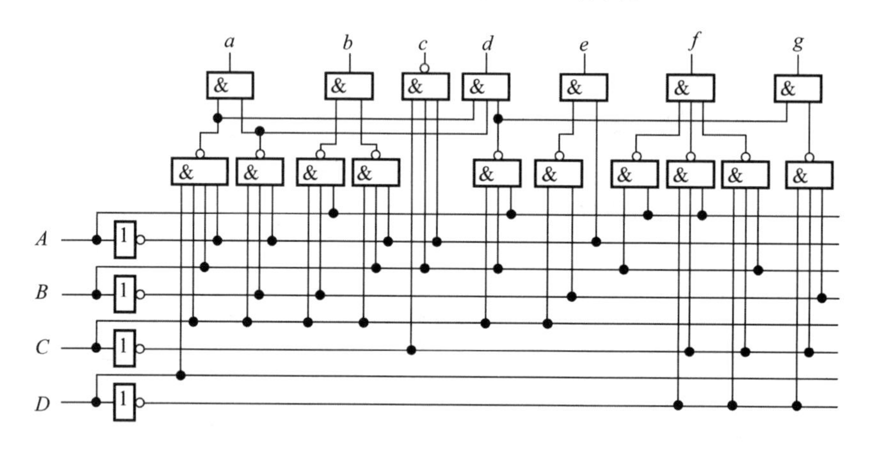

图 3.55 七段译码逻辑的电路实现

由于利用了无关项,当输入不是 8421 码时,显示结果或不是正常的数字形状,或是不希望出现的数字。例如,输入 $DCBA=1111$ 时,由式(3-32)算出:$abcdefg=1110000$,结果显示数字“7”。为克服此缺点,建议采用 9.2 节所提供的设计方法。

七段译码器有成品出售,如 7447(共阳极七段译码器)、7448(共阴极七段译码器)等。如果要用中小规模数字集成电路实现数字系统,则可选用这些器件。

3.6.3 多路选择器与多路分配器

多路选择器的功能:对输入的多路数据进行选择,让其中的某一路数据输出。图 3.56 所示为 4 路数据选择器的示意图,$D_3 \sim D_0$ 是 4 路输入,F 为输出,S_1S_0 是选择控制信号。输出与输入之间的关系如表 3.29 所列。

例如,当 $S_1S_0=00$ 时,D_0 从 F 端输出。

4 路选择器的输出逻辑表达式为

$$F = D_3S_1S_0 + D_2S_1\overline{S_0} + D_1\overline{S_1}S_0 + D_0\overline{S_1}\,\overline{S_0} \tag{3-33}$$

一般来说,N 个选择控制端可以对 2^N 路数据进行选择,其逻辑表达式为

$$F = \sum_{k=0}^{2^N-1} D_k m_k \tag{3-34}$$

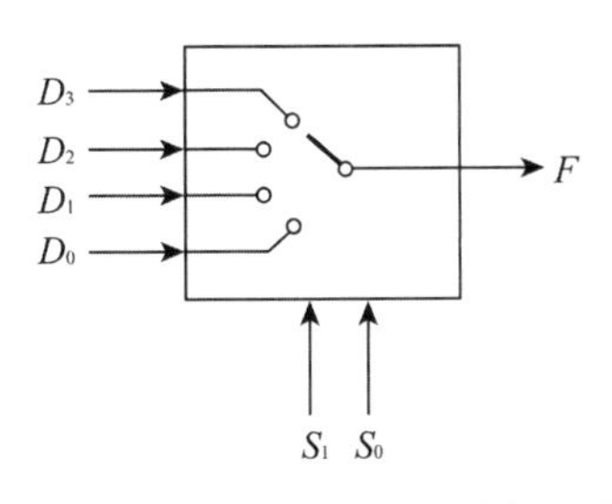

图 3.56 4 路 1 位二进制数选择示意图

表 3.29 4 路选择器的功能表

输 入		输 出
S_1	S_0	F
0	0	D_0
0	1	D_1
1	0	D_2
1	1	D_3

根据式(3－34)可知，式(3－33)中的 m_k 为由 S_1S_0 组成的 4 个最小项，输出量 F 由 4 项组成，每一项均为一个数据位 D_k、m_k 作“与”运算。无论 S_1、S_0 取何值，m_k 中仅有一个为 1，故对应于 m_k 为 1 的数据位被输出，实现了“4 选 1”的目的。

多路选择器的基本功能是选择数据。但是，在组合逻辑设计中常用来实现各种逻辑函数。下面举例说明。

例 3－11 用 4 路选择器分别实现逻辑函数：$F_1=A\oplus B$ 和 $F_2=\overline{A+B}$。

解： ① $F_1=A\oplus B=A\overline{B}+\overline{A}B$，对照式(3－33)，将 A、B 分别与 S_0、S_1 对应，并令 $D_3D_2D_1D_0=0110$，有

$$\begin{aligned}F_1&=0\cdot AB+1\cdot A\overline{B}+1\cdot\overline{A}B+0\cdot\overline{A}\,\overline{B}\\&=A\overline{B}+\overline{A}B\end{aligned}$$

电路实现如图 3.57、图 3.58 所示。

② 与①类似，令 $D_3D_2D_1D_0=0001$，有

$$\begin{aligned}F_1&=0\cdot AB+0\cdot A\overline{B}+0\cdot\overline{A}B+1\cdot\overline{A}\,\overline{B}\\&=\overline{A}\,\overline{B}=\overline{A+B}\end{aligned}$$

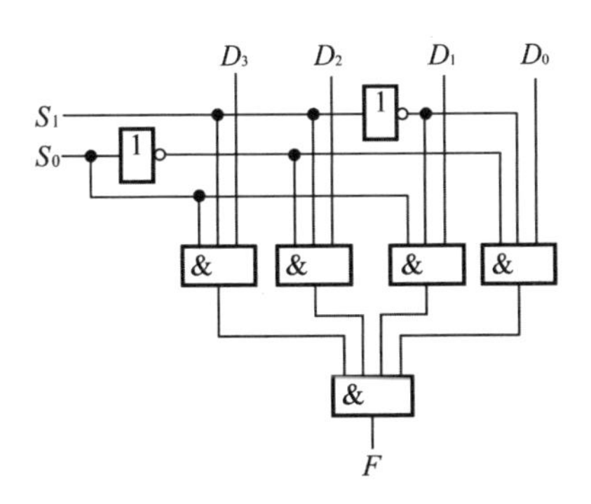

图 3.57 4 路 1 位二进制数选择器逻辑图

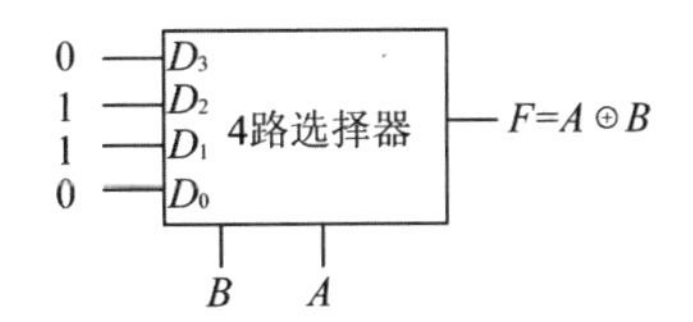

图 3.58 4 路选择器实现函数 $F=A\oplus B$

将图 3.58 中的 $D_3D_2D_1D_0$ 改为 0001，即可实现函数 $F_2=\overline{A+B}$。

由此可知，用多路选择器实现逻辑函数的方法是：将选择信号视为逻辑输入变量，将多路输入数据视为控制信息。不同的控制信息将产生不同的逻辑函数，4 路选择器可实现任意 2 变量的逻辑函数。但是，只要对控制信息适当调整，4 路选择器也可实现任意 3 变量的逻辑函

数。现举例说明。

例 3-12 用4路选择器实现逻辑函数:$F=\overline{A}B+B\overline{C}+A\overline{B}C$。

解: 将 B、C 分别视为式(3-33)中的 S_1、S_0,再对 F 作变换,使之具有与式(3-33)类似的形式:

$$\begin{aligned}F&=\overline{A}B+B\overline{C}+A\overline{B}C\\&=\overline{A}B\overline{C}+\overline{A}BC+AB\overline{C}+AB\overline{C}\\&=\overline{A}BC+(\overline{A}+A)B\overline{C}+A\overline{B}C\\&=\overline{A}\cdot BC+1\cdot B\overline{C}+A\cdot\overline{B}C+0\cdot\overline{B}\,\overline{C}\end{aligned}$$

对比式(3-33),只要令 $D_3=\overline{A}$,$D_2=1$,$D_1=A$,$D_0=0$,即可达到目的。电路如图3.59所示。图3.59中为了得到反变量,使用了一个"非"门。

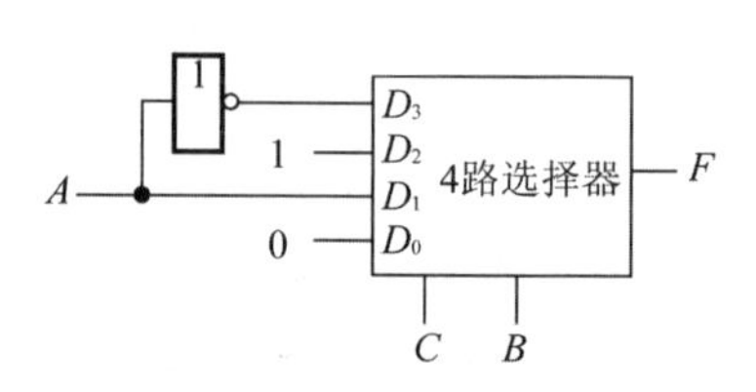

图3.59 4路选择器实现函数 $F=\overline{A}B+B\overline{C}+A\overline{B}C$

通过以上两例可以看出,多路选择器可以方便地实现逻辑函数。一般地,2^n 路选择器可以实现具有 n 个变量的逻辑函数,且不需要任何辅助门;并且,通过设置输入数据的值,可以很方便地改变逻辑运算关系。多路选择器已有多种型号和规格的中、小规模集成电路产品供应,如74153(双4路选择器)、74151(8路选择器)、74150(16路选择器器)等。

但是,为此付出的代价是:多路选择器内部的逻辑门数一般比专门实现同样逻辑功能的电路所需的门多;当逻辑变量较多时,所需多路选择器的路数将急剧增多,尽管可采用多片多路选择器级联、并联、加辅助逻辑等措施来实现所需的逻辑功能,但这将导致电路复杂化,功耗增加。因此,在实际中应根据具体情况来选择。

与多路选择器相反,多路分配器的功能是:将输入的一位数据,有选择性地从多个输出端中的某一个输出。图3.60是4路分配器的功能示意图,功能表如表3.30所列。

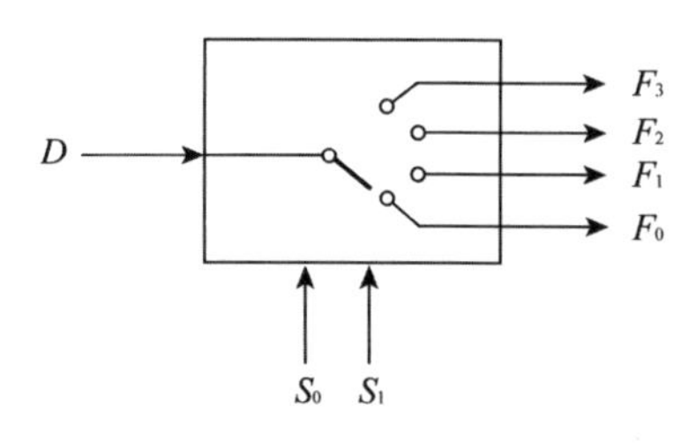

图3.60 多路分配器功能示意图

表3.30 4路分配器的功能表

输入		输出			
S_1	S_0	F_3	F_2	F_1	F_0
0	0	0	0	0	D
0	1	0	0	D	0
1	0	0	D	0	0
1	1	D	0	0	0

由表3.30可知,4路分配器的输出表达式为

$$F_i=Dm_i\qquad,i=0,1,2,3\tag{3-35}$$

式(3-35)中的 m_i 为控制变量 S_1S_0 对应的四个最小项。由式(3-35)可以画出4路分配器的逻辑电路图,如图3.61所示。

多路分配器的基本功能是用于数据分路传送。利用多路分配器也可以实现逻辑函数。

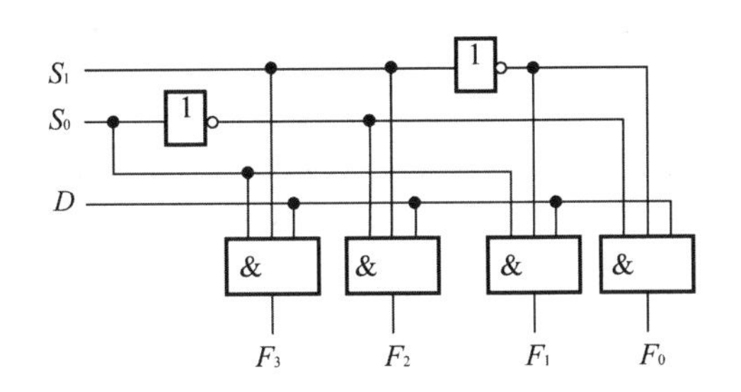

图 3.61　4 路分配器的电路图

例 3-13　用 4 路分配器实现函数 $F=A\odot B$。

解：先将 F 化为标准形式：

$$F=AB+\overline{A}\,\overline{B}=m_3+m_0 \qquad (3-36)$$

对比式(3-35)，令 $D=1$，并增加一个辅助"或"门，即可达到目的。电路如图 3.62 所示。

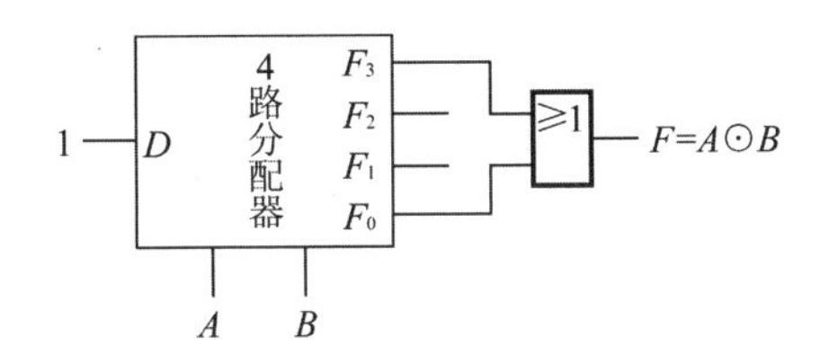

图 3.62　用 4 路分配器实现 $F=A\odot B$

多路分配器已有多种型号、规格的中、小规模集成电路产品供应，如 74139(双 4 路分配器)、74138(8 路分配器)、74154(16 路分配器)等。

3.7　习　题

3-1　某民航客机的安全起飞装置在启动前须同时满足：发动机开关电源接通；飞行员入座，且扣好安全带；乘客入座，且扣好安全带。试写出允许发出滑跑信号的逻辑表达式。

3-2　有人想用两个 CMOS"非"门组成一个"与非"门，其接法如图 3.63 所示。理由如下：

$$F=\overline{A}+\overline{B}=\overline{AB}$$

你认为这种接法在逻辑关系和安全性上有无问题？

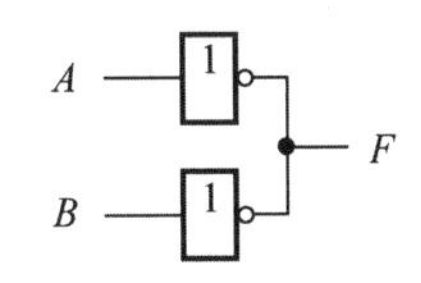

图 3.63　题 3-2

3-3　先将逻辑表达式 $F=BC+D+\overline{D}(\overline{B}+\overline{C})(AC+B)$ 化简，再用"与非"门实现。

3-4　在输入不提供反变量的情况下，用"与非"门实现逻辑函数：

$$F=A\overline{B}+\overline{A}C+B\overline{C}$$

3-5　采用正逻辑时的三人多数表决逻辑电路如图 3.64 所示。若采用负逻辑，即用 0 表示同意，1 表示不同意；表决结果用 0 表示通过，1 表示不通过。该电路实现的逻辑功能是什么？

3－6　图 3.65 所示为实现两个 1 位二进制数 A、B 相减的逻辑电路，A 是被减数。写出 F_1 和 F_2 的逻辑表达式，列出真值表，说明哪一个为借位输出位。

3－7　图 3.66 所示的逻辑电路能判断一个 4 位二进制数 $DCBA$ 是否大于某数。若大于，则电路的输出 $F=1$，否则 $F=0$。写出电路的输出表达式，列出真值表，并说明“某数”为多少。

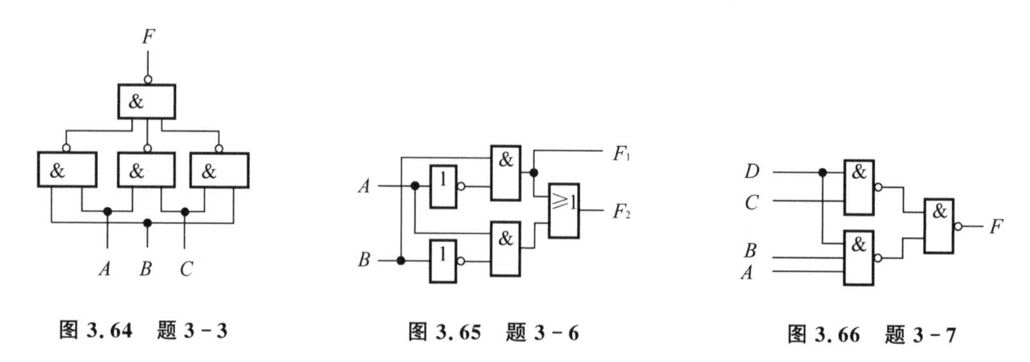

图 3.64　题 3－3　　图 3.65　题 3－6　　图 3.66　题 3－7

3－8　图 3.67 中，$DCBA$ 为 4 位二进制数，该电路能判断输入的数的某种性质。试写出输出 F 的逻辑表达式，列出真值表，并说明“某种性质”是什么性质。

3－9　图 3.68 所示为一种全加器逻辑电路，试分析之。

3－10　分析图 3.69 所示电路，说明逻辑功能。

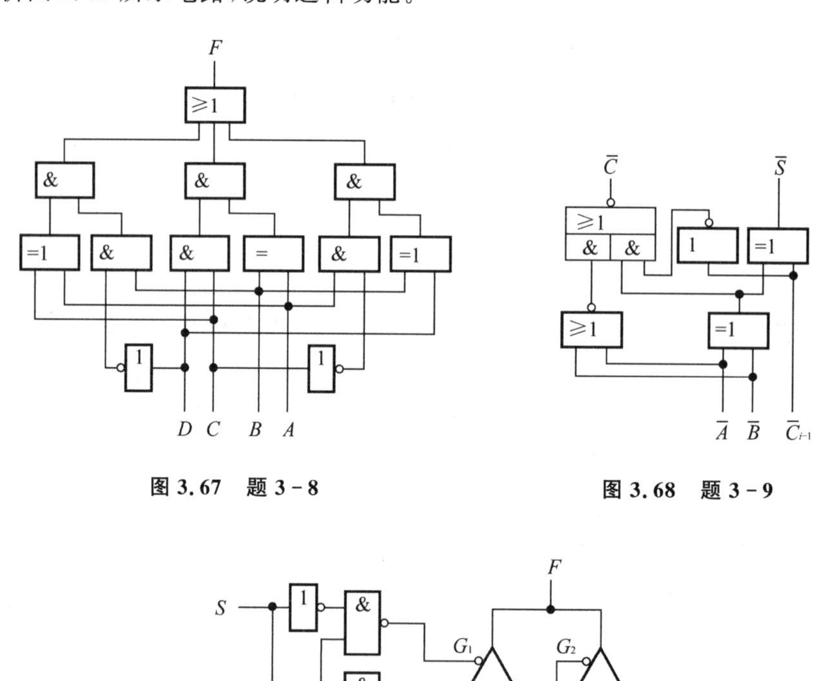

图 3.67　题 3－8　　图 3.68　题 3－9

图 3.69　题 3－10

3－10　某飞机的监视部件，其逻辑电路要求飞机着陆前指示两翼和机头下面三个起落架所处的状态：某个起落架放下时，它的传感器产生一个低电平；某个起落架收回时，它的传感器产生一个高电平。当驾驶员按下“起落架放下”开关准备着陆时，如果 3 个起落架严格同时放下，则绿色指示灯闪亮，飞机可以降落；如果 3 个起落架中任何一个未放下，则红色指示灯闪亮，飞机不可以降落。请设计实现该逻辑功能的电路。

3-12 D、C、B、A 的优先级编号分别为 3、2、1、0。设计一个优先级排队逻辑电路，以 $DCBA$ 作为输入量，输出量 Z_1Z_0 为二进制数。Z_1Z_0 总是等于 $DCBA$ 中为 1 的且优先级最高的编号，而当 $DCBA$ 全为 0 时，$Z_1Z_0=00$。

3-13 设计一个数值判断逻辑，当输入的 4 位二进制数大于 0100 且小于 1001 时，输出为 1，否则输出为 0。

3-14 x_1x_0 和 y_1y_0 均为两个 2 位二进制数。设计一个比较器，当 $x_1x_0>y_1y_0$ 时，输出 $z=1$，否则 $z=0$。

3-15 化简下列函数，判断是否存在险象，并消除可能出现的险象。

(1) $F=(C\oplus B)+B\overline{A}$

(2) $F=(A+B)(\overline{A}+\overline{C})$

(3) $F(D,C,B,A)=\sum m(1,3,4,5,10,11,12,13,14,15)$

3-16 设计一个全减器，A 为被减数，B 为减数，C_i 为前一级产生的借位，要作为减数参加本级运算；D 为本级产生的差，Co 为本级产生的借位。

3-17 设计逻辑电路，将 8421 码译为余 3 码。

3-18 设计逻辑电路，将 4 位二进制码调整为 2 位 8421 码。例如：

$$(1000)_2=(0000\quad 1000)_{8421码}\qquad (1011)_2=(0001\quad 0001)_{8421码}$$

提示：电路至少应有 5 个输出端。

3-19 设 x 是 3 位二进制数，设计一个求 x^2 的逻辑电路。

3-20 一个加法电路有三个输入端 C、B、A，输出的和为 $S=A\times1+B\times3+C\times10$。例如，当 $CBA=(101)_2$ 时，输出 $S=(11)_{10}=(1011)_2$。设计此加法器。

3-21 用 3.2.3 小节中介绍的 3-8 译码器及必要的门，设计一个三人表决逻辑电路。

3-22 设计一个 7 段 LED 数码管显示译码电路（共阳极），输入为余 3 码，要求显示出余 3 码对应的十进制数。

3-23 集成电路 74151 是 8 路选择器，试用 74151 实现逻辑函数 $F=ABD+A\overline{B}C+\overline{A}\ \overline{C}$。

3-24 某逻辑运算部件在运算类型选择控制端 S_1、S_0 的控制下，能对两个逻辑变量 A、B 进行四种逻辑运算：$F=AB$、$F=A+B$、$F=A\oplus B$、$F=\overline{AB}$，试设计此逻辑电路。

3-25 设计一个 1 位算术运算部件，当运算类型选择控制端 $S=0$ 时执行全加器功能；当 $S=1$ 时则执行全减器功能（提示：可利用集成加法器 74283 和基本门电路来实现）。

3-26 选择题

(1) 下列表达式中不存在“竞争-冒险”的有________。

A. $Y=\overline{B}+\overline{A}B$　　B. $Y=AB+\overline{B}C$　　C. $Y=AB\overline{C}+AB$　　D. $Y=(A+\overline{B})A\overline{D}$

(2) 若在编码器中有 50 个编码对象，则要求输出二进制代码位数为________位。

A. 5　　B. 6　　C. 10　　D. 50

(3) 一个 16 选 1 的数据选择器，其地址输入(选择控制输入)端有________个。

A. 1　　B. 2　　C. 4　　D. 16

(4) 函数 $F=\overline{A}C+AB+\overline{B}\ \overline{C}$,当变量的取值为________时,将出现“竞争-冒险”现象。

A. $B=C=1$　　B. $B=C=0$　　C. $A=1,C=0$　　D. $A=0,B=0$

(5) 4 选 1 数据选择器的数据输出 Y 与数据输入 X_i 和地址码 A_i 之间的逻辑表达式为 $Y=$________。

A. $\overline{A}_1\overline{A}_0X_0+\overline{A}_1A_0X_1+A_1\overline{A}_0X_2+A_1A_0X_3$　　B. $\overline{A}_1\overline{A}_0X_0$

C. $\overline{A}_1A_0X_1$　　D. $A_1A_0X_3$

(6) 一个 8 选 1 数据选择器的数据输入端有________个。

A. 1　　B. 2　　C. 3　　D. 4　　E. 8

(7) 在下列逻辑电路中,不是组合逻辑电路的有________。

A. 译码器　　B. 编码器　　C. 全加器　　D. 寄存器

(8) 8 路数据分配器,其地址输入端有________个。

A. 1　　B. 2　　C. 3　　D. 4　　E. 8

(9) 组合逻辑电路消除竞争冒险的方法有________。

A. 修改逻辑设计　　B. 在输出端接入滤波电容

C. 后级加缓冲电路　　D. 屏蔽输入信号的尖峰干扰

(10) 101 键盘的编码器输出________位二进制代码。

A. 2　　B. 6　　C. 7　　D. 8

(11) 以下电路中,加以适当辅助门电路,________适于实现单输出组合逻辑电路。

A. 二进制译码器　　B. 数据选择器

C. 数值比较器　　D. 七段显示译码器

(12) 用 3-8 译码器 74LS138 实现原码输出的 8 路数据分配器,应________。

A. $ST_A=1,\overline{ST_B}=D,\overline{ST_C}=0$　　B. $ST_A=1,\overline{ST_B}=D,\overline{ST_C}=D$

C. $ST_A=1,\overline{ST_B}=0,\overline{ST_C}=D$　　D. $ST_A=D,\overline{ST_B}=0,\overline{ST_C}=0$

(13) 用 4 选 1 数据选择器实现函数 $Y=A_1A_0+\overline{A}_1A_0$,应使________。

A. $D_0=D_2=0,D_1=D_3=1$　　B. $D_0=D_2=1,D_1=D_3=0$

C. $D_0=D_1=0,D_2=D_3=1$　　D. $D_0=D_1=1,D_2=D_3=0$

(14) 用 3-8 译码器 74LS138 和辅助门电路实现逻辑函数 $Y=A_2+\overline{A_2A_1}$,应____。

A. 用“与非”门,$Y=\overline{\overline{Y_0}\ \overline{Y_1}\ \overline{Y_4}\ \overline{Y_5}\ \overline{Y_6}\ \overline{Y_7}}$　　B. 用“与”门,$Y=\overline{Y_2}\ \overline{Y_3}$

C. 用“或”门,$Y=\overline{Y_2}+\overline{Y_3}$　　D. 用“或”门,$Y=\overline{Y_0}+\overline{Y_1}+\overline{Y_4}+\overline{Y_5}+\overline{Y_6}+\overline{Y_7}$

3-27　判断题(正确的打√,错误的打×)

(1) 优先编码器的编码信号是相互排斥的,不允许多个编码信号同时有效。(　　)

(2) 编码与译码是互逆的过程。(　　)

(3) 二进制译码器相当于是一个最小项发生器,便于实现组合逻辑电路。(　　)

(4) 数据选择器和数据分配器的功能正好相反,互为逆过程。(　　)

(5) 用数据选择器可实现时序逻辑电路。(　　)

(6) 组合逻辑电路中产生“竞争-冒险”的主要原因是输入信号受到尖峰干扰。(　　)

第 4 章

时序逻辑电路分析

4.1 时序逻辑电路模型

第 3 章中介绍的各种组合逻辑电路都是由门电路组成的，其特点是电路任何时刻的输出值 $F(t)$ 仅与该时刻 t 的输入有关，而与 t 时刻以前的输入信号无关。这就是说，组合逻辑执行的是一种实时控制，若输入信号发生了变化，则输出信号总是输入信号的单向函数。因此，组合逻辑没有“记忆”能力，输入信号单向传输，不存在任何反馈支路。

在很多实际问题中，我们要求电路的输出不仅与当前时刻的输入有关，而且也与过去的输入历史有关。例如，要设计一个逻辑电路，用一个按钮作为电路的输入装置，输出用来控制一盏灯。按钮压下期间输入为高电平，松开后输入为低电平。要求在压下按钮前，如果灯是亮的，则压下按钮的时间不小于 3 s，灯才会灭；反之，如果在压下按钮前，灯是灭的，则压下按钮的时间不小于 3 s，灯才会亮。显然，用组合逻辑电路实现这一功能是不可能的。要实现这一功能，必须记住压下按钮前灯的状态以及压下按钮后经历的时间，才能确定操作后灯应该达到的状态。也就是说，应该记忆以前的操作历史。这种功能可以用时序逻辑电路实现。

所谓时序逻辑电路，就是电路的输出不仅与当前的输入有关，而且与过去的输入历史有关。这就要求电路能记住以前的输入历史，以便由以前的输入和当前的输入共同决定当前应该输出什么。也就是说，时序逻辑电路是一种与时序有关的电路。

时序逻辑电路由组合逻辑电路和存储电路两部分组成，如图 4.1 所示。

图 4.1 中，组合逻辑电路的全部输入包括两部分，即外部输入 x 和内部输入 y（设共有 v 个）；这些输入经组合逻辑电路运算后，产生的输出也包括两部分，即外部输出 z 和内部输出 w（设共有 u 个）。

存储电路是一种具有记忆功能的电子电路，它接收内部输出 w，并予以记忆。存储电路的输出 y 就是它记忆的内容。显然，y 与过去的外部输入有关，即存储电路能记忆以前的输入。由于外部输出 z 与 y 有关，故电路对外的输出 z 与过去的输入有关。

y 称为时序逻辑电路的状态，是关于时间的参考点。一般来说，电路的状态在输入 x 发生改变前后是不一样的。记 x 发生改变前的时间段为 t_n，发生改变后的时间段为 t_{n+1}，相应地，电路的状态分别记为 $y^{(n)}$ 和 $y^{(n+1)}$。y^n 称为电路的现态，$y^{(n+1)}$ 称为电路的次态。为方便起见，通常将现态简记为 y，次态简记为 y^{n+1}。

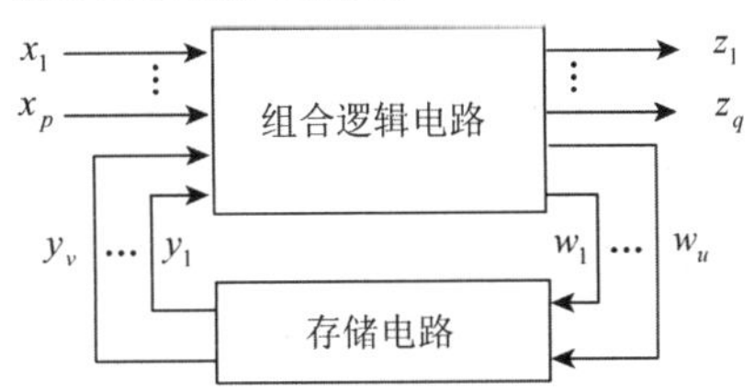

图 4.1 时序逻辑电路框图

对于时序逻辑电路,我们感兴趣的仍然是外部输出与外部输入之间的逻辑关系,这是因为它体现了电路的逻辑功能。与组合逻辑不同的是,时序逻辑电路的功能应该用两组逻辑表达式共同描述:

$$\left.\begin{aligned} z_i &= f_i(x_1,\cdots,x_p,y_1,\cdots,y_v), \quad i=1,\cdots,q \\ y_j^{n+1} &= g_j(w_1,\cdots,w_u,y_1,\cdots,y_v), \quad j=1,\cdots,v \end{aligned}\right\} \tag{4-1}$$

式中 y^{n+1} 的是电路的次态。它由存储电路的输入和现态确定。由组合逻辑电路可知,w 是 x 和 y 的函数,故式(4-1)又可写为

$$\left.\begin{aligned} z_i &= f_i(x_1,\cdots,x_p,y_1,\cdots,y_v), \quad i=1,\cdots,q \\ y_j^{n+1} &= g_j(x_1,\cdots,x_p,y_1,\cdots,y_v), \quad j=1,\cdots,v \end{aligned}\right\} \tag{4-2}$$

式(4-2)中的第一个函数称为输出函数,第二个函数称为次态函数。式(4-2)表明,时序逻辑电路的外部输出和次态都是外部输入和现态的函数。

必须注意,式(4-2)中的次态函数绝不是多余的,这是因为目前的次态将成为下一个状态时的现态。如果不计算出目前的次态,就无法确定下一个状态时的输出,这是一种前因后果的关系。

存储电路所存储的内容由 w 控制,即 w 激励着电路状态的更新,使其状态发生改变,故称 w 为激励函数。由于有了存储电路,与组合逻辑电路相比,故时序逻辑电路的功能发生了本质上的飞跃。这使得时序逻辑电路能描述复杂多变的动态逻辑关系,因而产生了智能化的数字系统。在分析方法上,二者之间有很大的不同。但是,组合逻辑电路在时序逻辑电路中扮演着十分重要的角色,其分析和设计方法仍然极为重要。

通常,存储电路是由若干触发器组成的。因此,触发器是组成时序逻辑电路的基本逻辑单元,学习时序电路必须从触发器开始。下面先介绍触发器,再介绍时序电路。

4.2 触发器

触发器(flip-flop)是提供记忆功能的基本逻辑器件。它具有两个稳定状态,分别称为“0”状态和“1”状态,可存储一个二进制符号。其核心电路是由 2 个“非”门交叉耦合而成的双稳态基本单元(basic bistable element),即:第一个“非”门的输出作为第二个“非”门的输入信号,同时第二个“非”门的输出作为第一个“非”门的输入信号。

顾名思义,双稳态基本单元就是具有两个稳定状态的电路。因为具有两个稳定状态,故该电路可存储一个二进制符号。在正逻辑情况下,当输出信号 Q 为 1 时,称该单元存储了 1;当输出信号 Q 为 0 时,称该单元存储了 0。这种存储于双稳态基本单元中的二进制符号称为该单元状态(State)。双稳态基本单元的状态用其输出端 Q 的信号值表示,输出端 Q 称为正常输出(Normal Output);而输出端 $\overline{Q}$ 称为反向输出(Complementary Output)。当该设备存储 1 时,称其处于“1”状态或置位状态;当该设备存储 0 时,称其处于“0”状态或复位状态。

在某种有效组合的输入信号作用下,可以令触发器从一个稳定状态转移到另一个稳定状态;当输入信号无效时,触发器的状态稳定不变。一般把输入信号作用之前的状态称为现态,记作 Q^n 和 $\overline{Q}^n$;而把输入信号作用后的状态称为触发器的次态,记作 Q^{n+1} 和 $\overline{Q^{n+1}}$。为简单起见,一般将现态的上标 n 省略掉,用 Q 和 $\overline{Q}$ 表示现态。触发器的次态不仅与输入有关,而且与

现态有关。根据逻辑功能的不同，触发器可分为 R－S 触发器、D 触发器、J－K 触发器和 T 触发器，下面分别讨论。

4.2.1 基本 R－S 触发器

基本 R－S 触发器是各种性能完善的触发器的基本组成部分，也称锁存器(latch)。从名称上看，R(Reset)是复位的意思，S(Set)是置位的意思，故基本 R－S 触发器又称为直接复位-置位触发器。基本 R－S 触发器可以由逻辑门构成。

1. 用“与非”门构成的基本 R－S 触发器

如图 4.2(a)所示，将两个“与非”门的输出端分别连接到对方的一个输入端，剩下的两个输入端分别记作 R 和 S。正是这种相互作用与制约关系，使得电路的工作模式与组合逻辑有本质上的区别。

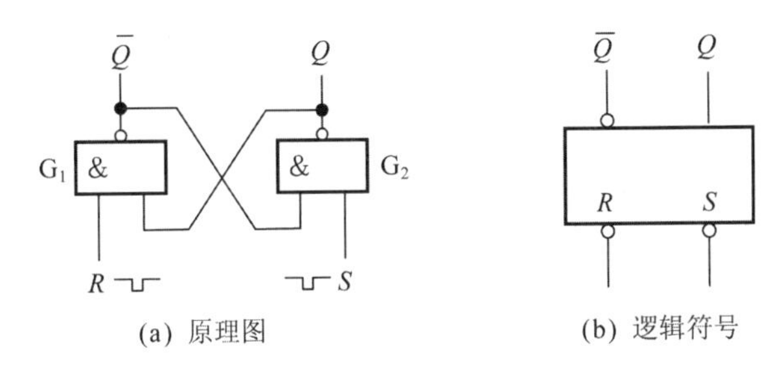

(a) 原理图　　(b) 逻辑符号

图 4.2　由“与非”门构成基本 R－S 触发器

(1) 工作原理

首先说明，电路具有两个稳定的状态。设 $R = 1$、$S = 1$，则

- 假设 $Q = 1$，Q 传到 G_1 的输入端，经过 G_1“与非”逻辑运算后必有 $\overline{Q}=0$；$\overline{Q}$ 又反馈到 G_2 的输入端，经过 G_2“与非”逻辑运算后继续维持 $Q=1$。只要保持 $R = 1$、$S = 1$ 不变，这种 $Q=1$、$\overline{Q}=0$ 的“1”态将一直保持下去。
- 假设 $Q = 0$，由结构上的对称性可知，电路将稳定在 $Q=0$、$\overline{Q}=1$ 的状态，即“0” 状态。

以上讨论说明，当 $R = 1$、$S = 1$ 时，电路保持现态不变。

如果要使电路从一种稳定状态“翻转”到另一种稳定状态，可以通过 R 或 S 输入端施加一个低电平来实现。

假设现态为“0”态，要翻转到“1”态。在 S 端施加一个 0 电平，R 端保持为 1。于是 G_2 门被强制输出 1，即 $Q=1$；Q 立即反馈到 G_1 门的输入端，G_1 门被强制输出 0，即 $\overline{Q}=0$；$\overline{Q}=0$ 又立即反馈到 G_2 门，继续维持 G_2 门输出 1。于是实现了由“0”态翻转到“1”态。此后，即使 S 端变回 1，电路的状态也不再改变。

假设现态为“1”态，要翻转到“0”态。由结构上的对称性可知，在 R 端施加一个 0 电平，S 端保持为 1，就能实现由“1”态翻转到“0”态。此后，即使 R 端变回 1，电路的状态也不再改变。

显然，如果现态为“1”态，在 S 端施加一个 0 电平后，次态仍为“1”态；如果现态为“0”态，在 R 端施加一个 0 电平后次态仍为“0”态。

以上讨论说明，不论现态是什么，在 R 端施加 0 电平能将现态强制性地转换到“1”态；在 S 端施加 0 电平能将现态强制性地转换到“0”态。因此，R、S 的有效电平为低电平。图 4.2

(b)所示为低电有效的基本 R-S 触发器的逻辑符号图，在输入端添加的小圆圈表示低电平有效。

必须说明，当输入端 R 和 S 同时为 0 时，G_1 和 G_2 的输出都为高电平，一旦 R 和 S 同时变回 1，则之后触发器处于哪种状态将难以预测。如果 G_1 的时延大于 G_2 的时延，则 Q 端先变为 0，使触发器处于 0 状态；反之，如果 G_2 的时延大于 G_1 的时延，则 $\overline{Q}$ 端先变为 0，使触发器处于 1 状态。而门的时延大小不仅与制作工艺有关，而且与电路的布线尺寸等因素有关。况且，理论上同时变为 0 的两个信号在实际中总是有先有后，很难人为控制。因此，规定 R 和 S 不能同时为 0。这是保证 R-S 触发器正常工作必须满足的条件，称为约束条件。

(2) 逻辑功能

根据上述工作原理，可得“与非”门构成的基本 R-S 触发器的逻辑功能表，如表 4.1 所列。表中“ϕ”表示触发器次态不确定。

为了将次态 Q^{n+1} 表示成现态 Q 和输入 R、S 的函数，先列出与功能表 4.1 对应的状态表，如表 4.2 所列。表 4.2 详尽地列出了次态、现态和输入之间的关系，便于利用卡诺图化简。将表 4.2 中的 Q、R、S 作为输入量，Q^{n+1} 作为 Q、R、S 的函数，画出 Q^{n+1} 卡诺图，如图 4.3 所示。化简后可得到基本 R-S 触发器的次态方程。同时，由约束条件可写出基本 R-S 触发器的约束方程。次态方程和约束方程反映了触发器的逻辑功能，统称为特征方程。

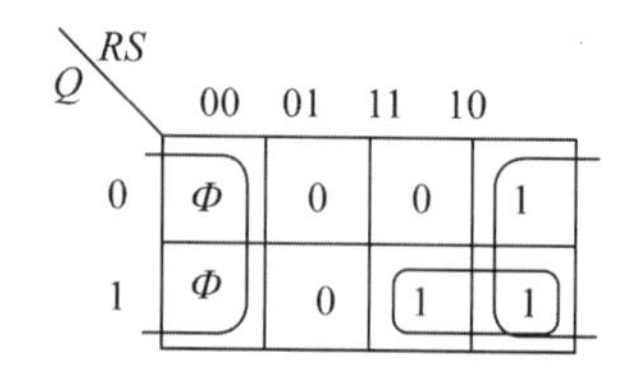

图 4.3 由“与非”门构成的基本 R-S 触发器的次态卡诺图

次态方程： $Q^{n+1}=\overline{S}+RQ$ (4-3)

约束方程： $R+S=1$ (4-4)

表 4.1 “与非”门构成的基本 R-S 触发器功能表

R S	Q^{n+1}	功能说明
0 0	ϕ	不定
0 1	0	置 0
1 0	1	置 1
1 1	Q	不变

表 4.2 “与非”门构成的基本 R-S 触发器状态表

现态 Q	次态 Q^{n+1}			
	$RS=00$	$RS=01$	$RS=11$	$RS=10$
0	ϕ	0	0	1
1	ϕ	0	1	1

2. 用“或非”门构成的基本 R-S 触发器

用两个“或非门”也可以构成基本 R-S 触发器，其逻辑电路图如图 4.4(a)所示。对于“或非”门，只要有一个输入端为高电平，输出即为低电平。因此，S、R 的有效电平为高电平。其逻辑符号如图 4.4(b)所示，输入端不加小圆圈表示高电平有效。

“或非”门构成的 R-S 触发器的功能表如表 4.3 所列，特征方程如下：

次态方程： $Q^{n+1}=S+\overline{R}Q$ (4-5)

约束方程： $RS=0$ (4-6)

基本 R-S 触发器结构简单，可用于锁存数据，它们输出变化的时序特性不受控制，即输出信号本质上是对输入信号线的变化立即作出响应，其使用范围受到限制。

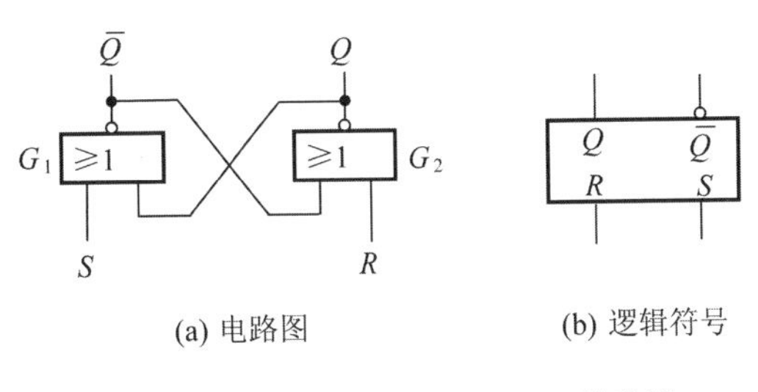

(a) 电路图 (b) 逻辑符号

图 4.4 "或非"门构成基本 R-S 触发器

表 4.3 "或非"门构成的基本 R-S 触发器功能表

R S	Q^{n+1}	功能说明
0 0	Q	不变
0 1	1	置 1
1 0	0	置 0
1 1	ϕ	不定

3. 时钟控制 R-S 触发器

基本 R-S 触发器的输入信号都是异步的，即输入 R、S 的变化将导致输出立即变化。这意味着不仅要求 R、S 在逻辑关系上要相互配合，而且要准确实时。这对提供 R、S 信号的电路提出了较高要求。设想，能不能事先施加好 R、S 信号，但并不立即驱动触发器的翻转，再用另一个统一、标准的信号实施触发？"时钟控制 R-S 触发器"解决了这一问题。这种统一、标准的触发信号称为时钟信号，简称时钟，记为 CP 或 CLK。这种具有时钟脉冲控制的触发器称为时钟控制触发器，简称为钟控触发器。

钟控 R-S 触发器的逻辑电路如图 4.5(a)所示。图 4.5(a)中：G_1、G_2 组成基本 R-S 触发器；G_3、G_4 组成时钟控制电路，通常称为控制门。

钟控 R-S 触发器的工作原理如下：

当 CP=0 时，G_3、G_4 门被封锁，不管 R、S 如何变化，G_3、G_4 门都输出 1。因此，触发器的状态不会改变。

当 CP=1 时，G_3、G_4 开放，R、S 经过 G_3、G_4 门反相后，分别施加到 G_1、G_2 门。由于 R、S 经过反相，其有效电平变为高电平。

图 4.5(b)所示为钟控 R-S 触发器的逻辑符号，其中 C 为时钟信号输入端，C、R、S 输入端上都没有加小圆圈，表示高电平有效。

钟控 R-S 触发器的功能如表 4.4 所列。这里，没有将时钟 CP 作为输入反映在表 4.4 中。在钟控型触发器中，时钟是一种默认的输入，时钟的特点是具有固定的时间规律，起作用的时刻具有必然性。为使功能表更加简洁、直观，表 4.4 中没有列出 CP。但是，必须注意到时钟的存在及其重要作用。表 4.4 是在时钟有效的期间成立，相应地，现态 Q 是指 CP 作用前的状态，次态 Q^{n+1} 是指 CP 作用期间的状态。

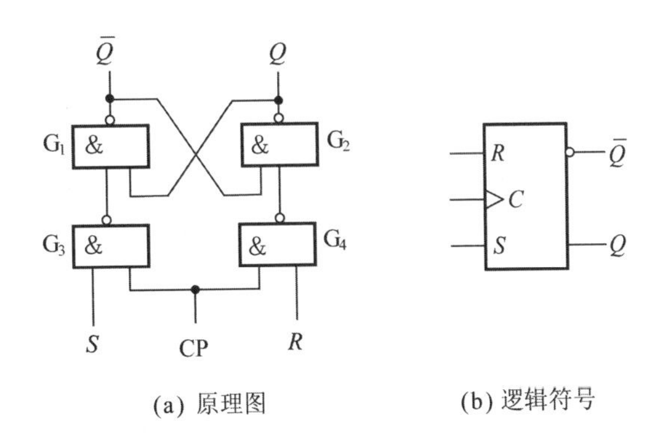

(a) 原理图 (b) 逻辑符号

图 4.5 钟控 R-S 触发器的逻辑电路图和逻辑符号

根据表 4.4 可以列出钟控 R-S 触发器的状态表(见表 4.5)。由表 4.5 画出次态 Q^{n+1} 的卡诺图(见图 4.6)。这些图、表中均把时钟 CP 作为一种默认的输入，在以后的讨论中，涉及钟控型触发器时均默认如此，不再特别说明。由卡诺图化简，得钟控 R-S 触发器的特征方程：

$$\text{次态方程：}\quad Q^{n+1}=S+\overline{R}Q \tag{4-7}$$

$$\text{约束方程：}\quad RS=0 \tag{4-8}$$

表 4.4 钟控 R－S 触发器功能表

R	S	Q^{n+1}	功能说明
0	0	Q	不变
0	1	1	置 1
1	0	0	置 0
1	1	ϕ	不定

表 4.5 钟控 R－S 触发器的状态表

现态 Q	次态 Q^{n+1}			
	$RS=00$	$RS=01$	$RS=11$	$RS=10$
0	0	1	ϕ	0
1	1	1	ϕ	0

状态图是描述时序逻辑中状态转换行为的一种直观形式。用圆圈表示状态，圆圈中标上状态名称或状态值。带箭头的线表示状态的转移，箭头线旁的值为发生状态转移的条件，即各输入的具体组合值。图 4.7 所示为钟控 R－S 触发器的状态转换图，简称为状态图。在图旁还标明了各输入变量的名称及组合次序，如图 4.7 中的 RS。例如，假设现态为“0”(见左边的状态圈)，输入 $RS=01$，当时钟 CP 有效时将立即转移到次态“1”，见上方指向右边状态的转移线。一条转移线可能对应多个转移条件，例如当现态为“0”时，如果 $RS=00$ 或 $RS=10$，则都转移到次态“0”。状态图完整地描述了时序逻辑电路的全部行为，是分析和设计时序逻辑的一种重要工具。

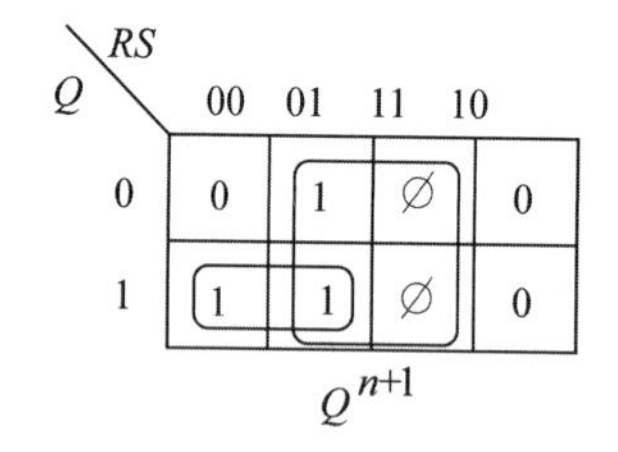

图 4.6 钟控 R－S 触发器的次态卡诺图

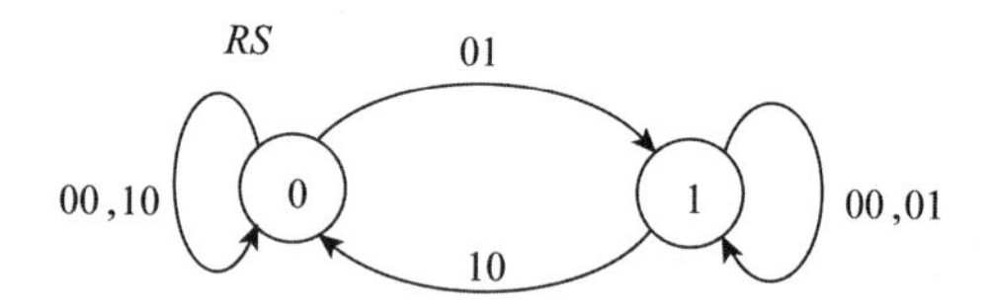

图 4.7 钟控 R－S 触发器的状态图

钟控 R－S 触发器利用规范的时钟信号 CP 实施触发器的翻转，降低了对 R、S 信号变化的实时性要求。当时钟处于无效电平时，封锁了电路的输入，使得我们可以在时钟作用之前，有足够的时间准备好 R、S 信号；当时钟作用时，R、S 信号已稳定，触发器就能可靠地按要求翻转。换句话说，时钟作用期间是我们操作触发器的“窗口”，“窗口”关闭期间的干扰将被拒之门外。通常，时钟信号就是同步时序逻辑的公共时钟 CLK，整个电路按时钟节拍 CLK 有序工作。

但是，在时钟 CP 作用期间，仍然存在约束条件 $RS=0$。此期间如果不遵守约束条件，触发器的状态仍然无法预料；在此期间，如果输入信号发生多次变化，将引起触发器发生多次翻转，其中只有某一次翻转是我们所希望的，其他翻转称为空翻。克服空翻不能仅仅依赖于“干净”的输入信号，而应进一步改进电路结构。

4.2.2 常用触发器

如 4.2.1 小节所述，R－S 触发器是一种最基本的触发器，其功能过于简单、控制不便。在实际中常用的触发器主要为 D 触发器、J－K 触发器和 T 触发器。下面分别介绍这些触发器的基本原理、逻辑符号和外部特性。

1. D 触发器

在时钟信号 CP 作用期间，当输入 R、S 同时为 1 时，钟控 R－S 触发器会出现状态不确定现象。为了解决这个问题，对图 4.5(a)所示的钟控 R－S 触发器的控制电路进行修改，用 G_4 门的输出信号替换 G_3 门的 S 输入信号，将剩下的输入 R 记作 D，就形成了只有一个输入端的 D 触发器。其逻辑电路图和逻辑符号如图 4.8 所示。

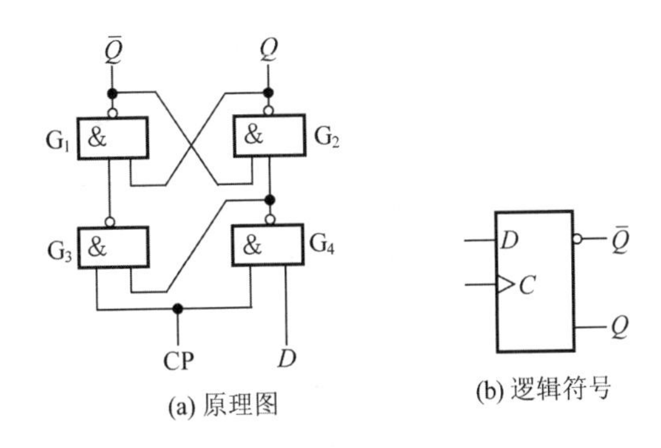

图 4.8　D 触发器的电路图和逻辑符号

D 触发器的工作原理如下：

(1) 当 CP＝0 时，G_3、G_4 门被封锁，无论输入 D 怎样变化，都不能传到 G_1、G_2 门，触发器都保持原来的状态不变；

(2) 当 CP＝1 时，G_3、G_4 门开放，输入信号 D 经 G_3、G_4 门转换成一对互补信号送到 G_1、G_2 组成的基本 R－S 触发器的两个输入端。如果输入 $D=0$，则基本 R－S 触发器的输入端信号 RS 为 01，触发器输出 $Q=0$，即触发器置 0；如果输入 $D=1$，则基本 R－S 触发器的输入端信号 RS 为 10，触发器输出 $Q=1$，即触发器置 1。

由此可以看出，更改后钟控 R－S 触发器的输入端信号 RS 不可能为 11，从而消除了状态不确定现象，解决了输入约束问题。

D 触发器的逻辑功能如表 4.6 所列。其状态表和状态图分别见表 4.7 和图 4.9。

根据状态表 4.7，可得 D 触发器的次态卡诺图，如图 4.10 所示。

由图 4.10 可写出 D 触发器的特征方程如下：

表 4.6　D 触发器功能表

D	Q^{n+1}
0	0
1	1

表 4.7　D 触发器状态表

Q	Q^{n+1}	
	$D=0$	$D=1$
0	0	1
1	0	1

$$Q^{n+1}=D \tag{4-9}$$

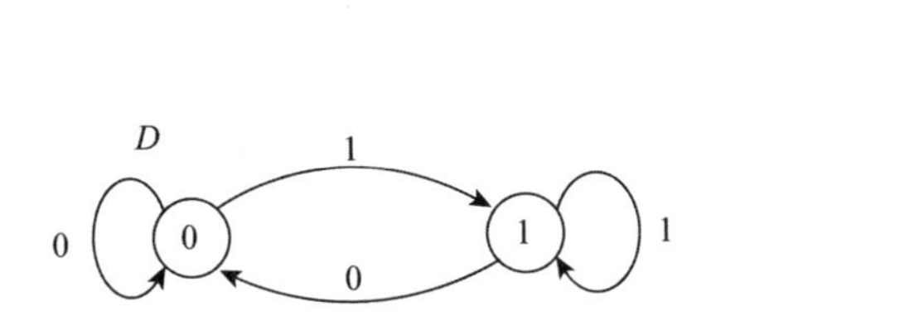

图 4.9　D 触发器的状态图

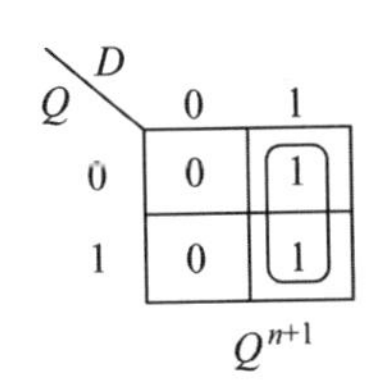

图 4.10　D 触发器的次态卡诺图

上述 D 触发器依然存在“空翻”现象。因此在时钟信号 CP 起作用的期间，要求输入信号 D 不能发生变化。为解决“空翻”问题，在上述 D 触发器的基础上增加“维持”、“阻塞”结构，从而形成“维持阻塞”型 D 触发器。这是目前广泛使用的集成 D 触发器,其逻辑电路图和逻辑符号如图 4.11 所示。

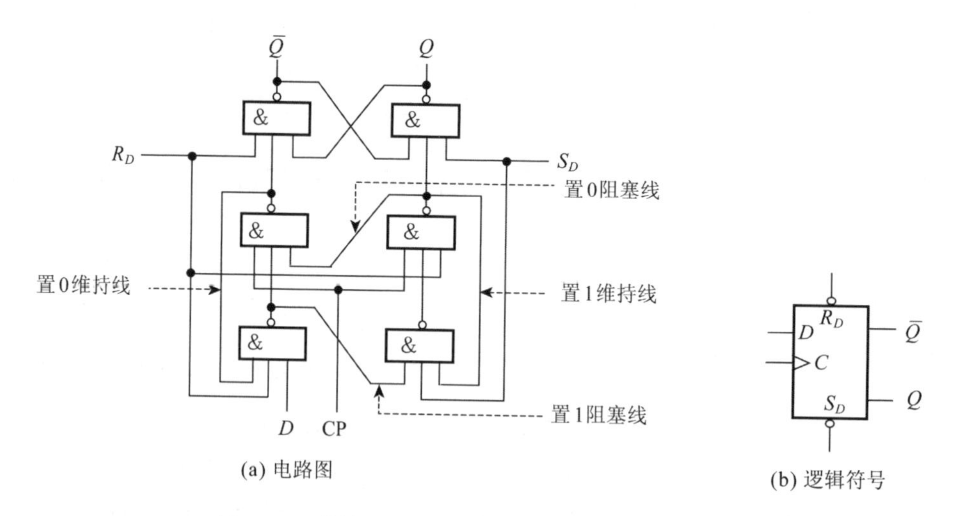

(a) 电路图

(b) 逻辑符号

图 4.11 维持阻塞 D 触发器逻辑电路图和逻辑符号

图 4.11 中,R_D 为直接置“0”端(也称为直接复位端),S_D 为直接置“1”端(也称为直接置位端)。它们都是低电平有效的输入端,即:在 R_D 端出现低电平的整个期间,无条件地将触发器置为 0;在 S_D 端出现低电平的整个期间,无条件将触发器置为 1。但与基本 R－S 触发器同样的原因,不允许 R_D 和 S_D 同时有效。直接置 0、置 1 操作不受时钟的限制,使触发器的使用更加灵活方便。在不需要进行直接置 0、置 1 操作时,R_D 和 S_D 应保持为高电平。

图 4.11(a)中,D 为控制输入端。维持阻塞线路的作用如下:仅当时钟脉冲 CP 的上升沿出现的一瞬间,D 端的数据才能置入触发器。只要 CP 不出现上升沿,无论 D 端电平怎样变化,触发器都保持原有状态不变。这就有效地防止了“空翻”。这种由时钟脉冲的边沿起作用的触发方式,称为边沿触发。图 4.11(b)所示为其逻辑符号,其时钟输入端没有加小圆圈,表示上升沿触发。

维持阻塞 D 触发器的逻辑功能与前述 D 触发器的逻辑功能相同。由于只有在时钟脉冲的上升沿才可能发生状态改变,故抗干扰能力强。这种由时钟脉冲的上升沿触发的触发器,称为边沿触发型触发器。D 触发器也有下降沿触发型的,选择器件时应注意。

D 触发器常用于构成寄存器、计数器、移位寄存器等。但它只有置入 0、1 的功能,某些情况下使用起来不太方便。

2. J－K 触发器

除置入 0 或 1 的功能外,在实际应用中,还希望触发器具有这样的两项功能:当时钟脉冲有效时,自动翻转到与现态相反的状态;当时钟脉冲有效时,能保持现态不变。此时,将两个输入端分别记作 J、K,称为 J－K 触发器。这一改动虽小,但通过指定 J、K 的值,可在时钟上跳的时刻实现上述两个功能。必须指出,图 4.12 所示的电路仅用于分析 J－K 触发器在时钟上跳时刻的行为,读者不可将其用于实际。下面简述其工作原理。

首先说明,当 CP = 0 时,封锁了 G_3、G_4 上的其他输入,G_3、G_4 输出 1,由 G_1 和 G_2 组成的基本 R－S 触发器保持现态不变。因此,下面对图 4.12 的讨论仅须考虑 CP 由 0 上跳为 1 时的行为：

(1) 当 $J=0, K=0$ 时，同样封锁了 CP 的输入，触发器保持现态不变。

(2) 当 $J=0, K=1$ 时，G_4 被封锁。若现态 $Q=1$，CP 上跳将导致 G_3 的输出端下跳，触发器翻转为 $Q^{n+1}=0$；若现态 $Q=0$，G_3 和 G_4 都被封锁，CP 的上跳不起作用。总之，当 $J=0, K=1$ 时，无论现态为何，CP 的上跳一定会将触发器置为 0。

(3) 当 $J=1, K=0$ 时，由电路的对称形可知，无论现态如何，CP 的上跳一定会将触发器置为 1。

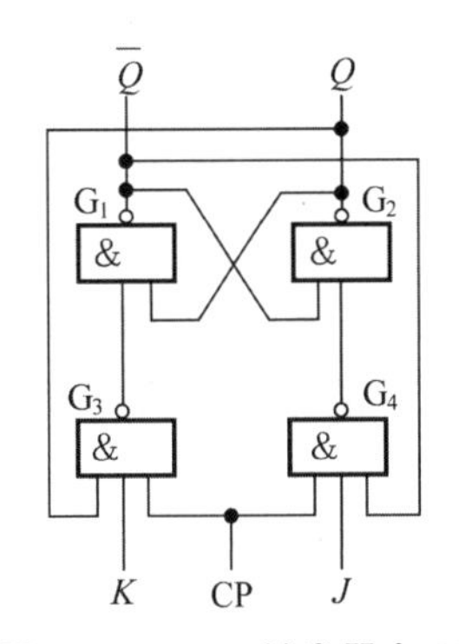

图 4.12 J-K 触发器在 CP 上跳时刻的等效电路

(4) 当 $J=1, K=1$ 时，若现态 $Q=0$，则 G_3 被封锁。$\overline{Q}=1$ 反馈到 G_4，CP 上跳将导致 G_4 的输出端下跳，触发器翻转为 $Q^{n+1}=1$、$\overline{Q}^{n+1}=0$。此时应令 CP 立即下跳，将 G_3 封锁。否则，待 $Q^{n+1}=1$ 传到 G_3 门、且使 G_3 输出 0 后，将使 $\overline{Q}^{n+1}$ 又变为 1，出现 $Q^{n+1}=1$、$\overline{Q}^{n+1}=1$ 的非法状态；若现态 $Q=1$，则与上述过程相反，触发器翻转为 $Q^{n+1}=0$、$\overline{Q}^{n+1}=1$。由此可知，当 $J=1$、$K=1$ 时，在 CP 上跳的时刻可令触发器自动翻转到与现态相反的状态。

需要注意的是，上述过程完成后应令 CP 立即下跳，将 G_3 和 G_4 封锁，否则接下来的 CP 高电平期内，J、K 的变化将引起空翻。尤其是在 $J=1$、$K=1$、CP 未下跳之前，电路很快进入非法状态，这对 CP 的宽度提出了十分苛刻甚至无法实现的要求。为解决这一问题，可采用如图 4.13 所示的主从 J-K 触发器。

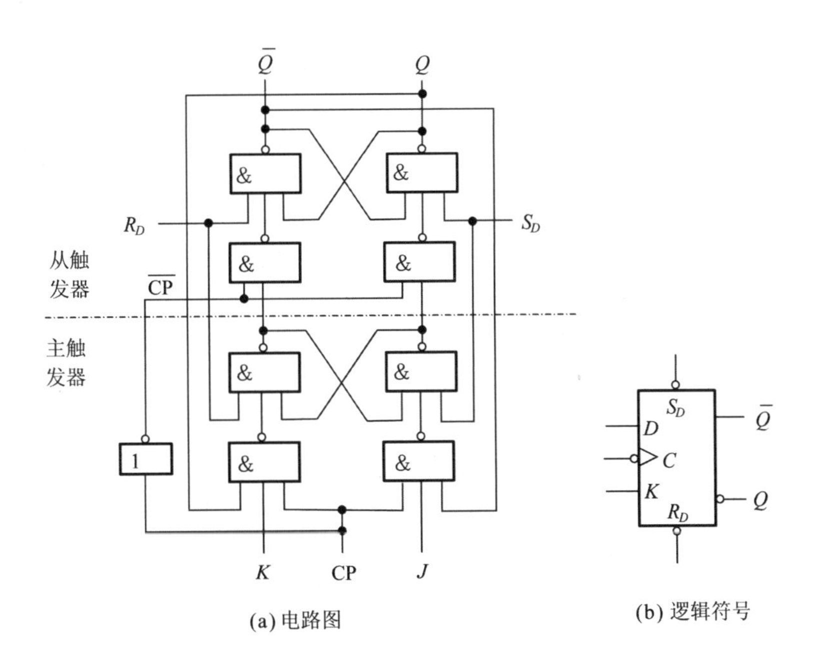

(a) 电路图

(b) 逻辑符号

图 4.13 主从 J-K 触发器逻辑电路图和逻辑符号

图 4.13 所示的主从 J-K 触发器由两个钟控 R-S 触发器级联构成，将从触发器的输出交叉反馈到主触发器的输入。主触发器在时钟的上升沿按照上述(1)～(4)工作，但从触发器

却维持前一状态不变,因为此时从触发器的时钟 $\overline{CP}$ 是无效的低电平。在CP上升沿过后的时钟高电平期间,由于反馈信号为从触发器输出的前一状态,这正好封锁了主触发器的输入,不会发生空翻。当CP下跳时,从触发器的时钟 $\overline{CP}$ 上跳,从而将主触发器的状态置入从触发器,最终完成新状态的输出。

表4.8所列为J-K触发器的逻辑功能表,对应的状态表见表4.9。根据表4.9可画出J-K触发器的状态图和次态卡诺图,分别如图4.14和图4.15所示。

表4.8 J-K触发器功能表

J	K	Q^{n+1}	功能说明
0	0	Q	保持
0	1	0	置0
1	0	1	置1
1	1	$\overline{Q}$	翻转

表4.9 J-K触发器状态表

Q	Q^{n+1}			
	$JK=00$	$JK=01$	$JK=11$	$JK=10$
0	0	0	1	1
1	1	0	0	1

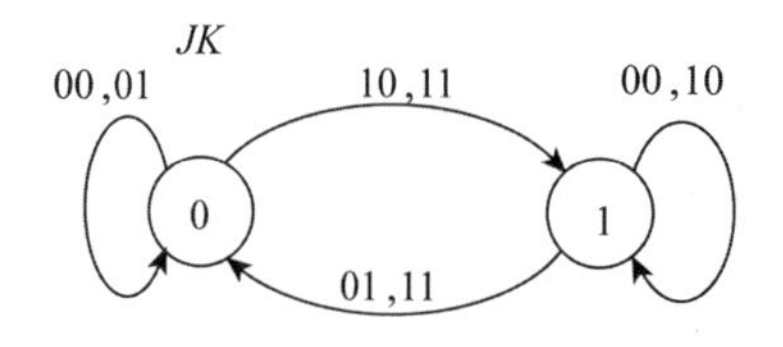

图4.14 J-K触发器状态图

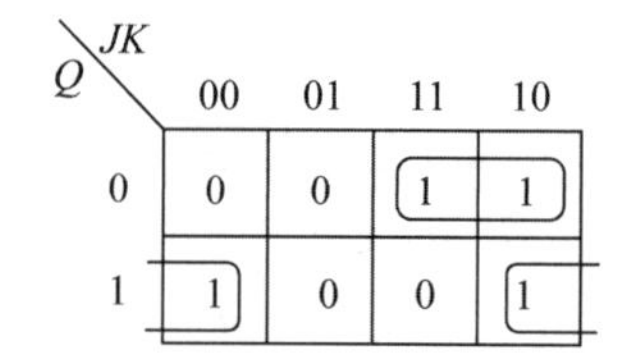

图4.15 J-K触发器的次态卡诺图

由图4.15所示次态卡诺图化简,可求得J-K触发器的特征方程如下:

$$Q^{n+1}=J\overline{Q}+\overline{K}Q \tag{4-10}$$

J-K触发器也有非主从结构、上升沿触发等类型的,应注意区分,不能一概而论。

3. T触发器

J-K触发器虽然功能多,但它有两个控制端,增加了控制量。在某些场合,仅需要J-K触发器的部分功能,以减少控制量。已知D触发器仅具有J-K触发器的置0和置1功能,控制简单。下面介绍的T触发器仅具有J-K触发器的"保持"和"翻转"两种功能。

由J-K触发器的真值表可以看出,当 J、K 同时为0或同时为1时,即得到T触发器。因此,只需把J-K触发器的输入端J和K连接起来,就可构成T触发器,如图4.16所示。为了避免发生空翻,T触发器也采用主从结构或维持阻塞结构。T触发器的功能如表4.10所列,状态表见表4.11。

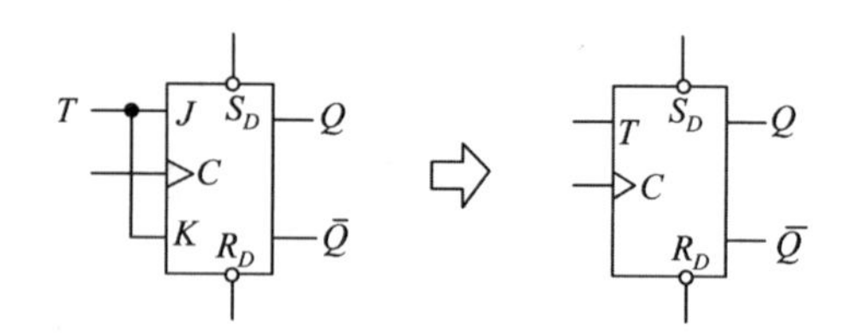

图4.16 T触发器的演变及其符号

根据状态表,可画出状态图(见图4.17)和次态卡诺图(见图4.18)。由图4.18所示卡诺图得到T触发器的特征方程式(4-11)。T触发器常用于计数型逻辑电路中,故又称为计数触发器。

表 4.10　T 触发器功能表

T	Q^{n+1}	功能说明
0	Q	不变
1	$\overline{Q}$	翻转

表 4.11　T 触发器状态表

Q	Q^{n+1}	
	$T=0$	$T=1$
0	0	1
1	1	0

$$Q^{n+1}=T\overline{Q}+\overline{T}Q \tag{4-11}$$

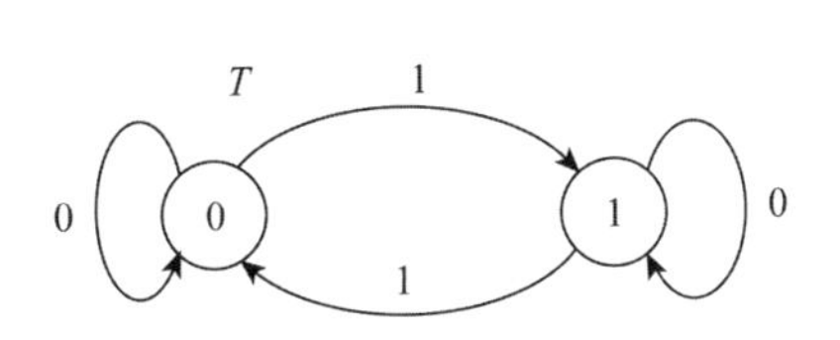

图 4.17　T 触发器状态图

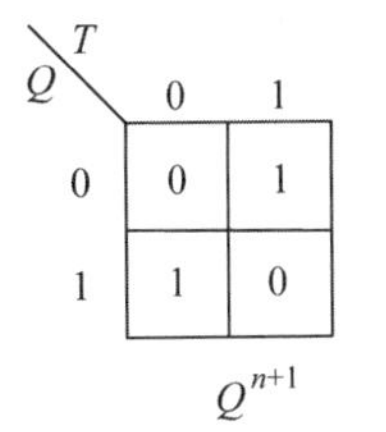

图 4.18　T 触发器次态卡诺图

4.2.3　各类触发器的相互转换

根据需要，将某种逻辑功能的触发器经过改接或附加一些门电路后，转换成另一种功能的触发器，这就是触发器的相互转换。

不同逻辑功能的触发器可以相互转换。掌握了各类触发器相互转换的方法，就能运用现有的器件组成各种功能的逻辑电路。下面举例说明触发器相互转换的两种方法。

例 4-1　用 D 触发器及“与非”门组成一个 J-K 触发器。

解：第一步，画出 J-K 触发器的逻辑框图，如图 4.19 所示。

依题意，必须把 D 输入转换为 J、K 输入。这就需要设计一个组合电路，以实现从 J、K 到 D 的转换，D 触发器的逻辑功能是已知的，组合逻辑电路的逻辑功能是未知的。因此，问题的关键是求组合逻辑的逻辑表达式：$D=f(J,K,Q)$。

第二步，确定 D 的逻辑表达式。

已知 D 触发器和 J-K 触发器的特征方程分别为

$$Q_D^{n+1}=D$$

$$Q_{JK}^{n+1}=J\overline{Q}+\overline{K}Q$$

图 4.19 中 D 触发器的输出，也是想要组成的 J-K 触发器的输出。因此有

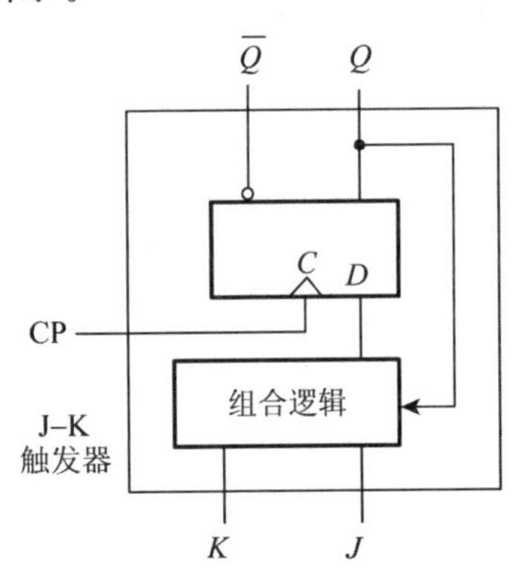

图 4.19　由 D 触发器组成 J-K 触发器的逻辑框图

$$Q_{JK}^{n+1}=Q_D^{n+1}$$

即

$$D=J\overline{Q}+\overline{K}Q \tag{4-12}$$

第三步,画出由 D 触发器组成 J－K 触发器的电路图。

题目要求用“与非”门实现组合电路,故将式(4－12)转化为如下“与非-与非”表达式:

$$D=\overline{\overline{J\overline{Q}+\overline{K}Q}}=\overline{\overline{J\overline{Q}}\cdot\overline{\overline{K}Q}} \tag{4-13}$$

根据式(4－13)和图 4.19,可得由 D 触发器组成的 J－K 触发器的逻辑电路,如图 4.20 所示。注意:新得到的 J－K 触发器不是主从结构,次态的建立和输出都是在 CP 脉冲信号的上跳沿时刻进行的 。

例 4－2 用 R－S 触发器及“与非”门组成一个 J－K 触发器。

解: 第一步,画出 J－K 触发器的组成框图。

R－S 触发器要转变成 J－K 触发器,则要设计如图 4.21 所示组合电路,以实现 J、K 到 R、S 的变换。

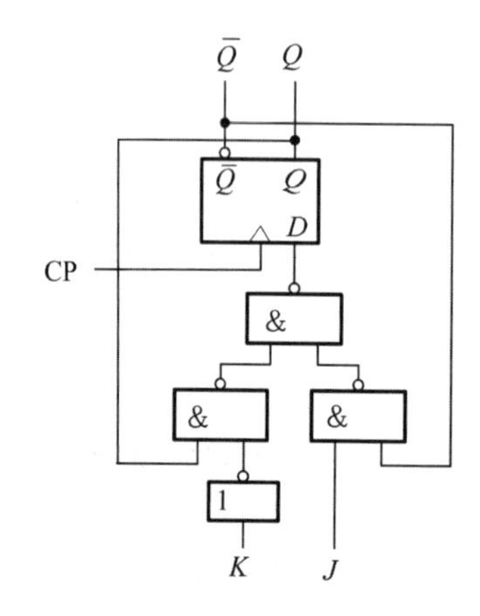

图 4.20 由 D 触发器组成 J－K 触发器的逻辑电路

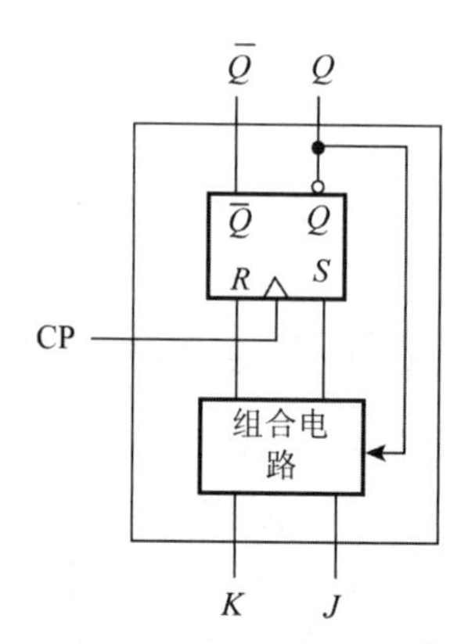

图 4.21 由 R－S 触发器组成 J－K 触发器的逻辑框图

由图 4.21 可知,问题的关键是如何确定 R 和 S 的逻辑表达式:

$$R=f_1(J,K,Q)$$

$$S=f_2(J,K,Q)$$

第二步,确定 R 和 S 的逻辑表达式。

已知 R－S 触发器的特征方程为

$$Q_{RS}^{n+1}=S+\overline{R}Q,RS=0 \tag{4-14}$$

J－K 触发器的特征方程为

$$Q_{JK}^{n+1}=J\overline{Q}+\overline{K}Q \tag{4-15}$$

很难直接从式(4－14)和式(4－15)求出 R 和 S 表达式。为此,综合列出两种触发器的特征方程表达的真值表,见表 4.12。列表时,先将 Q、J、K 作为 J－K 触发器的现态和激励,导出中间量 Q^{n+1};再将 Q 和 Q^{n+1} 作为 R－S 触发器的现态和次态,确定所需的输入 R 和 S。接下来,将 Q、J、K 作为组合逻辑的输入,R 和 S 作为组合逻辑的输出,求出 R 和 S 的表达式。由表 4.12 可得

$$R=\sum m(5,7),\qquad \sum\Phi(0,1)=0$$

$$S=\sum m(2,3),\qquad \sum\Phi(4,6)=0$$

用卡诺图化简，可得

$$\left.\begin{aligned} R &= QK \\ S &= \overline{Q}J \end{aligned}\right\} \qquad (4-16)$$

第三步，画出组合电路并构成 J－K 触发器。

根据式(4－16)和图 4.21，画出由 R－S 触发器组成 J－K 触发器的逻辑电路(见图 4.22)。

由以上两例可总结出触发器类型转换的一般方法：原触发器转换成新触发器，就是在原触发器的输入端加入一个组合逻辑电路。这样，新触发器的输入就是组合逻辑电路的输入，组合逻辑电路的输出作为原触发器的输入，原触发器的输出就是新触发器的输出。只要求出该组合逻辑电路，就能得到原触发器转换成新触发器的逻辑电路。也就是说，实现各类触发器相互转换的关键在于建立组合电路的逻辑表达式，而这又可以通过新、原触发器的特征方程得到。

表 4.12　J－K 触发器特征函数表和 R－S 触发器的激励表

输入			共同次态	输出	
Q	J	K	Q^{n+1}	R	S
0	0	0	0	ϕ	0
0	0	1	0	ϕ	0
0	1	0	1	0	1
0	1	1	1	0	1
1	0	0	1	0	ϕ
1	0	1	0	1	0
1	1	0	1	0	ϕ
1	1	1	0	1	0

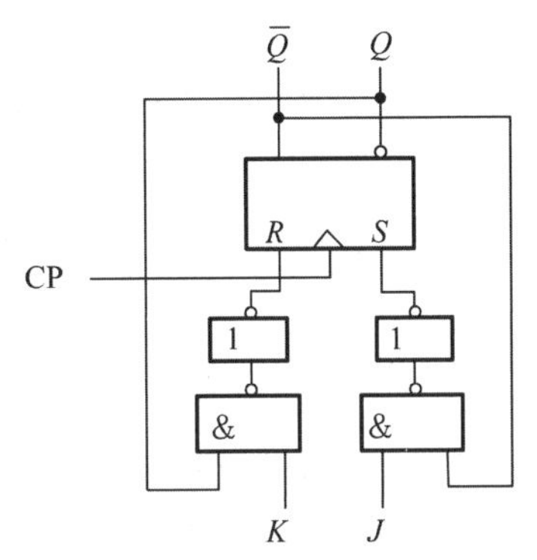

图 4.22　由 R－S 触发器组成 J－K 触发器的逻辑电路图

4.2.4　集成触发器的主要特性参数

各种类型的触发器都有相应的集成电路产品，在使用时应了解其性能和参数。这里仅对一些主要特性参数进行简要介绍。目前常用的中速集成触发器产品系列有 74LS 系列、CD4000 系列、74HC 系列。74HC 系列集成电路同时具有 74LS 系列的高速度、CD4000 系列的低功耗性能，是优选对象(详细资料可参见相关技术手册)。

1. 直流参数

(1) 电源电流 I_E

触发器的所有输入端接无效电平，当输出端悬空时，电源向触发器提供的电流为电源电流 I_E。电源电流 I_E 的越大，说明触发器电路的空载功耗越大。I_E 的大小与集成规模有关，如双 J－K 触发器 74HC73 的 I_E 约为几十微安。

(2) 低电平输入电流 I_{IL} 和高电平输入电流 I_{IH}

让触发器的输出端悬空，当某输入端接地时，从该输入端流出的电流为低电平输入电流 I_{IL}；当触发器的某输入端接电源时，流进该输入端的电流就是其高电平输入电流 I_{IH}。它说明对驱动电路的负载要求。74HC73 的 I_{IL} 和 I_{IH} 为 1 μA 以下。

(3) 输出高电平 V_{OH} 和输出低电平 V_{OL}

触发器输出端 Q 或 $\overline{Q}$ 输出高电平时的对地电压为 V_{OH}，输出低电平时的对地电压为

V_{OL}。它表明了触发器的抗干扰能力。74HC73 的 V_{OH} 和 V_{OL} 接近电源电压和 0 V。

2. 开关参数

(1) 最高时钟频率 f_{max}

最高时钟频率 f_{max} 是指触发器在计数状态下能正常工作的最高工作频率,它是标志触发器工作速度高低的一个重要指标。74HC73 的 f_{max} 约为几十兆赫兹。

(2) 对时钟信号的延迟时间(t_{CPLH} 和 t_{CPHL})

从时钟脉冲的触发沿到触发器输出端由 0 状态变到 1 状态的延迟时间为 t_{CPLH};从时钟脉冲的触发沿到触发器输出端由 1 状态变到 0 状态的延迟时间为 t_{CPHL}。一般,t_{CPLH} 比 t_{CPHL} 约大一级门的延迟时间。74HC73 约为 10 ns 级。

(3) 对置 0 端(R_D)或置 1 端(S_D)端的延迟时间 t_{RLH}、t_{RHL} 或 t_{SLH}、t_{SHL}

从置 0 脉冲触发沿到输出端由 0 变为 1 的延迟时间为 t_{RLH},到输出端由 1 变为 0 的延迟时间为 t_{RHL};从置 1 脉冲触发沿到输出端由 0 变为 1 的延迟时间为 t_{SLH},到输出端由 1 变为 0 的延迟时间为 t_{SHL}。74HC73 约为 10 ns 级。

4.3 同步时序逻辑电路

所谓时序逻辑分析,就是要找出给定时序逻辑电路的逻辑功能。具体来说,就是找出电路状态和输出在输入变量和时钟信号作用下的变化规律。通过分析,可以了解给定时序逻辑电路的功能,评价设计方案,改进逻辑电路设计。

按照电路的工作方式,时序逻辑电路可分为同步时序逻辑电路和异步时序逻辑电路两种类型,异步时序逻辑电路将在 4.4 节中介绍。

同步时序逻辑电路又称为时钟同步时序逻辑电路,是以触发器状态为标志的,因此有时又称为时钟同步状态机,简称状态机。它的状态存储电路是触发器(用于更新电路状态信息),时钟输入信号连接到所有触发器的时钟控制端。这种状态机仅在时钟信号的有效触发边沿才改变状态,即同步改变状态。

在同步时序逻辑电路中,存储电路由钟控型触发器组成,各触发器的时钟端都与统一的时钟脉冲信号 CP 相连接;输入逻辑向触发器产生激励输入,$w_1,\cdots,w_u$ 即各触发器的激励信号;输出逻辑转换输入和触发器数据以满足输出变量要求,$y_1,\cdots,y_v$ 即各触发器输出(电路的状态变量)。因此,只有当有效时钟脉冲到来时,各触发器的状态才会改变。如果时钟脉冲没有到来,则输入信号的变化都不可能引起电路状态的改变。因此,时钟脉冲对电路状态的变化起着同步的作用。

通常,时钟脉冲信号 CP 是一种具有固定周期和宽度的脉冲信号。为了保证时序逻辑电路稳定、可靠地工作,对 CP 的参数有一定的要求。CP 的宽度必须足够,以保证触发器能可靠翻转;CP 的频率不能太高,以保证前一个脉冲引起的状态转换过程完全结束后,后一个脉冲才能到来。否则,电路状态的变化将发生混乱。CP 的参数应由电路的实际用途及触发器的工作速度选定。

上述讨论说明,电路的状态转换是与时钟同步的。由于时钟起作用的时刻是已知的,因此,在同步时序逻辑的分析过程中,将时钟作为一种默认的输入。

根据电路的输出是否与输入直接相关,时序逻辑电路又可分为 Mealy 型和 Moore 型两种，分别如图 4.23(a)和(b)所示。

Mealy 型电路的输出是电路输入和电路状态的函数，其表达式如下：

$$z_i = f_i(x_1, \cdots, x_p, y_1, \cdots, y_v), \qquad i = 1, \cdots, q$$

Moore 型电路的输出仅仅是电路状态的函数，其表达式如下：

$$z_i = f_i(y_1, \cdots, y_v), \qquad i = 1, \cdots, q$$

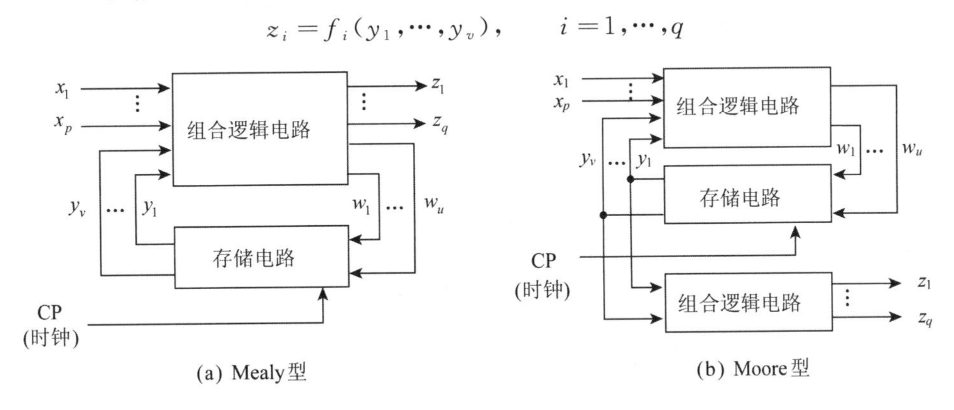

图 4.23 两种时序逻辑逻辑电路的组成框图

4.3.1 同步时序逻辑电路描述

同步时序逻辑电路的功能常用逻辑函数表达式、状态转换表、状态转换图和时序图 4 种方法来描述。在描述同一时序逻辑电路的功能时，上述 4 种方法可以相互转换。

1. 逻辑函数表达式

逻辑函数表达式是描述逻辑电路功能的最基本方法。要完整地描述同步时序逻辑电路的结构和功能，就是用到 3 个逻辑函数表达式，即

输出函数 $z_i = f_i(x_1, \cdots, x_p, \quad y_1, \cdots, y_v)$, $\qquad i = 1, 2, \cdots, q$ (Mealy 型)

$z_i = f_i(y_1, \cdots y_v)$, $\qquad i = 1, \cdots, q$ (Moore 型)

激励函数：$w_k = h_k(x_1, \cdots, x_p, \ y_1, \cdots, y_v)$, $\qquad k = 1, 2, \cdots, u$

次态函数：$y_j^{n+1} = g_j(w_1, \cdots, w_u, \ y_1, \cdots, y_v)$, $\qquad j = 1, \cdots, v$

激励函数反映了存储电路的输入 w 与电路输入 x、现态 y 之间的关系，是确定电路的次态 y^{n+1} 必不可少的中间量。当触发器被用作系统的存储电路时，激励变量就是触发器的输入 R 与 S、D、J 与 K、T。任何同步时序逻辑电路，只要确定了这 3 个函数表达式，就确定了其逻辑功能。

例 4-3 用逻辑函数表达式描述图 4.24 所示的时序逻辑电路。

解：图 4.24 中，两个 D 触发器构成存储电路，其输入端为两个触发器的激励端 D_2、D_1，内部输出即电路的状态 Q_2、Q_1，电路的输出为 z。由图 4.24 可写出该电路的 3 个逻辑函数表达式如下：

输出函数：
$$z = xQ_2\overline{Q}_1 \tag{4-17}$$

激励函数：
$$\left.\begin{aligned} D_2 &= xQ_2 + xQ_1 \\ D_1 &= xQ_2 + x\overline{Q}_1 \end{aligned}\right\} \tag{4-18}$$

次态函数：也就是 D 触发器的特征方程，即

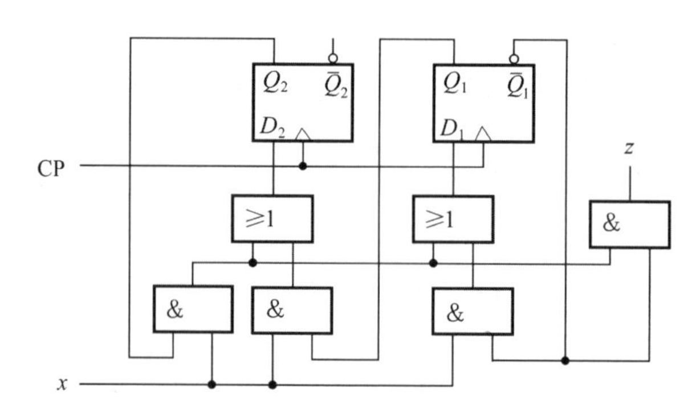

图 4.24　例 4-3 的时序逻辑电路

$$\left.\begin{aligned} Q_2^{n+1} &= D_2 \\ Q_1^{n+1} &= D_1 \end{aligned}\right\} \tag{4-19}$$

将式(4-18)代入式(4-19),得

$$\left.\begin{aligned} Q_2^{n+1} &= xQ_2 + xQ_1 \\ Q_1^{n+1} &= xQ_2 + x\overline{Q}_1 \end{aligned}\right\} \tag{4-20}$$

式(4-17)～式(4-20)就是描述图 4.23 所示电路的方程组。由式(4-17)可以看出,该电路的输出函数为输入 x 和状态 Q_2、Q_1 的函数,故该电路为 Mealy 型时序逻辑电路。

逻辑函数表达式虽然全面地描述了时序逻辑电路,具有简洁、抽象的特点,但不能直观地看出电路的逻辑功能。然而,逻辑函数表达式是我们进一步分析电路的重要步骤。

2. 状态转换表与状态表

用真值表的形式列出电路在输入和现态的各种组合值下的次态和输出,称为时序逻辑电路的状态转换表。状态转换表是描述时序逻辑电路的重要方式,表的行数=电路的状态数,列数=输入信号组合(输入状态)数,单元格中填写与现态及输入相应的次态。对于时序电路的两种类型,状态表的格式稍有差别,具体如表 4.13 和表 4.14 所列。

表 4.13　Mealy 型电路状态表格式

现态	次态/输出			
		输入 x		
Q		Q^{n+1}/z		

表 4.14　Moore 型电路状态表格式

现态	次态			输出
		输入 x		
Q		Q^{n+1}		z

下面继续讨论例 4-3 中的电路,其状态转换表如表 4.15 所列。列表时,先将输入 x 和现态 Q_2、Q_1 的各种组合值列于表格左边的对应栏目内,再根据式(4-20)和式(4-17)逐一算出对应的次态值 Q_2^{n+1}、Q_1^{n+1} 和输出 z 值,列于表格右边的对应栏目内。

状态转换表比较直观地反映了输入、现态、次态和输出之间的逻辑关系,如果已知输出和现态,就可以很方便地查出次态和输出。但仍不能直观地体现电路的逻辑功能,因此,还需要对状态转换表作进一步的综合和归纳,突出发生状态转换的过程,这就是状态表(见表 4.16)。表 4.16 中,我们对电路的各个状态进行了命名。电路有两个触发器,因此共有 4 个状态值,分别为 00、01、10、11，将其分别命名为 S_0、S_1、S_2、S_3。用英文符号的形式代表状态，可以更加方便地表达状态的含义，避免在分析过程中纠缠于容易出错的"0""1"值。尤其是电路中的触发器较多、状态值的位数较多时，用英文单词（或开始字母）命名状态，其优点更加突出。

表 4.15　例 4-3 的电路状态转换表

输　入	现　态		次　态		输　出
x	Q_2	Q_1	Q_2^{n+1}	Q_1^{n+1}	z
0	0	0	0	0	0
0	0	1	0	0	0
0	1	0	0	0	0
0	1	1	0	0	0
1	0	0	0	1	0
1	0	1	1	0	0
1	1	0	1	1	1
1	1	1	1	1	0

列状态表时，先将各个现态列于表的左侧现态栏，表的右侧栏分不同输入值列出对应的次态和输出。例如，当现态为 S_0（即 $Q_2Q_1=00$）时，查状态转换表（见表 4.15）知，当 $x=0$ 时，次态/输出为 00/0，即 $S_0/0$；当 $x=1$ 时，次态/输出为 01/0，即 $S_1/0$；以此类推，可完成状态表（见表 4.16）中全部 4 行的填写。

表 4.16　例 4-3 的状态表

现　态	次态 S^{n+1}/输出 z	
S	$x=0$	$x=1$
S_0	$S_0/0$	$S_1/0$
S_1	$S_0/0$	$S_2/0$
S_2	$S_0/0$	$S_3/1$
S_3	$S_0/0$	$S_3/0$

在考察电路的功能方面，状态表比状态转换表要直观一些，但离"一目了然"还有差距。然而，它为进一步画出状态转换图奠定了基础。

3. 状态转换图

状态转换图又称为状态转移图，是描述时序电路状态转移规律及相应输入、输出关系的有向图，是时序电路的图形化表示。图中用圆圈表示电路的状态，连接圆圈的有向线段表示电路状态的转移关系。有向线段的起点表示现态，终点表示次态。Mealy 型电路状态图的有向线段旁边标注发生该转换的输入条件及在该输入和现态条件下的输出，如图 4.25 所示；Moore 型电路状态图则将输出标注在圆圈内，如图 4.26 所示。

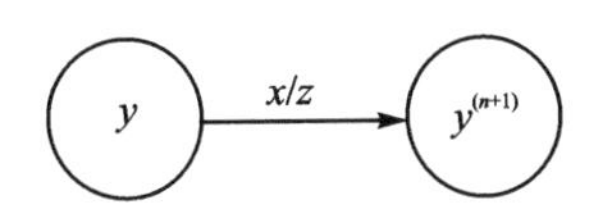

图 4.25　Mealy 型电路状态图

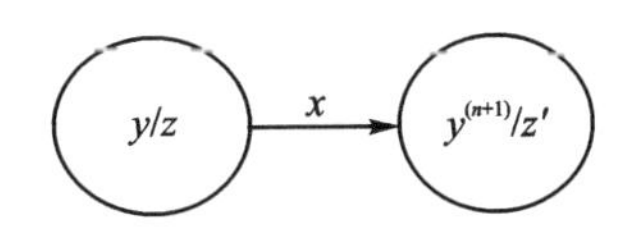

图 4.26　Moore 型电路状态图

若有向线段起止于同一状态，表示在该输入下，电路状态保持不变。

用状态图描述时序电路的逻辑功能具有形象、直观等优点，是时序电路分析和设计的主要工具。例 4－3 电路的状态图如图 4.27 所示。

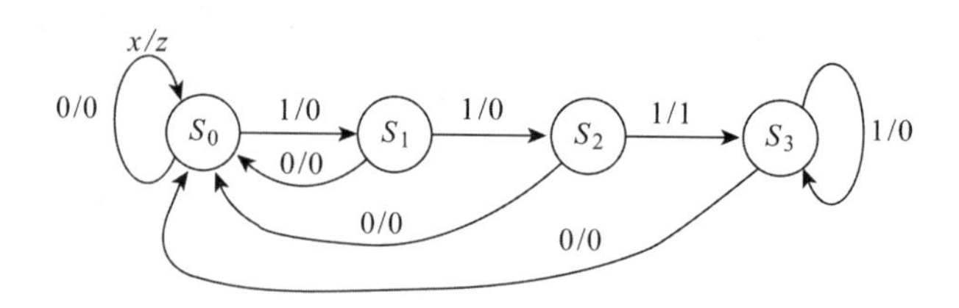

图 4.27　例 4－3 的状态图

与前面讨论的触发器状态图类似，但由于例 4－3 电路为 Mealy 型电路，输出不仅与状态有关，而且与输入 x 有关，因此在状态图中，箭头旁注明了输入值和现态下的输出值，用“/”分隔。与此相对应地，图上方的“x/z”表明输入为 x，输出为 z。

图 4.27 所示的画法也与触发器的状态图画法类似。先将 4 个状态圈画出，对于每一状态圈，将其视为现态，查状态表(见表 4.16)，看其在两种输入值 $x=0$ 和 $x=1$ 下，分别应转移到什么次态，画出对应的状态转移线。例如，将 S_0 视为现态，查表 4.16 可知，在 $x=0$ 时转移到 S_0 态并输出 0，在 $x=1$ 时转移到 S_1 态并输出 0，据此画出 0/1 和 1/0 状态转移线；再将 S_1 视为现态，查表 4.16 得，在 $x=0$ 时转移到 S_0 态并输出 0，在 $x=1$ 时转移到 S_1 态并输出 0，据此画出对应的状态转移线；……以此类推，画出 S_1、S_2、S_3 的状态转移线。

由图 4.27 可知，在任何状态下，只要输入为 0，将立即转移到 S_0 态。当现态为 S_0 时，如果连续输入 3 个或 3 个以上的 1，则逐步转移到 S_3 态，并在第 3 个 $x=1$ 时 z 输出 1；如果在连续输入 3 个 1 的中途输入了 0，则 z 不会输出 1，并返回 S_0。由此可知，电路能判断连续输入 1 的个数是否小于 3。如果小于 3，则不会输出 1；否则，在第 3 个 1 处给出一个定位标志 1($z=1$)。该电路可用于判断某一事件发生后延续的时间是否超过规定的限时。

状态图很直观地描述了电路状态转换的完整过程，它以图的形式表示了状态之间的联系，以便于分析电路的功能。对于任意一个输入系列，总可以在状态图中逐步跟踪，找到对应的输出系列。

4. 工作波形图

通常，我们希望根据一个特定的输入系列，得到对应的输出系列，并且要求准确地定位状态和输出发生变化的时刻。然而，状态图在这一方面并没有给出满意的答案。为此，需要画出在特定的输入系列作用下电路的响应随时间变化的波形图——工作波形图。

首先，确定采用什么样的输入系列具有代表性。对于例 4－3，可采用如下输入系列：

$$x\ :0,1,0,1,1,0,1,1,1,0,1,1,1,1,0,\cdots$$

此系列描述了连续输入 1 个“1”、2 个“1”、3 个“1”、4 个“1”时的情形。必须说明，输入系列是人为指定的、用于测试电路响应的典型数据。要完备地测试出在任何情况下电路的响应，是无法实现的。因此，只能选择具有代表性的系列进行测试。因此，工作波形图只是对电路功能的一种局部描述。然而，它很重要，可将上述系列及其响应以表格的形式列出(见表 4.17)。

列表时，对时钟 CP 按到来的先后顺序编号，将设定的输入 x 依次填入表 4.17 中。再设定 CP 作用前电路的初始状态，这里设为 00。于是，由 CP 作用时的输入 $x=0$ 及现态 $Q_2Q_1=00$，查状态真值表 4.16，可得次态 $Q_2^{n+1}Q_1^{n+1}=00$，输出 $z=0$，填入表 4.17 中。将 CP_1 栏的次态作为 CP_2 栏的现态，结合 CP_2 栏的输入 $x=1$，再查表 4.16 得 CP_2 栏的次态 $Q_2^{n+1}Q_1^{n+1}=$

01,输出 $z=0$,……,如此重复,直到 CP_{15} 栏。

表 4.17　例 4-3 电路对一个特定系列输入的响应

CP	…	1	2	3	4	5	6	7	8	9	10	11	12	13	14	15	…
x		0	1	0	1	1	0	1	1	1	0	1	1	1	1	0	
Q_2		0	0	0	0	0	1	0	0	1	1	0	0	1	1	1	
Q_1		0	0	1	0	1	0	0	1	0	1	0	1	0	1	1	
Q_2^{n+1}		0	0	0	0	1	0	0	1	1	0	0	1	1	1	0	
Q_1^{n+1}		0	1	0	1	0	0	1	0	1	0	1	0	1	1	0	
z		0	0	0	0	0	0	0	0	1	0	0	0	1	0	0	

由表 4.17 很容易画出工作波形图(见图 4.28)。**注意**:电路中选用的是上升沿触发型的触发器,现态与次态的转换是在时钟的上升沿时刻发生的,输出则由表达式 $z=xQ_2\overline{Q}_1$ 算出。

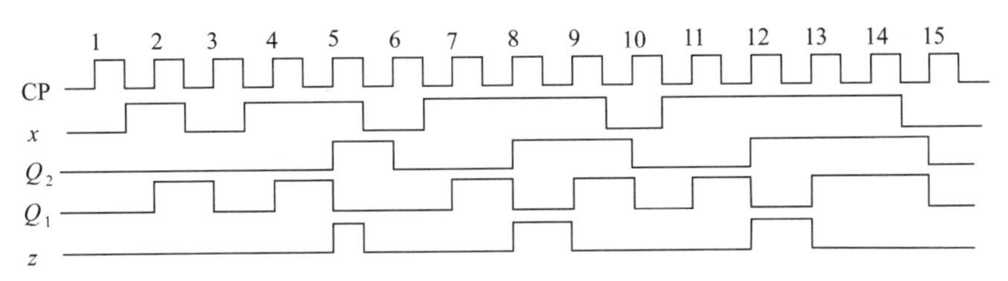

图 4.28　例 4-3 的工作波形

图 4.28 中,为确保各 CP 的上升沿时刻 x 的值稳定,特将 x 发生改变的时刻安排在 CP 的下降沿处。

必须特别指出,无论是状态转换表还是状态图,都只给出了时钟有效时刻发生的现象。那么在时钟无效期间的输出波形如何呢?状态转换表和状态图并未回答这一问题,但工作波形图却能反映任何时刻的输出。图 4.28 清楚地表明,在 CP_5 的上升沿作用后,电路进入 S_2 态。此后,在 x 未下跳为 0 之前,输出 z 出现为 1 的现象。这是 Mealy 型电路特有的现象,在状态转换表和状态图中不会反映出来。

要消除这一现象,是否可以让 CP_5 作用后,立即让 x 下跳为 0 来达到目的呢?这种要求实际上是相当苛刻的:一方面要确保 CP_5 作用的时刻 x 为 1,另一方面 CP_5 作用完成后 x 应立即下跳 ,下跳太早会影响 CP_5 对 x 的正确采样,下跳稍迟会使输出 z 出现毛刺。解决该问题的办法是:保证 x 的信号源与本电路的 CP 时钟同步,并严格确定 x 的下跳时刻;如果 x 为自由信号,则必须改进电路结构,例如采用 Moore 型电路、利用 CP 信号同步输出信号 z(如令 $z=\overline{CP}\cdot xQ_2\overline{Q}_1$)等。

4.3.2　同步时序逻辑电路分析

时序逻辑电路的分析是根据逻辑电路图,得到反映时序逻辑电路工作特性的状态表及状态图,有了状态表及状态图就可得到电路在某个输入序列下所产生的输出序列,进而理解电路的逻辑功能。

同步时序逻辑电路是由组合电路和存储电路构成的,它的存储电路是触发器,触发器的特性是已知的,如果能分析出组合电路的功能,则时序逻辑电路的功能也就得到了。因此,分析工作应从组合逻辑的分析着手。

下面通过实例引入同步时序逻辑电路分析的流程。

例 4-4 给定图 4.29 所示同步时序电路,试分析该电路的逻辑功能。

解: 步骤 1 写出输出函数、次态函数及激励函数

由图 4.29 可以看出,电路没有外部输入,输出仅为状态的函数,故为 Moore 型电路。该电路的输出函数为

$$Y=Q_2Q_3 \tag{4-21}$$

激励函数为

$$\left.\begin{aligned} J_1&=\overline{Q_2Q_3}, & K_1&=1 \\ J_2&=Q_1, & K_2&=\overline{\overline{Q_1}\,\overline{Q_2}} \\ J_3&=Q_1Q_2, & K_3&=Q_2 \end{aligned}\right\} \tag{4-22}$$

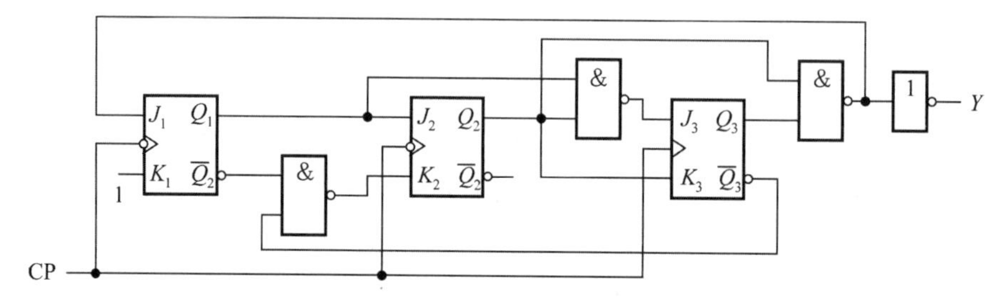

图 4.29 例 4-4 的同步时序逻辑电路

将式(4-22)代入 J-K 触发器特征方程式(4-10),得到电路的次态函数表达式如下:

$$\left.\begin{aligned} Q_1^{n+1}&=\overline{Q_2Q_3}\,\overline{Q_1} \\ Q_2^{n+1}&=Q_1\overline{Q_2}+\overline{Q_1}\,\overline{Q_3}Q_2 \\ Q_3^{n+1}&=Q_1Q_2\overline{Q_3}+\overline{Q_2}Q_3 \end{aligned}\right\} \tag{4-23}$$

步骤 2 列出状态转换表

此电路中共有 3 个触发器,状态的各种组合值共有 8 种。将 8 种状态值填于表 4.18 的左栏,由式(4-21)和式(4-23)分别求出对应的次态和输出值,结果如表 4.18 所列。

表 4.18 例 4-4 电路的状态转换表

Q_3^n	Q_2^n	Q_1^n	Q_3^{n+1}	Q_2^{n+1}	Q_1^{n+1}	Y
0	0	0	0	0	1	0
0	0	1	0	1	0	0
0	1	0	0	1	1	0
0	1	1	1	0	0	0
1	0	0	1	0	1	0
1	0	1	1	1	0	0
1	1	0	0	0	0	1
1	1	1	0	0	0	1

步骤 3　画出状态转换图

本例的状态转换过程比较简单，规律性强，故省去列状态表的步骤。由于 Moore 型电路的输出仅由状态确定，故将输出量 Y 的值写在状态圈中。由于电路没有输入量，故状态转移线旁不用标注输入值。按状态转换表(见表 4.18)，将各现态及 CP 作用时要转移到的次态、现态下的输出一一画出，得状态图(见图 4.30)。

由图 4.30 可知，当电路不是处于"111"状态时，每经过 7 个时钟信号后，电路的状态循环变化一次。因此，该电路具有对时钟信号计数的功能。同时发现，每经过 7 个时钟信号作用后，输出端 Y 输出一个脉冲(由 0 变 1，再由 1 变 0)。因此，该电路是一个七进制计数器，Y 端的输出就是进位脉冲。当电路处于"111"状态时，只要再收到一个时钟脉冲就立即转入正常计数状态"000"。"111"状态称为无关状态，一旦因某种异常原因陷入这种状态，电路能在下一时钟脉冲的作用下转入正常计数状态，即电路具有自恢复功能。

步骤 4　画出工作波形图

根据状态图 4.30，可画出电路的工作波形图(见图 4.31)。注意：由于采用下降沿触发型触发器，状态的转换发生在 CP 的下降沿时刻。

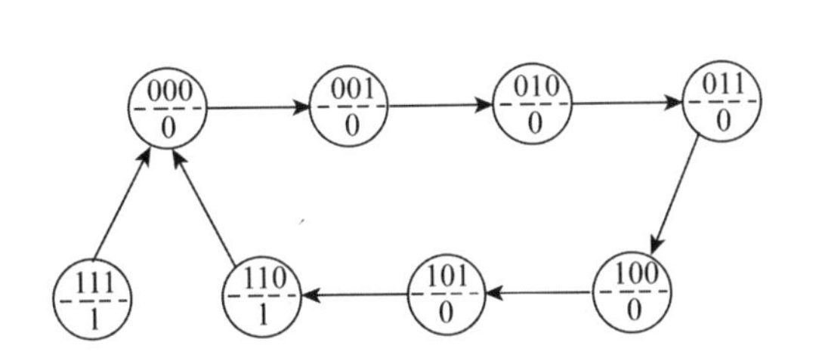

图 4.30　例 4-4 电路的状态图

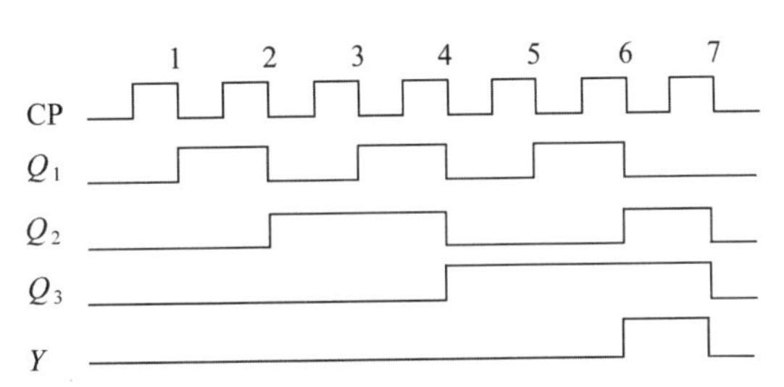

图 4.31　例 4-4 电路的工作波形图

例 4-5　分析图 4.32 所示同步时序电路的逻辑功能。

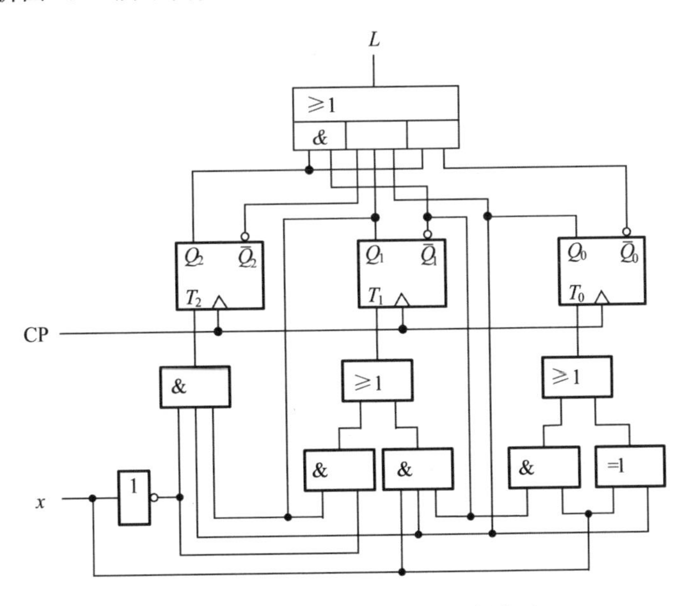

图 4.32　例 4-5 的同步时序逻辑电路

解: 步骤 1　写出输出函数、次态函数及激励函数

由图 4.32 得

$$L = Q_2\overline{Q}_1 + Q_2\overline{Q}_0 + \overline{Q}_2 Q_1 Q_0 \tag{4-24}$$

$$T_2 = \bar{x}Q_1Q_0,\qquad T_1 = x\overline{Q}_1Q_0 + \bar{x}Q_1,\qquad T_0 = x\overline{Q}_1 + (x \oplus Q_0) \tag{4-25}$$

将式(4-24)代入 T 触发器的特征方程 $Q^{n+1}=T\overline{Q}+\overline{T}Q$,得各触发器次态函数如下:

$$\left.\begin{aligned}
Q_2^{n+1} &= T_2\overline{Q}_2 + \overline{T}_2Q_2 = \bar{x}Q_1Q_0\overline{Q}_2 + \overline{\bar{x}Q_1Q_0}Q_2\\
Q_1^{n+1} &= T_1\overline{Q}_1 + \overline{T}_1Q_1 = (x\overline{Q}_1Q_0 + \bar{x}Q_1)\overline{Q}_1 + \overline{x\overline{Q}_1Q_0 + \bar{x}Q_1}Q_1 = xQ_1 + xQ_0\\
Q_0^{n+1} &= T_0\overline{Q}_0 + \overline{T}_0Q_0 = [x\overline{Q}_1 + (x \oplus Q_0)]\overline{Q}_0 + \overline{x\overline{Q}_1 + (x \oplus Q_0)}Q_0 = xQ_1 + x\overline{Q}_0
\end{aligned}\right\} \tag{4-26}$$

由式(4-24)知,输出函数 L 中仅包含状态变量,故该电路为 Moore 型时序逻辑电路。

步骤 2　列出状态转换表与状态表

由式(4-25)和式(4-26)可列出状态转换表,如表 4.19 所列。

表 4.19　例 4-5 电路的状态转换表

输入	现态			次态			输出
x	Q_2	Q_1	Q_0	Q_2^{n+1}	Q_1^{n+1}	Q_0^{n+1}	L
0	0	0	0	0	0	0	0
0	0	0	1	0	0	0	0
0	0	1	0	0	0	0	0
0	0	1	1	1	0	0	1
0	1	0	0	1	0	0	1
0	1	0	1	1	0	0	1
0	1	1	0	1	0	0	1
0	1	1	1	0	0	0	0
1	0	0	0	0	0	1	0
1	0	0	1	0	1	0	0
1	0	1	0	0	1	1	0
1	0	1	1	0	1	1	1
1	1	0	0	1	0	1	1
1	1	0	1	1	1	0	1
1	1	1	0	1	1	1	1
1	1	1	1	1	1	1	0

该电路中有 3 个触发器,共有 8 个状态。将其分别记为

$$S_7=111,\quad S_6=110,\quad S_5=101,\quad S_4=100$$

$$S_3=011,\quad S_2=010,\quad S_1=001,\quad S_0=000$$

由此可列出状态表(见表 4.20)。

步骤 3　画出状态图,分析逻辑功能

由表 4.20 可画出状态图(见图 4.33)。电路的逻辑功能分析如下：

在 S_0 态，输出为 0，如果连续输入 3 个或 3 个以上“1”，则电路转移到 S_3 态并输出 1。此后，如果连续输入 0，则转移到 S_4 态并保持输出 1。接下来，如果再次连续输入 3 个或 3 个以上“1”，则电路转移到 S_0 态并输出 0。此后，如果连续输入 0，则转移到 S_0 态并保持输出 0。假设时钟的周期为 1 s，电路正好实现了本章开始时提到的“用一个按钮控制一盏灯”所需的逻辑功能。请读者对照状态图分析，当输入连续为 1 所经历的时钟周期不足 3 s 时，输出将如何？

表 4.20 例 4-5 电路的状态表

现态	次态 $Q_2^{n+1}Q_1^{n+1}Q_0^{n+1}$ /输出 L	
	$x=0$	$x=1$
S_0	$S_0/0$	$S_1/0$
S_1	$S_0/0$	$S_2/0$
S_2	$S_0/0$	$S_3/1$
S_3	$S_4/1$	$S_3/1$
S_4	$S_4/1$	$S_5/1$
S_5	$S_4/1$	$S_6/1$
S_6	$S_4/1$	$S_7/0$
S_7	$S_0/0$	$S_7/0$

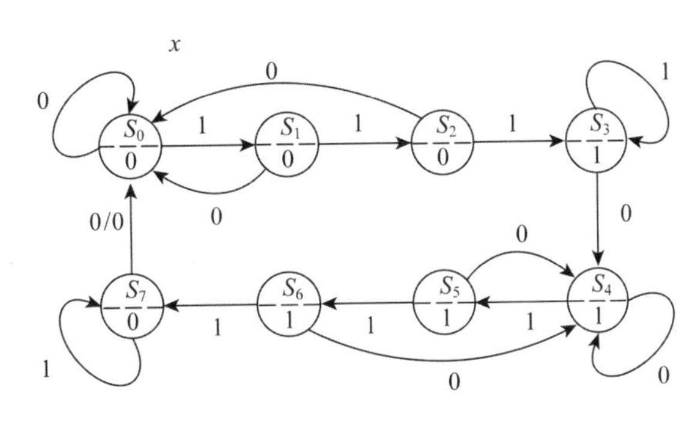

图 4.33 例 4-5 的状态图

4.4 异步时序逻辑电路

前面提到，时序逻辑电路分为同步时序逻辑电路与异步时序逻辑电路。从电路的构成来看，异步时序逻辑电路没有统一的工作时钟，各触发器的时钟信号源或直接来自外部的输入，或来自电路内部的其他节点。这一特点导致了异步时序逻辑电路的分析方法与同步时序逻辑电路不同。图 4.34 所示为一个典型的异步时序逻辑电路，触发器 D_1 的时钟直接取自外部输入信号，而触发器 D_2 的时钟则取自 D_1 的输出信号。

异步时序逻辑电路分为电平异步时序逻辑电路、脉冲异步时序逻辑电路两种。

电平异步时序逻辑电路采用的触发器为电平触发型，其状态的翻转受控于整个有效电平期。例如，直接使用触发器的 R_D、S_D 来控制触发器翻转，或直接用门电路来构造触发器。这种控制方式可能导致的后果：输入信号的一次触发将引起电路的状态发生多次过渡性的变化。引起这种现象的原因是门的时延及电路中存在的反馈环路。信号在环路中动态传播，从而引发触发器不停地翻转，最终稳定在所需的状态上。通常，电平异步时序逻辑主要用于触发器的强制性置位或复位，例如在上电时使触发器处于希望的初始状态。鉴于此，这里不再详细讨论电平异步时序逻辑电路。

脉冲异步时序逻辑电路中采用的触发器为边沿触发型，其状态的翻转仅受控于输入信号的有效变化沿。这与同步时序逻辑电路的分析有共同之处，但各触发器的时钟触发源不同，必须考虑触发信号到来的顺序及因果关系。因此，时钟应作为一种特殊的输入来考虑，其特殊之处在于时钟的作用方式与其他信号不同。

下面以一个简单的实例,引入脉冲异步时序逻辑电路的分析方法和步骤。

例 4-6 分析图 4.34 所示的电路,说明其逻辑功能。

由图 4.34 看出,触发器 D_1 的时钟为外部输入信号 x,D_2 的时钟为 D_1 的输出 Q_1,这是一个典型的 Moore 型脉冲异步时序逻辑电路。分析步骤如下:

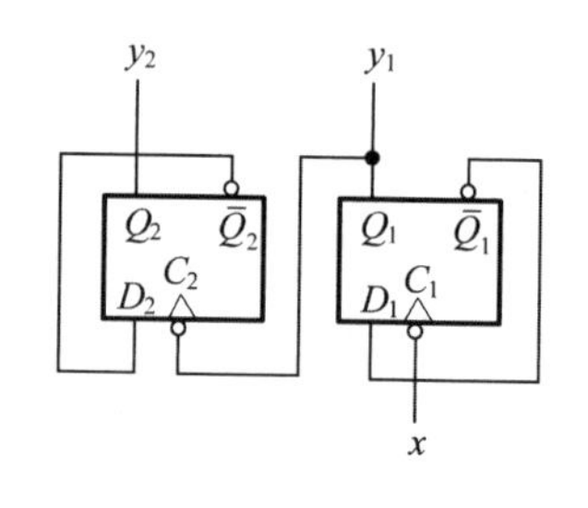

图 4.34 例 4-6 的逻辑电路

步骤 1 写出输出函数和激励函数

$$D_1=\overline{Q}_1,\qquad C_1=x$$
$$D_2=\overline{Q}_2,\qquad C_2=Q_1 \qquad (4-27)$$
$$y_1=Q_1,\qquad y_2=Q_2$$

步骤 2 列出次态真值表

根据式(4-27)列出电路的状态真值表,如表 4.21 所列。

表 4.21 例 4-6 的状态真值表

输 入	现 态		激励与时钟				次 态	
x	y_2	y_1	D_2	C_2	D_1	C_1	y_2^{n+1}	y_1^{n+1}
↓	0	0	1		1	↓	0	1
↓	0	1	1	↓	0	↓	1	0
↓	1	0	0		1	↓	1	1
↓	1	1	0	↓	0	↓	0	0
推导步骤: ①	①	①	②	④	②	②	⑤	③

表 4.21 所列的状态真值表是如何列出的呢?下面按照列表时应采用的步骤进行讨论。

① 列出 x、y_2、y_1。首先,注意到此触发器为下降沿触发型。x 作为 D_1 的时钟信号,其下跳沿才起作用。因此,在表中用"↓"表示 x 的值;然后,在现态栏列出 y_2y_1 的各种组合值。有了现态和输入,就为下一步推导次态做好了准备。

② 推导 C_1、D_2、D_1。要推导次态,必须知道激励与时钟。由式(3-24)可知,C_1、D_2、D_1 仅与 x、y_2、y_1 有关,完全可按照式(4-27)直接列出 C_1、D_2、D_1 的值。而 C_2 则应等到 y_1^{n+1} 出来后才能定下来,这是因为 C_2 是时钟信号,需要考察 Q_1 向 Q_1^{n+1} 变化时产生的跳变沿是什么。

③ 推导 y_1^{n+1}。由触发器 D_1 的现态 y_1、时钟和激励 C_1、D_1,根据 D 触发器的功能表,可推导出 y_1^{n+1}。

④ 推导 C_2。由式(3-24)中的 $C_2=Q_1$,注意到 C_2 是时钟,仅须列出有效的跳变值"↓"。由 Q_1 向 Q_1^{n+1} 的变化情况,可列出 C_2。

⑤ 推导 y_2^{n+1}。由触发器 D_2 的现态 y_2、时钟和激励 C_2、D_2,根据 D 触发器的功能表,可推导出 y_2^{n+1}。

步骤 3 列出状态表和状态图

由表 4.21 可列出状态表(见表 4.22)和状态图(见图 4.35)。

由状态图可知，这是一个两位二进制计数器，电路的输出就是电路的状态值，也是计数值。由表 4.22 可以看出，当 CP 有下跳时，各触发器都发生状态翻转，这正好是 J-K 触发器在 $J=1$、$K=1$ 时的功能，也是 T 触发器在 $T=1$ 时的功能。因此，将图 4.35 中的 D 触发器都改为 T 触发器，可简化电路。

表 4.22　例 4-6 的状态表

现态		次态 y_2^{n+1} y_1^{n+1}	
y_2	y_1	$x=\downarrow$	
0	0	0	1
0	1	1	0
1	0	1	1
1	1	0	0

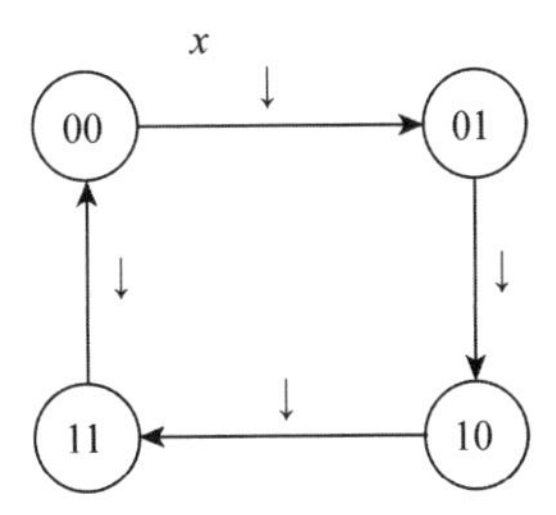

图 4.35　例 4-6 的状态图

步骤 4　说明逻辑功能

根据表 4.22 所列，当 x(CP)有下跳时，该电路进行加 1 计数，整个电路为 4 分频计数器。实际上如果触发器为上升沿触发型，该电路则进行减 1 计数，请同学们自己利用波形分析验证该电路。

一般地，脉冲异步多位二进制计数器的结构如图 4.36 所示。图 4.36 中采用 T 触发器作为存储元件，将全部 T 输入端连接在一起，接固定的高电平“1”，构成加 1 计数。

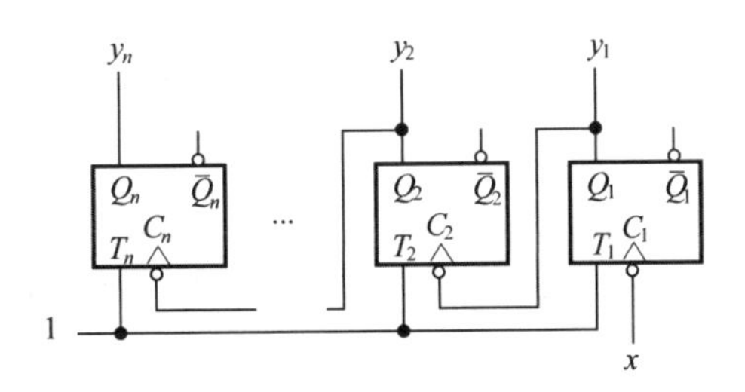

图 4.36　n 位脉冲异步二进制计数器的一般结构

由以上分析可知，在一些情况下，采用异步时序逻辑能使电路得到简化。但问题都是一分为二的。在图 4.36 中，高位触发器的翻转依赖于相邻低位触发器的翻转。设每级触发器对时钟信号的平均延迟时间为 t_{CP}，在极端情况下，从 x 下跳到最高位翻转经历的时间为 $n\times t_{CP}$。在高速系统中，这一时延往往不能被接受，故应推荐采用同步计数器。

4.5　常用时序逻辑电路

常用的时序电路主要有寄存器、计数器等。目前均有中规模集成电路(MSI)产品。集成寄存器、计数器同样是由触发器构成的，只不过是将它们集成在一块芯片中。

4.5.1　寄存器

寄存器是由具有存储功能的触发器组合起来构成的，其基本功能就是在数字系统中保存数据。一个触发器可以存储 1 位二进制代码，那么存储 n 位二进制代码的寄存器，须用 n 个触发器来构成。

按照功能的不同,可将寄存器分为基本寄存器和移位寄存器两大类。基本寄存器只能并行送入数据,需要时也只能并行输出。移位寄存器中的数据可以在移位脉冲作用下依次逐位右移或左移,数据既可以并行输入、并行输出,也可以串行输入、串行输出,还可以并行输入、串行输出,串行输入、并行输出,十分灵活,用途也很广。

1. 基本寄存器

基本寄存器是微处理器中的重要部件,用于存放数据处理的中间结果。图 4.37 所示为一个 8 位寄存器,具有数据“写”入、“读”出、初始化“清 0”功能。该寄存器通过 $DB_7 \sim DB_0$ 与外界交换数据,工作原理如下:

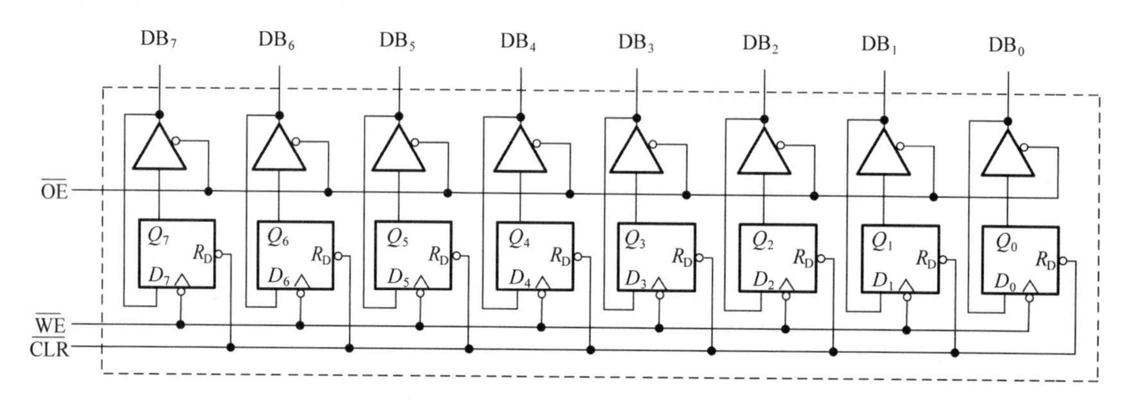

图 4.37　8 位寄存器电路图

(1) 上电初始化

在接通电源时,各触发器的初始状态事先不能确定。如果要求各触发器处于希望的状态,例如全部为 0,可以利用直接将 R_D 端置 0。将所有触发器的 R_D 端接在一起,作为清 0 输入端 $\overline{CLR}$。上电时,在 $\overline{CLR}$ 端施加一个低电平脉冲,即可将全部触发器置为 0。

(2) 数据写入

令 $\overline{OE}=1$、$\overline{CLR}=1$,先让 $\overline{WE}=1$,将要写入的数据施加到 $DB_7 \sim DB_0$,再在 $\overline{WE}$ 端施加一个写入脉冲(低电平有效),即可将 $DB_7 \sim DB_0$ 上的数据写入对应的 D 触发器。

(3) 数据读出

令 $\overline{CLR}=1$、$\overline{WE}=1$,在 $\overline{OE}$ 端施加一个读脉冲(低电平有效),于是各三态门开通,各触发器中的数据由 $DB_7 \sim DB_0$ 输出。

2. 移位寄存器

移位寄存器是用来寄存二进制代码,并能对该代码进行移位的逻辑部件。例如,设存入寄存器中的 4 位二进制代码为 1001,每来一个 CP 脉冲,各代码位向右移动 1 位,最高位移入 0,则有

$$\underline{1001} \xrightarrow{CP(1)} 0\underline{100} \xrightarrow{CP(2)} 00\underline{10} \xrightarrow{CP(3)} 000\underline{1} \xrightarrow{CP(4)} 0000$$

其中带下划线的为原代码位。第 4 个 CP 脉冲作用后,原代码位全部移出,寄存器中为每次移入的 0。图 4.38 所示为一个 4 位移位寄存器,它能寄存 4 位二进制代码,并进行右移。

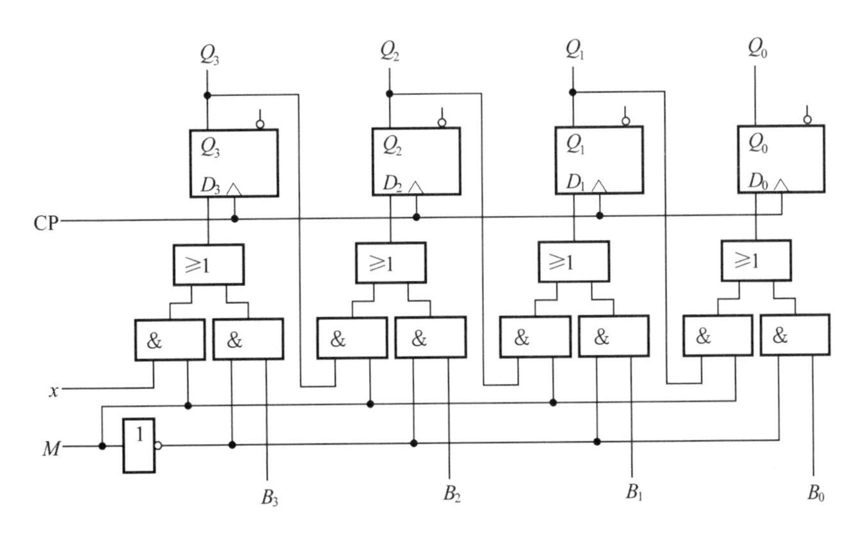

图 4.38 4 位右移位寄存器

从电路的结构可以得出各触发器的激励函数如下：

$$
\begin{aligned}
D_i &= MQ_{i+1} + \overline{M}B_i, \quad i=0,1,2 \\
D_3 &= Mx + \overline{M}B_3
\end{aligned}
\tag{4-28}
$$

(1) 数据的写入

式(4-28)中，当 $M=0$ 时有 $D_i=B_i, i=0,1,2,3$。这表明输入数据 $B_3 \sim B_0$ 分别传送到触发器的激励端 $D_3 \sim D_0$。此时，CP 的上升沿将 $B_3 \sim B_0$ 置入对应的触发器中，从而实现了数据的写入。

(2) 数据的右移

式(4-28)中，当 $M=1$ 时有

$$D_0 = Q_1, \qquad D_1 = Q_2, \qquad D_2 = Q_3, \qquad D_3 = x。$$

这表明输入数据 $B_3 \sim B_0$ 分别来自相邻高位触发器输出端。此时，每来一个 CP 的上升沿，就能实现一次右移，移入最高位的数据为外部输入 x。

移位寄存器可用于将并行数据转换为串行数据。操作时，先将待转换的数据写入寄存器中，接着由 CP 脉冲进行移位。于是在最低位逐位输出串行数据。

移位寄存器也可用于节拍脉冲分配。在微处理器中，一个操作周期通常划分为几个节拍，每一节拍对应一个节拍脉冲。节拍脉冲的产生将在第 7 章中具体讨论。

3. 典型 MSI 芯片 74194

中规模(MSI)集成电路寄存器的种类很多，例如 74194 是一种常用的 4 位双向移位寄存器，如图 4.39 所示：SRSI 是右移串行输入端；SLSI 是左移串行输入端；A、B、C、D 是并行输入端；Q_D 是右移串行输出端；Q_A 是左移串行输出端；Q_A、Q_B、Q_C、Q_D 是并行输出端；CLRN 是异步的寄存器“清 0”信号；S_1S_0 是工作方式控制(其功能表见表 4.23)。

例 4-7 用一片 74194 和适当的逻辑门构成产生序列 10011001 的序列发生器。

解：序列信号发生器可由移位寄存器和反馈逻辑电路构成，其结构框图如图 4.40 所示。假定序列发生器产生的序列周期为 T_p，移位寄存器的级数(触发器个数)为 n，应满足关系

$2^n \geqslant T_p$。本例的 $T_p=8$,故 $n\geqslant 3$,可选择 $n=3$。设输出序列 $Z=a_7a_6a_5a_4a_3a_2a_1a_0$,图 4.41 列出了所要产生的序列(以 $T_p=8$ 周期重复,最右边信号先输出)与寄存器状态之间的关系。

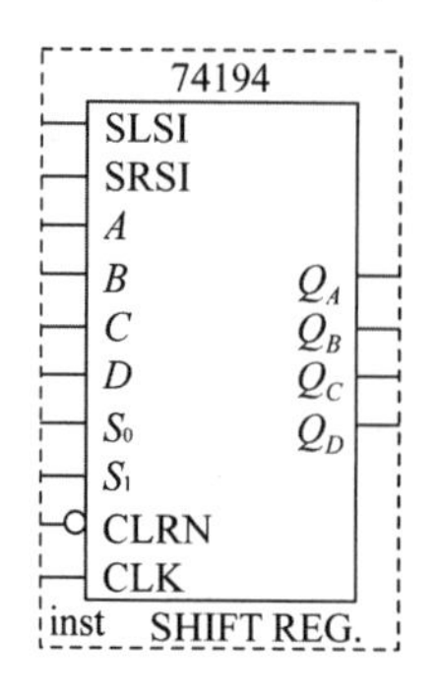

图 4.39 双向移位寄存器 74194

表 4.23 工作方式控制功能表

功能	S_1 S_0	Q_A^{n+1} Q_B^{n+1} Q_C^{n+1} Q_D^{n+1}
保持	0 0	Q_A Q_B Q_C Q_D
右移	0 1	R_{IN} Q_A Q_B Q_C
左移	1 0	Q_B Q_C Q_D L_{IN}
置数	1 1	A B C D

图 4.41 中,数码下面的水平线段表示移位寄存器的状态。将 a7a6a5=100 作为寄存器的初始状态,即 $Q_CQ_BQ_A=100$,从 Q_C 产生输出,由反馈电路依次形成 a4a3a2a1a0a7a6a5 作为右移串行输入端的输入,这样便可在时钟脉冲作用下,产生规定的输出序列,电路在时钟脉冲作用下的状态及右移输入值如表 4.24 所列。

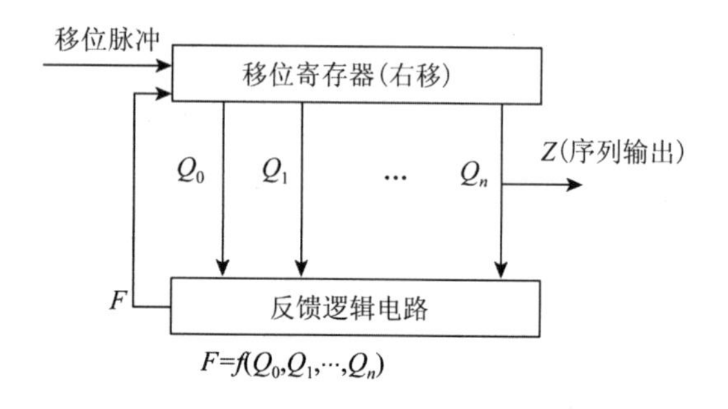

图 4.40 序列信号发生器结构框图

由表 4.24 可得到反馈函数 F 的逻辑表达式为式(4-28),据式(4-28)可得 10011001 序列发生器的逻辑原理如图 4.42 所示。

$$F=\overline{Q_A}\cdot\overline{Q_B}\cdot Q_C+Q_A\cdot\overline{Q_B}\cdot\overline{Q_C} \qquad (4-28)$$

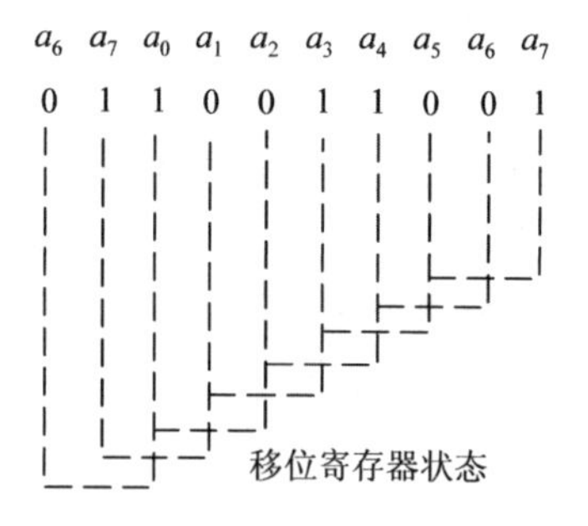

图 4.41 序列信号与寄存器状态转移的关系

表 4.24 电路反馈信号 F 与寄存器状态的关系表

CP	F(SRSI)	Q_A Q_B Q_C
0	1	0 0 1
1	1	1 0 0
2	0	1 1 0
3	0	0 1 1
4	1	0 0 1
5	1	1 0 0
6	0	1 1 0
7	0	0 1 1

图 4.41 所示的电路工作过程如下:在 S_1S_0 的控制下,先置寄存器 74194 的初始状态为 $Q_CQ_BQ_A=100$,$S_1(K)S_0=11$,然后令其工作在右移串行输入方式($S_1S_0=01$),从 $Q_C(Z)$ 端产生所需要的脉冲序列。

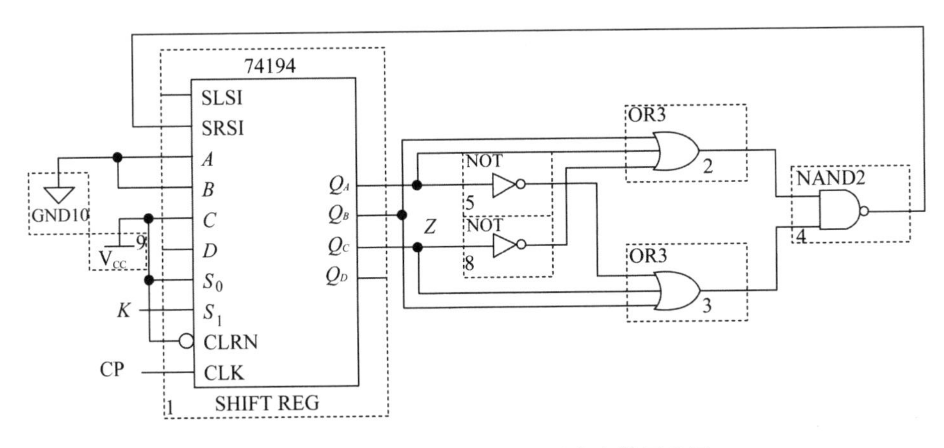

图 4.42 序列 10011001 的序列发生器原理图

4.5.2 计数器

计数器是一种对输入脉冲进行计数的时序逻辑电路，其被计数的脉冲信号称作“计数脉冲”。计数器中的“数”是用触发器的状态组合来表示的，状态的总数称为其模数。如果一个计数器有 m 个独立的状态，那么称它为模数为 m 的计数器。

1. 同步计数器

所谓同步计数器，是指每次加 1 计数时，各触发器的翻转在公共时钟脉冲（也是计数脉冲）的控制下同时进行。

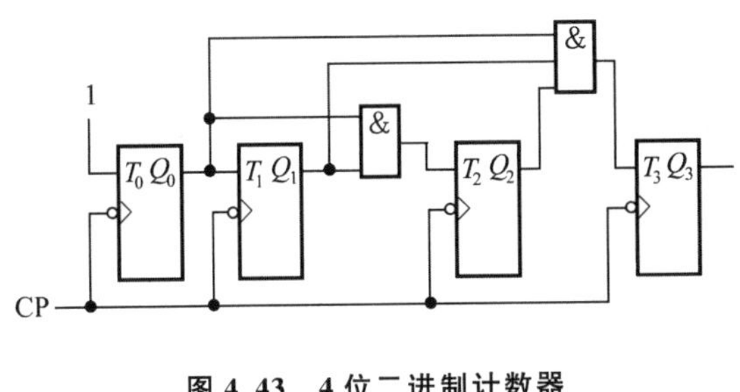

图 4.43 4 位二进制计数器

例 4－8 分析图 4.43 所示的 4 位二进制计数器电路。

(1) 写出激励函数与次态函数

$$\left.\begin{aligned} T_3 &= Q_2Q_1Q_0 \\ T_2 &= Q_1Q_0 \\ T_1 &= Q_0 \\ T_0 &= 1 \end{aligned}\right\} \tag{4-29}$$

将式(4－29)代入 T 触发器的特征方程 $Q^{n+1}=T\overline{Q}+\overline{T}Q$，有

$$\left.\begin{aligned} Q_3^{n+1} &= \overline{Q}_3Q_2Q_1Q_0+Q_3\overline{Q_2Q_1Q_0} \\ Q_2^{n+1} &= \overline{Q}_2Q_1Q_0+Q_2\overline{Q_1Q_0} \\ Q_1^{n+1} &= \overline{Q}_1Q_0+Q_1\overline{Q}_0 \\ Q_0^{n+1} &= \overline{Q}_0 \end{aligned}\right\} \tag{4-30}$$

(2) 列出状态真值表

由式(4－30)列出状态真值表，如表 4.25 所列。

表 4.25 同步 4 位二进制计数器电路的状态真值表

现态				次态			
Q_3	Q_2	Q_1	Q_0	Q_3^{n+1}	Q_2^{n+1}	Q_1^{n+1}	Q_0^{n+1}
0	0	0	0	0	0	0	1
0	0	0	1	0	0	1	0
0	0	1	0	0	0	1	1
0	0	1	1	0	1	0	0
0	1	0	0	0	1	0	1
0	1	0	1	0	1	1	0
0	1	1	0	0	1	1	1
0	1	1	1	1	0	0	0
1	0	0	0	1	0	0	1
1	0	0	1	1	0	1	0
1	0	1	0	1	0	1	1
1	0	1	1	1	1	0	0
1	1	0	0	1	1	0	1
1	1	0	1	1	1	1	0
1	1	1	0	1	1	1	1
1	1	1	1	0	0	0	0

(3) 画状态图

由表 4.25 可画出状态图,如图 4.44 所示。显然,图 4.44 中的状态值按二进制加 1 变化,因此该电路是 4 位二进制加 1 计数器。该计数器为并行进位结构,即低位产生的进位信号仅经过一级门的时延,就能送到任何需要它的激励端。例如,从 0111 态到 1000 态,T_0 翻转产生的输出变化,以不大于一个门的时延传到了 T_1、T_2 和 T_3。这意味着以近可能高的速率为下一个 CP 的到来准备好了激励量。换言之,允许 CP 快速变化,即电路能在很高的计数频率下工作。

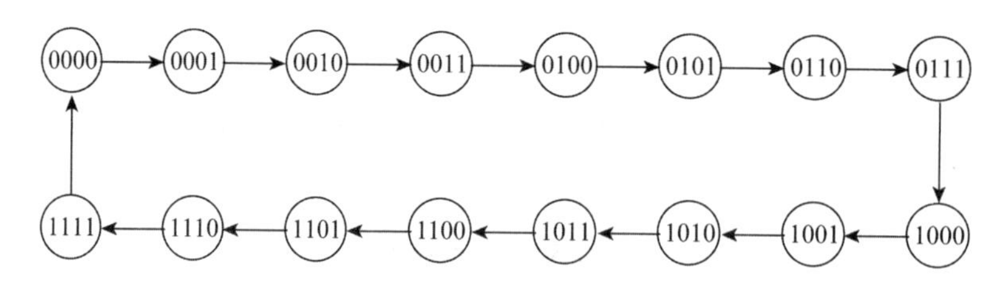

图 4.44 同步 4 位二进制计数器电路的状态图

2. 异步计数器

异步计数器中各级触发器的时钟并不都来源于计数脉冲。在计数脉冲作用下电路的状态转换时,各状态方程的表达式有的具备时钟条件,有的不具备时钟条件。只有具备了时钟条件的表达式才是有效的,可以按状态方程计算次态;否则,保持原状态不变。

例 4-9 分析图 4.45 所示异步时序电路。

解：(1) 写出输出函数和激励函数表达式(注意各触发器的跳变时刻)如下：

$$z = x y_2 y_1, \quad D_2 = \bar{y}_2; \quad CP_2 = x y_1; \quad D_1 = \bar{y}_2; \quad CP_1 = x \tag{4-31}$$

(2) 根据式(4-31)可作状态转移真值表(见表 4.26)。

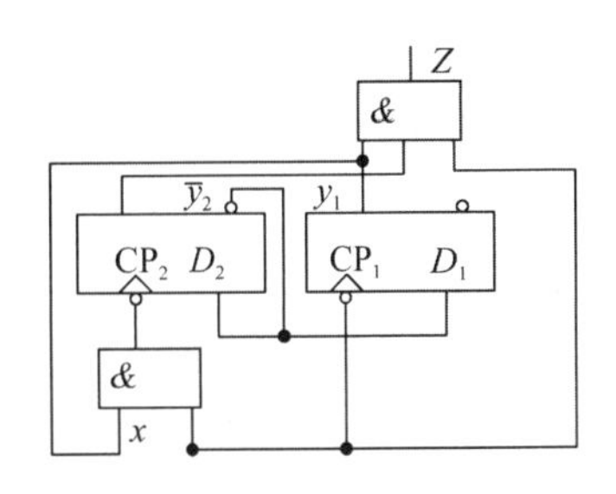

图 4.45 例 4-9 异步时序电路图

表 4.26 例 4-9 态转移真值表

输入 x	现态 $y_2 y_1$	激励函数 $CP_2 D_2 CP_1 D_1$	次态 y_2^{n+1} y_1^{n+1}	输出 z
1	00	0111	01	0
1	01	1111	11	0
1	10	0010	10	0
1	11	1010	00	1

(3) 作状态表和状态图。

本例的状态转换过程比较简单，规律性强，表 4.24 中省去了 $x=0$ 时的状态转换表的步骤，根据式(4-31)可知该电路将维持原状态不变，据此可得状态表(见表 4.27)。该电路为 Mealy 型电路，按状态表将各现态及 CP 作用时要转移到的次态、现态下的输出一一画出，得状态图(见图 4.46)。由状态图可知，当电路 $x=1$ 时，每经过 3 个时钟信号后，电路的状态循环变化一次。因此，该电路具有对时钟信号计数的功能，是一个三进制计数器。

表 4.27 例 4-9 的状态表

现 态	次态 y_2^{n+1} y_1^{n+1} /输出 z	
	$x=0$	$x=1$
00	00/0	01/0
01	01/0	11/0
10	10/0	10/0
11	11/0	00/1

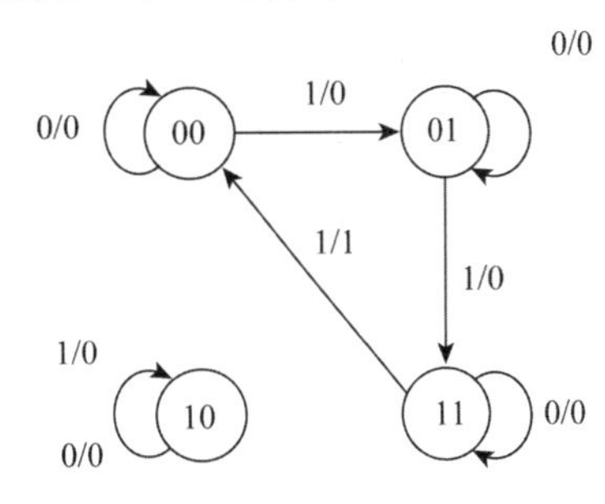

图 4.46 例 4-9 的状态图

3. 典型 MSI 计数器芯片

(1) 可编程 4 位二进制同步计数器

同步计数器内各触发器的时钟信号来自同一外接输入时钟信号，因而各触发器同时翻转，速度快。可编程计数器的编程方法有两种：一种是由计数器的不同输出组合来控制计数器的模；另一种是通过改变计数器的预置输入数据来改变计数器的模。74163 是 4 位二进制加 1 计数器，可同步置数清 0；74161 是 4 位二进制加 1 计数器，可同步置数，异步清 0；74160 是十进制加 1 计数器，可同步置数，异步清 0；74162 是十进制加 1 计数器，可同步置数清 0。

(2) 可逆同步计数器

74190/92 是 BCD 码十进制可逆计数器，可异步置数、异步清 0；74191/93 是 4 位二进制可逆计数器,可异步置数异步清 0。

(3) 异步计数器

7490 是二-五-十进制异步计数器,7492/93 分别是二-六-十二进制异步计数器、二-八-十六进制异步计数器。

限于篇幅,这里只介绍 4 位集成二进制同步加法计数器 74161/163,其逻辑符号如图 4.47 所示。该芯片各引脚的功能如下:

① CLRN=0 时同步清 0,即 CLK 上升沿作用时,输出 $Q_DQ_CQ_BQ_A=0$。

② CLRN=1、LDN=0 时同步置数即,CLK 上升沿作用时,输出 $Q_DQ_CQ_BQ_A=DCBA$。

③ CLRN=LDN=1 且 ENT=ENP=1 时,按照 4 位自然二进制码进行同步二进制计数。

④ CLRN=LDN=1 且 ENT • ENP=0 时,计数器状态保持不变。

⑤ RCO=ENT • Q_D • Q_C • Q_B • Q_A 且 ENP=0,ENT=1,进位输出 RCO 保持不变。

⑥ 74163 的引脚排列与 74161 相同,不同之处是 74161 采用异步清 0 方式。

例 4-10 分析图 4.48 所示由 MSI 芯片 74163 构成的计数电路功能。

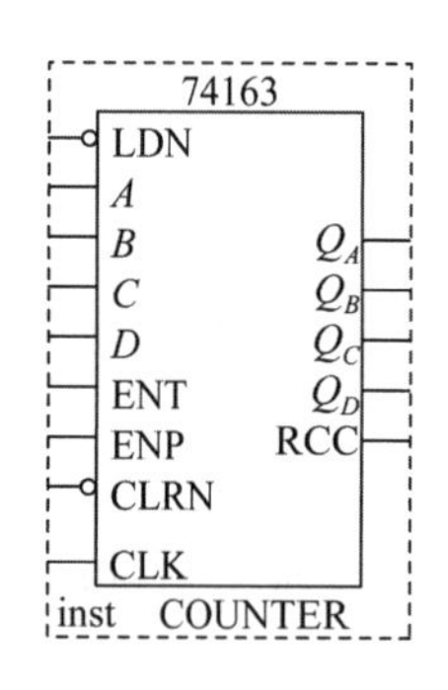

图 4.47 74163 逻辑符号

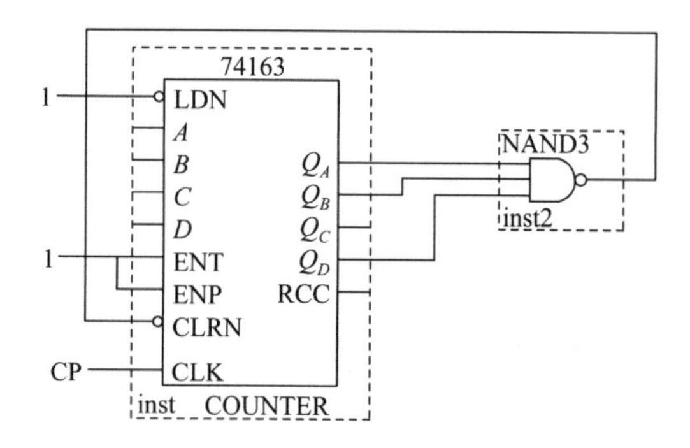

图 4.48 例 4-10 电路图

解:(1)写出输出函数和激励函数表达式如下:

$$\mathrm{LDN}=1;\quad \mathrm{ENT}=\mathrm{ENP}=1;\quad \mathrm{CLK}=\mathrm{CP};\quad \overline{\mathrm{CLRN}}=Q_D\cdot Q_B\cdot Q_A$$

(2) 作状态转移真值表。

根据 74163 的功能特性,CLRN=LDN=1 且 ENT=ENP=1 时,74161 按照 4 位自然二进制码进行同步二进制计数。可得例 4-10 的状态转移真值表(表 4.28)。

(3) 分析表 4.28 可知,74163 从 0000 状态开始计数,当输入第 11 个 CP(上升沿)时,输出 $Q_DQ_CQ_BQ_A=1011$ 使 CLRN =0,根据同步清 0 的特性,在第 12 个 CP 作用后,输出 $Q_DQ_CQ_BQ_A=0000$,新的计数将从 0 开始,从而实现模 12 计数。

表 4.28 状态转移真值表

时 钟 CP	现 态				次 态				控制端 CLRN
	Q_D	Q_C	Q_B	Q_A	$Q_{D,n+1}$	$Q_{C,n+1}$	$Q_{B,n+1}$	$Q_{A,n+1}$	
0	0	0	0	0	0	0	0	1	1
1	0	0	0	1	0	0	1	0	1
2	0	0	1	0	0	0	1	1	1

续表 4.28

时钟 CP	现态				次态				控制端 CLRN
	Q_D	Q_C	Q_B	Q_A	$Q_{D,n+1}$	$Q_{C,n+1}$	$Q_{B,n+1}$	$Q_{A,n+1}$	
3	0	0	1	1	0	1	0	0	1
4	0	1	0	0	0	1	0	1	1
5	0	1	0	1	0	1	1	0	1
6	0	1	1	0	0	1	1	1	1
7	0	1	1	1	1	0	0	0	1
8	1	0	0	0	1	0	0	1	1
9	1	0	0	1	1	0	1	0	1
10	1	0	1	0	1	0	1	1	1
11	1	0	1	1	1	1	0	0	0
12	1	1	0	0	0	0	0	0	1
13	0	0	0	1	0	0	1	0	1
14	0	0	1	0	0	0	1	1	1
15	0	0	1	1	0	1	0	0	1

4.5.3 节拍发生器

在系列事件处理时序逻辑中，经常要用到节拍脉冲发生器。例如，CPU 执行一条指令，要经历若干个节拍，每一节拍完成一个基本操作。节拍脉冲是一种多路输出的时钟脉冲。图 4.49 所示为 4 路节拍脉冲的时序波形。图 4.49 中 CLK 是系统工作时钟，$P_0 \sim P_3$ 是 4 路节拍脉冲。各路脉冲在时间上按顺序相邻错开。下面介绍产生节拍脉冲的两种方法。

1. 用计数器和译码器产生节拍脉冲

如图 4.50 所示，2 个 T 触发器构成两位二进制计数器。用 4 个“与”门译出 4 个状态，当计数值递增时，$P_0 \sim P_3$ 依次输出高电平。

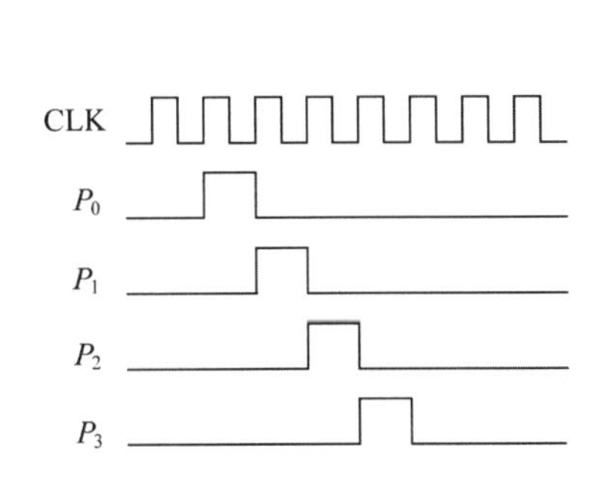

图 4.49 4 节拍脉冲时序图

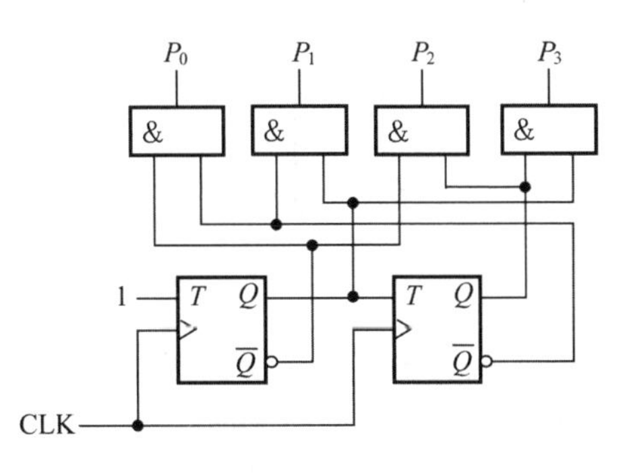

图 4.50 用计数器和译码器组成节拍脉冲发生器

2. 用环形计数器产生节拍脉冲

在实际应用中，环形计数器就是一个最简单的移位寄存器，它把最后一个触发器的输出值移位到第一个触发器中。对于 n 位二进制代码的移位寄存器,为构成环形计数器可将寄存器 FF_{n-1} 的输出 Q_{n-1} 接到寄存器 FF_0 的输入端 D_0,把各个寄存器相连使信号由左向右移位,并由 Q_0 返回到 Q_{n-1}。在多数情况下,寄存器中只有一个信号 1,只要有时钟脉冲作用,1 就在移位寄存器循环,环形计数器中各个触发器的 Q 端,将轮流出现矩形脉冲(如图 4.51 所示),4 个 D 触发器构成环形 4 位移位寄存器。在移位之前,发送一个 START 负脉冲,将 $D_0 \sim D_3$ 置为 1000。以后,每当 CLK 上升沿到达时,D_3 位移到 D_0 位,其他位向右移动一位。$P_0 \sim P_3$ 分别取自各触发器的输出端。于是,随着 CLK 的依次到来,$P_0 \sim P_3$ 轮流输出高电平,其产生的节拍脉冲如图 4.49 所示。

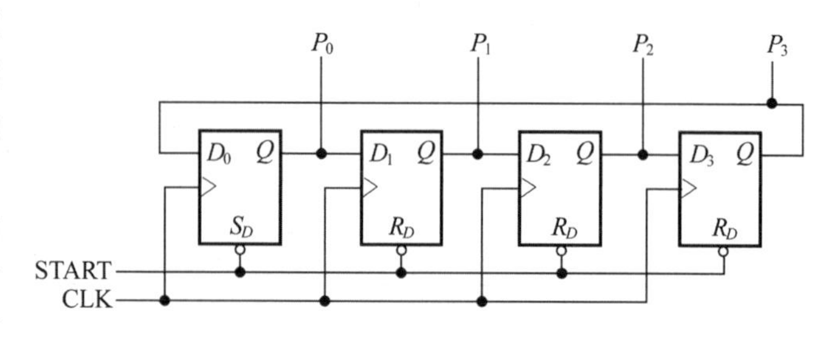

图 4.51 移位寄存器器组成节拍脉冲发生器

环形计数器能够设计成任意期望的模数,模 m 环形计数器可以用 m 个触发器按图 4.51 所示连接而成。该计数器不需要用译码电路就能在相应的输出端获得每个状态的译码信号,因此常用于控制顺序操作。

4.6 习 题

4-1 时序逻辑电路与组合逻辑电路的主要区别是什么?

4-2 解释下列有关时序逻辑电路的名词:
　　状态,现态,次态,输出函数,次态函数,特征方程,激励函数

4-3 说明电平触发型与边沿触发型触发器的主要区别。钟控 R-S 触发器是电平触发型还是边沿触发型?

4-4 在图 4.12 中,保持 $J=1$、$K=1$。设在 CP=0 时 $Q=1$、$\overline{Q}=0$。当 CP 上跳时,Q 和 $\overline{Q}$ 如何变化?继续保持 CP = 1,Q 和 $\overline{Q}$ 又如何?说明原因。

4-5 主从 J-K 触发器在 CP=1 期间有空翻现象吗?为什么?

4-6 已知主从 J-K 触发器及 CP 和 J、K 上的波形如图题 4.52 所示,画出 Q 端的波形。

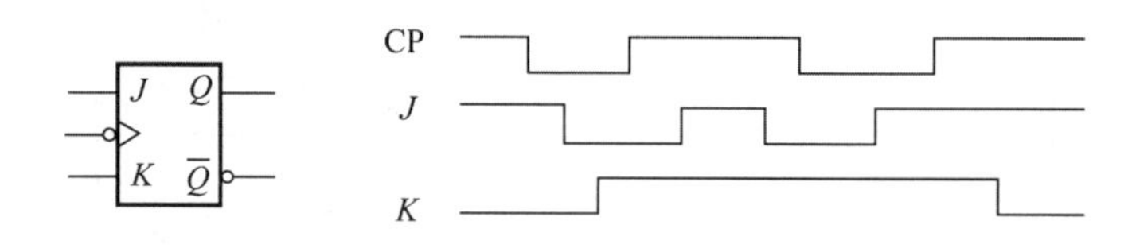

图 4.52 题 4-6

4-7 试将 T 触发器转换为 D 触发器,写出激励方程,并画出逻辑图。

4-8 举例说明 Moore 型和 Mealy 型电路的区别。

4-9 按如下步骤分析图 4.53 所示电路:
　　(1) 写出输出与激励方程;
　　(2) 列出次态真值表;
　　(3) 求状态表和状态图;

(4) 分析电路的逻辑功能。

4-10　按步骤分析图 4.54 所示电路的逻辑功能，并画出工作波形。

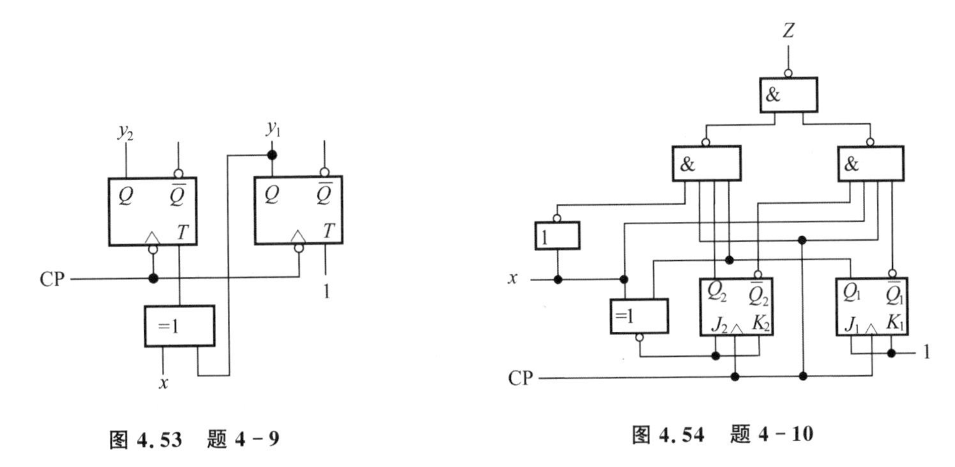

图 4.53　题 4-9　　　　图 4.54　题 4-10

4-11　分析图 4.55 所示的同步时序逻辑电路，并作出对输入系列 011000101111010010 的响应波形图。

4-12　与同步时序逻辑电路比较，异步时序逻辑电路在电路结构上有什么不同？在分析方法上要注意什么问题？

4-13　按步骤分析图 4.56 所示的异步时序逻辑电路，说明逻辑功能。

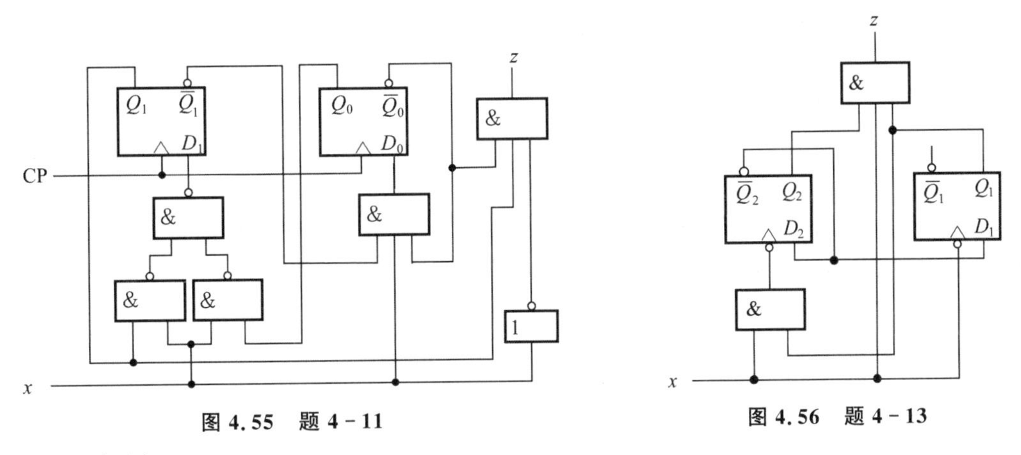

图 4.55　题 4-11　　　　图 4.56　题 4-13

4-14　判断题

(1) D 触发器的特性方程为 $Q^{n+1}=D$，与 Q^n 无关，因此它没有记忆功能。

(2) R-S 触发器的约束条件 RS=0 表示不允许出现 $R=S=1$ 的输入。

(3) 同步触发器存在空翻现象，而边沿触发器和主从触发器克服了空翻。

(4) 由两个“或非”门构成的基本 R-S 触发器，当 $R=S=0$ 时，触发器的状态为不定。

(5) 对边沿 J-K 触发器，在 CP 为高电平期间，当 $J=K=1$ 时，状态会翻转一次。

(6) 同步时序电路由组合电路和存储器两部分组成。

(7) 环形计数器在每个时钟脉冲 CP 作用时，仅有一位触发器发生状态更新。

(8) 计数器的模是指构成计数器的触发器的个数。

第 5 章

时序逻辑电路设计

时序逻辑电路的设计，就是针对给定的时序逻辑命题，设计出能实现要求的电路。时序逻辑电路设计也称为时序逻辑综合，是时序逻辑电路分析的逆过程。

一般情况下，时序逻辑命题只给出要求实现的功能及要达到的技术指标。设计者应根据实际条件，决定采用什么样的工作方式、电路结构及元器件。目标是在达到设计要求的前提下，确保稳定性和可靠性，尽可能使电路简化。

5.1 同步时序逻辑电路设计的基本方法

在进行同步时序逻辑电路设计时，首先应根据文字描述的功能要求，建立时序电路的原始状态图和状态表，然后对原始的状态表进行化简，最后选择合适的集成电路器件或给定的集成电路器件来实现状态表，从而达到电路设计目的。需要强调指出的是，同步时序逻辑电路设计中，所有触发器的时钟输入均由一个公共的时钟脉冲所驱动(即同步时序)。

时序电路的设计是一个比较复杂的问题。虽然同步时序电路的设计在许多方面已有较为完善的方法可以遵循，但在某些方面(如状态化简、状态分配等)还没有完全成熟的方法，需要靠设计者的经验或从大量方法中进行比较选择。本章尽可能系统化介绍同步时序电路设计的主要步骤和方法，并通过一些例子做进一步说明。

值得一提的是，目前中、大规模集成电路种类很多，通过对文字描述的逻辑功能要求做一定的分析，有时不必按照本章介绍的步骤一一套用，而是灵活地应用其中的一些思想与方法，就可以设计出简单、实用、可靠性高的电路。

从设计系统化的角度出发，同步时序电路的设计可归结为建立原始状态表、状态化简、状态分配(或称状态编码)、选择触发器类型、确定激励函数与输出函数、画出逻辑图、检查逻辑电路的功能等步骤。

下面以一个实例，引出同步时序逻辑设计的基本步骤及方法。

例 5-1 设计一个调宽码译码器。

调宽码是一种串行码，因抗噪声干扰能力较强，常用于无线或红外数据通信中。例如，很多家用电器的红外遥控数据就是调宽码。图 5.1 所示为调宽码的编码格式，其中同步时钟的周期为 T，用于对调宽码进行定位。图中假定待传送的原始数据为 1001 0100。

由图 5.1 可看出，调宽码用不同的宽度和占空比代表原始数据的 1 和 0。调宽码的特征见表 5.1。

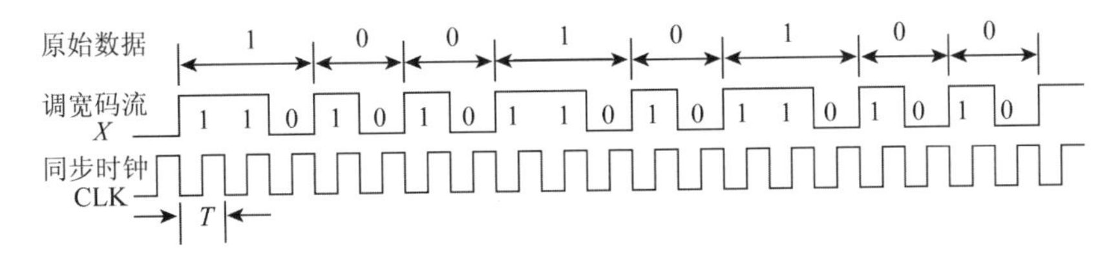

图 5.1 调宽码的格式

表 5.1 调宽码的特征

原始数据位	调宽码		
	宽度	占空比	说明
0	3 T	1/3	前两个 T 内为高电平,后一个 T 内为低电平
1	2T	1/2	前一个 T 内为高电平,后一个 T 内为低电平

步骤 1 分析命题,规划电路框架

记调宽码流为 X,译出的数据为 Z,同步时钟为 CLK。要将 X 译为 Z,可在 CLK 脉冲的上升沿对 X 取样。如果连续取样得到的系列为 110,则 $Z=1$;如果为 10,则 $Z=0$;否则就是误码。显然,待设计的逻辑电路应该记忆 X 中的 0 以前的取样,才能决定当前的 Z 是 1 还是 0。因此,待设计的电路是时序逻辑电路。

电路需要一个调宽码流输入端 X,一个公共时钟输入端 CLK,电路中的所有触发器都要使用 CLK。需要两个输出端 Z 和 E,其中 Z 用于输出译码值,E 用于指示当前的 Z 是否有效,约定 $E=1$ 时表示 Z 值有效。其电路框图见图 5.2。

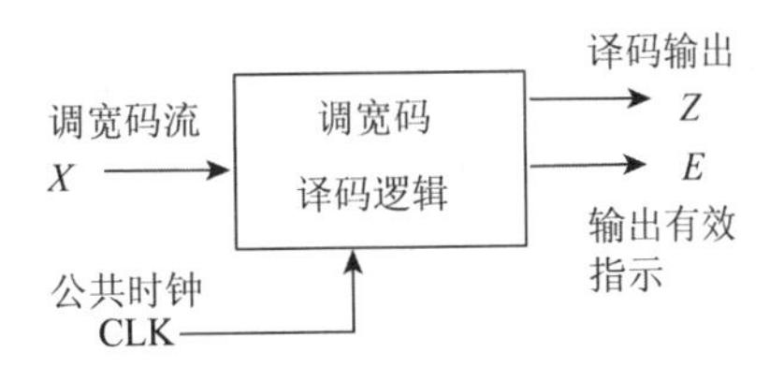

图 5.2 调宽码译码逻辑电路框图

步骤 2 根据设计功能要求,建立原始状态图及状态表

由图 5.1 看出,一个原始数据位对应的码流以 $X=0$ 为结束标志,且由 E 在此时的值指明是否被译出。因此,E 的表达式中最好含有变量 X,即采用 Mealy 型电路有利于产生输出量 E。

下面逐步分析需要建立哪些状态,这些状态各代表什么含义。我们先给出原始状态图(见图 5.3),各状态及相互关系说明如下:

S_0:连续 0 误码状态。本状态表示已连续收到 $X=0$ 的次数大于 1。在此状态下,若再收到 $X=0$,则应维持本状态;若再收到 $X=1$,则说明误码结束,可能下一个原始数据位正在到来,应转入 S_2 处理。

S_1:等待状态。此时已译出一位原始数据,等待下一位原始数据的到来。在此状态下,若收到 $X=0$,则是误码,应转入 S_0 状态;若收到 $X=1$,则说明下一个原始数据位正在到来,应转入下一状态 S_2,进一步判断正在到来的原始数据位是 0 还是 1,或是误码。

S_2:已收到待译出数据的第一次 $X=1$ 的取样。在此状态下,若再收到 $X=0$,则译出一个为 0 的原始数据位,应转入 S_1,同时输出 $ZE=01$;若再收到 $X=1$,则说明正在到来的原始数据位可能为 1 或误码,需转入 S_3 进一步判断。

S_3:已收到待译出数据到的第二次 $X=1$ 的取样。在此状态下,若再收到 $X=0$,则译出一个为 1 的原始数据位,应转入 S_1,同时输出 $ZE=11$;若再收到 $X=1$,则说明是误码,需转入 S_4 处理。

S_4:连续 1 误码状态。此时已连续收到 $X=1$ 的次数大于 2。在此状态下,若再收到 $X=1$,则应维持本状态,等待误码结束;若再收到 $X=0$,则说明误码结束,转入 S_1。

除上面指定的 ZE 输出值外,其余情况下必须令 $E=0$,表示 Z 无效。现将 Z 无效时的值记为无关项 Φ,以简化 Z 的生成逻辑。原始状态图如图 5.3 所示。由原始状态图可作出原始状态表,如表 5.2 所列。

表 5.2 例 5-1 的原始状态表

现态	次态/输出(S_i/ZE)	
	$X=0$	$X=1$
S_0	$S_0/00$	$S_2/10$
S_1	$S_0/00$	$S_2/10$
S_2	$S_1/01$	$S_3/10$
S_3	$S_1/11$	$S_4/10$
S_4	$S_1/00$	$S_4/10$

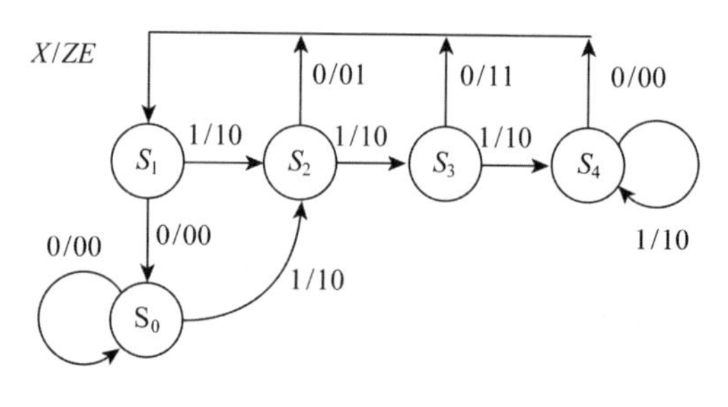

图 5.3 例 5-1 的原始状态图

步骤 3 原始状态化简

在步骤 2 中,按事件的自然发展规律指定了 5 个状态。状态越多,记忆状态所需的触发器也就越多。状态化简就是把某些多余的或重复的状态加以合并,使状态的数目减为最少。观察表 5.2 中的两个现态 S_0 及 S_1,不难发现:

(1) 当输入为 $X=0$ 时,它们都转到次态 S_0,且都输出 $ZE=00$;

(2) 当输入为 $X=1$ 时,它们都转到次态 S_2,且都输出 $ZE=10$。

这说明 S_0 和 S_1 可以合并为一个状态,记为 S_1,于是得到化简后的状态图,如图 5.4 所示。对应的状态表见表 5.3。通过化简使原来的 5 个状态减少了 1 个。

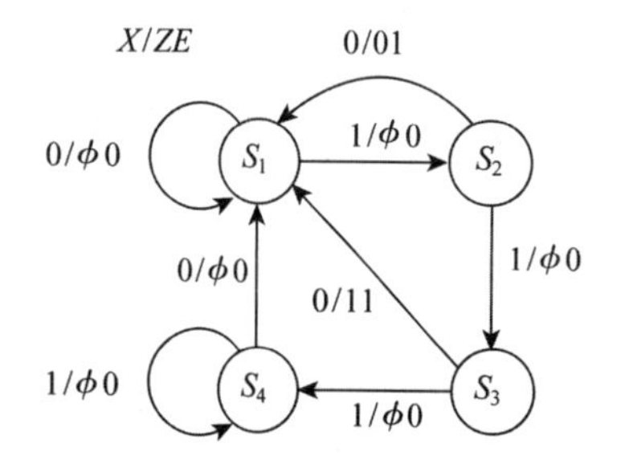

图 5.4 化简后的状态图

表 5.3 化简后的状态表

现态	次态/输出(S_i/ZE)	
	$X=0$	$X=1$
S_1	$S_1/\phi 0$	$S_2/\phi 0$
S_2	$S_1/01$	$S_3/\phi 0$
S_3	$S_1/11$	$S_4/\phi 0$
S_4	$S_1/\phi 0$	$S_4/\phi 0$

必须指出,仅凭一般观察很难全面、合理地完成状态化简,尤其对于复杂的时序逻辑电路设计。这一问题将在后续章节中详细讨论。

步骤 4 状态编码

以上对各状态用符号进行了命名。状态是用触发器记忆的,因此应该用二进制代码表示各状态,以便能在触发器中存储。已知 n 个触发器能表示的状态数为 2^n 个,则用 2 个触发器恰好能表示 4 个状态。如果不化简,则存储原来的 5 个状态至少需要 3 个触发器。

2个触发器能存储4种代码：00,01,10,11。究竟哪个代码分配给哪个状态？这就是编码。编码方案不同，所设计电路的复杂程度也不同。这是一个值得深入研究的问题，限于篇幅，这里姑且采用如下方案：

$$S_1:00;\quad S_2:01;\quad S_3:10;\quad S_4:11$$

用编码代替状态名，得到编码后的状态表，如表5.4所列。

步骤5　确定激励函数及输出方程

要使状态按照既定的目标转移，必须为各触发器的激励端配置合适的激励逻辑电路。首先，要选择触发器的类型。原则上，选用任何类型的触发器均可达到设计目的，但触发器类型不同，激励函数的复杂程度也不同。究竟选用什么类型的触发器最好，目前尚无行之有效的理论方法。实际操作时一般靠经验判断。这里选用J-K触发器，时钟控制端为上升沿触发。

将状态代码记为y_2y_1，两个触发器的激励记为J_2、K_2和J_1、K_1。激励函数要根据当前的输入X及现态y_2y_1来驱动触发器转移到指定的次态。因此，J_2、K_2及J_1、K_1均为X、y_2、y_1的函数。当然，X、Z也是X、y_2、y_1的函数。这是一个多输入、多输出组合逻辑电路的设计问题，如图5.5所示。为了设计此组合逻辑，需列出其真值表(见表5.5)。

表5.4　编码后的状态表

现态 y_2	现态 y_1	次态/输出 $y_2^{n+1}y_1^{n+1}/ZE$ $X=0$	$X=1$
0	0	00/ϕ0	01/ϕ0
0	1	00/01	10/ϕ0
1	0	00/11	11/ϕ0
1	1	00/ϕ0	11/ϕ0

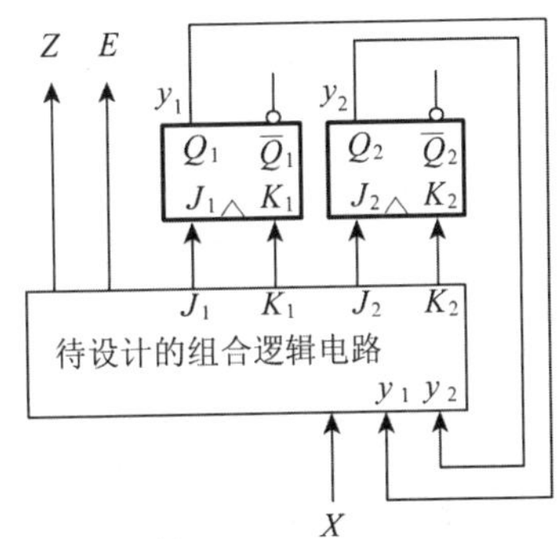

图5.5　例5-1的逻辑结构

下面讨论表5.5中的数据是如何推导出来的。对于图5.5中的组合逻辑电路而言，X、y_2、y_1是输入量，J_2、K_2、J_1、K_1及Z、E是输出量。我们的目的是对X、y_2、y_1的各种组合值，按状态图的要求确定J_2、K_2、J_1、K_1的值；要想确定J_2、K_2、J_1、K_1的值，又需要知道次态是什么，故在表5.5中列出了次态$y_2^{n+1}y_1^{n+1}$一栏。此栏完全是为推导方便而增加的，在后面作卡诺图时不会涉及此栏的值。下面以第一行为例，说明推导过程。为推导时方便起见，将J-K触发器的激励表列于表5.6中。

(1) 已知$X=0$，$y_2y_1=00$，查状态表5.4知：$y_2^{n+1}y_1^{n+1}=00$，$ZE=00$。将查表结果填入表5.5中(单波浪下划线部分)。

(2) 对于触发器2，已知现态$y_2=0$，次态$y_2^{n+1}=0$，查J-K触发器的激励表(见表5.6)知，实现$y_2 \to y_2^{n+1}$转移所需的$J_2K_2=0\Phi$，将其填入表中(双波浪下划线部分)。

(3) 对于触发器1，已知现态$y_1=0$，次态$y_1^{n+1}=0$，查J-K触发器的激励表(见表5.6)知，实现$y_1 \to y_1^{n+1}$转移所需的$J_1K_1=0\Phi$，将其填入表5.5中(下划虚线部分)。

表 5.5　待设计的组合逻辑真值表

输入			y_2^{n+1}	y_1^{n+1}	输出					
X	y_2	y_1			J_2	K_2	J_1	K_1	Z	E
0	0	0	0	0	0	ϕ	0	ϕ	ϕ	0
0	0	1	0	0	0	ϕ	ϕ	1	0	1
0	1	0	0	0	ϕ	1	0	ϕ	1	1
0	1	1	0	0	ϕ	1	ϕ	1	ϕ	0
1	0	0	0	1	0	ϕ	1	ϕ	ϕ	0
1	0	1	1	0	1	ϕ	ϕ	1	ϕ	0
1	1	0	1	1	ϕ	0	1	ϕ	ϕ	0
1	1	1	1	1	ϕ	0	ϕ	0	ϕ	0

表 5.6　J-K 触发器激励表

$Q \to Q^{n+1}$		J	K
0	0	0	ϕ
0	1	1	ϕ
1	0	ϕ	1
1	1	ϕ	0

其余各行照此处理。根据表 5.5 分别作出各输出量的卡诺图,如图 5.6 所示。

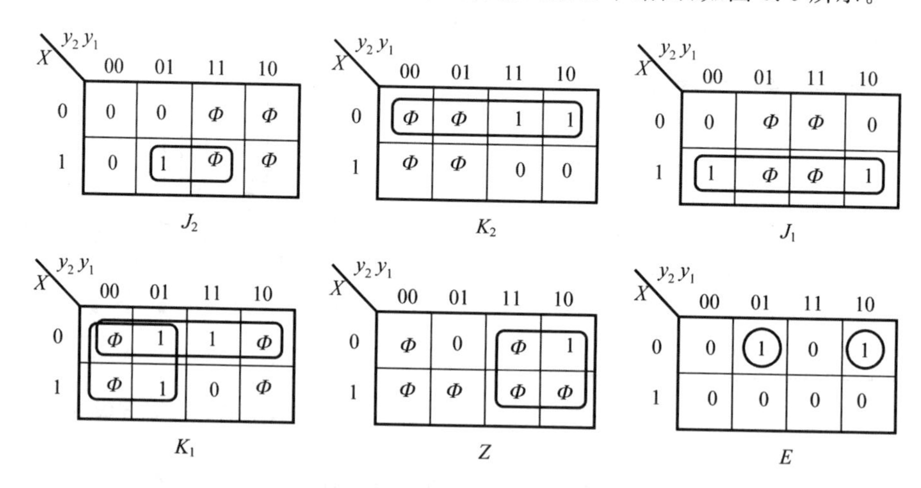

图 5.6　例 5-1 的卡诺图

由卡诺图化简,得到激励函数和输出函数如下:

$$J_2 = X y_1 \qquad K_2 = \overline{X}$$

$$J_1 = X \qquad K_1 = \overline{y}_2 + \overline{X} = \overline{y_2 X}$$

$$Z = y_2 \qquad E = \overline{X}\,\overline{y}_2 y_1 + \overline{X}\, y_2 \overline{y}_1 = \overline{X}(y_2 \oplus y_1)$$

由此画出调宽码的逻辑电路,如图 5.7 所示。

本节通过一个简单的例子,介绍了时序逻辑设计的基本步骤和方法,同时也引出了许多需要进一步讨论的问题,如:采用 Moore 型还是 Mealy 型电路?如何化简状态?怎样合理设计分配状态编码?选择什么类型的触发器为好?由此看出,时序逻辑电路设计具有极大的灵活性。5.2～5.5 节将围绕一个实例,就这些问题展开专门讨论。

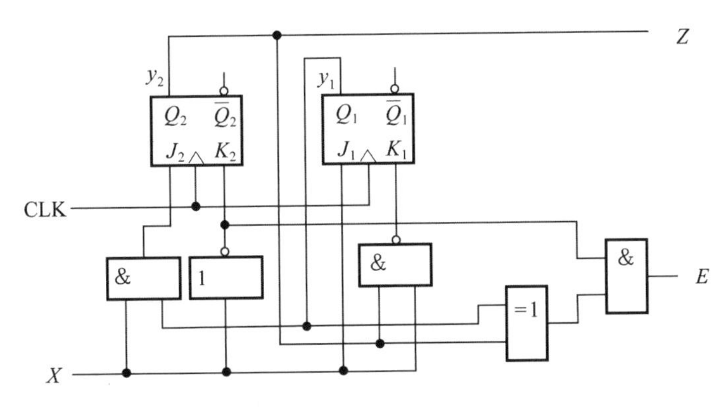

图 5.7 例 5-1 的电路图

5.2 建立原始状态

原始状态图是根据问题的文字描述作出的状态图，是对设计要求的第一次抽象化，是后续设计的重要依据。因此，把解决问题的整体部署和具体细节无一遗漏地反映在原始状态图中，是成功实现电路设计的关键。

在建立原始状态图时主要考虑如下几点：

(1) 确定采用 Moore 型电路还是 Mealy 型电路。Moore 型电路的输出由状态量决定，记忆历史输入需要状态量，产生输出也需要状态量参与，故一般情况下，Moore 型电路需要的状态数比 Mealy 型的多。但 Moore 型电路的设计较简单，如果输出可由状态编码完全确定，或状态编码本身就是希望的输出(如计数器)，则可采用 Moore 型电路；如果求输出量，则有输入量参与运算较简便，则可采用 Mealy 型电路。必须指出，很多时序逻辑设计既可采用 Moore 型又可采用 Mealy 型，但设计结果的复杂程度不同。

(2) 找准第一个状态。一般来说，解决问题的步骤具有局部循环或重复性的特点。找到循环的入口，此时的状态可作为第一个状态。

(3) 将第一个状态作为切入点，逐步扩充新状态。**注意**：所扩充的状态是现有状态不能表示的状态。如果一时不能肯定，则宁愿扩充也不要造成遗漏。这是因为即使该状态是重复的，在状态化简时也会被合并。

(4) 边扩充新状态边确定状态的转移及输入、输出变量。注意：如果输入有 n 个，则从任一状态出发、指向其他状态的转移线一般有 2^n 条。当然，可能存在几个不同的输入组合值共用一条转移线到达另一状态的情况，此时必须明确标明，否则原始状态表中将会缺少数据项。

例 5-2 设计一个 4 位串行二进制码奇偶检测器电路。

解：数据的传输方式有并行传输与串行传输。并行传输即通过一组导线同时传输数据的各个二进制位，速度快，但线路成本高，适用于近距离传输；串行传输则是逐位传输数据，速度较慢，但因传输导线少而成本低，适用于远距离传输。

本例传输的数据为 4 位二进制码，即每 4 个二进制位为一组，以串行方式输入检测电路。

图 5.8 所示为输入数据的格式,同步时钟 CLK 的上升沿与每一位数据 x 的中点对齐,检测电路在 CLK 的上升沿采集 x。每当一组数据的最后一位到达时,即判断该组中含有多少个 1。当含有偶数个 1 时,电路输出 $z=1$,否则输出 $z=0$。图 5.9 所示为电路的框架图。

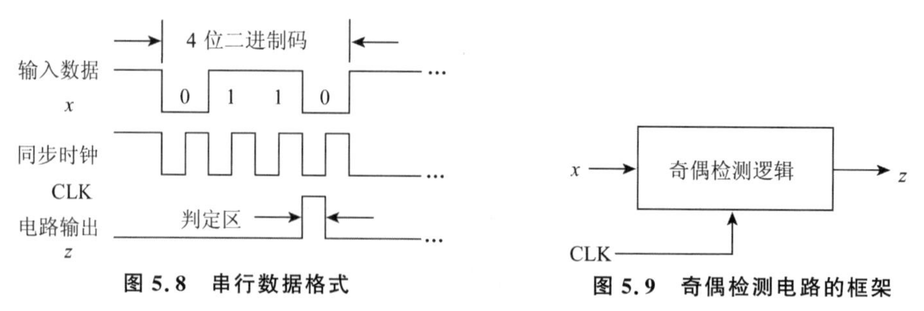

图 5.8 串行数据格式　　图 5.9 奇偶检测电路的框架

依据上述关于电路选型的建议,本例采用 Mealy 型电路。

不失一般性,假设以等待一组数据的首位到来为第一个状态 A。当收到首位数据为 0 时,转到状态 B 并输出 0;若首位数据为 1,则转到状态 C 并输出 0,于是扩充了两个新状态 B 和 C。在 B 和 C 状态下,输入数据均可能是 0 或 1。故由 B 状态可扩充 D 和 E 状态,由 C 状态可扩充 F 和 G 状态。依此,一共得到 16 个状态。其中 H～O 状态在收到第四位数据输入后,就能判断应输出 $z=0$ 还是 $z=1$,并且都转到 A 状态,等待检测下一组数据。由此得到如图 5.10 所示原始状态图。

如果采用 Moore 型电路,则原始状态图如图 5.11 所示。因为输出仅由状态量决定,图 5.11 中缺少一个输出 $z=1$ 的状态,故需要增加一个状态 P,用于输出 $z=1$。由此可见,本例若采用 Moore 型电路,则需要的状态数比 Mealy 型多。

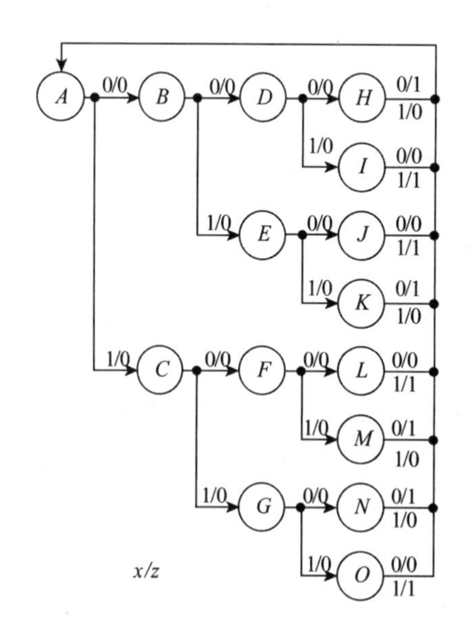

图 5.10 例 5-2 的 Mealy 型原始状态图

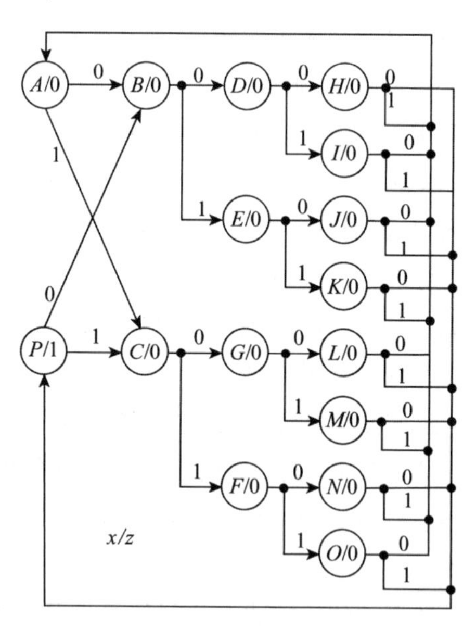

图 5.11 例 5-2 的 Moore 型原始状态图

由 Mealy 型原始状态图画出原始状态表，如表 5.7 所列。

表 5.7 例 5-2 的原始状态表

现 态	次态/输出		现 态	次态/输出	
	$x=0$	$x=1$		$x=0$	$x=1$
A	$B/0$	$C/0$	I	$A/0$	$A/1$
B	$D/0$	$E/0$	J	$A/0$	$A/1$
C	$F/0$	$G/0$	K	$A/1$	$A/0$
D	$H/0$	$I/0$	L	$A/0$	$A/1$
E	$J/0$	$K/0$	M	$A/1$	$A/0$
F	$L/0$	$M/0$	N	$A/1$	$A/0$
G	$N/0$	$O/0$	O	$A/0$	$A/1$
H	$A/1$	$A/0$			

5.3 状态化简

原始状态图往往带有主观性，与设计者的经验有很大的关系。状态化简是设计的重要步骤。现在有多种化简方法，在介绍之前我们先来讨论化简的基本原理。

5.3.1 状态化简的基本原理

情形 1 次态相同

若有状态 S_i 和 S_j，在相同的输入下都转到同一个次态，并且产生相同的输出，则 S_i 和 S_j 可以合并，称 S_i 和 S_j 为等效对，记为 (S_i, S_j)。这一情形如图 5.12 所示，将合并后的状态记为 S_i。图 5.12(a)中 S_m、S_n 为次态；图 5.12(b)中 S_n 为一个次态，另一个次态为 S_i。表 5.7 中存在大量的等效对，例如 (H, K)、$(I、J)$、$(J、L)$、(K, M) 等，在后一小节中再详细讨论对它们的合并。

这里必须对以下两点进行说明：次态可以是与现态相同的状态；欲考察两个状态是否为等效对，必须考察每个状态下的所有输入值，如果电路的输入量有 n 个，则输入值有 2^n 种，并且要考察各状态在相同的输入值下，是否都产生相同的输出并且都转到同一个次态。下面的讨论中，除特别说明外均默认如此。

情形 2 次态交错

若 S_i 和 S_j 在某些输入值下互为次态且输出相同，但在其他输入值下满足情形 1，则 S_i 和 S_j 为等效对，可以合并。

如图 5.13 所示，当输入为 0 时，S_i 和 S_j 互为次态且输出均为 1；当输入为 1 时，S_i 和 S_j 都转到 S_m 态且输出均为 0。因此，S_i 和 S_j 为等效对，可将其合并为一个状态，记为 S_i。

情形 3 状态对封闭链

若有几对状态，对于每一对状态而言，在相同的输入下，能产生相同的输出但到达的次态

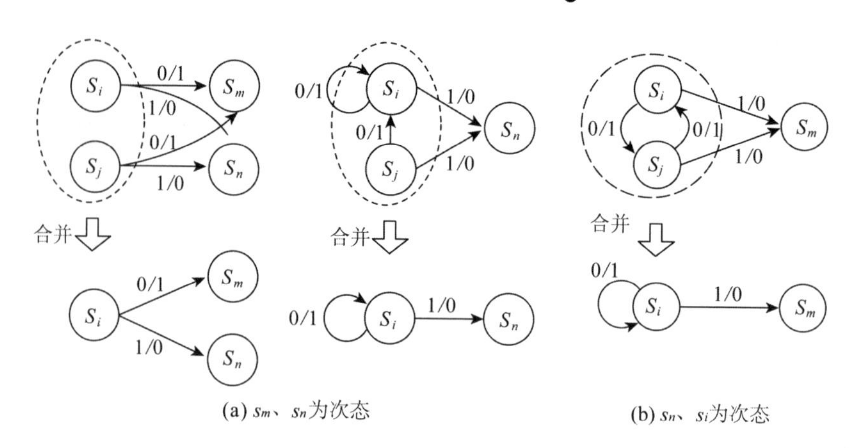

图 5.12　情形 1 举例

不同。若它们构成“状态对封闭链”,则这些状态对均为等效对。

如图 5.14 所示上部原始状态图,S_i 和 S_j、S_q 和 S_p、S_m 和 S_n 均为等效对。说明如下:

对于 S_i 和 S_j,在输入为 0 时都转到 S_i 状态且都输出 0;在输入为 1 时,尽管输出相同(都为 1),但分别转到不同的状态 S_q 和 S_p。如果 S_q 和 S_p 可以合并,则 S_i 和 S_j 即为等效对。为此,需考察 S_q 和 S_p。

对于 S_q 和 S_p,在输入为 1 时次态交错且均输出 0;在输入为 0 时,尽管输出相同(均为 0),但分别转到不同的状态 S_m 和 S_n。如果 S_m 和 S_n 可以合并,则 S_q 和 S_p 即为等效对。为此,又需考察 S_m 和 S_n。

对于 S_m 和 S_n,在输入为 0 时次态分别为上述需要考察的 S_q 和 S_p,且均输出 1;在输入为 1 时,次态也分别为上述需要考察的 S_i 和 S_j。

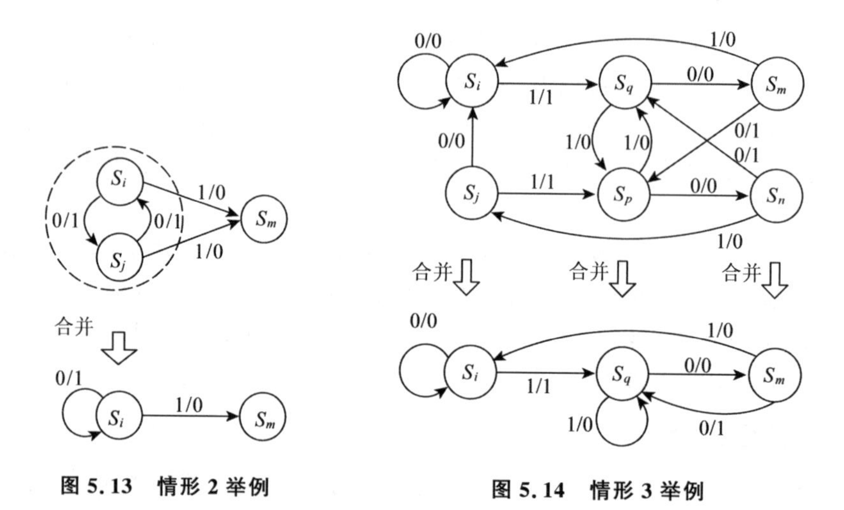

图 5.13　情形 2 举例

图 5.14　情形 3 举例

综上所述,如果 S_i 和 S_j 可以合并,则 S_m 和 S_n 就能合并;如果 S_m 和 S_n 可以合并,则 S_q 和 S_p 就能合并;如果 S_q 和 S_p 可以合并,则 S_i 和 S_j 就能合并。这种相互依从的关系称为状态对封闭链。

状态对封闭链中的每一对状态都是可以合并的。这是因为:对于链中的任一对状态,以 S_q 和 S_p 为例,任给一个输入序列,分别从 S_q 和 S_p 出发,产生的输出系列必然相同。例如,给定输入系列 01101001，从 S_q 出发产生的输出系列为 00100001；从 S_p 出发产生的输出系列也为 00100001。图 5.14 所示下部状态图即为化简结果。

5.3.2 完全定义状态化简方法

所谓完全定义状态图（或状态表），是指对于所涉及的任一状态，都明确定义了对全部输入值的具体次态响应。以上的讨论仅限于完全定义的状态图（或状态表）。

实际中，存在不完全定义的状态图（或状态表）。所谓不完全定义，是指所涉及的状态中，有些状态对于某些输入值的次态响应不需要给出定义或为任意，即次态为任意态 Φ。

完全定义和不完全定义状态图（或状态表）的化简方法不同。本小节仅讨论完全定义的状态图（或状态表）的化简。

1. 有关定义

首先，给出几个涉及化简的定义：

等效对——若两个状态 S_i 和 S_j，对于所有可能的输入序列，分别从 S_i 和 S_j 出发，产生的输出系列相同，则称 S_i 与 S_j 等效；称 S_i 和 S_j 为等效状态对，简称等效对，记为 (S_i, S_j)。“所有可能的输入序列”是指序列的长度及值的组合任意。这样的序列有无穷多个，要想以此检测等效对是不现实的，而应采用 5.3.1 小节所述的方法。

等效对的传递性——若状态 S_i 和 S_j 为等效对，状态 S_j 和 S_m 为等效对，则 S_i 和 S_m 也为等效对，称为等效对的传递性，记为 $(S_i, S_j), (S_j, S_m) \rightarrow (S_i, S_m)$。

等效类——若一个状态集合中的任意两个状态均互为等效，则称该状态集合为等效类。例如，若有 $(S_i, S_j), (S_j, S_m) \rightarrow (S_i, S_m)$，则 $\{S_i, S_j, S_m\}$ 为等效类。

注意：只含有一个状态的集合也是等效类。

最大等效类——将状态图（或状态表）中的全部状态划分为若干个等效类，若某个等效类中的状态不能与其他等效类中的状态构成等效对，则这个等效类称为最大等效类。最大等效类与其他等效类的交集为空集合。

由以上定义可知，最大等效类中的状态可以合并为一个状态。因此，状态化简的过程就是将全部状态划分为若干个最大等效类的过程。

2. 隐含表化简法

从原始状态表或状态图上直接寻找状态对，对于 5.3.1 小节中的情形 1 较容易，但对于情形 2 和情形 3 则较困难。用隐含表化简法则能全面找出状态对，进而确定全部最大等效类。现在回到例 5-2，继续完成状态的化简。以表 5.7 为例，具体介绍隐含表化简法。

隐含表即图 5.15 所示的三角形框架表格。在各行的左边依上下次序标上状态名称，从第二个状态开始直到最后一个状态；各列的下边依左右次序标上状态名称，从第一个状态开始直到倒数第二个状态。每一格代表其所在行、列的状态。这种格式能使所有状态彼此配对而又不重复，因而不会遗漏可能存在的等效对。

化简步骤分以下 3 步进行：

(1) 判断各格代表的状态是否为等效对。例如：

	A	B	C	D	E	F	G	H	I	J	K	L	M	N
B	BD CE /													
C	BF CG /	DF EG /												
D	BH CI /	DH EI /	FH GI /											
E	BJ CK /	DJ EK /	FJ GK /	HJ IK /										
F	BL CM /	DL EM /	FL GM /	HL IM /	JL KM √									
G	BN CO /	DN EO /	FN GO /	HN IO √	JN KO /	LN MO /								
H	×	×	×	×	×	×	×							
I	×	×	×	×	×	×	×	×						
J	×	×	×	×	×	×	×	×	√					
K	×	×	×	×	×	×	×	√	×	×				
L	×	×	×	×	×	×	×	×	√	√	×			
M	×	×	×	×	×	×	×	√	×	×	√	×		
N	×	×	×	×	×	×	×	√	×	×	√	×	√	
O	×	×	×	×	×	×	×	×	√	√	×	√	×	×

图 5.15　例 5-2 的隐含表

① 状态 A 与 O，当 $x=0$ 时均输出 0，但当 $x=1$ 时输出不同，因此断定 A 与 O 不是等效对，在对应格中填入“×”；

② 状态 I 与 O，当 $x=0$ 时均输出 0 且都转倒 A 状态，当 $x=1$ 时均输出 1 且都转倒 A 状态，因此断定 I 与 O 是等效对，在对应格中填入“√”；

③ 状态 A 与 B，当 $x=0$ 时均输出 0，但分别转到 B、D，当 $x=1$ 时均输出 0，但分别转到 C、E。由此可见，A 与 B 能否等效，要看 B 与 D 能否等效且 C 与 E 能否等效。因此在代表 BA 的格中同时填入“BD”和“CE”，表示暂时未决。

依此类推，完成全部格的填写。

(2) 审查未决格中记录的状态对，只要有一对可断定为非等效对，则该格代表的状态就不是等效对，将其划上“/”线以示否定。例如：

① 代表 G 与 F 的格。该格中记录了 L 与 N、M 与 O 两个状态对。先看 L 与 N，代表 L 与 N 的格中为“×”，因此立即判定 G 与 F 不是等效对，将对应格划上“/”线。判断流程示意如下：

“/”
(G, F)? → (L, N)? —查表→ “×”
(G, F)? → (M, O)? 无需继续判断

② 代表 B 与 A 的格。该格中记录了 B 与 D、C 与 E 两个状态对。先看 B 与 D，代表 B 与 D 的格中又记录了 D 与 H、E 与 I 两个状态对。再看 D 与 H，代表 D 与 H 的格中为“×”。因此判定 B 与 D 不是等效对，由此又判定 B 与 A 不是等效对。判断流程示意如下：

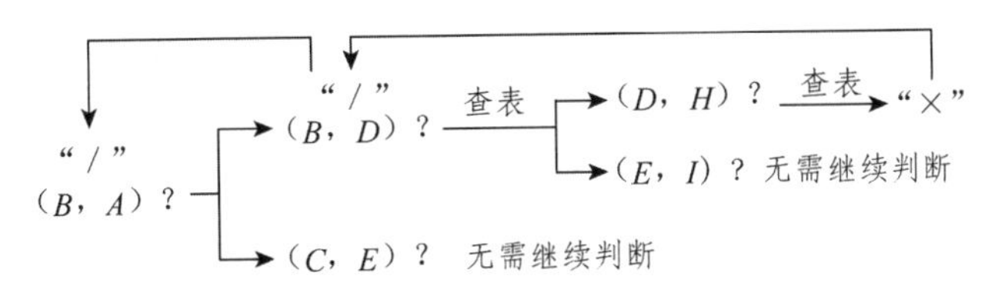

依此类推,完成全部未决格的判定。如果最后还有形成封闭链的未决格,则这些格代表的状态都是等效对,在这些格中标上"√"。

③ 求最大等效类。用等效对的传递性容易证明:在同一列上的"√"格及这些"√"格所在行上的"√"格涉及的状态构成一个最大等效类。观察图 5.15,可以看出:

① H 列、M 行及 N 行上的所有"√"格涉及的状态构成最大等效类:

$$Q_1=\{H,M,N,K\}$$

② I 列、O 行、L 行及 J 行上的"√"格涉及的所有状态构成最大等效类:

$$Q_2=\{I,O,L,J\}$$

③ (D,G)、(E,F)分别构成最大等效类:

$$Q_3=\{D,G\},\qquad Q_4=\{E,F\}$$

Q_1、Q_2 中未涉及的状态与其他状态不能构成等效对,它们各自构成最大等效类。

将 Q_1 中的状态合并为一个状态,记为 H;将 Q_2 中的状态合并为一个状态,记为 I。Q_3 合并记为 D,Q_4 合并记为 E,于是得到最小化状态表,如表 5.8 所列。所需状态数由原来的 15 个减少到 7 个。对应的最小化状态图如图 5.16 所示。

表 5.8　例 5-2 的最小化状态表

现　态	次态/输出	
	$x=0$	$x=1$
A	B/0	C/0
B	D/0	E/0
C	E/0	D/0
D	H/0	I/0
E	I/0	H/0
H	A/1	A/0
I	A/0	A/1

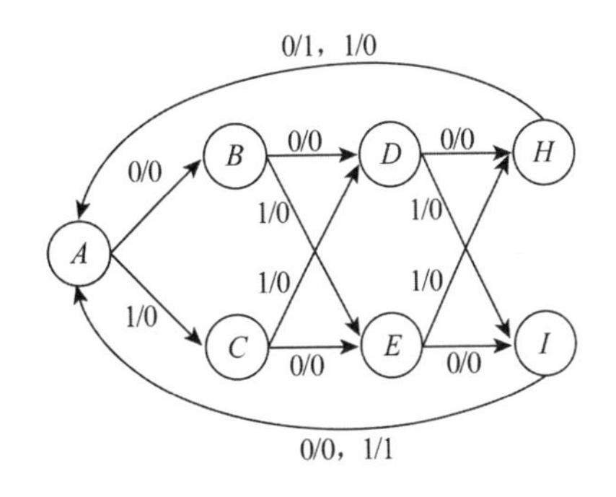

图 5.16　最小化状态图

5.4　状态编码

状态编码就是用二进制代码表示各状态,从而实现用一组触发器来存储状态。为此需要研究:编码的长度(即二进制代码的位数)取多少合适,以确定要使用多少个触发器;把哪一个代码指派给哪一个状态,能使输出函数最简单。后者是一个十分复杂的问题,尤其是当状态数目较多时,可用的分配方案数量极大。企图将每种方案一一实现,再从中选择最佳结果,是不现实的。而且,分配方案的好坏还与触发器类型的选择相关。在理论上,状态分配问题至今尚未很好解决。下面介绍一种基于经验的状态分配方法——相邻编码法。

5.4.1 确定存储状态所需的触发器个数

设简化后的状态表共含有 n 个状态,希望能用尽可能短的编码长度代表这些状态,使所需触发器的个数 m 最少,则 n 与 m 应满足:

$$2^m \geqslant n \geqslant 2^{m-1} \qquad 或 \qquad m = \log_2 n \tag{5-1}$$

式中,$\log_2 n$ 表示求不小于$\log_2 n$ 的最小整数。

继续求解例 5-2。表 5.9 中共有 7 个状态,由式(5-1)求得所需触发器的个数 $m=3$。故状态代码为 3 位,将其记为 $y_3y_2y_1$。

表 5.9 例 5-2 的最小化状态表

现 态	次态/输出	
	$x=0$	$x=1$
A	$B/0$	$C/0$
B	$D/0$	$E/0$
C	$E/0$	$D/0$
D	$H/0$	$I/0$
E	$I/0$	$H/0$
H	$A/1$	$A/0$
I	$A/0$	$A/1$

5.4.2 用相邻编码法实现状态编码

时序电路的输出是输入变量和状态变量的函数,对于例 5-2 有 $z=f(x,y_3,y_2,y_1)$。这说明,选择合适的状态分配方案是简化输出函数的一条途径。

对于一个状态,给予的代码不同,在卡诺图中对应的位置也不同。如图 5.17 所示,如果将代码 001 指派给状态 A,则对应的位置为 A';如果将代码 101 指派给状态 A,则对应的位置为 A''。这说明,通过指派代码使得各状态在卡诺图中形成合理的分布,获得尽可能大的卡诺圈,就能达到简化输出函数的目的。这就是相邻编码法的依据。

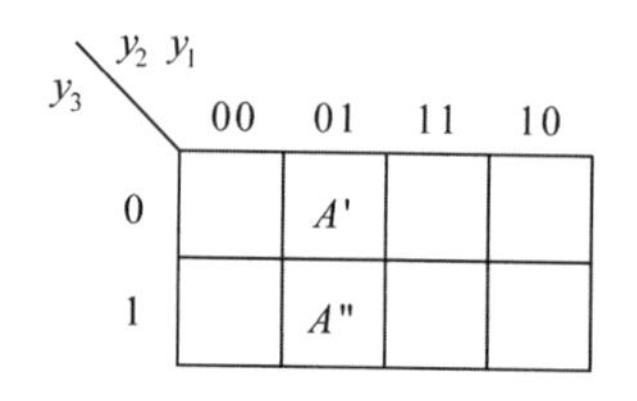

图 5.17 代码指派与位置示意

所谓相邻编码,就是为两个状态指派的二进制代码只有一位不同,在卡诺图上表现为两个状态左右或上下相邻。例如,上述代码 001 与 101 仅最高位不同,在图 5.17 中的位置 A'与 A' 即为上下相邻。

相邻编码法的编码规则如下:

规则 1 输入相同且次态相同的现态应为相邻编码。

观察表 5.9,H 和 I 符合规则 1,应取相邻编码。

规则 2 同一现态的次态应为相邻编码。

观察表 5.9，状态 B 和 C，D 和 E，H 和 I，应分别取相邻编码。

规则 3　输入不同但输出相同的现态应为相邻编码。

观察表 5.9，状态 $A \sim E$ 应分别取相邻编码。

由此可以发现，有些状态同时满足几条规则。此时应按"规则 1→规则 2→规则 3"的优先顺序处理。图 5.18 所示为对表 5.9 按上述规则进行操作的结果。其中状态 A 作为初始态，配以代码 000。在系统上电时（即开始接通电源的时刻）一般都将所有的触发器清 0，故系统上电后电路即处于 A 态，等待输入。编码后的状态表见表 5.10。

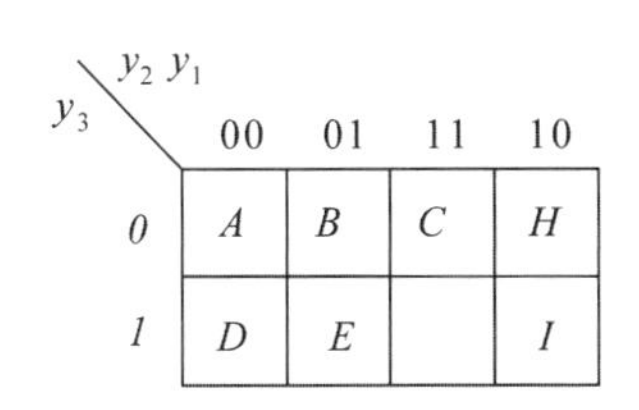

图 5.18　表 5.9 的状态分配

表 5.10　表 5.9 编码后的状态表

现态 $y_3\ y_2\ y_1$	次态/输出 $x=0$	次态/输出 $x=1$
0 0 0	001/0	011/0
0 0 1	100/0	101/0
0 1 1	101/0	100/0
1 0 0	010/0	110/0
1 0 1	110/0	010/0
0 1 0	000/1	000/0
1 1 0	000/0	000/1

5.5　确定激励函数及输出方程

5.5.1　选定触发器类型

激励函数的任务是根据电路的现态和当前输入，驱动触发器转移到指定的次态。触发器类型不同，所需激励函数也不同。因此，在确定激励函数之前，应先选定触发器的类型。

在触发器的选型上，常依赖经验判断。对于数据锁存、移位类时序逻辑电路，宜选用 D 触发器；对于计数类时序逻辑电路，宜选用 T 触发器；当无明显规律时，可选用 J-K 触发器。也可以同时选用几种类型的触发器。但情况并非总是如此，设计者应以激励函数最简单为目标。D 触发器只有一个激励端，这意味着只需要一个激励函数便可驱动翻转，可作为优选对象。J-K 触发器虽有两个激励端，但其功能丰富，不失为一种可取的选择。

现在为例 5-2 选择触发器。电路需要存储 4 位串行数据，最终作出判断，在性质上属数据锁存、移位类逻辑，不妨选用 D 触发器。对应于 $y_3y_2y_1$，各触发器的激励端记为 $D_3D_2D_1$。

5.5.2　求激励函数及输出函数

各驱动方程激励函数和输出函数都是组合逻辑问题，其输入为串行数据 x 和电路的现态 $y_3y_2y_1$，输出为各激励量 $D_3D_2D_1$ 和判断结果 z。因需要根据现态和次态来确定激励量，故在列真值表时将次态作为索引的中间量列入表中（见表 5.11）。由 D 触发器的激励方程 $D = Q^{n+1}$ 可知，$D_3D_2D_1 = y_3^{n+1}y_2^{n+1}y_1^{n+1}$，因此很容易列出各输出量。

表 5.11　例 5-2 的真值表

输入				中间量			输出			
x	y_3	y_2	y_1	y_3^{n+1}	y_2^{n+1}	y_1^{n+1}	z	D_3	D_2	D_1
0	0	0	0	0	0	1	0	0	0	1
0	0	0	1	1	0	0	0	1	0	0
0	0	1	1	1	0	1	0	1	0	1
0	1	0	0	0	1	0	0	0	1	0
0	1	0	1	1	1	0	0	1	1	0
0	0	1	0	0	0	0	1	0	0	0
0	1	1	0	0	0	0	0	0	0	0
1	0	0	0	0	1	1	0	0	1	1
1	0	0	1	1	0	1	0	1	0	1
1	0	1	1	1	0	0	0	1	0	0
1	1	0	0	1	1	0	0	1	1	0
1	1	0	1	0	1	0	0	0	1	0
1	0	1	0	0	0	0	0	0	0	0
1	1	1	0	0	0	0	1	0	0	0
0	1	1	1	—	—	—	ϕ	ϕ	ϕ	ϕ
1	1	1	1	—	—	—	ϕ	ϕ	ϕ	ϕ

在编码时,多余的代码“111”未指派具体状态。如果电路能按照状态转换图工作,就不会进入这一状态,即“111”代表的状态为无关状态(任意项),故表 5.11 中将其对应的输出以任意项 Φ 列出,以期达到简化激励函数的目的。

由表 5.11 可以看出,输出量 z 的最小项很少,故直接求出其函数较简单:

$$z=\bar{x}\bar{y}_3 y_2\bar{y}_1+x y_3 y_2\bar{y}_1=\overline{\overline{\bar{x}\bar{y}_3 y_2\bar{y}_1}\;\overline{x y_3 y_2\bar{y}_1}} \tag{5-2}$$

作出各激励量的卡诺图并化简,如图 5.19 所示。显然,图中不存在相切的卡诺圈,即无产生险象的因素。由此可得

$$\left.\begin{aligned}
D_3&=x y_3\bar{y}_2\bar{y}_1+\bar{x}y_1+\bar{y}_3 y_1=\overline{\overline{x y_3\bar{y}_2\bar{y}_1}\;\overline{\bar{x}y_1}\;\overline{\bar{y}_3 y_1}}\\
D_2&=x\bar{y}_2\bar{y}_1+y_3\bar{y}_2=\overline{\overline{x\bar{y}_2\bar{y}_1}\;\overline{y_3\bar{y}_2}}\\
D_1&=\bar{y}_3\bar{y}_2\bar{y}_1+x\bar{y}_3\bar{y}_2+\bar{x}y_2 y_1=\overline{\overline{\bar{y}_3\bar{y}_2\bar{y}_1}\;\overline{x\bar{y}_3\bar{y}_2}\;\overline{\bar{x}y_2 y_1}}
\end{aligned}\right\} \tag{5-3}$$

由式(5-2)、式(5-3)画出电路图,如图 5.20 所示。

5.5.3　电路的“挂起”及恢复问题

前面假设电路能按照状态转换图工作,不会进入无关状态“111”,这只是一种理想状况。实际运行中,电路可能受到外界的强电磁干扰,使触发器产生误翻转而进入所谓的“无关状态”。未分配的编码越多,进入无关状态的可能性越大。由此产生的后果有以下几种:

(1) 进入无关状态后,无论什么输入都不能使电路回到正常状态,即在无效状态间形成无限循环。这种情况称为“挂起”。显然,电路挂起后将丧失全部功能。

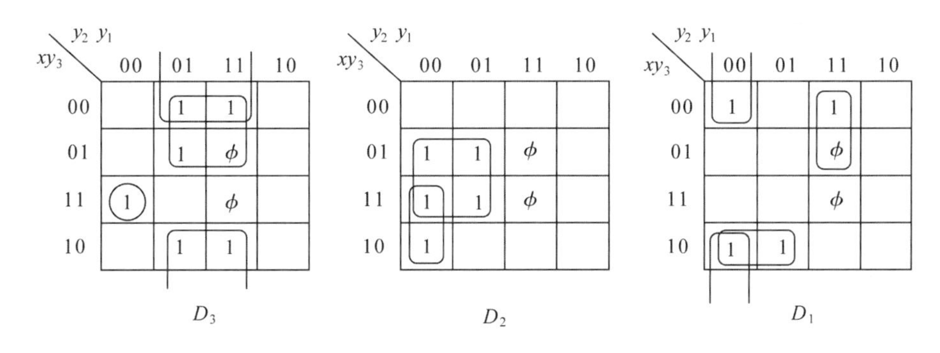

图 5.19　例 5－2 的卡诺图

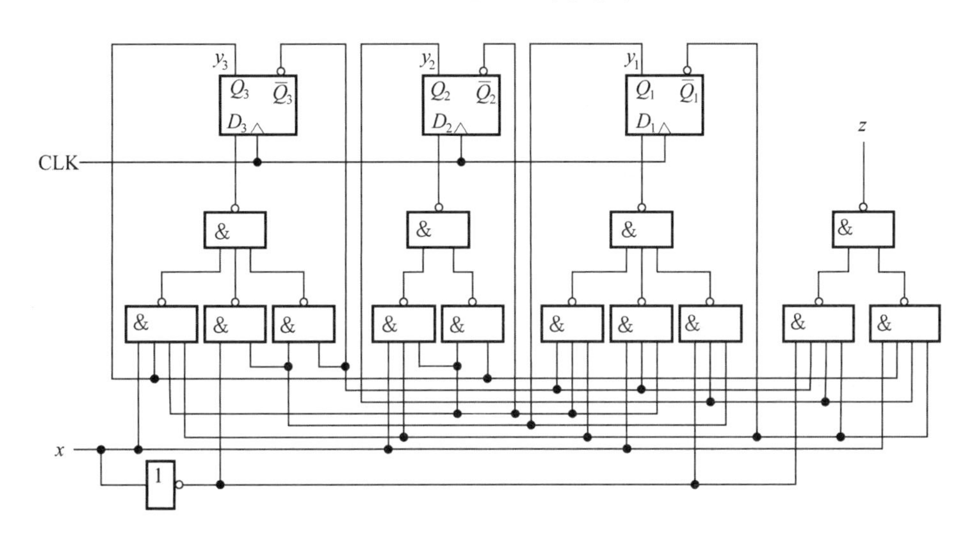

图 5.20　例 5－2 的电路图

(2) 进入无关状态后,再经过若干时钟周期能自动恢复到正常状态,但中途产生错误的输出,进而使后续电路执行错误动作。

(3) 进入无关状态后,再经过若干时钟周期能自动恢复到正常状态,且不产生错误的输出。

上述三种情形中,前两种是不允许发生的,后一种情形虽危害性较小,但希望恢复速度越快越好。

要解决这一问题,首先要判断电路中是否存在这一问题。在例 5－2 的真值表(见表 5.11)中,为 ϕ 值的输出量现在可以具体确定了。由式(5－2)和式(5－3)可计算出各输出量 ϕ 的具体值:

(1) 当 $xy_3y_2y_1=0111$ 时,计算得 $zD_3D_2D_1=0101$,即一旦进入“无关状态”后,若输入为 0,则输出 $z=0$,并在下一时钟脉冲的下降沿转到 101 状态(即正常状态 E)。

(2) 当 $xy_3y_2y_1=0111$ 时,计算得 $zD_3D_2D_1=0000$,即一旦进入“无关状态”后,若输入为 1,则输出 $z=0$,并在下一时钟脉冲的下降沿转到 000 状态(即正常状态 A)。

由此,可作出如图 5.21 所示完整的状态图,图中虚线表示无关状态及其转移线。由图 5.21 可知,当电路进入无关状态后,无论输入如何,只要下一时钟脉冲到达,就立即转移到正常状态,故本例的电路不会挂起,但正常的工作秩序已被短暂扰乱。

如果电路挂起或产生错误输出,则应在保证设计功能的前提下,修改激励函数或输出函数,强制其进入正常状态或消除错误输出。

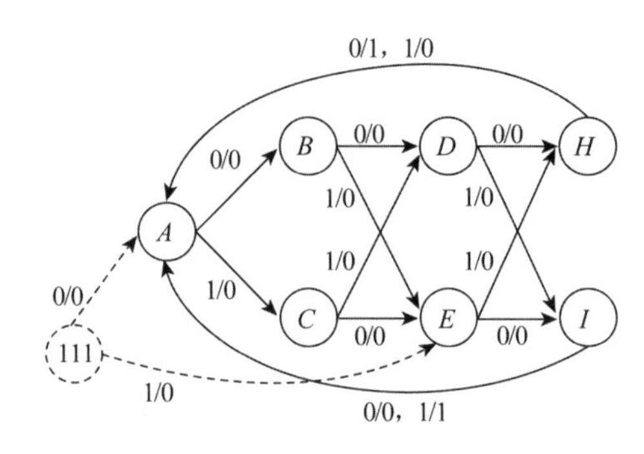

图5.21 例5-2的完整状态图

5.6 时序逻辑设计举例

本节以几个常用的逻辑问题为例,进一步讨论时序逻辑电路的设计,并引出设计与实现中的若干具体问题及其处理方法与技巧。

5.6.1 序列检测器设计

系列检测器的功能是,在串行传输的数据系列中找到特定的子系列。这一功能通常用于串行数据的定位。例如,在如下数据系列中寻找子系列“110”,一旦找到,即输出高电平脉冲:

数据系列: … 011000101111010010 …

输出系列: … 000100000000100000 …

数据系列中带下划线的数为“110”系列。

例5-4 设计一个“111”序列检测器,当连续收到3个(或3个以上)“1”时,电路输出 $Z=1$;否则,输出 $Z=0$。

解: 步骤1 分析题意,构建电路框架

按上述文字命题,序列检测器框图见图5.22,输入、输出时序图见图5.23。

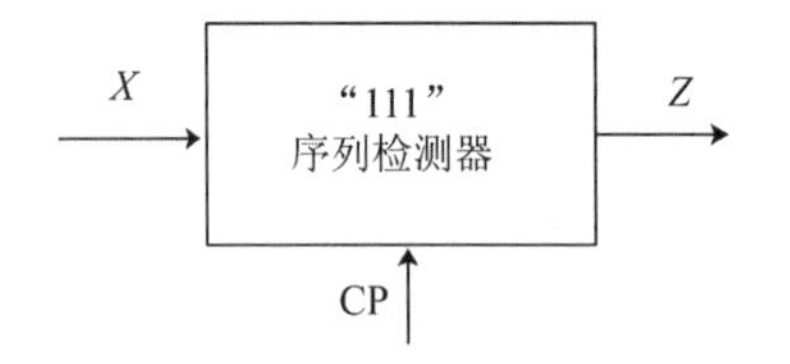

图5.22 序列检测器框图

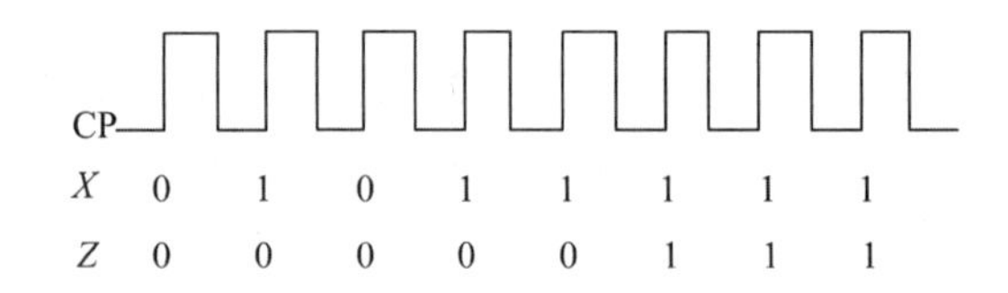

图5.23 输入、输出时序图

步骤2 建立原始状态图和状态表

设初态 S_0 收到1个“0”,并且用 S_i($i=1,2,3$)表示收到第 i 个“1”,由此可得到如图5.24(a)所示Mealy型原始状态图,以及如表5.14所列原始状态表,且表5.14中设电路开始处于初始状态为 S_0。第一次输入1时,由状态 S_0 转入状态 S_1,并输出0;若继续输入1,由状态 S_1

转入状态 S_2，并输出 0；如果仍继续输入 1，由状态 S_2 转入状态 S_3，并输出 1；此后若继续输入 1，电路仍停留在状态 S_3，并输出 1。电路无论处在什么状态，只要输入 0，都应回到初始状态 S_0，并输出 0，以便重新计数 1。

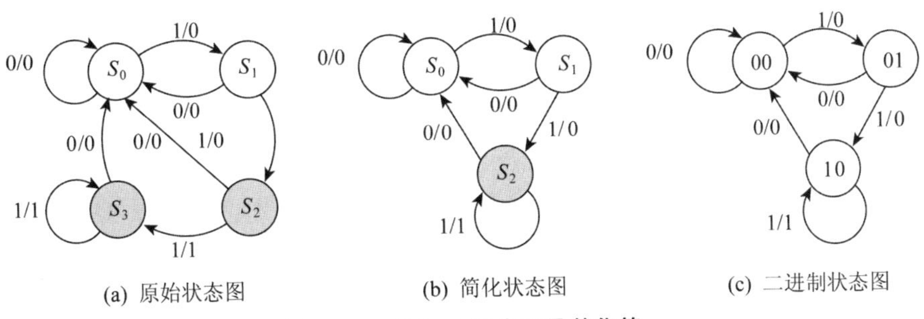

图 5.24　例 5-4 状态图及其化简

步骤 3　状态化简

原始状态图中，凡是当输入相同时，输出相同、要转换到的次态也相同的状态，称为等价状态。状态化简就是将多个等价状态合并成一个状态，把多余的状态都去掉，从而得到最简的状态图。图 5.24(a)中，状态 S_2 和 S_3 等价，因为它们在输入为 1 时输出均为 1，且都转换到次态 S_3；在输入为 0 时输出均为 0，且都转换到次态 S_0。因此，它们可以合并为一个状态，合并后的状态用 S_2 表示，所得的最简的状态图如图 5.24(b)所示。

步骤 4　状态分配

根据化简后的状态图，可得状态编码：$S_0=00$；$S_1=01$；$S_2=10$。最后画出其简化后的二进制状态图如图 5.24(c)所示。根据状态图(见图 5.24(a))可得其原始状态表 5.12，由原始状态表(见表 5.14)及简化后二进制状态图(见图 5.24(c))，我们又可得其简化状态转移表 5.13。表 5.13 中，由于 S_3 状态为不确定项，此次用任意项 d 表示。

步骤 5　选触发器，求时钟、输出、状态、驱动方程

采用同步设计方案，选用 2 个 CP 下降沿触发的 J-K 触发器，分别用 JK0、JK1 表示。根据简化状态转移表(见表 5.15)及 J-K 触发器激励方程，可得到序列检测器的状态方程和输出方程表达式(5-11)和式(5-12)。

表 5.12　例 5-4 的原始状态表

现　态	次态/输出 z	
	$x=0$	$x=1$
S_0	$S_0/0$	$S_1/0$
S_1	$S_0/0$	$S_2/0$
S_2	$S_0/0$	$S_3/0$
S_3	$S_0/0$	$S_3/1$

表 5.13　例 5-4 简化状态转移表

输　入	现　态		次　态		输　出
X	Q_1	Q_0	Q_1^{n+1}	Q_0^{n+1}	Z
0	0	0	0	0	0
0	0	1	0	0	0
0	1	0	0	0	0
0	1	1	d	d	d
1	0	0	0	1	0
1	0	1	1	0	0
1	1	0	1	0	1
1	1	1	d	d	d

次态方程：　$Q_0^{n+1}=\overline{XQ_1^n}\,\overline{Q}_0^n$；　$Q_1^{n+1}=XQ_0^n\overline{Q}_1^n+XQ_1^n$　(5-11)

输出方程：　$Z=XQ_1^n$　(5-12)

用J-K触发器的特性方程 $Q^{n+1}=J\overline{Q}^n+\overline{K}Q^n$ 和式(5-11)、式(5-12)比较，得J、K的激励方程式(5-13)：

$$\begin{cases} J_0=X\overline{Q}_1^n, & K_0=1 \\ J_1=XQ_0^n, & K_1=\overline{X} \end{cases} \tag{5-13}$$

步骤6　检查电路能否自启动

将无效状态 $Q_1Q_0=11$ 代入式(5-11)和式(5-12)计算得：$X=0$ 时，$Q_1Q_0=00$，$Z=0$；$X=1$ 时，$Q_1Q_0=10$，$Z=1$。电路能够自启动，因此设计符合要求。

步骤7　画逻辑电路图

根据式(5-12)和式(5-13)得图5.25所示例5-4逻辑电路图。

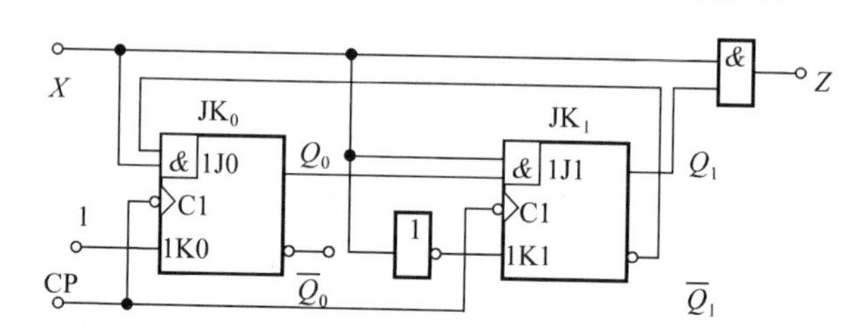

图5.25　例5-4逻辑电路图

5.6.2　计数器设计

如4.5.2小节所述，计数器是一种常用的逻辑部件。例如，计算机中的定时器、地址发生器、节拍发生器等，都要用到计数器。电子钟实际上就是一个六十进制、十二/二十四进制的计数器。计数器的基本功能是记录某事件发生的次数。

计数器的种类很多，通常有多种分类方法。按其工作方式可分为同步计数器和异步计数器；按其进位制可分为二进制计数器、十进制计数器和任意进制计数器；按其功能又可分为加法计数器、减法计数器和加/减可逆计数器等。

下面以一个模7加法计数器为例，讨论时序电路计数器的设计方法。

例5-5　用J-K触发器设计一个按自然态序变化的七进制同步加法计数器，计数规则为逢七进一，产生一个进位输出。

解：步骤1　分析题意

根据题目所给的条件，待设计的计数器默认为模7计数，且不要求加载初值。故电路只需时钟输入端CLK，其作为电路的同步时钟，不必当作输入变量对待；输出一个七进制数要3个输出端，记为 $Q_2Q_1Q_0$。要有输出进位信号 Y，故共需要4个输出端。因输出量 $Q_2Q_1Q_0$ 就是计数值，故采用Moore型电路较合适。

步骤2　建立原始状态图

模7计数器要求有7个记忆状态，且逢七进一，由此可以作出如图5.26所示的原始状态转移图。由于模7计数器必须要有7个记忆状态，故不需要再简化。

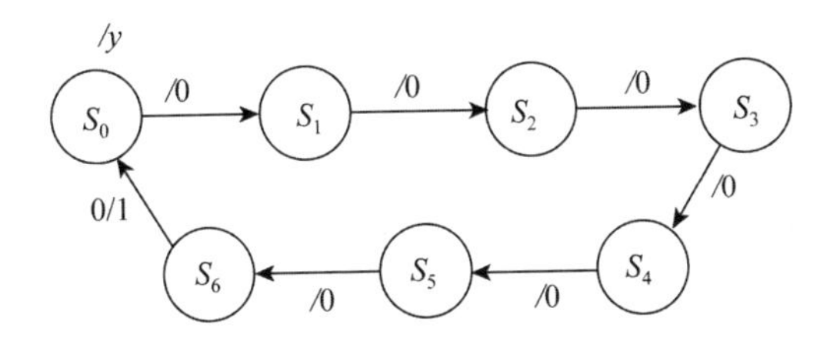

图 5.26　例 5-5 原始状态转移图

步骤 3　状态分配

由于最大模值为 7，因此必须取编码位数 $n=3$。假设令 $S_0=000$，$S_1=001$，$S_2=010$，$S_3=011$，$S_4=100$，$S_5=101$，$S_6=110$，则可以作出状态转移表，由于在状态转移表中 111 状态未出现(偏离状态)，作任意项 x 处理，如表 5.14 所列。

表 5.14　例 5-5 状态转移表

输　入 CP	现　态			次　态			输　出 Y(t)
	Q_2	Q_1	Q_0	Q_2^{n+1}	Q_1^{n+1}	Q_0^{n+1}	
0	0	0	0	0	0	1	0
1	0	0	1	0	1	0	0
2	0	1	0	0	1	1	0
3	0	1	1	1	0	0	0
4	1	0	0	1	0	1	0
5	1	0	1	1	1	0	0
6	1	1	0	0	0	0	1
7	1	1	1	x	x	x	x

步骤 4　选触发器，求时钟、输出、状态、驱动方程

因需用 3 位二进制代码，故选用 3 个 CP 下降沿触发的 J-K 触发器，分别用 FF0、FF1、FF2 表示。由于要求采用同步方案，故时钟方程为

$$CP_0=CP_1=CP_2=CP$$

由表 5.16 可以作出次态卡诺图及输出函数的卡诺图，如图 5.27 所示。根据卡诺图求出状态方程式(5-14)，输出方程式(5-15)。不化简，以便使之与 J-K 触发器的特性方程的形式一致。

$$\left.\begin{aligned} Q_0^{n+1}&=\overline{Q_2^n}\,\overline{Q_0^n}+\overline{Q_1^n}\,\overline{Q_0^n}=\overline{Q_2^n Q_1^n}\,\overline{Q_0^n}+\bar{1}Q_0^n \\ Q_1^{n+1}&=Q_0^n\overline{Q_1^n}+\overline{Q_2^n}\,\overline{Q_0^n}Q_1^n \\ Q_2^{n+1}&=Q_1^nQ_0^n\overline{Q_2^n}+\overline{Q_1^n}Q_2^n \end{aligned}\right\} \tag{5-14}$$

$$Y=Q_1^nQ_2^n \tag{5-15}$$

与 J-K 触发器的特性方程 $Q^{n+1}=\overline{JQ^n}+\overline{K}Q^n$ 比较，得驱动方程式如下：

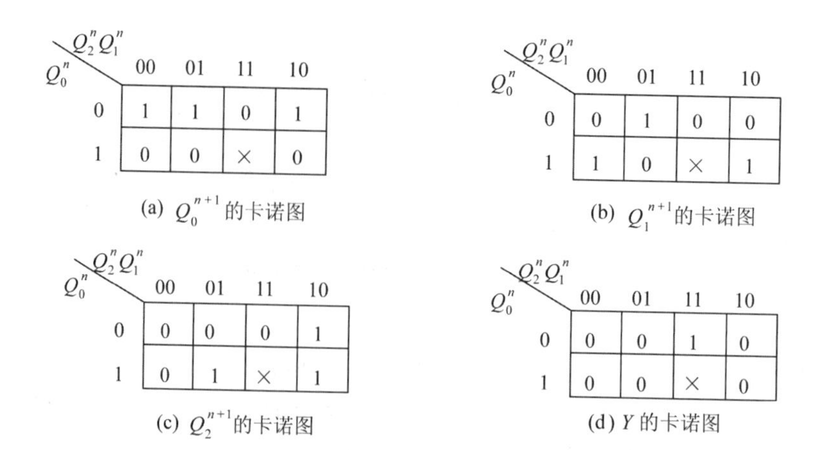

(a) Q_0^{n+1}的卡诺图　　(b) Q_1^{n+1}的卡诺图

(c) Q_2^{n+1}的卡诺图　　(d) Y 的卡诺图

图 5.27　例 5-5 的次态及输出函数卡诺图

$$\left.\begin{aligned} J_0 &= \overline{Q_2^n Q_1^n}, \quad K_0 = 1 \\ J_1 &= Q_0^n, \quad K_1 = \overline{\overline{Q_2^n}\,\overline{Q_0^n}} \\ J_2 &= Q_1^n Q_0^n, \quad K_2 = Q_1^n \end{aligned}\right\} \tag{5-16}$$

步骤 5　检查电路能否自启动

将无效状态 111 代入状态方程式(5-14)计算得

$$\left.\begin{aligned} Q_0^{n+1} &= \overline{Q_2^n Q_1^n}\,\overline{Q_0^n} + \overline{1} Q_0^n = 0 \\ Q_1^{n+1} &= Q_0^n \overline{Q_1^n} + \overline{Q_2^n}\,\overline{Q_0^n} Q_1^n = 0 \\ Q_2^{n+1} &= Q_1^n Q_0^n \overline{Q_2^n} + \overline{Q_1^n} Q_2^n = 0 \end{aligned}\right\} \tag{5-17}$$

分析式(5-17)可见,当出现 111 的次态时,可转移到有效状态 000,电路能够自启动。

步骤 6　画逻辑电路图

根据式(5-15)和式(5-16)得图 5.28 所示例 5-5 逻辑电路图。

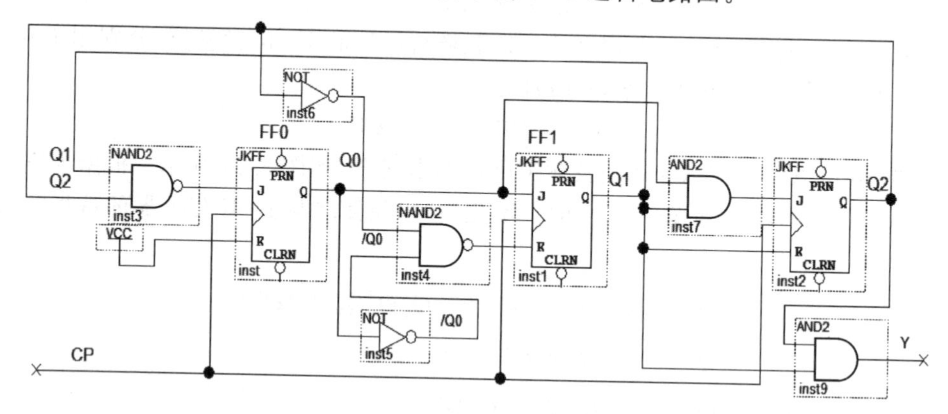

图 5.28　例 5-5 逻辑电路图

5.6.3　基于 MSI 器件实现任意模值计数器

中规模集成器件(MSI)计数器应用范围很广,从简单的计数器的二进制计数器到十进制可逆计数器等，种类较多。表 5.15 给出了部分常见 MSI 集成计数器产品。不过需提醒读者注意的是：集成十进制同步加法计数器 74160、74162 的引脚排列图、逻辑功能示意图与 74161、74163 相同；74190 引脚排列图和逻辑功能示意图与 74191 相同；74192 引脚排列图和逻辑功能示意图与 74193 相同。

表 5.15 常见 MSI 集成计数器列表

CP 脉冲引入方式	型 号	计数模式	清 0 方式	预置数方式
同步	74160	十进制加法计数器	异步(低电平)	同步
同步	74162	十进制加法计数器	同步	同步
同步(单时钟)	74190	十进制可逆计数器	无	异步
同步	74161	4 位二进制加法计数器	异步(低电平)	同步
同步	74163	4 位二进制加法计数器	同步(低电平)	同步
同步(双时钟)	74193	4 位二进制可逆计数器	异步(高电平)	异步
同步(单时钟)	74191	4 位二进制可逆计数器	无	异步
异步(双时钟)	74293	4 位二进制加法计数器	异步	无
异步	74290	二-五-十进制加法	异步	异步

应用 N 进制中规模集成计数器可实现任意模值 $M(M<N)$ 计数器时，主要是从 N 进制计数器的状态转移表中跳越$(N-M)$个状态，从而得到 M 个状态转移的 M 进制计数器。通常利用中规模集成计数器的清 0 端（复位法）和置数端（置数法）来实现。

1. 复位法

当中规模 N 进制计数器从 S_0 状态开始计数时，计数脉冲输入 M 个脉冲后，N 进制计数器处于 S_M 状态。如果利用 S_M 状态产生一个清 0 信号，加到计数器的清 0 端，使计数器返回到 S_0 状态，这样就跳跃了(N－M)个状态，从而实现模值为 M 的计数器。

例 5－6 用 MSI 器件 74161 来构成一个十二进制计数器。

解： 74161 是 4 位二进制（十六进制）加法计数器，其功能真值表如表 5.16 所列。

表 5.16 74161/74160 功能真值表

输 入									输 出				
CLRN	LDN	ENT	ENP	CP	D	C	B	A	QD	QC	QB	QA	RCO
0	X	X	X	X	X	X	X	X	0	0	0	0	0
1	0	X	X	↑	D	C	B	A	D	C	B	A	
1	1	1	1	↑	X	X	X	X	步进计数				
1	1	0	X	X	X	X	X	X	保持				
1	1	X	0	X	X	X	X	X	保持				0

模 12 计数要求在输入 12 个脉冲后电路返回到 0000，且产生一个输出脉冲。74161 共有 16 个状态。模 12 计数器只需 12 个状态，因此在 74161 基础上，外加判别和清 0 信号产生电

路。图 5.29 所示为应用 74161 构成的模 12 计数分频器电路。

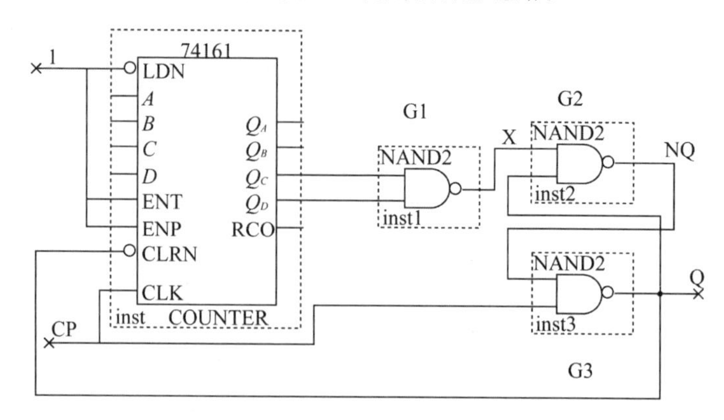

图 5.29 模 12 计数分频器电路

图 5.29 中,G1 门为判别门,在第 12 个计数脉冲上升沿输入后,74161 的状态进入到 1100,则门 G1 输出 $X=0$,作用于门 G2 和 G3 组成的基本触发器,使 Q 端为 0,作用 74161 的 CLRN 端,则使 74161 清 0。在计数脉冲 CP 下降沿到达后,又使门 G1 输出 $Q=1$,NQ=0。此后又在计数脉冲作用下,从 0000 开始计数,每当输入 12 个脉冲电路进入到 1100,就通过 74161 的 CLRN 端使电路复 0,输出一个脉冲,实现模 12 计数。

这种方法比较简单,复位信号的产生电路是一种固定的结构形式,由门 G1、G2、G3 组成,其中门 G2 和 G3 所构成的基本 R-S 触发器保证归零信号有足够的作用时间,使计数器能够可靠归零。

利异步清 0 功能的中规模 N 进制计数器设计任意模值 $M(M<N)$ 计数分频器时,只需将计数模值 M 的二进制代码中 1 的输出连接至判别门的输入端,即可实现模值为 M 的计数器。同理可验证利用同步清 0 功能的中规模 N 进制计数器(如 74163)设计任意模值 $M(M<N)$ 计数分频器时,只需将计数模值 $M-1$ 的二进制代码中 1 的输出连接至判别门的输入端,即可实现模值为 M 的计数器。

这种方法在对分频比要求较大的情况下,应用更加方便。例如,图 5.30 所示为用 2 片十进制同步计数器 74160 构成的模值为 45 的计数分频电路。74160 的功能见表 5.19,2 片 74160 十进制计数器串接最大计数值为 99。当计数脉冲输入到第 45 个时,这时片(2)状态为(0100),片 1 状态为(0101),CR 产生清除信号,使片(1)、片(2)的输出都为 0,从而实现 45 计数分频。为保证归零信号有足够的作用时间,使计数器能够可靠归零,设计中利用一个基本 R-S 触发器,Y 为 45 分频信号输出。

2. 置位法

置位法适用于具有的置数控制端中规模集成器件,以置入某一固定二进制数值的方法,从而使 N 进制计数跳越$(N-M)$个状态,实规模值为 M 的计数分频,在其计数过程中,可将它输出的任何一个状态通过译码,产生一个预置数控制信号反馈至预置数控制端,在下一个 CP 脉冲作用下会把预置数输入端 $DCBA$ 的状态置入输出端,预置数控制信号消失后,计数器从被置入的状态开始重新计数。

例 5-7 用 4 位二进制同步计数器 74163,实现模 12 计数分频器。

解: 由 74163 功能表见表 5.18,当 LDN=0 时,执行同步置数功能。用 74163 构成十二进制分频器，可把输出 $Q_DQ_CQ_BQ_A=1011$ 状态译码产生的预置数控制信号 P(此时为 0)，反馈至 LDN 端，在下一个 CP 的上升沿到达时置入 0000 状态，如图 5.31 所示。

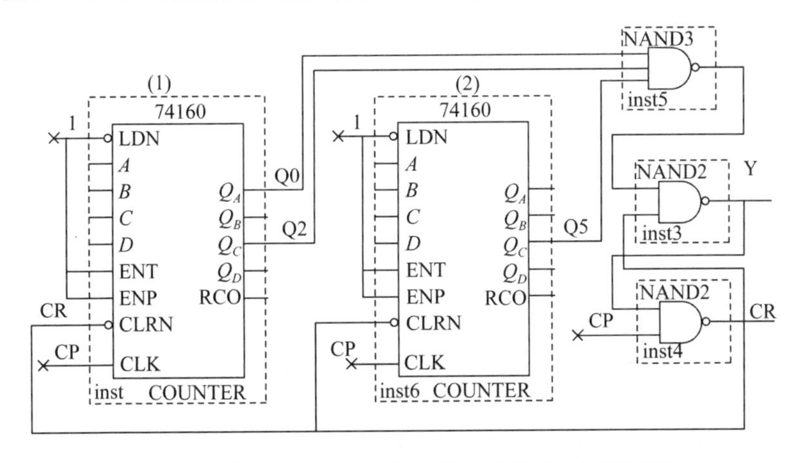

图 5.30 采用 2 片 74160 构成的 45 计数分频器电路图

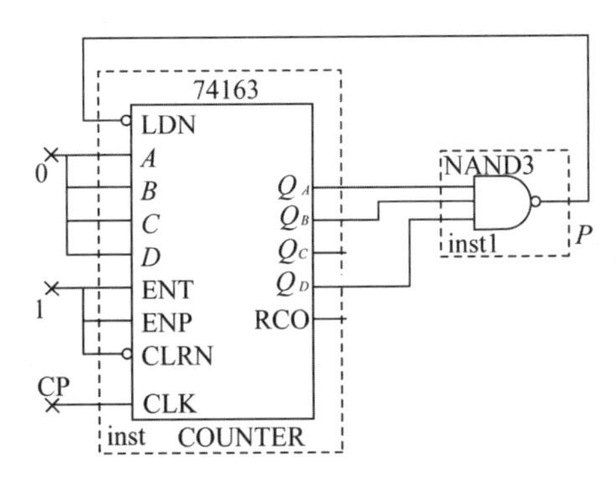

图 5.31 基于置位法的模 12 计数分频器原理图

反馈置数操作可在 74163 计数循环状态(0000～1111)中的任何一个状态下进行。例如，可将 $Q_DQ_CQ_BQ_A=1111$ 状态译码产生的预置数控制信号 P 加至 LND 端，这时预置数输入端应为(1111－1100＋1)＝0100。

3. MSI 计数器的级联应用

当一片计数器的计数容量不够用时，可取若干片扩展。同步式连接：以低位片的进位输出作为高位片的工作状态控制信号，各片共用同一时钟。

异步计数器一般没有专门的进位信号输出端，通常可以用本级的高位输出信号驱动下一级计数器计数，即采用串行进位方式来扩展容量。

同步计数器有进位或借位输出端，可以选择合适的进位或借位输出信号来驱动下一级计数器计数。同步计数器级联的方式有两种：一种是级间采用串行进位方式，即异步方式，这种方式是将低位计数器的进位输出直接作为高位计数器的时钟脉冲，异步方式的速度较慢；另一种是级间采用并行进位方式，即同步方式，这种方式一般是把各计数器的 CP 端连在一起接统一的时钟脉冲，而低位计数器的进位输出送高位计数器的计数控制端。

5.7 习 题

5-1 4 位串行数据比较器的功能是:对两路串行二进制数 x_1 和 x_2 进行比较,若连续 4 位比较均有 $x_1=x_2$,则输出 $z=1$,否则 $z=0$。已知同步时钟的上升沿与各数据位的中间对齐,试:

(1) 规划电路的框架;

(2) 作出电路的原始状态图;

(3) 选何种类型的触发器(包括时钟触发类型)比较合适?

5-2 "110"系列检测器的状态图见图 5.32,其中 x 为串行输入数据,仅当依次检测到 x 为 1、1、0 时,在 $x=0$ 期间输出 $z=1$;否则 $z=0$。试:

(1) 解释状态 S_2、S_1、S_0 各对应什么情况;

(2) 由状态图分析,当出现系列 00111100 时,对应的输出系列 z 是什么?

(3) 根据状态图作出状态表;

(4) 设状态编码为 $S_0=00$,$S_1=01$,$S_2=10$,选用 D 触发器作存储元件,作出状态真值表。

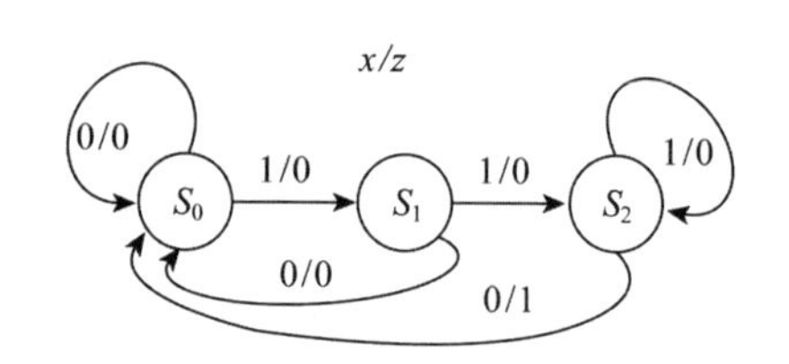

图 5.32 题 5-2

5-3 4 位环型移位寄存器的电路框架及工作时序如图 5.33 所示,当 load 为高电平期间,clk 的上升沿将 4 位二进制数 $D_3D_2D_1D_0$ 加载到 4 个 D 触发器中;当 load 为低电平时,开始环型移位。例如,设加载到 D 触发器的数据为 1100,则环型移位的格式如下:

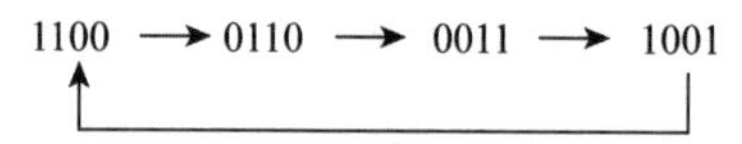

(1) 当 load 为低电平时,$D_3D_2D_1D_0$ 发生改变能否引起状态改变?

(2) 电路的状态有几个?分别说明各状态的含义(提示:将电路分解为环型移位部分与"加载/移位"控制部分)。

(3) 在作状态图和状态表时,是否要将 $D_3D_2D_1D_0$ 作为输入列出?试作出状态图和状态表。

(4) 试设计此环型移位寄存器。

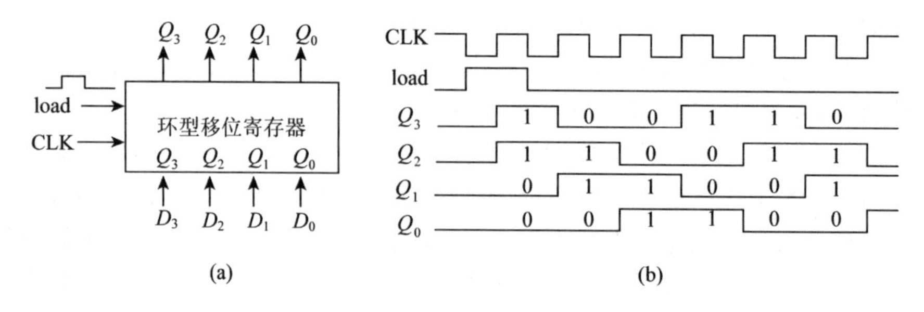

图 5.33 题 5-3

5-4 试用 D 触发器设计一个同步时序电路,当电路连续输入 3 个或 3 个以上"1"时,输出为

1，其他情况输出为0。例如：

输入：　010011111010

输出：　000000111000

5-5　x_1 和 x_2 为两路串行二进制数，以从低位到高位的顺序输送数据。设计一个"串行加法器"，逐位输出相加之和。

提示：

方法一，先用一位全加器实现 x_1 与 x_2 相加，再用时序逻辑电路记忆本次产生的进位。

方法二，用时序逻辑电路的设计方法和步骤进行设计。

5-6　设计一个延时量超限报警电路。正常情况下 $Z=0$，若输入量 x 为低电平经历的时间大于1 ms，则立即输出报警信号 $Z=1$。一旦报警，只有等到解除报警信号 $s=1$ 时才返回正常状态，继续对 x 进行监视。设时钟CLK的周期为0.2 ms。

5-7　机械按钮在触点接通或断开的瞬间会产生抖动，抖动期间的通断状态经历一个快速随机交变的短暂过程，最后达到完全接通或断开的稳定状态，如图5.34中的 x 所示。设接通用逻辑1表示，断开用逻辑0表示。设计一个消除抖动的逻辑电路，当连续采样到4个"1"时输出1，等待按钮释放；当连续采样到4个"0"时输出0，返回等待接通状态。

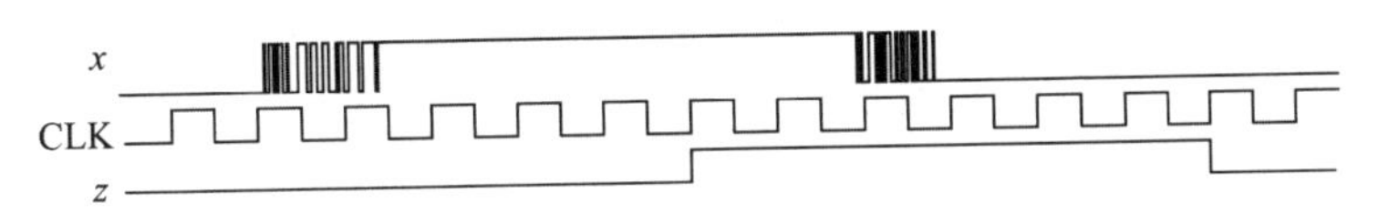

图5.34　题5-7

5-8　用D触发器作存储元件，设计一个同步型模3加1计数器。要求对无关状态进行检验。

5-9　原始状态图如图5.35所示，试：

(1) 作出原始状态表，并进行状态化简。

(2) 对状态进行合理编码，选用J-K触发器，作出状态真值表。

(3) 求激励函数和输出函数，画出电路图。

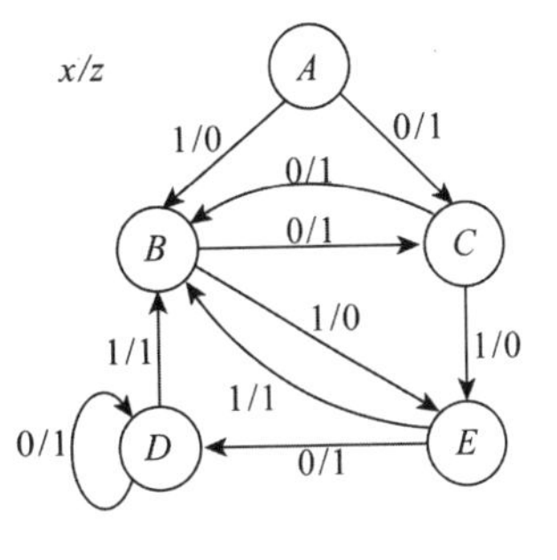

图5.35　题5-9

5-10　采用下降沿触发型D触发器，设计一个模7加1计数器。

5-11　设计一个模6同步计数器，要求实现如下功能：

(1) 具有加1、减1控制端 M，当 $M=1$ 时，执行加1计数；当 $M=0$ 时，执行减1计数。

(2) 具有进位/借位输出端 C，当发生进位或借位时 $C=1$，否则 $C=0$。

5-12　选择题

(1) 同步计数器和异步计数器比较，同步计数器的显著优点是________。

A. 工作速度高　　B. 触发器利用率高

C. 电路简单　　D. 不受时钟CP控制

(2) 把一个五进制计数器与一个四进制计数器串联可得到________进制计数器。

A. 4　　B. 5　　C. 9　　D. 20

(3) 下列逻辑电路中为时序逻辑电路的是________。

A. 变量译码器　　B. 加法器

C. 数码寄存器　　D. 数据选择器

(4) N 个触发器可以构成最大计数长度(进制数)为________的计数器。

A. N　　B. $2N$　　C. N^2　　D. 2^N

(5) N 个触发器可以构成能寄存________位二进制数码的寄存器。

A. $N-1$　　B. N　　C. $N+1$　　D. $2N$

(6) 5 个 D 触发器构成环形计数器,其计数长度为________。

A. 5　　B. 10　　C. 25　　D. 32

(7) 8 位移位寄存器,串行输入时经________个脉冲后,8 位数码全部移入。

A. 1　　B. 2　　C. 4　　D. 8

(8) 用二进制异步计数器从 0 做加法,计到 178D,则最少需要________个触发器。

A. 2　　B. 6　　C. 7　　D. 8

E. 10

(9) 某移位寄存器的时钟脉冲频率为 100 kHz,欲将存放在该寄存器中的数左移 8 位,完成该操作需要________。

A. 10 μs　　B. 80 μs　　C. 100 μs　　D. 800 ms

(10) 若用 J－K 触发器来实现特性方程为 $Q^{n+1}=\overline{A}Q^n+AB$,则 JK 端方程为________。

A. $J=AB, K=\overline{\overline{A}+B}$　　B. $J=AB, K=A\overline{B}$

C. $J=\overline{\overline{A}+B}, K=AB$　　D. $J=A\overline{B}, K=AB$

(11) 若设计一个序列为 1101001110 的脉冲发生器,则应选用________个触发器。

A. 2　　B. 3　　C. 4　　D. 10

(12) 一位 8421 BCD 码计数器至少需要________个触发器。

A. 3　　B. 4　　C. 5　　D. 10

第6章 可编程逻辑器件

可编程逻辑器件(PLD,Programmable Logic Device)是在专用集成电路(ASIC)的基础上发展起来的一种新型集成电路,是当前数字系统设计的主要硬件基础,是硬件描述语言HDL的物理实现工具。可编程逻辑器件对数字系统设计自动化起着推波助澜的作用,可以说,没有可编程逻辑器件就没有当前的数字电路设计自动化。目前,这种以可编程逻辑器件为原材料,从"制造自主芯片"开始的EDA设计模式已成为当前数字系统设计的主流。初学者想要追赶世界领先的数字系统设计方法,就要认识并使用可编程逻辑器件。

6.1 概 述

6.1.1 可编程逻辑器件的发展历程

自20世纪60年代集成电路诞生以来,经历了小规模集成电路(SSI,Small Scale Integration)、中规模集成电路(MSI,Medium Scale Integration)、大规模集成电路(LSI,Large Scale Integration)的发展过程,目前已进入超大规模集成电路(VLSI,Very Large Scale Integration)、甚大规模集成电路(ULSI,Upper Large Scale Integration)阶段。从大的方面可以将它们分为以下两类。

1. 标准逻辑器件

标准逻辑器件是具有标准逻辑功能的通用SSI、MSI集成电路,例如TTL工艺的54/74系列和随后发展起来的CMOS工艺的CD 4000系列中的各种基本逻辑门、触发器、选择器分配器、计数器、寄存器等。

标准逻辑器件的生产批量大、成本低。由于其功能完全确定,故电路设计时可将主要精力投入到提高性能上,它是传统数字逻辑电路设计中使用的主要器件,但是其集成度不高,用它所设计的系统器件种类多、功耗高,可靠性低,修改设计很麻烦。

2. 专用集成电路

如今人类需要的数字电路系统越来越复杂,系统包含的逻辑门数量达到了数百万个,因而用传统的人工设计方法进行复杂的数字系统设计遇到了严重的困难与挑战,人类的需要促进了集成电路制造技术的进步,计算机技术的发展催生了另一类集成电路,这就是专用集成电路(ASIC,Application Specific Integrated Circuit)。专用是相对通用而言,专用集成电路的逻辑功能是由用户规定的,换句话说,ASIC的逻辑功能是由用户定制的。

按照制造过程，ASIC分为全定制ASIC电路、半定制ASIC电路、可编程逻辑器件PLD。

(1) 全定制电路(Full Custom Design IC)

全定制电路是由制造厂按用户提出的逻辑要求专门设计和制造的ASIC芯片。这一类芯片专业性强，适合在大批量定型生产的产品中使用。常见的存储器、CPU就是全定制电路产品。由于全定制电路需要半导体厂专门制造，设计制作成本高、周期长、风险大，因而难以在大范围内推进数字电路设计的革命。

(2) 半定制电路(Semi Custom Design IC)

半定制电路是由半导体厂预先制成标准半成品(这种芯片称作母片)，再根据用户提出的逻辑要求，把标准半成品制成符合用户要求的专用逻辑器件。最常见半定制电路有门阵列(Gate Array)、标准单元(Standard Cell)。由于这类半定制ASIC电路始终由半导体厂操作制造，故难以大规模推广应用。

(3) 可编程逻辑器件PLD

所谓可编程逻辑器件是这样一类器件：其制作工艺采用的是CMOS工艺；在这些器件的内部，集成了大量功能独立的分离元件，它们可以是基本逻辑门、由基本逻辑门构成的宏单元，以及“与”阵列、“或”阵列等；依据不同需求，芯片内元件的种类、数量可以有不同的设置；此外，芯片内还有大量可配置的连线，在器件出厂时，芯片内的各个元件、单元相互间没有连接，芯片暂不具备任何逻辑功能；芯片内的各个元件、单元如何连接，由用户根据自身设计的电路功能要求通过计算机编程决定。

在实际中，用户是这样使用可编程逻辑器件的：首先使用计算机，利用专用的软件、硬件对器件进行系列编程；然后通过程序指挥芯片内配置的连线和编程器件，把应连接的元件、单元连接起来。由于芯片内的元件是按用户编写的指令进行连接的，因此根据用户编写的不同程序，即可制造出具有不同逻辑功能的器件。我们把这种由用户通过编程手段才使芯片产生一定逻辑功能的器件称为可编程逻辑器件PLD。

最早的可编程逻辑器件是1970年出现的PROM，它由全译码的“与”阵列和可编程的“或”阵列组成，其阵列规模大、速度低，主要用作存储器。

20世纪70年代中期出现的PLA(Programmable Logic Array，可编程逻辑阵列)由可编程的“与”阵列和可编程的“或”阵列组成，由于其编程复杂，开发起来有一定难度。到70年代末又推出PAL(Programmable Logic Array，可编程阵列逻辑)，它由可编程的“与”阵列和固定的“或”阵列组成，采用熔丝编程方式、双极型工艺制造。该器件的工作速度很高，由于它的结构种类很多，设计灵活，因而成为第一个普遍使用的可编程逻辑器件。80年代初，Lattice公司发明了GAL(Generic Array Logic，可编程通用阵列逻辑)器件，采用输出逻辑宏单元(OLMC)的形式和EECMOS工艺，具有可擦除、可重复编程、数据可长期保存和可重新组合结构等特点。GAL产品构件性能比PAL产品性能更优越，因而在20世纪70年代得到广泛使用。

GAL和PAL同属低密度的简单PLD，规模小，难以实现复杂的逻辑功能。从20世纪80年代末开始，随着集成电路工艺水平的不断提高，PLD突破了传统的单一结构，向着高密度、高速度、低功耗以及结构体系更灵活的方向发展，相继出现了各种不同结构的高密度PLD。

20世纪90年代以后，高密度PLD在生产工艺、器件编程和测试技术等方面都有了飞速发展，例如CPLD的集成度一般可达数千甚至上万门。Altera公司推出的EPM9560，其密度达12 000个可用门，包含多达50个宏单元，216个用户I/O引脚，并能提供15 ns的脚至脚延时,16 位计数的最高频率为 118 MHz。目前世界各著名半导体公司,如 Intel(原 Altera 公司)、Xilinx、Lattice 等,均可提供不同类型的 CPLD、FPGA 产品,新的 PLD 产品不断面世。众多公司的竞争促进了可编程集成电路技术的提高,使其性能不断完善,产品日益丰富。

6.1.2 可编程逻辑器件分类

随着微电子技术的发展,可编程逻辑器件的品种越来越多,型号越来越复杂。每种器件都有各自的特征和共同点,根据不同的分类标准可分为以下几种类别。

1. 按集成度分

按芯片内包含的基本逻辑门数量来区分不同的 PLD,一般可分为以下两大类。

(1) 低密度可编程逻辑器件

低密度可编程逻辑器件的结构具有下列共性:

- 内部含有的逻辑门数量少,一般含几十门~750 门等效逻辑门,通常把 GAL22V10 的容量(500~750 门)作为高、低密度可编程逻辑器件的分界线。
- 基本结构均建立在两级“与-或”门电路的基础上。
- 输出电路是由可编程定义的输出逻辑宏单元。

低密度可编程逻辑器件主要包含一些早期出现的 PLD,如 PROM、PLA、PAL、GAL。

(2) 高密度可编程逻辑器件

高密度可编程逻辑器件有下列 3 种:

① EPLD(Erasable Programmable Logic Device,能擦写的可编程逻辑器件)

从某种意义上讲,EPLD 是 GAL 的改进版,其基本结构与 GAL 相似,但是 EPLD 的集成密度、输出宏单元的数量、器件内的连接机构都比 GAL 大得多,且灵活、方便得多。EPLD 产生于 20 世纪 80 年代中期,是高密度可编程逻辑器件的早期产品。

② CPLD(Complex PLD,复杂 PLD)

CPLD 是 EPLD 的改进产品,产生于 20 世纪 80 年代末期。CPLD 的内部至少包含可编程逻辑宏单元、可编程 I/O (输入/输出)单元、可编程内部连线。这种结构特点,也是高密度可编程逻辑器件的共同特点。CPLD 是一种基于乘积项的可编程结构的器件。部分 CPLD 器件内还设有 RAM、FIFO 存储器,以满足存取数据的应用要求。

还有部分 CPLD 器件具有 ISP(In System Programmable,在系统可编程)能力。具有 ISP 能力的器件,在装到电路板上后,可对其进行编程。在系统编程时,器件的输入/输出引脚暂时被关闭,编程结束后,恢复正常状态。

③ FPGA(Field Programmable Gate Array,现场可编程门阵列)

FPGA 是 20 世纪 90 年代发展起来的。这种器件的密度已超过 25×10^4 门水平,内部门延时小于 3 ns。大部分 FPGA 采用基于 SRAM 的查找表(LUT,Look Up Table)结构。此外,这种器件具有的另一个突出的特点是:现场编程。所谓现场编程,就是在 FPGA 工作的现场(地方),可不通过计算机,就能把存于 FPGA 外的 ROM 中的编程数据加载给 FPGA。也就是说,通过简单的设备就能改变 FPGA 中的编程数据,从而改变 FPGA 执行的逻辑功能。这种方法也叫作 ICR(In Circuit Reconfiguration,在电路上直接配置)编程。FPGA 具有的这个特点为工程技术人员维修、改进、更新电路逻辑功能提供了方便。现场编程的另一种含义是,

FPGA 内的编程数据是存于 FPGA 内的 RAM 上的，一旦掉电，存在 RAM 上的编程数据就会流失，来电后，就要在工作现场重新给 FPGA 输入编程数据，以使 FPGA 恢复正常工作。当前 CPLD 和 FPGA 是高密度可编程逻辑器件的主流产品。

2. 按编程特性分

可编程逻辑器件的功能信息是通过对器件编程存储到可编程逻辑器件内部的 PLD 编程技术有两大类：一种是一次性编程，另一种是可多次编程。后者使用起来较方便，容易修改设计。因此，根据 PLD 的结构和编程方式，可将 PLD 分为以下两类：

(1) 一次性编程(OTP，One Time Programmable) PLD

一次性编程 PLD 采用非熔丝(Anti Fuse)开关，也就是用可编程低阻电路元件 PLICE 作为可编程的开关元件，它由一种特殊介质构成，位于层连线的交叉点上，形似印制板上的一个通孔，其直径仅为 1.2 μm。在未编程时，PLICE 呈现大于 100 MΩ 的高阻；在 8 V 电压加上之后，该介质击穿，接通电阻小于 1 kΩ，等效于开关接通。由于 PLICE 方占芯片面积非常小，因此这类 PLD 的集成度、工作频率和可靠性都较高，缺点是只允许编程一次，编程后不能修改。

(2) 可多次编程 PLD

可多次编程 PLD 是利用场效应晶体管作为开关元件，这些开关的通、断受本器件内的存储器控制。控制开关元件的存储器存储着编程的信息，通过改写该存储器的内容便可实现多次编程，它们可用 EPROM、EEPROM、Flash 或 SRAM 制作。因而，又可分为如下几种：

① 紫外线擦除的 EPROM

这类器件像普通的可擦除可编程只读存储器 EPROM 一样，器件外壳上有一个石英窗利用紫外线将编程信息擦除，在编程器上对器件编程。

② 电擦除的 EEPROM

这类器件用电擦除可编程只读存储器 EEPROM 存储编程信息，需要在编程器上对 EEPROM 进行改写来实现编程。

③ 在系统编程(ISP，In-System Programmability) PLD

这类器件内的 EEPROM 或闪速存储器 Flash 用来存储编程信息。这种器件内有产生编程电压的电源泵，因而不需要在编程器上编程，可直接对装在印制板上的器件进行编程。

④ 在线可重配置(ICR，In-Circuit Reconfiguration)

这类器件用静态随机存取存储器 SRAM 存储编程信息，不需要在编程器上编程，直接在印制板上对器件编程。通常，编程信息存于外挂的 EPROM、EEPROM 或系统的软、硬盘上。系统工作之前，将存在于器件外部的编程信息输入到器件内的 SRAM，再开始工作。

6.1.3 可编程逻辑器件的结构

目前使用的可编程逻辑器件的结构基本上都是由输入缓冲、“与”阵列、“或”阵列、输出结构 4 部分组成，其基本结构如图 6.1 所示。其中“与”阵列、“或”阵列是核心：“与”阵列用来产生乘积项，“或”阵列用来产生乘积项之和形式的函数。输入缓冲可以产生输入变量的原变量和反变量，输出结构可以是组合电路输出结构、时序电路输出结构或可编程输出结构，输出信号还可通过内部通道反馈到输入端。根据结构特点，可将 PLD 划分为简单 PLD、复杂 PLD(CPLD)、现场可编程门阵列 FPGA 这 3 类。

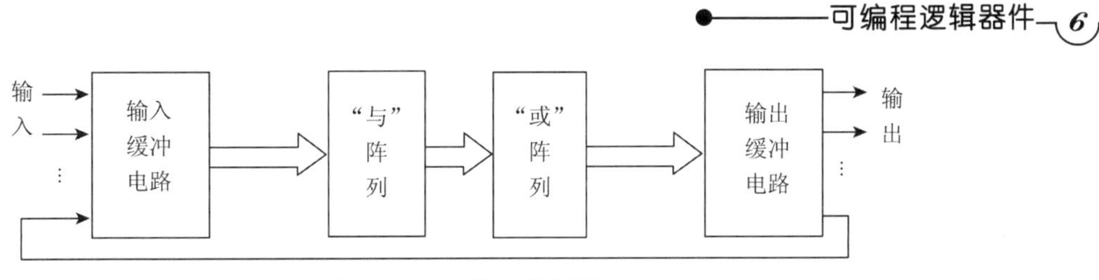

图 6.1 PLD 基本结构图

1. 简单 PLD

简单 PLD 主要指早期的可编程逻辑器件，它们是可编程只读存储器 PROM、可编程逻辑阵列 PLA、可编程逻辑阵列 PAL、通用逻辑阵列 GAL。它是由"与"阵列、"或"阵列组成，能够以积之和的形式实现布尔逻辑函数。因为任何一个组合逻辑都可以用"与-或"表达式来描述，所以简单 PLD 能够完成大量的组合逻辑功能，有较高的速度和较好的性能。

2. CPLD

CPLD 由 GAL 发展而来，基于乘积项结构的 PLD 器件，可以看作是对原始可编程逻辑器件的扩充。它通常由大量可编程逻辑宏单元围绕一个位于中心的、延时固定的可编程互连矩阵组成。其中，可编程逻辑宏单元较为复杂，具有复杂的 I/O 单元互连结构，可根据用户需要生成特定的电路结构，完成一定的功能。众多的可编程逻辑宏单元被分成若干逻辑块，每个逻辑块类似于一个简单 PLD。可编程互连矩阵根据用户需要实现 I/O 单元与逻辑块、逻辑块与逻辑块之间的连线，构成信号传输通道。由于 CPLD 内部采用固定长度的金属线进行各逻辑块的互连，而可编程逻辑单元又类似 PAL 的阵列，因此从输入到输出的布线延时容易计算得到。可预测延时的特点使 CPLD 便于实现对时序要求严格的电路设计。

3. FPGA

FPGA 是基于查找表结构的 PLD 器件，由简单的查找表组成可编程逻辑门，再构成阵列形式，通常包含以下 3 类可编程资源：可编程逻辑块、可编程 I/O 块、可编程内连线。可编程逻辑块排列成阵列，可编程内连线围绕逻辑块。FPGA 通过对内连线编程，将逻辑块有效组合起来，实现用户要求的特定功能。

6.2 简单 PLD 原理

由于 PLD 器件的快速发展，低门数复杂的 PLD(仍比简单 PLD 器件所含逻辑门的数量多)的价格已与简单 PLD 的价格相当，因此从应用角度来说，简单 PLD 已经没有竞争的优势。然而从学习角度来看，复杂 PLD 是从简单 PLD 发展起来的，了解一些简单 PLD 的基本结构有助于理解复杂 PLD 器件的结构。

6.2.1 PLD 中阵列的表示方法

PLD 器件的电路逻辑图表示方式与传统标准逻辑器件的逻辑图表示方式既有相同、相似的部分，也有其独特的表示方式。下面介绍 PLD 器件的逻辑电路图的独特表示方式。

输入缓冲器的逻辑图如图 6.2 所示，它的两个输出 B 和 C 分别是其输入的原码和反码。三输入"与"门的两种表示法如图 6.3 所示，其中(a)是传统表示法，(b)是 PLD 表示法。在

PLD 表示法中,A、B、C 称为三个输入项,"与"门的输出 ABC 称为乘积项。

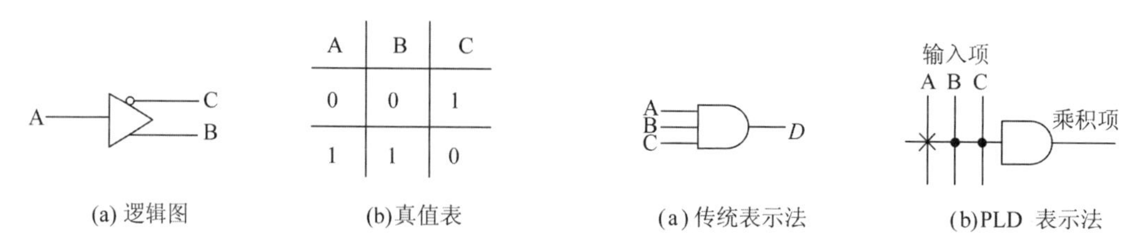

(a) 逻辑图

A	B	C
0	0	1
1	1	0

(b)真值表

图 6.2　输入缓冲器

(a) 传统表示法　　(b)PLD 表示法

图 6.3　"与"门的两种表示法

PLD 的连接方式如图 6.4 所示。图(a)中,实点连接表示固定连接;图(b)中,可编程连接用交叉点上的"X"表示,即交叉点是可以编程的,编程后交叉点或呈固定连接或呈不连接;图(c)中,若交叉点上无"X"符号和实点,则表示不能进行连接,即此点在编程前表示不能进行连接的点,在编程后表示不连接的点。

(a) 固定连接　(b) 可编程连接　(c) 固定不连接

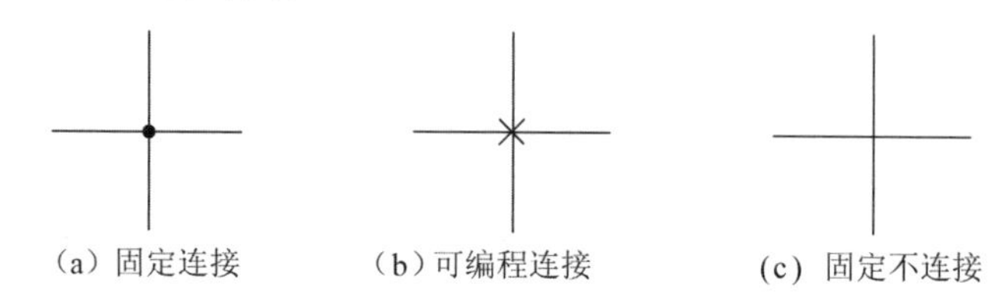

图 6.4　PLD 的连接方式

二输入"或"门的两种表示方法如图 6.5 所示,其中(a)是"或"门的标准逻辑符号,(b)是"或"门的 PLD 表示法。

(a)"或"门的标准逻辑符号　(b)"或"门的　PLD 表示法

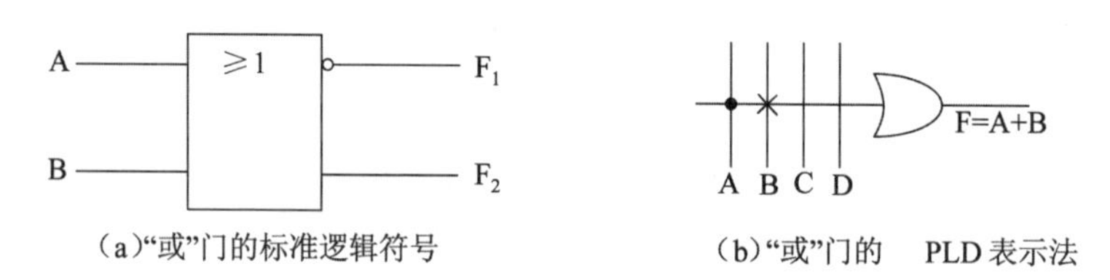

图 6.5　"或"门的两种表示法

用上述 PLD 器件的逻辑电路图符构成的 PLD 阵列图如图 6.6、图 6.7 所示。阵列图是用来描述 PLD 内部元件逻辑连接关系的一种特殊逻辑电路。

(a)"与"阵列"或"阵列图　(b)"与"阵列"或"阵列简化表

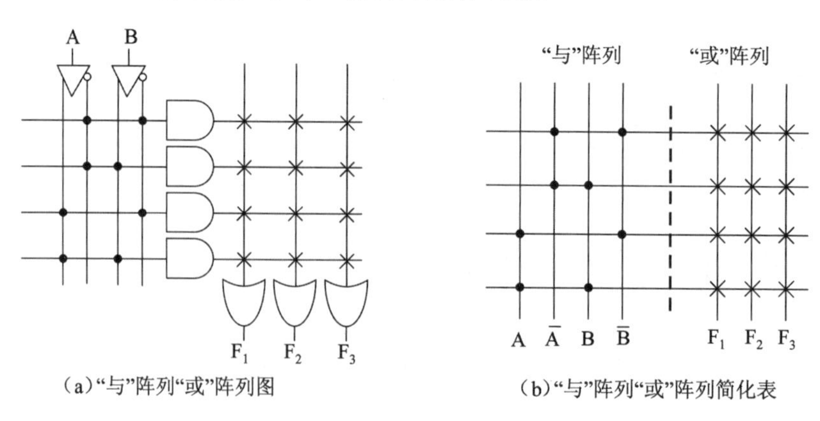

图 6.6　PLD 阵列图(1)

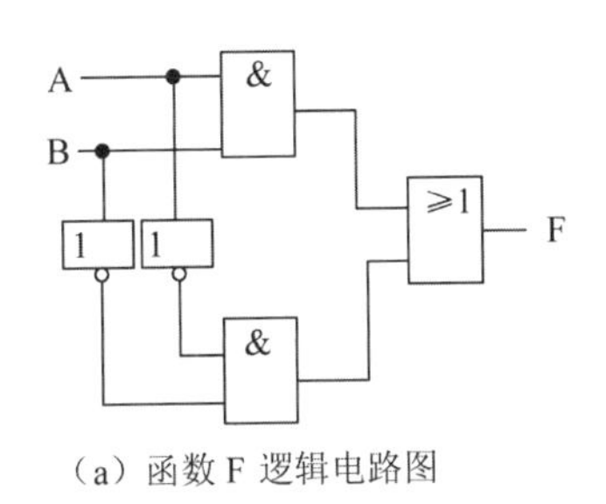

（a）函数 F 逻辑电路图

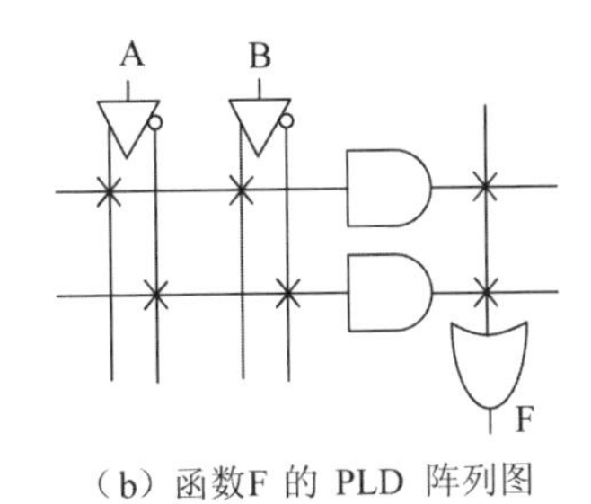

（b）函数F 的 PLD 阵列图

图 6.7　PLD 阵列图(2)

6.2.2　PROM

PROM 最初是作为计算机存储器设计和使用的，它具有 PLD 器件的功能是后来才发现的。根据其物理结构和制造工艺的不同，PROM 可分为三类：固定掩膜式 PROM、双极型 PROM、MOS 型 PROM。固定掩膜式 PROM 只能用于特定场合，灵活性较差，使其应用受到很大的限制。因此，我们只介绍后两种。

1. 熔丝型 PROM

熔丝型 PROM 的基本单元是发射极连有一段镍铬熔丝的三极管，这些基本单元组成了 PROM 的存储矩阵。在正常工作电流下，这些熔丝不会烧断，当通过几倍于工作电流的编程电流时，熔丝就会立即熔断。在存储矩阵中焙丝被熔断的单元，当被选中时构不成回路，因而没有电流，表示存储信息“0”；熔丝被保留的存储单元，当被选中时形成回路，三极管导通，有回路电流，表示存储信息“1”。因此，熔丝型 PROM 在出厂时，其存储矩阵中的信息应该是全为“1”。

2. 结破坏型 PROM

结破坏型 PROM 与熔丝型 PROM 的主要区别是存储单元的结构。结破坏型 PROM 的存储单元是一对背靠背连接的二极管。对原始的存储单元来说，两个二极管在正常工作状态都不导通，没有电流流过，相当于存储信息为“0”。当写入(或改写)时，对要写入“1”的存储单元使用恒流源产生的 100～150 mA 的电流，通过二极管把反接的一只击穿短路，只剩下正向连接的一只，这就表示写入了“1”；对于要写入“0”的单元只要不加电流即可。

3. EPROM 器件

上述两种 PROM 的编程(即写入)都是一次性的。如果在编程过程中出错，或者经过实践后需对其中的内容进行修改，就只能换一片新的 PROM 重新编程写入。为解决这一问题，可擦除可编程的只读存储器 EPROM 应运而生。用户将数据写入 EPROM 后，可以用紫外线照射器件上的石英玻璃窗，使写入的数据被“擦除”。擦除后的芯片可以重新写入数据。一片 EPROM 可反复擦除、编程十几次，适用于开发阶段或小批量产品的生产。

数字电路设计中用得最多的 EPROM 只读存储器是 Intel 公司的芯片：2716(2K×8)、2732A(4K×8)、2764(8K×8)、27128(16K×8)、27256(32K×8)和 27512(64K×8)等。下面通过一个实例来说明只读存储器 EPROM2716 在数字逻辑设计中的应用。

例 6－1　用 EPROM 2716 设计一个程控打铃电路，图 6.8 所示为其电路原理图。

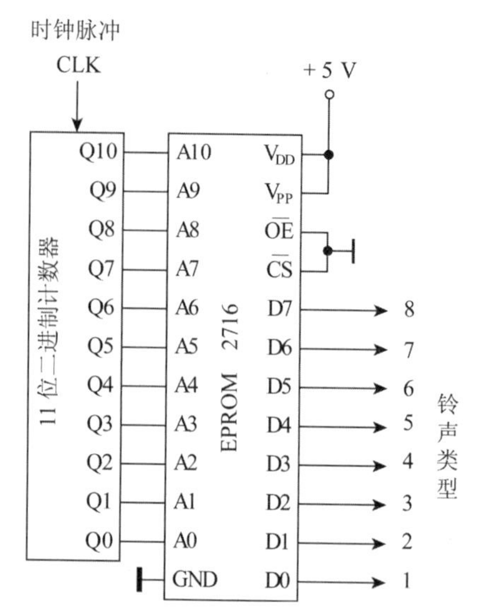

图 6.8　程控打铃电路原理图

解：2716是紫外线可擦除可编程只读存储器。V_{PP}为编程电压引脚，仅在编程时使用，正常工作时接固定高电平。11位地址输入端A10～A0，地址范围为$0\sim2^{11}-1$，存储容量为2 048字节，简称为2 KB。$\overline{CS}$和$\overline{OE}$接固定低电平，使芯片总处于选中、数据线D7～D0总处于输出状态。

图6.8中，CLK是时钟脉冲，周期为1 min。11位二进制计数器每隔1 min加1，其计数输出Q10～Q0作为2716的读数地址。因此，每隔1 min，2716的8位输出数据更换一次。读出的数据用于控制8种铃声。当某数据位由0变为1时，就会触发对应类型的铃声，响一定的时间后自动停止。数据位不变或由1变为0时，均不响铃。

计数器输出的计数值实际上代表累加的时间。如果按作息时间表将响铃控制信息写入2716，则随着时间的推移，就能读出响铃控制信息，实现按作息时间打铃。要实现全天24 h打铃控制，则计数器的最大计数值为24 h×60 min/h=1 440 min。设计数值为0对应清晨零时，计数达到1 440时，应将计数器清0，此电路图中未给出。

表6.1为某作息时间表(部分)及其对应的计数值(2716的地址)和响铃控制信息。将表中的数据写入2716，对于表中未给出地址的数据，一律写入0。

表 6.1　作息时间表及2716的对应数据

作息项目	作息时间	铃声类型	2716的地址		响铃控制信息(2716的数据)	
			DEC	HEX	BIN	HEX
起床	6:00	1	360	168	00000001	01
早锻炼	6:20	2	380	17C	00000010	02
早餐	7:10	3	430	1AE	00000100	04
第1节课(预备)	7:50	4	470	1D6	00001000	08
第1节课(上课)	8:00	5	480	1E0	00010000	10
第2节课(预备)	8:50	4	530	212	00001000	08
第2节课(上课)	9:00	5	540	21C	00010000	10
…	…	…	…	…	…	…

最后，使用 EPROM 编程器将表 6.1 中的响铃控制信息（2716 的数据）写入 2716 相应的地址单元中，设计即完成。本方法实际是一种查表法，将响铃控制信息制成表格的形式存入只读存储器，把计数器的输出数据作为地址去索引表格，从而获得需要的控制信息，实现按作息时间打铃。

6.2.3 PLA 器件

PLA 是一种"与-或"阵列结构的 PLD 器件。因此，不管多么复杂的逻辑设计问题，只要能化为"与-或"两种逻辑函数，就都可以用 PLA 实现。当然，也可以把 PLA 视为单纯的"与-或"逻辑器件，通过串联或树状连接的方法来实现逻辑设计问题，但效率极低，达不到使用 PLA 的目的。因此在使用 PLA 进行逻辑设计时，通常是先根据给定的设计要求，系统地列出真值表或"与-或"形式的逻辑方程，再把它们直接转换成已经格式化了的，与电路结构相对应的 PLA 映象。

1. PLA 结构

在 PLA 结构中，"与"阵列和"或"阵列都是可编程的。图 6.9 所示为一个三输入、三输出的 PLA 结构示意图，灵活地实现各种逻辑功能。PLA 的内部结构提供了可编程逻辑器件中相当高的灵活性。因为"与"阵列可编程，它不需要包含输入信号的每个组合，只须通过编程产生函数所需的乘积项，所以在 PROM 中由于输入信号增加而使器件规模增大的问题在 PLA 中克服，从而有效地提高了芯片的利用率。PLA 的基本结构是"与""或"两级阵列，而且这两级阵列都是可编程的。

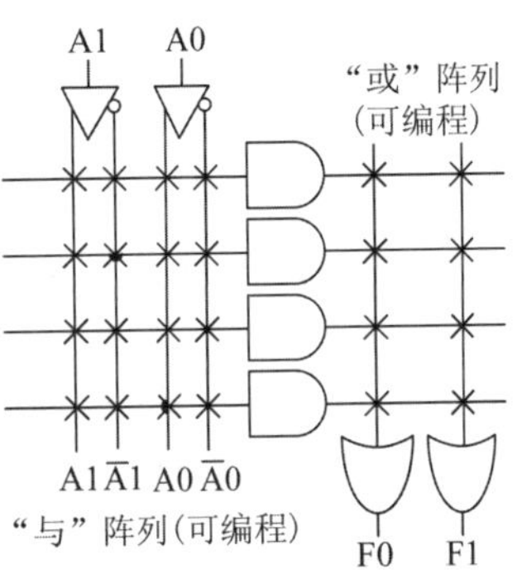

图 6.9 PLA 结构示意图

2. PLA 的种类

按编程方式划分，PLA 有掩膜式 PLA 和现场可编程 PLA 两种。掩膜式 PLA 的映象是由器件生产厂家用掩膜工艺做到 PLA 器件中去的，因而它仅适用于需要大量同类映象的 PLA 芯片和速度要求特别高的场合。

现场可编程 PLA（简称 FPLA），可由用户在使用现场用编程工具将所需要的映象写入 PLA 芯片中。显然，这种 PLA 比掩膜式 PLA 的灵活性更高。根据 FPLA"与""或"阵列中二极管的结构，FPLA 又分为熔丝型和结破坏型两种。熔丝型 FPLA 阵列中的二极管都串联一段熔丝；结破坏型 FPLA 阵列是由背靠背连接的二极管对组成的，其编程原理分别与熔丝型和结破坏型 PROM 相似。

另外，根据逻辑功能的不同，FPLA 又分为组合型和时序型两种。只由"与"阵列和"或"阵列组成的 PLA 称为组合型 PLA。内部含有带反馈的触发器或输出寄存器的 PLA 称作时序型 PLA。

不同型号的 PLA，其容量不尽相同。PLA 的容量通常用其输入端数、乘积项数和输出端数的乘积表示。例如：容量为 14×48×8 的 PLA 共有 14 个输入端、48 个乘积项和 8 个输出端。

3. PLA 的特点

PLA 的“与”阵列和“或”阵列均可编程,比只有一个阵列可编程的 PLD 灵活性更高,特别是当输出函数很相似(即输出项很多,但要求独立的乘积项不多)时,可以充分利用 PLA 乘积项共享的性能简化设计。

PLA 的“与”阵列不是全译码方式,因此,对于相同的输入端来说,PLA“与”阵列的规模要比 PROM 的小,因而其速度比 PROM 快。

另外,有的 PLA 内部含有触发器,可以直接实现时序逻辑设计。而 PROM 中不含触发器,用 PROM 进行时序逻辑设计时需要外接触发器。但是,由于缺少高质量的开发软件和编程器,器件本身的价格又较高,因此,PLA 未能像 PAL 和 GAL 那样得到广泛应用。

6.2.4 PAL 器件

PAL 器件的基本结构是“与”阵列可编程而“或”阵列固定,如图 6.10 所示。基本的 PAL 器件内部只有“与”阵列和“或”阵列。多数 PAL 器件内部除了“与”阵列和“或”阵列以外,还有拖出和反馈电路。根据输出和反馈的结构不同,PAL 器件又分若干种,例如:可编程输入/输出结构、带反馈的寄存器型结构和“异或”结构等。

PAL 的“与”阵列是可编程,而“或”阵列是固定的。图 6.10 所示为一个二输入、二输出的 PAL 结构示意图,其“与”阵列可编程,“或”阵列不可编程。在这种结构中,每个输出是若干个乘积项之和,其中乘积项的数目是固定的,这种结构对于大多数逻辑函数是很有效的,因为大多数逻辑函数可以化间为若干乘积项之和,即“与-或”表达式。

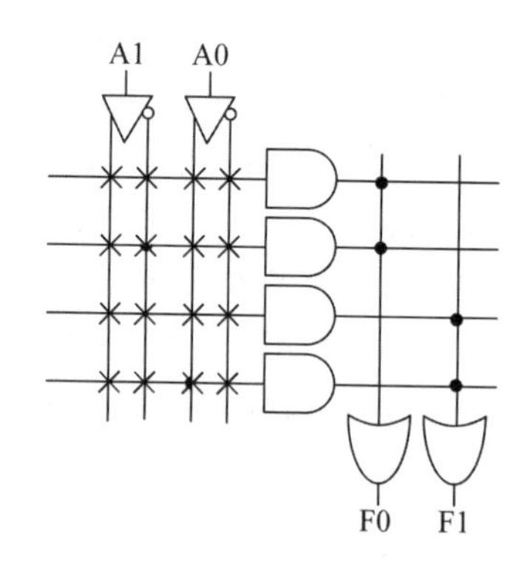

图 6.10 PAL 结构示意图

PAL 的结构可满足多数逻辑设计的需要,而且可有较高的工作速度,编程算法也得到简化。PAL 的品种和规格很多,使用者可以从中选择合适的芯片。PAL 编程简单,开发工具先进,价格低且通用性强,使系统的性能价格比达到最佳;但是,PAL 的输出结构是固定的,不能编程,芯片选定以后,其输出结构也就选定了,不够灵活,给器件的选择带来一定的困难。另外,相当一部分 PAL 是双极型工艺制造的,不能重复编程,一旦出错就无法挽回。

下面要介绍的通用阵列逻辑 GAL 能较好地弥补 PAL 器件的上述缺陷。

6.2.5 GAL 器件

前面我们已经介绍了三种 PLD 器件。现将它们连同该器件的基本结构一起汇总为表 6.2。从表 6.2 中可以看出,GAL 的基本结构与 PAL 一样,也是“与”阵列可编程、“或”阵列固定。GAL 和 PAL 结构上的不同之处在于,PAL 的输出结构是固定的,而 GAL 的输出结构可由用户来定义。GAL 之所以有用户可定义的输出结构,是因为它的每一个输出端都集成了一个输出逻辑宏单元 OLMC(Output Logic Macro Cell)。

表 6.2 几种 PLD 器件的结构比较表

器 件	"与"阵列	"或"阵列	输 出
PROM	固定	可编程	三态,OC
PLA	可编程	可编程	三态,OC,可熔极性
PAL	可编程	固定	三态,寄存器,反馈,I/O
GAL	可编程	固定	用户自定义

图 6.11 所示为 GAL16V8 结构示意图。GAL 是在其他 PLD 器件的基础上发展起来的,其结构直接继承了 PLA 器件的"与-或"结构,并有所改进,其特点是具有可编程的输出宏单元 OLMC(Output Logic Macro Cell)结构。GAL 器件采用了先进的 EECMOS 工艺,数秒钟内即可完成芯片的擦除和编程过程,并可反复改写,是产品开发中的理想器件。

由于在电路设计上引入了 OLMC,从而大大提高了 GAL 在结构上的灵活性,使少数几种 GAL 器件就能取代几乎所有的 PAL,为使用者选择器件提供了方便。由于在制造上采用了先进的 EECMOS 工艺,使 GAL 器件具有可擦除、可重复编程的能力,而且擦除改写都很快,编程次数高达 100 甚至上万次。

GAL 器件功耗低,速度快,还具有加密等功能。其主要缺点是密度还不够大,引脚也不够多,在进行大系统设计时不如使用 EPLD 和 FPGA 效果好。

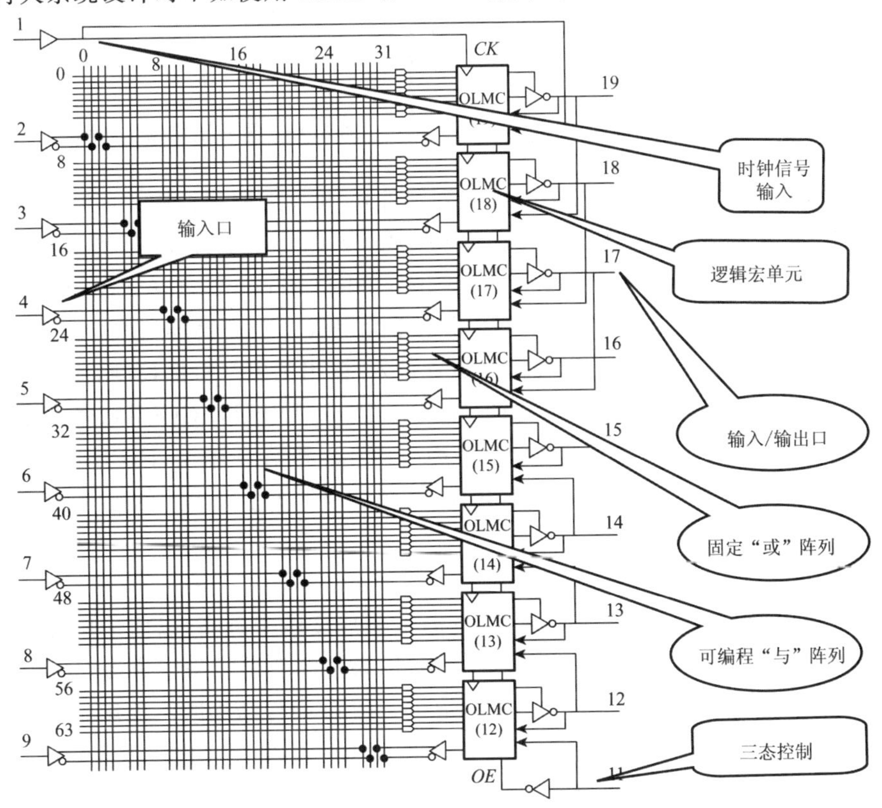

图 6.11 GAL 结构示意图

6.3 CPLD

复杂的PLD编程逻辑器件(Complex Programmable Logic Device)简称CPLD。CPLD是从PAL、GAL发展而来的阵列型密度PLD器件,规模大,可以代替几十甚至上百片通用IC。CPLD多采用CMOS、EPROM、EEPROM和Flash存储器等编程技术,具有高密度、高速度和低功耗等特点。

6.3.1 传统CPLD的基本结构

传统的CPLD结构是基于乘积项"与-或"结构。图6.12所示即所谓的乘积项结构。它实际上就是一个"与-或"结构。可编程交叉点一旦导通,即实现了"与"逻辑,后面带有一个固定编程的"或"逻辑,这样就形成了一个组合逻辑。图6.13所示为采用乘积项结构来表示的逻辑函数 f 的示意图,图中每一个×表示相连(可编程熔丝导通)。

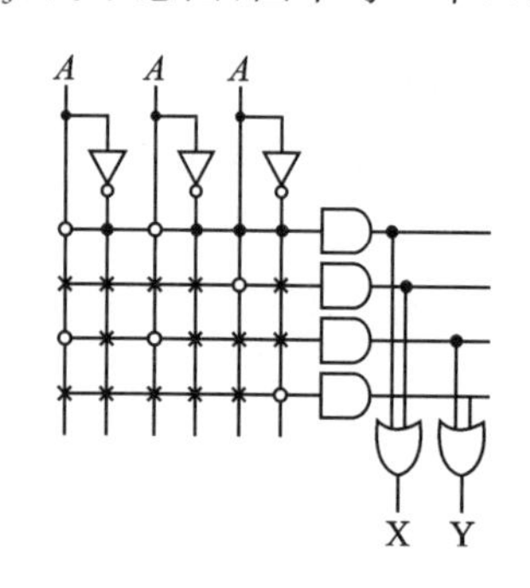

图6.12 乘积项的基本表示方式

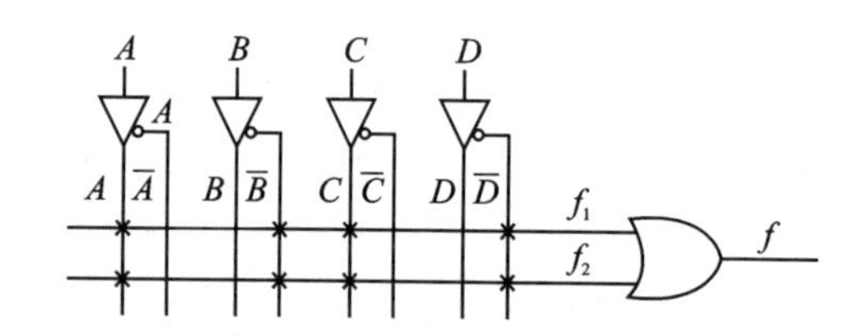

图6.13 乘积项结构示意图

图6.14所示为一个真实(MAX 7000S系列器件)CPLD乘积项结构。该结构中主要包括逻辑阵列块LAB(Logic Array Block)、宏单元(Macro Cells)、扩展乘积项EPT(Expander Product Terms)、可编程连线阵列PIA(Programmable Interconnect Array)和I/O控制块IOC(I/O Control Blocks)。图6.14中每16个宏单元组成一个逻辑阵列块,可编程连线负责信号的传递,连接所有的宏单元,I/O控制块负责输入/输出的电气特性控制,比如设定集电极开路输出、摆率控制、三态输出等;全局时钟(Global Clock)INPUT/GCLK1、带高电平使能的全局时钟INPUT/OE2/GCLK、使能信号INPUT/OE2和清0信号INPUT/GCLRn通过PIA及专用连线与CPLD中的每个宏单元相连,这些信号到每个宏单元的延时最短且相同。

6.3.2 最新CPLD的基本结构

随着科技的发展,电子线路越来越复杂,PCB的集成度越来越高,以前采用分立元件就可以实现的一些功能不得不集成到CPLD中来。另外,科技的发展带来了许多对CPLD新的功能需求,传统CPLD的发展遇到了瓶颈——现有的CPLD硬件结构既不能满足设计的速度要求,也满足不了设计的逻辑要求。这样不得不要求CPLD从硬件上进行变革,而最好的参考就是FPGA,它不仅内嵌的逻辑数量巨大,而且实现的速度比传统CPLD提高了几个数量级。

进入21世纪后,电子技术的发展使得CPLD和FPGA之间的界限越来越模糊。随着

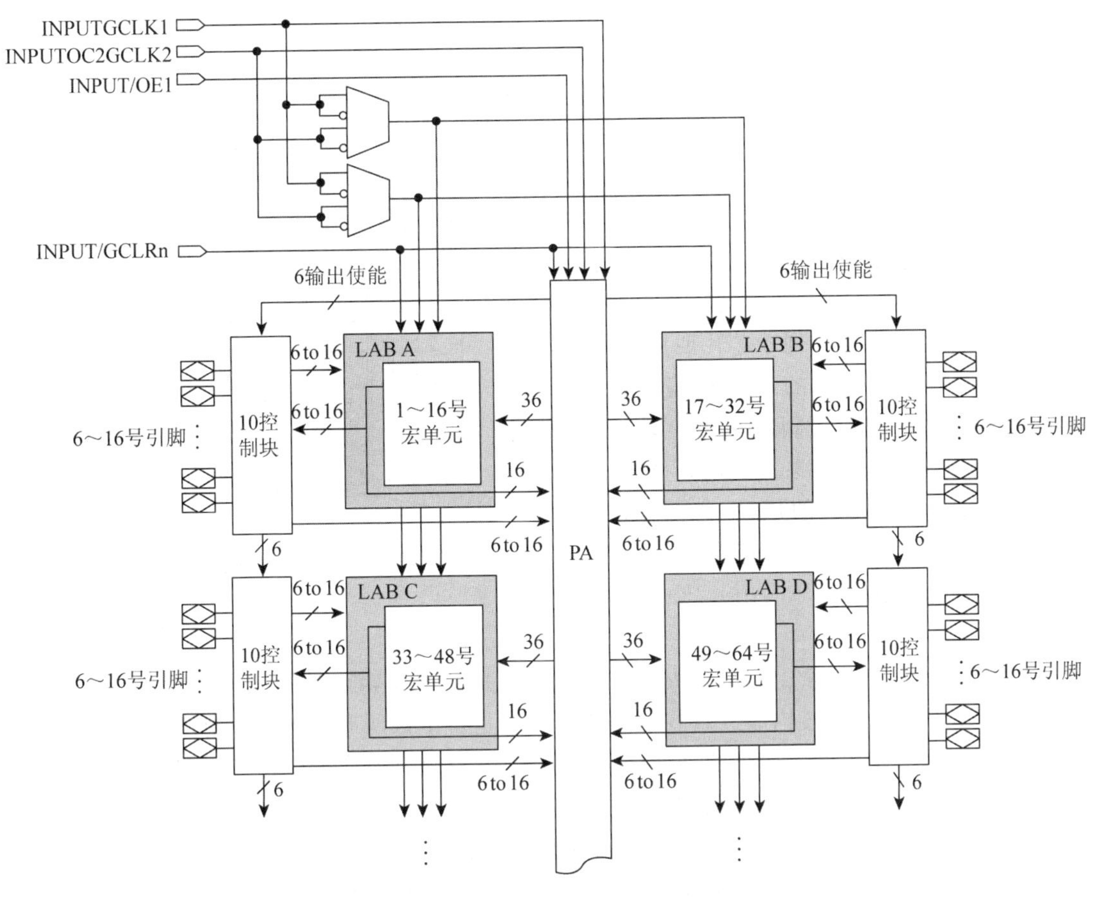

图 6.14　传统 CPLD 的内部结构(MAX 7000S 系列器件)

Lattice、Altera 和 Xilinx 三大公司在这方面的不断发展，相继推出了 XO 系列(Lattice 公司)、Max II 系列(Altera 公司)和 CoolRunner II 系列(Xilinx 公司)等新产品。与传统 CPLD 相比，这一代 CPLD 在工艺技术上普遍采用 180 nm 到 130 nm 的技术，继承了传统 CPLD 非易失和瞬间接通的特性，同时创新性地应用了原本只用于 FPGA 的查找表结构，突破了传统宏单元器件的成本和功耗限制。这些 CPLD 较传统 CPLD 而言，不仅降低功耗了，而且逻辑单元数(也就是等价的宏单元数)大大增加了，工作速度也大幅提高。从封装的角度来看，最新的 CPLD 结构有多种封装形式，包括 TQFP 和 BGA 封装等。最新的 CPLD 还对传统的 I/O 引脚进行了优化，面向通用的低密度逻辑应用。设计人员甚至可以用这些 CPLD 来替代低密度的 FPGA、ASSP 和标准逻辑器件等。限于篇幅，关于各公司最新 CPLD 产品信息，读者可参考各公司官网上的相关产品白皮书。

6.4　FPGA

与 PAL、GAL 从器件相比，现场可编程逻辑门阵列 FPGA 的优点是可以实时地对外加或内置的 RAM 或 EPROM 编程，实时改变器件功能，实现现场可编程(基于 EPROM 型)或在线重配置(基于 RAM 型)，是科学实验、样机研制、小批量产品生产的最佳选择器件。

6.4.1 FPGA 的基本结构

FPGA 在结构上包含三类可编程资源:可编程逻辑功能块(CLB Configurable Logic Block),可编程 I/O 块(IOB,I/O Block)和可编程互连(IR,Interconnect Resource)。如图 6.15 所示,可编程逻辑功能块是实现用户功能的基本单元,它们通常排列成一个阵列,散布于整个芯片;可编程 I/O 块完成芯片上逻辑与外部封装脚的接口,常阵列于芯片四周,可编程内部互连包括各种长度的线段和编程连接开关,它们将各个可编程逻辑块或 I/O 块连接起来,构成特定功能的电路。不同厂家生产的 FPGA 在可编程逻辑块的规模、内部互连线的结构和采用的可编程元件上存在较大的差异。目前较常用的是 Xilinx 和 Altera 公司的 FPGA 器件。

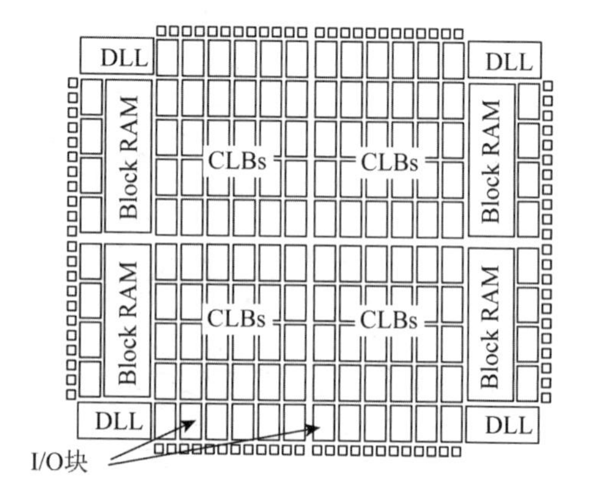

图 6.15 FPGA 的基本结构

在 FPGA 中,查找表 LUT(Look - Up - Table)是实现逻辑函数的基本逻辑单元,它由若干存储单元和数据选择器构成。查找表的基本思想是将函数所有输入组合对应的输出值存储在一个表中,然后使用输入变量的当前值去索引该表,查找其对应的输出。查找表的一个重要特征是,改变存储在查找表中的函数值就能改变函数的功能,而不需要改变任何连线。

LUT 相当于以真值表的形式实现给定的逻辑函数。其本质上就是一个 RAM,N 个输入项的逻辑函数可以由一个 2^N 位容量的 RAM 实现,函数值存放在 RAM 中;RAM 的地址线用作输入线,地址即输入变量值,RAM 输出为逻辑函数值,由连线开关实现与其他功能块的连接。

多数 FPGA 产品中使用 4 输入的 LUT,每一个 LUT 可以看作一个有 4 位地址线的 16×1 存储器。如图 6.16 所示,用 LUT 实现 Q= A · C · (! D) +B · C · (! D),这个存储器里面存储了所有可能的结果,然后由输入来选择哪个结果应该输出。用户通过原理图或者 HDL 语言来描述一个逻辑电路时,FPGA 的综合软件和布局布线软件会自动计算逻辑电路中所有可能的结果,并且把结果事先写入 RAM,这一过程就是所谓的配置(编程)。这样对输入信号进行逻辑运算就相当于输入一个地址进行查表,找出并输出地址对应的内容。

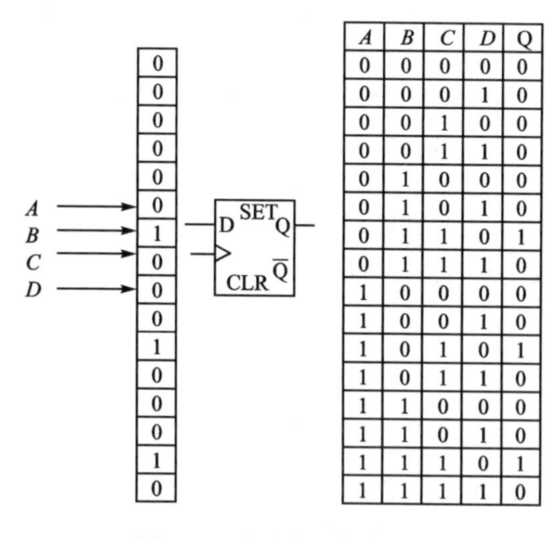

A	*B*	*C*	*D*	Q
0	0	0	0	0
0	0	0	1	0
0	0	1	0	0
0	0	1	1	0
0	1	0	0	0
0	1	0	1	0
0	1	1	0	1
0	1	1	1	0
1	0	0	0	0
1	0	0	1	0
1	0	1	0	1
1	0	1	1	0
1	1	0	0	0
1	1	0	1	0
1	1	1	0	1
1	1	1	1	0

图 6.16 查找表逻辑示意图

6.4.2 Altera 公司 Cyclone Ⅳ系列器件的结构

Altera(现在的 Intel)公司的 FPGA 适用范围非常广,其中包括高端的 Stratix 系列、中端的 Arria 系列、低成本的 Cyclone 系列和非易失性的 MAX10 系列,每一系列 FPGA 芯片可能又分为好几代产品,并有不同的特性,比如 Cyclone 系列,到现在已有 Cyclone、Cyclone Ⅱ、Cyclone Ⅲ、Cyclone Ⅳ、Cyclone Ⅴ五代产品。由于本书所使用 Altera 公司 DE2-115 开发板的 FPGA 芯片是 Cyclone Ⅳ E 系列,因此本小节将以 Altera 的 Cyclone 系列 FPGA 芯片为例来说明传统的 FPGA 的结构特点。

1. Cyclone Ⅳ系列器件的片内资源

目前 Cyclone 系列使用 4 输入的 LUT,每一个 LUT 均可看作一个有 4 位地址线的 16×1 的 RAM。在用户用程序描述了一个逻辑电路后,FPGA 开发工具会自动计算逻辑电路所有可能的结果,并把结果事先写入 RAM,这样每输入一个信号进行逻辑运算就等于输入一个地址进行查表,找出地址对应的内容,然后输出即可。除了一个 4 输入查找表以外,还有一个可编程寄存器(为什么说它可编程,是因为它可以通过程序来配置为异步或者同步触发器,具体结构可以看 Cyclone 系列的芯片手册)。我们通常看 Altera 公司的 FPGA 资源大小,就是看它有多少个 LE,如表 6.3 所列。

表 6.3 Cyclone Ⅳ系列器件资源

资 源	EP4CE6	EP4CE10	EP4CE15	EP4CE22	EP4CE30	EP4CE40	EP4CE55	EP4CE75	EP4CE155
逻辑单元(LE)	6 272	10 320	15 408	22 320	28 848	39 600	55 856	75 408	114 480
嵌入式存储器(Kbits)	270	414	504	594	594	1 134	2 340	2 745	3 888
嵌入式18×18乘法器	15	23	56	66	66	116	154	200	266
通用PLL	2	2	4	4	4	4	4	4	4
全局时钟网络	10	10	20	20	20	20	20	20	20
用户I/O块	8	8	8	8	8	8	8	8	8
最大用户I/O*	179	179	343	153	532	532	374	426	528

* 引脚列表文件中的用户 I/O 引脚包括所有的通用 I/O 引脚、专用时钟引脚以及两用配置引脚。收发器引脚和专用配置引脚不包括在这一引脚列表中。

Cyclone 系列 FPGA 有内部存储器 RAM。起初 Cyclone 和 Cyclone Ⅱ系列的 RAM 采用 M4K,也就是说一个 RAM 块有 4K 个位,如果包括校验位,那么有 4 608 位,可以配置为不同模式、不同位宽的 RAM 或者 ROM;而 Cyclone Ⅲ和 Cyclone Ⅳ系列 FPGA 的 RAM 采用 M9K,也就是每一块有 9K 数据,其实只有 8 192 位,加上校验位共 9 216 位,因此一个 M9K 可以配置的 RAM 最大数据宽度为 8 192。当然,不管是 M4K 还是 M9K,都可以配置为不同模式的 RAM 或者 ROM。这里的 ROM 数据,实际上最后是写到编译后的 SOF 文件或者 POF 文件里面去的。如果只是修改 ROM 数据,可以通过指令直接修改 SOF 文件或者 POF 文件,而不需要再重新编译。

Cyclone 系列 FPGA 还有硬件乘法器(18×18 的乘法器),可以配置为 2 个 9×9 的乘法器。当数据宽度大于 18 时,采用多个乘法器合并实现。除此之外,Cyclone 系列 FPGA 还有内部 PLL。在 Cyclone Ⅳ之前的 Cyclone 系列 PLL 基本上都是通用 PLL,也就是说,可以对时钟进行倍频、分频或者移相,也可以将 PLL 时钟输出到专用的 PLL 输出引脚上。通常 SDRAM 的时钟都是由这些专用时钟驱动。注意:输入时钟是有范围的,具体可以参见相关技术手册。

值得注意的是,FPGA 时钟是至关重要的,时钟的好坏直接关系到数字系统的稳定,可以打个比方,电源如同一个系统的血液,时钟就是心脏。因此,无论是 Altera 还是 Xilinx,都会在 FPGA 设计中重点提到全局时钟等概念。

除了以上资源外,还有 I/O 口资源。FPGA 的 I/O 口资源相当丰富,FPGA 的 I/O 可以根据参考基准的电平不同接收或输出不同的电平标准信号,如 3.3 V LVTTL,如 2.5 V 的 LVDS、LVPECL 或者 SSTL-2 等,并且可以通过程序来设置驱动电流强度、片内 OTC、差分匹配、DDR 输出等,Cyclonre Ⅲ(如 EP3C16F484C6)以及 Cyclone Ⅳ还支持片内上拉电阻、输入/输出延时等。

2. Cyclone Ⅳ器件结构

逻辑单元 LE 是 Cyclone 系列 FPGA 芯片的最小单元。如图 6.17 所示,每个 LE 含有一个 4 输入的查找表 LUT、一个可编程的具有同步使能的触发器、进位链和级联链。每个 LE 可驱动局部的以及快速通道的互连。

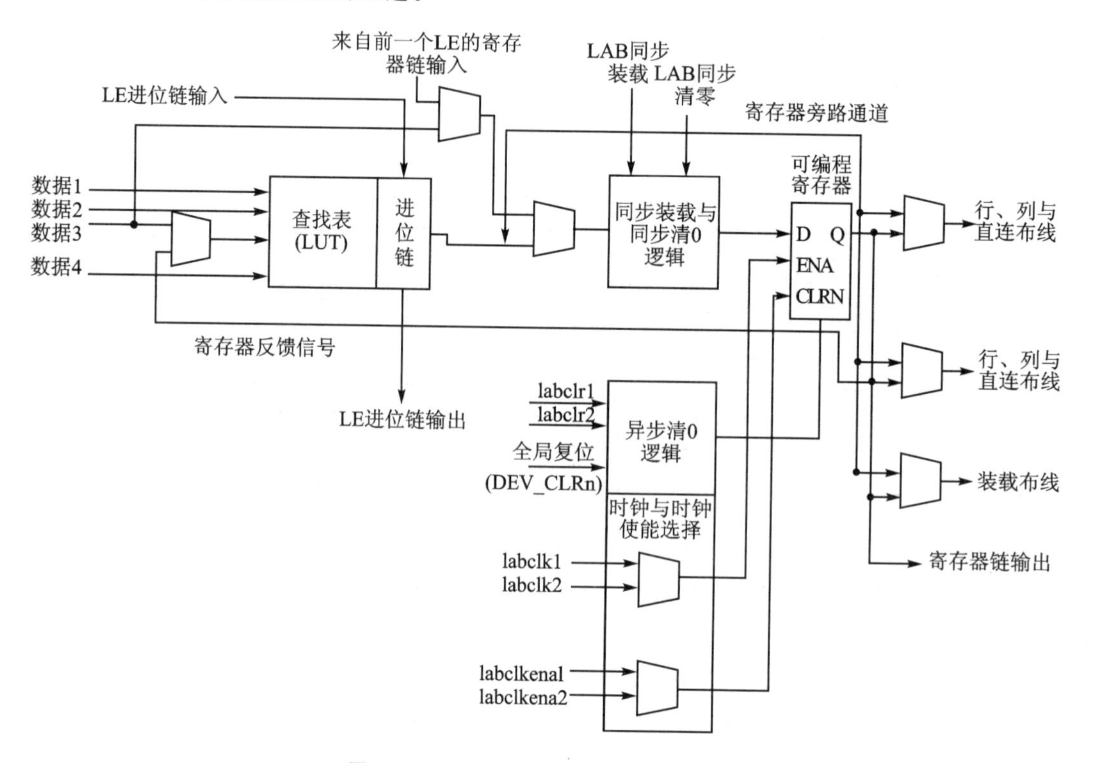

图 6.17 Cyclone Ⅳ器件 LE 结构框图

图 6.17 中,可以对每个 LE 配置可编程的触发器为 D、T、JK 或 SR。该触发器的时钟、清除和置位控制信号可由专用的输入引脚、通用 I/O 引脚或任何内部逻辑驱动。每个 LE 有 3 个输出端分别驱动本地、行和列的布线资源。对于纯组合逻辑,可将该触发器旁路(Register Bypass),LUT 的输出直接驱动 LE 的输出。

由于 LUT 主要适合用 SRAM 工艺生成,因此目前大部分 FPGA 都是基于 SRAM 工艺。其编程次数不受限制,但基于 SRAM 工艺的芯片在掉电后信息会丢失,必须外加一片专用的配置芯片,上电时由该专用配置芯片把数据加载到 FPGA 中,FPGA 才可以正常工作。

6.4.3 最新 FPGA 的基本结构

目前 FPGA 设计已经进入了 28～90 nm 工艺设计阶段，人们对速度和性能的要求不断提高。特别是新的协议层出不穷，许多协议的速度已经接近甚至超过 10 GHz，如 PCI E3.0 等，这就要求在传统 FPGA 的硬件结构上进行一系列变革。

一方面，针对传统 FPGA 安全性差的特点，许多 FPGA 嵌入了 Flash，增加了 Flash 编程；另一方面，针对速度的提高和容量的增大，FPGA 开始寻求使用与传统 4 输入的查找表相比更快的 8 输入的查找表来构成 FPGA 的基本逻辑单元，通过采用 8 输入的查找表可以在提高逻辑密度的同时提高运行速度。

例如，2018 年 Intel 公司在 Cyclone© Ⅴ SE 5CSEBA6U23I7(DE10 - Nano 开发板)FPGA 中引入了自适应逻辑模块(ALM)体系结构，采用了高性能 8 输入分段式查找表(LUT)来替代 4 输入 LUT(这也是 Intel 公司目前最新的低端 FPGA 所采用的结构)、110K 逻辑单元(LE)以及 112 个精度可调数字信号处理(DSP)模块。该芯片基于 ARM 的高性能低功耗硬核处理器系统(HPS)，由处理器、外设以及结合了 FPGA 架构的内存接口组成，采用高带宽互连内核，集成了丰富的硬核知识产权(IP)模块，可以更低的系统总成本和更短的设计时间完成更多的工作，为工业网络、无线网络、有线网络、广播和消费类应用提供市场上系统成本最低、功耗最低的 FPGA 解决方案。

Cyclone Ⅴ系列中 FPGA 采用了台积电的 28 nm 低功耗技术，具有多系统硬核处理器(双核 ARM® Cortex™ - A9 MPCore™)以及丰富的硬件外设、多端口存储器控制器、串行收发器和 PCIe 端口、12M 内存及精度可调的信号处理模块等，从而降低了系统功耗和成本，减小了电路板面积，广泛适用于工业、军事、航空航天、民用消费品市场。

综上所述，FPGA 的逻辑资源十分丰富，可以实现各种功能电路和复杂系统，它是门阵列市场快速发展的部分。许多功能更强大、速度更快、集成度更高的芯片也在不断问世，为实现系统设计的进一步目标"系统芯片(SOC System on Chip)"做好了充分的准备。

6.5 习　题

6 - 1　试述 PROM、EPROM 和 EEPROM 的特点。

6 - 2　用 EPROM 实现下列多输出函数，画出阵列图。

(1) $F1=\overline{BCD}+\overline{AB}C+A\overline{B}C+\overline{A}BD+ABD$；

(2) $F2=B\overline{D}+$ A HI)$+A\overline{B}D+\overline{A}C\overline{D}+\overline{AB}\ \overline{D}+A\overline{B}C\overline{D}$；

6 - 3　用适当规模的 EPROM 设计两位二进制乘法器，输入乘数和被乘数分别 A[1..0]和 B[1..0]输出为 4 位二制数 C[3..0]，并说明所用 EPROM 的容量。

6 - 4　试用 EPROM 设计一个 3 位二进制数乘方电路。

6 - 5　用 ROM 实现下列代码转换器：

(1) 二进制码至 2421 码；

(2) 循环码至余 3 码；

(3) 6 位二进制码至 8421 码。

6 - 6　试用 EPROM 设计一个字符发生器，发生的字符为 H。

6-7　用 GALL6V8 实现 6-2 题的多输出函数。

6-8　试设计一个用 PAL 实现的比较器，用来比较两个 2 位二进制数 A1A0 和 B1B0 时，当 A1A0>B1B0 时 Y1=1；当 A1A0=B1B0 时，Y2=1；当 A1A0<B1B 时，Y3=1。

6-9　用适当的 PAL 器件设计一个 3 位二进制数乘方电路。

6-10　GAL 和 PAL 有哪些异向之处？各有哪些特点？

6-11　逻辑器件有哪几种基本类型？各有哪些优缺点？

6-12　PLD 器件有哪几种分类方法？按不同的方法划分，PLD 器件分别有哪几种类型？

6-13　PLD 器件有哪几种基本结构？各有什么特点？

6-14　PROM、PLA、PAL、GAL、CPLD、FPGA 等主要 PLD 器件的基本结构是什么？

6-15　目前主要的 FPGA 供应商有几家？请简要说明 Xilinx 公司和 Intel 公司主流 FPGA 器件有哪些？

6-16　通过网络查找有关 DE10 开发板、DE10-Nano 开发板、DE0 开发板、DE2-70 开发板、DE2-115 开发板上的 FPGA 器件的型号。

6-17　选择题

(1) PROM 和 PAL 的结构是______。

A. PROM“与”阵列固定，不可编程　B. PROM“与”阵列、“或”阵列均不可编程

C. PAL“与”阵列、“或”阵列均可编程　D. PAL 的“与”阵列可编程

(2) 当用专用输出结构的 PAL 设计时序逻辑电路时，必须还要具备______。

A. 触发器　B. 晶体管　C. MOS 管　D. 电容

(3) 当用异步 I/O 输出结构的 PAL 设计逻辑电路时，它们相当于______。

A. 组合逻辑电路　B. 时序逻辑电路　C. 存储器　D. 数模转换器

(4) PLD 器件的基本结构组成有______。

A. “与”阵列　B. “或”阵列　C. 输入缓冲电路　D. 输出电路

(5) PLD 器件的主要优点有______。

A. 便于仿真测试　B. 集成密度高　C. 可硬件加密　D. 可改写

(6) GAL 的输出电路是______。

A. OLMC　B. 固定的　C. 只可一次编程　D. 可重复编程

(7) FPGA 开发系统需要有______。

A. 计算机　B. 编程器　C. 开发软件　D. 操作系统

(8)只可进行一次编程的可编程器件有______。

A. PAL　B. GAL　C. PROM　D. PLD

(9) 可重复进行编程的可编程器件有______。

A. PAL　B. GAL　C. PROM　D. ISP-PLD

(10) 全场可编程(“与”阵列、“或”阵列皆可编程)的可编程逻辑器件有______。

A. PAL　B. GAL　C. PROM　D. PLA

6-18　判断题(正确的画√，错误的画×)

(1) PROM 不仅可以读，也可以写(编程)，则它的功能与 RAM 相同。(　　)

(2) PAL 的每个与项都一定是最小项。(　　)

(3) PAL 和 GAL 都是与阵列可编程、或阵列固定。(　)

(4) PAL 可重复编程。( )

(5) PAL 的输出电路是固定的,不可编程,故它的型号很多。( )

(6) GAL 的型号虽然很少,但却能取代大多数 PAL 芯片。( )

(7) VHDL 语言是一种通用的硬件描述语言(HDL),用于 PLD 的开发。( )

(8) GAL 不需专用编程器就可以对它进行反复编程。( )

(9) 在系统可编程逻辑器件 ISP - PLD 不需编程器即可高速而反复地编程,则它与 RAM 随机存取存储器的功能相同。( )

(10) PLA 是全场可编程("与""或"阵列皆可编程)的可编程逻辑器件,功能强大,便于使用,因此被普遍使用。( )

第7章

Verilog HDL 设计基础

7.1 硬件描述语言简介

7.1.1 概　述

硬件描述语言 HDL(Hardware Description Language)是一种用形式化方法来描述数字电路和数字逻辑系统的语言。数字逻辑电路设计者可利用这种语言来描述自己的设计思想,然后利用 EDA 工具进行仿真,再自动综合到门级电路,最后用 ASIC/FPGA 实现其功能。

随着芯片集成度的提高,其设计的复杂度急剧增加。为使人脑易于理解如此复杂的芯片,需要用一种高级语言来描述其功能而隐藏具体实现的细节,HDL 应运而生。有了 HDL,探测各种设计方案只需要对描述语言进行修改,这比更改电路原理图原型要容易实现,而且可以更充分地发挥设计人员的创造性。HDL 代码可通过 EDA 工具进行多方位的仿真,减少设计错误,争取第一次投片就能成功,而且用 HDL 设计成功的模块也便于重用。这些都有利于提高设计效率、缩短开发周期、降低设计成本。

HDL 追求对硬件的全面描述,而 HDL 描述在目标器件上的实现是由 EDA 工具软件的综合器完成的。受限于目标器件,并不是所有 HDL 语句均可被综合。HDL 有两种用途:系统仿真和硬件实现。所有 HDL 语句都可以用于仿真,但只有可综合的 HDL 语句才能用硬件实现。不可综合的 HDL 语句在软件综合时将被忽略或者报错。

7.1.2 HDL 语言的特点

HDL 语言具有以下特点:

- HDL 语言既包含一些高层程序设计语言的结构形式,同时也兼顾描述硬件线路连接的具体构件。
- 通过使用结构级或行为级描述,可以在不同的抽象层次(系统级、算法级、寄存器传输级、逻辑级、电路级)描述设计,支持自顶向下的数字电路设计方法。
- HDL 语言是并发的,即具有在同一时刻执行多任务的能力。一般来讲编程语言(例如 C 语言)是顺序执行的,但在实际硬件中许多操作都是在同一时刻发生的,因此 HDL 语言具有并发的特征。
- HDL 语言有时序的概念。一般来讲编程语言是没有时序概念的,但在硬件电路中从输入到输出总是有延迟存在的,为此 HDL 语言需要引入时序的概念,提供描述电路时序要求的能力。

7.1.3 Verilog HDL 语言与 VHDL 语言的比较

Verilog HDL 和 VHDL(Very - High - Speed Integrated Circuit Hardware Description Language)是当前流行的两种 HDL 语言。VHDL 语言于 1982 年推出,1987 年成为 IEEE 标准; Verilog HDL 于 1983 年推出,1995 年成为 IEEE 标准。

两者的共同之处如下:

➢ 可形式化地抽象表示电路的行为与结构。
➢ 支持逻辑设计中层次与范围的描述。
➢ 可借用高级语言的精巧结构来简化电路行为和结构。
➢ 具有电路仿真与验证机制以保证设计的正确性。
➢ 支持电路描述由高层到低层的综合转换。
➢ 硬件描述与实现工艺无关。
➢ 便于文档管理,易于理解和设计重用。

两者的不同之处如下:

➢ VHDL 抽象能力强,常用于系统级描述;Verilog HDL 物理建模能力强,常用于门级描述,特别是在 ASIC 设计领域具有明显的优势。
➢ VHDL 是编译式语言,有链接库的概念;Verilog HDL 是解释性语言,没有链接库的概念。
➢ VHDL 是一种数据类型性极强的语言,支持用户自定义数据类型,当对象的数据类型不一样时必须用类型转换函数转换成相同类型,可以使用抽象(比如枚举)类型为系统建模;Verilog HDL 数据类型简单,只有 net 型(即常用的 wire 型)和 variable 型(即 Verilog - 1195 标准中的 register 型)两种,不能由用户定义。
➢ VHDL 由于数据类型严格,模型必须精确定义并匹配数据类型,这使得它比同等的 Verilog HDL 效率要低;Verilog HDL 不同位宽的信号可以彼此赋值,较小位数的信号可以从大位数信号中自动截取自己的位号,在综合过程中可以删掉不用的位,诸如此类的特点使之更加简洁高效。
➢ VHDL 源自美国军方,其风格类似于 Ada 语言(Ada 曾是美国国防部指定唯一可用于军用系统开发的语言),比较严谨,是一种数据类型很强的语言,缺点是欠直观,结构描述冗繁,偏重于标准化的考虑,加之同一种电路有多种建模方法,通常需要一定的时间和经验,才能高效地完成设计;而 Verilog HDL 语言当初由 Gateway 公司推出,其风格类似于 C 语言,比较自由,简洁高效,故 Verilog HDL 更易于理解,尤其对于有 C 语言基础者,可能更习惯 Verilog HDL 语言风格并较快掌握该语言,这使得 Verilog HDL 语言近年愈发流行。
➢ 在设计可重用性方面,VHDL 程序中的过程或函数可以放在包(Package)中 ,如果电路设计需要重复设计一个加法器模块,则可以把加法器先写成过程或函数的形式,随后就可以调用相应的过程或函数;Verilog HDL 语言没有包的概念,要使用过程或函数就必须在模块语句中定义,若有 2 个程序都使用同一过程或函数,则需要用 include 指令才能形成调用。

目前,市场上的 EDA 工具大多同时支持这两种语言,在一定程度上两种语言代码可以相互转化,在进行数字逻辑系统开发时也可以混合编程。

7.2 Verilog HDL 程序的基本语法

7.2.1 Verilog HDL 程序结构

Verilog HDL 程序由模块(Module)组成,类似于 C 语言程序由函数组成。模块用于描述某个设计的功能或结构,及其与其他模块通信(连接)的外部端口。在 Verilog HDL 语言中,一个电路就是一个 Module。图 7.1 所示为半加器原理,其对应模块参见例 7-1。

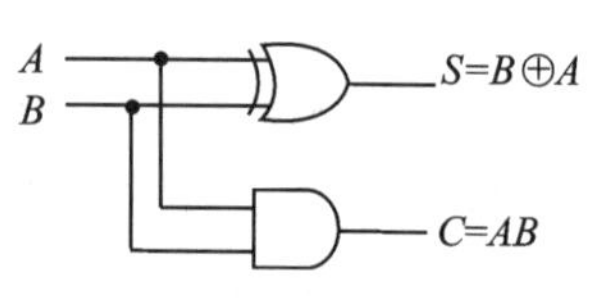

图 7.1 半加器原理

例 7-1 图 7.1 所示半加器的 Verilog HDL 程序代码。

```
module HalfAdder(A, B, S, C);          //模块名为 HalfAdder,端口列出了 4 个
    input  A, B;                       //端口 I/O 说明,A、B 为输入端口
    output S, C;                       //端口 I/O 说明,S、C 为输出端口
    wire  A, B, S, C;                  //信号的数据类型为 wire(线网)类型
    /* 以下为逻辑功能描述 */
    assign  S = A ^ B;                 //连续赋值语句,"异或"运算,为输出端赋值
    assign  C = A & B;                 //连续赋值语句,"与"运算,为输出端赋值
endmodule
```

程序严格区分大小写,关键词只能小写。逗号、分号、引号、圆括号等均使用半角英文符号。除了 endmodule 语句(以及编译器指令)外,每个语句以分号结束。一行可以写多个语句,一个语句也可以分写多行。注释使用//或/ * … * /与程序语句区分。不同于 C 语言中用大花括号"{""}"来围住语句块(且其后无分号),Verilog HDL 采用 begin、end 来围住顺序语句块(且 begin、end 后也无分号),而{}则被 Verilog HDL 另用作位拼接运算符。

HalfAdder、A、B、S、C 都是标识符。标识符是用户在描述时给 Verilog HDL 对象(电路模块、信号等)起的名字。Verilog HDL 中的标识符可以是任意一组字母、数字、符号($ 和_)的组合,并以字母或者下划线开头(不能以数字或 $ 开头),且区分大小写。例如:

```
sum
Sum                  //与 sum 不同
SUM                  //与 sum、Sum 不同
_R1_D$
```

Verilog HDL 定义了一系列保留字(称为关键词),例如 assign、if、and、begin、input、always、wire、buf、module 等。关键词都是小写的。在编程时,注意给变量或者标识符命名不要与关键词同名。

模块定义的一般结构如下:

```
module 模块名(端口列表);
    说明部分;
```

```
    逻辑功能描述部分;
endmodule
```

模块名是模块的唯一标识符，端口列表是输入(input)、输出(output)和双向(inout)端口的列表,各端口之间用逗号分隔。

说明部分一般有端口 I/O 说明、内部信号声明等。端口 I/O 说明是对端口列表中的每个端口进行 I/O 类型说明,说明它究竟是 input、output 还是 inout 类型端口。也可以在端口列表中列出端口时一并给出其 I/O 说明(甚至连同相应变量类型说明),例如:

```
module HalfAdder (input A, input B, output S, output C);
```

内部信号声明是声明与端口有关的,或者在模块内用到的变量,如线网 wire 型、寄存器 reg 型变量。

逻辑功能描述部分定义了输入是如何影响输出的。通常有三种方法可在模块中产生逻辑,即连续赋值语句(assign)、过程块(initial 和 always)和实例引用(引用低层模块和基本门级元件,亦称为例化),三者分别采用数据流、行为、结构描述方式建模。同一模块中,三者出现的先后次序没有关系。

7.2.2 Verilog HDL 基本语法

Verilog HDL 基本语法包括基本的语言要素、常量、变量、数据类型和运算符。

1. Verilog HDL 基本语言要素

(1) 空白符

Verilog HDL 空白符包括空格(\b)、制表符(\t)、换行符(\n)。如果空白符不出现在字符串中,则空白被忽略。空白符除起分隔的作用外,还可以在必要的地方插入相应的空白符,以方便读者阅读与修改。

(2) 注释符

Verilog HDL 有两种注释符:一种是单行注释符,以//开始到本行结束,不允许续行;另一种是多行注释符,从/ * 开始,到 * /结束,可扩展至多行。注意:使多行注释不允许嵌套。

(3) 关键字

关键字也称保留字,用户不可乱用,所有关键字都是使用小写字母。常见的关键字如下:always, assign,begin,case,casex,else,end,for,function,if,input,output,repeat,table,time,while,wire,reg。

(4) 标识符

标识符是程序代码中对象的名字,设计人员使用标识符来访问对象。Verilog HDL 标识符可以是任意字母、数字、下划线和 $ 的组合,但标识符第一个字符必须是字母,或者是下划线,且标识符是区分大小写的。以符号 $ 开始的标识符是为系统任务和函数保留的。Verilog HDL 中还有一类标识符称为转义标识符,它以反斜杠符号“\”开头,如“ \1234”。

2. 常　量

在程序运行过程中,其值不能被改变的量称为常量。

Verilog HDL 有下列四种基本的逻辑数值：

0:逻辑 0 或“假”；

1:逻辑 1 或“真”；

x:未知逻辑；

z:高阻。

其中，x、z 不区分大小写，即值 0x1z 与值 0X1Z 相同。在逻辑门的输入“或”表达式中 z 值通常解释为 x。常量是由以上 4 类基本值组成的。常量有整型、实型、字符串型 3 类。

(1) 整型数

整型数可采用基数格式，表示为以下 3 种格式：

```
<位宽> '<进制> <数字>        //全面的描述格式
 '<进制> <数字>              //默认位宽，由具体机器系统决定位宽，至少 32 位
 <数字>                      //默认进制，采用十进制
```

<位宽>定义以位计的常量的位数；进制为 o 或 O(表示八进制)，b 或 B(表示二进制)，d 或 D(表示十进制)，h 或 H(表示十六进制)之一；<数字>是基于<进制>的值的数字序列。值 x、z 以及十六进制中的 $a \sim f$ 不区分大小写。下面是一些具体实例：

```
5'O36      //位宽 5 位八进制数 36
 4'D3      //位宽 4 位十进制数 3
 4'B1001   //位宽 4 位二进制数 1001
 7'Hx      //位宽 7 位 x(扩展的 x)，即 x x x x x x x
 10'b10    //10 位二进制数 0000000010
```

注意：“'”与表示<进制>的字母之间不能有空格。

下划线可以随意加在整数或实数中以提高较长数字的易读性，例如可把 16'b1010101101101111 写成 16'b1010_1011_0110_1111。注意：下划线不可以用在位宽和进制处，只能用在具体数字之间(例如，16'b_1010_1011_0110_1111 即为非法格式)。

(2) 实　数

实数可以用十进制表示法来表示(例如 3.14)，也可以用科学记数法表示。例如：1.5E2(这里 E 大小写都可以)表示 150.0，2E－1 表示 0.2。

Verilog HDL 定义了实数如何隐式地转换为整数。实数通过四舍五入被转换为最相近的整数，例如 12.4、90.5、－15.6、2.1 分别转换为整数 12、91、－16、2。

(3) 字符串

字符串是双引号内的字符序列，不能分行写，例如“ABCDEFG”。一个字符可看作其 ASCII 编码对应的 8 位无符号整数，因而 7 个字符组成的字符串“ABCDEFG”可用位宽为 8×7 的变量来存储，字符串变量属于 reg 型变量。

```
reg [1:8 * 7] message;
    inital
      begin
        message = "ABCDEFG";
      end
```

反斜杠“\”可用来转义，表示某些特殊字符：

\n　　换行符

\t　　制表符

\\　　字符\本身

\"　　双引号字符"

\205　　八进制数 205 对应的字符

(4) 参　数

参数是一个被命名的常量，称为符号常量。在 Verilog HDL 中可用 parameter 语句来定义参数，格式如下：

```
parameter 参数名 1 = 表达式, 参数名 2 = 表达式, …, 参数名 n = 表达式;
```

等号右边的表达式必须是一个常数表达式，例如：

```
parameter S0 = 2'b00, S1 = 2'b01, S2 = 2'b10;
```

除了在模块内用 parameter 语句来定义参数外，也可以在模块开头的模块名之后、端口列表之前插入参数声明，格式如下：

module 模块名 #(parameter 参数名 1＝表达式，参数名 2＝表达式，…，参数名 n＝表达式)

(端口列表)；

例如：定义一个带参数 delay 的模块 B，delay 默认取值 100_000_000：

```
module B # (parameter delay = 100_000_000) (output out1, input in1);
    …        //模块内可以像常数一样使用参数 delay
endmodule
```

调用模块 B 的实例时有机会提供新的 delay 值，如此一来提高了程序的灵活性，例如：

```
B  b1(o1, i1);                          //此时 delay 为默认值 100_000_000
B #(.delay(500_000_000))  b2(o1,i1);    //此时 delay 变为 500_000_000
```

参数的定义格式举例如下：

```
parameter msb = 31;                     //定义最高位为 31
parameter a = 10,b = 31;                //定义 2 个变量
parameter delay = 31;                   //定义延时为 31 个时间单位
parameter msb = 31,size = msb - 8;      //定义表达式
```

3. 变量及其数据类型

变量是在程序运行过程中其值可以改变的量。wire 型是最常见的线网型变量，reg 型是最常用见的寄存器型变量。

(1) wire 型

wire 型变量常用来表示以 assign 关键字指定的组合逻辑信号。程序模块的输入/输出信号类型都默认为 wire 型。对于综合器来说，wire 型变量取值可为 0、1、x、z，如果没有连接到驱动源，则默认初始值是高阻抗 z。wire 型信号可以用作任何方程式的输入，也可用作 assign

语句或实例元件的输出。wire 型信号声明格式如下：

wire [n−1:0] 变量名 1, 变量名 2, ..., 变量名 i;//共有 i 条总线，每条总线内有 n 条线路

其中[n−1:0]也可写成[n:1]，代表该变量的位宽有多少位。若省略方括号部分，则表示位宽为 1 位。一次定义多个变量时，变量名之间用逗号(,)隔开，语句最后以分号(;)结束。例如：

```
wire        a,b;      //定义了 2 个 1 位的 wire 型变量 a 和 b
wire [7:0]  c;        //定义了 1 个 8 位的 wire 型变量 c
```

变量 c 的第 i 位可表示为 c[i]，第 i～j 位可表示为 c[i:j]，c 的所有位(共 8 位)可表示为 c[7:0]或 c。

线网型变量的赋值(也就是驱动)不能在 always 块内对其赋值，只能通过数据流 assign 操作来完成，例如：

```
wire [3:0] w1;
assign w1 = 4'b1011;     //要用 assign 来赋值，此句不能出现在 always 块内
```

在端口说明中被声明为 input、inout 型的端口只能被定义为线网型变量，被声明为 output 型的端口可定义为线网型或者寄存器型。如果不加定义，则默认为线网型。

(2) reg 型

reg 型变量是最常用的 variable 型变量(在 Verilog 1995 标准中称为 reg 型)。寄存器是数据存储单元的抽象。reg 型变量并不意味着一定对应着硬件上的触发器和寄存器，而是根据具体情况来确定将其映射为寄存器或连线(此时其初始值为 x，如例 7－2 所示)。

例 7－2 reg 型变量综合为连线。

```
module reg_line(A, B, C, E,F);        //模块名为 reg_line,端口列出了 5 个
    input  A, B,C;                    //端口 I/O 说明,A,B,C 为输入端口
    output  reg E, F;                 //端口 I/O 说明,E,F 为输出端口
    always@(A  or  B  or  C)
    begin
    E = A ^ B;                        //连续赋值语句,"异或"运算,为输出端赋值
    F = A & B;
    end
endmodule
```

用综合器对例 7－2 进行综合，将得到如图 7.2 所示的电路。

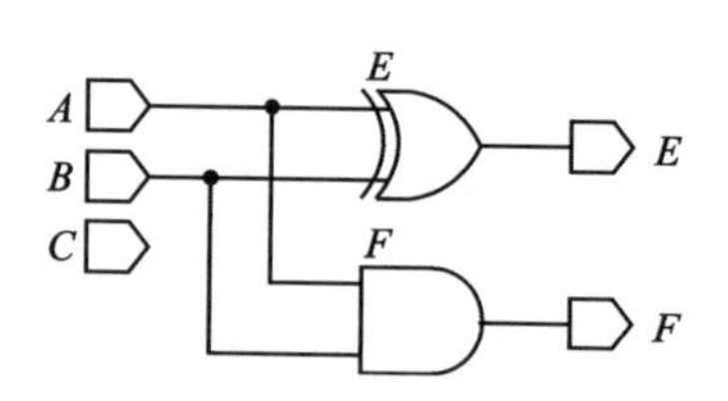

图 7.2 reg 型变量综合为连线

通过赋值语句可以改变寄存器存储的数值，其作用与改变触发器存储的值相当。

Verilog HDL 语言提供了功能强大的结构语句使设计者能有效地控制是否执行这些赋值语句。这些控制结构用来描述硬件触发条件，例如时钟的上升沿和多路器的选通信号。

reg 型变量的默认初始值为不定值 x。reg 型变量常用来表示用于 always 模块内的指定信号，常代表触发器。通常，在设计中要由 always 块通过使用行为描述语句来表达逻辑关系。

在always块内被赋值的每一个信号都必须定义成reg型，而reg型也暗示了被定义的信号将用在always块内，理解这一点很重要。

reg型信号的格式与wire型信号的格式很类似，如下：

reg [n−1:0] 变量名1，变量名2，...，变量名i;

例如：

```
reg a;                          //定义了1个1位的reg变量
reg [3:0]  regb, regc;          //定义了2个4位的reg变量
reg [4:1]  regd;                //定义了1个4位的reg变量
```

下面再介绍一种特殊的reg型，即由reg型扩展出的存储器(memory)型。Verilog HDL通过对reg型变量建立数组来对存储器建模，可以描述RAM、ROM存储器等。数组中的每一个单元通过一个整数索引进行寻址。Verilog HDL语言中没有多维数组存在，memory型通过扩展reg型数据的地址范围来达到二维数组的效果。

存储器型数据定义的格式如下：

reg [n−1:0] 存储器名[m−1:0];   //定义了一个存储器，有 m 个 n 位寄存器

或

reg [n−1:0] 存储器名[m:1];

其中reg[n−1:0]定义了存储器中每一个存储单元的大小，即该存储单元是一个 n 位位宽的寄存器。存储器名后的[m−1:0]或[m:1]定义了该存储器中有多少个这样的寄存器。注意：存储器属于寄存器数组类型，线网型没有相应的存储器类型。

例如："reg [7:0] mema [3:0];"定义了一个名为mema的存储器，该存储器有4个寄存器mema[0]、mema[1]、mema[2]和mema[3]，每个寄存器都是8位的。

4. 运算符

Verilog HDL语言的运算符范围很广，主要有算术运算符(+，−，*，/，%)、关系运算符(>，<，>=，<=，==，!=，===，!==)、逻辑运算符(&&，||，!)、条件运算符(?:)；位运算符(~，|，∧，&，∧~)、移位运算符(<<，>>)、位拼接运算符({})等。

这些运算符跟C语言类似，但没有增1(++1)和减1(−−1)运算符。这里只介绍其中一部分运算符。

(1) 算术运算符

常用算术运算符包括加(+)、减(−)、乘(*)、除(/)、求余(%)和乘方(**)。综合器一般都支持加、减、乘运算，除法运算视版本而定，不支持求余(模)运算的电路综合。

例7-3 算术运算符举例。

```
module arithmetic_example ;
 reg[7:0]  A, B,C;
 initial
 begin
 a = 4'b1101;                    //13
 b = 4'b0110;                    //6
 c = 4'b0010;                    //2
```

```
$ display(a * b) ;                    //等于 78(1001110)的低 4 位 4b'1110
$ display(a/b);                       //结果为 2
$ display(a + b);                     //结果为 19
$ display(a - b);                     //结果为 7
$ display(a % b);                     //结果为 1
$ display(b ** a);                    //结果为 6²
end
endmodule
```

(2) 关系运算符

关系运算符有“>”(大于)、“<”(小于)、“>=”(大于等于)、“<=”(小于等于)、“==”(逻辑相等)、“!=”(逻辑不相等)、“===”(全等)、“!==”(非全等)等。

在进行关系运算符时,如果操作数之间的关系成立,则返回值为一位逻辑值 1;如果关系不成立,则返回值为一位逻辑值 0;如果一个操作数的值不定,则关系是模糊的,返回值是不定值 x。另外请注意运算符“>=”除了表示大于等于外,还用于表示信号的一种赋值方式(非阻塞赋值)。

例 7-4 关系运算符举例。

```
module relate_example ;
reg[3:0]  a, b,c,d,e,f;
initial
    begin
        a = 4'b1101;        //13
        b = 4'b0110;        //6
        c = 4'b1101;        //13
        d = 4'hx;
        e = 4'b110;
        f = 4'bx10;
        $ display(a<b) ;    //结果为 0
        $ display(a>b);     //结果为 1
        $ display(a>= c);   //结果为 1
        $ display(d<= c);   //结果为 X
        $ display(a == b);  //结果为 0
        $ display(e! = f);  //结果为 1
        $ display(b == e);  //结果为 1,位宽不等的 2 数,按右端对齐,位数少的在高位 0 补齐
        end
    endmodule
```

(3) 逻辑运算符

逻辑运算符有包括 && (逻辑“与”)、|| (逻辑“或”)、! (逻辑“非”)。这些运算符对逻辑值 0 或 1 进行操作,操作结果为 0 或 1。对于向量操作数而言,非 0 向量被当作 1 处理。如果任意一个操作数包含 x,那么结果也为 x。

(4) 位运算符

位运算符包括 &(按位“与”)、|(按位“或”)、~(按位取“非”)、∧(按位“异或”)。这些运算符对逻辑值 0 或 1 进行操作,操作结果为 0 或 1。

例 7-5 位运算符举例。

```
module bit_example ;
 reg[3:0]  a, b,c;
 reg[4:0]  e;
 reg[5:0]  d;
 initial
     begin
         a = 4'b1101;           //13
         b = 4'b0110;           //6
         c = 4'b0101;           //13
         d = 6'b001100;
         e = 5'bx1100;
          $ display(~a) ;      //结果为 4'b0010
          $ display(a&b);      //结果为 4'b0000
          $ display(a|c);      //结果为 4'b1101
          $ display(a^c);      //结果为 4'b1011
          $ display(a&d);      //结果为 6'b001100
          $ display(d|e);      //结果为 x
         end
    endmodule
```

(5) 条件运算符

条件运算符(x? a:b)通过判断条件表达式 x 的真假,从 2 个表达式中选 1 个作为输出结果。其用法格式如下:

```
y = x? a:b
```

运算过程如下:首先计算条件表达式 x 的值,如果为真则结果为表达式 a,否则为表达式 b。如果表达式 x 的值不确定,则不会输出结果,而是将 2 个表达式的值逐位比较,取相等的值作为输出结果。如果 2 个表达式的某一位均为 1,则该位的结果就是 1;如果某一位均为 0,则该位的结果就是 0,否则该位的结果为 x。

(6) 位拼接运算符

位拼接运算符{}可以将两个或更多信号的某些位拼接起来进行运算操作。可以从不同的向量中选择位并用它们组成一个新的向量,用于位的重组和向量构造。其使用方法如下:

{信号 1 的某几位, 信号 2 的某几位, ..., 信号 *n* 的某几位}

即把某些信号的某些位详细地列出来,中间用逗号分开,最后用{}括起来表示一个整体信号。例如:{a, b[2:0], 2'b10}和{2'b1x, 4'h7}分别相当于{a, b[2], b[1], b[0], 1'b1, 1'b0}和 6'b1x0111。

例 7-6 位拼接运算符举例。

```
module concatenate_example ;
 reg[1:0]  a;
 reg[2:0]  b;
 reg[3:0]  c;
 initial
```

```
    begin
        a = 2'b01;
        b = 3'b110;
        c = 4'b0101;
        $display({a,b}) ;          //结果为 5'b01110
        $display({a,c[2:1]});      //结果为 4'b0110
        end
    endmodule
```

其中 $display 是系统任务用来输出信息,类似于 C 语言中 printf 函数的功能,但输出后自动换行。

此外,还可通过指定重复次数来执行复制操作。例如:{3{w}}、{4'hB, 4{1'b0}}分别相当于{w, w, w}和 8'b10110000。

(7) 操作符的运算优先级

在 Verilog HDL 程序设计中,算术运算、关系运算、逻辑运算、并置运算优先级是各不相同的。各种运算的操作不可能放在一个程序语句中,因此把各种运算符排成一个统一的优先顺序表的意义不大。另外,Verilog HDL 语言采用结构化描述,在综合过程中程序是并行的,没有先后之分,写在不同行的硬件描述程序同时并行工作。Verilog HDL 语言的程序设计者千万不要理解为"程序是逐行执行的,运算是有先后顺序的",这样是不利于理解 Verilog HDL 程序设计的。运算符的优先顺序仅在同一行内有效,不在同一行的程序语句是同时执行的。

7.2.3 Verilog HDL 数据流建模

数据流描述方式主要用于描述组合逻辑电路。在组合逻辑电路中,数据不会存储,因此输入信号经过电路变为输出信号,类似于数据流动。数据流(Dataflow)描述也称为寄存器传输级(Register Transfer Level,RTL)描述,它对从输入端到输出端数据流动的路径和形式进行描述,比较关注具体的电路结构,可以容易地被综合工具综合成电路的形式。用数据流描述方式建模,最基本的机制就是使用连续赋值语句(assign 语句)。在连续赋值语句中,某个值被指派给线网型变量。

连续赋值语句的主要特点如下:

- 连续赋值语句等号左边的变量必须是线网型(wire 型)的,不能是寄存器型(reg 型)的。寄存器型变量的赋值只能在过程块(initial/always)内进行,assign 语句不能出现在过程块(initial/always)内。
- 等号右边的表达式中,操作数可以是线网型变量或寄存器型变量。
- 连续赋值语句总是处于激活状态。只要等号右边的表达式中任意一个操作数发生变化,表达式就会立即重新计算,并将结果赋给等号左边的线网型变量。连续赋值语句是并发执行的,多个 assign 语句之间的执行次序与出现次序无关。

例 7-7 给出图 7.3 所示二路选择器电路的 Verilog HDL 数据流描述模型。

```
module mux2_1(out1, a, b, sel);
    output out1;                              //out1 为 wire 型,省略 wire 字样默认为 wire 型
    input a, b;
    input sel;
    assign out1 = (sel & b) | (~sel & a);   //连续赋值语句等号左边的 out1 为 wire 型
endmodule
```

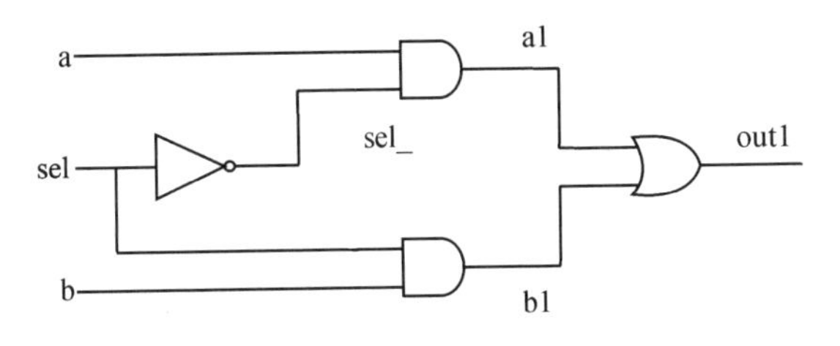

图 7.3 二路选择器电路

7.2.4 Verilog HDL 行为建模

行为描述以比较符合人类逻辑思维方式的角度描述输入与输出的行为，比 RTL 更抽象。它关注特定功能的实现而不关注电路的具体结构，因而不一定是可综合的。行为建模主要由 always 过程块和 initial 过程块（又称 always 语句和 initial 语句）实现。一个 module 模块中可以有多个 always/initial 过程块，而每一个 always/initial 过程块都是一个独立的执行过程，它们从 0 时刻开始并行执行，与书写顺序无关。行为建模侧重电路的行为，不考虑功能模块由哪些具体的门来实现。

例 7-8 给出图 7.3 所示二路选择器电路的 Verilog HDL 行为描述模型。

```
module mux2_1(out1, a, b, sel);
    output reg out1;                //out1 为 reg 型,以便后面在 always 过程块内赋值
    input a, b;
    input sel;
    always @(sel or a or b)
    begin
        case (sel)
            1'b0:out1 = a;          //reg 型的 out1 在 always 过程块内赋值
            1'b1:out1 = b;          //注意 always 过程块内不能对 wire 型变量赋值
        endcase
    end
endmodule
```

1. always 过程块

格式如下：

```
always @ (敏感信号列表)begin    //多个信号之间用逗号分隔(老规范用 or 分隔)
    若干个顺序执行语句;
end                             //end 后无分号
```

当 begin 和 end 之间只有一个语句时，可省略 begin 和 end。

敏感信号列表是 always 过程块响应的信号和事件列表。对于组合电路，应该包含所有的输入信号。敏感信号可分为电平敏感型和边沿敏感型。每个 always 过程块一般只由一种类型的敏感信号来触发，且不能混合使用。对于组合电路，一般采用电平触发，并且需要将所有输入信号都列入敏感信号列表，写成“@(*)”的形式；对于时序电路，一般由时钟边沿触发。关键词 posedge 和 negedge 分别描述上升沿和下降沿。always 过程块可重复执行，可被综合。

在一个 always 过程块中,当触发事件发生(指敏感信号列表中的信号发生变化或某事件发生)时,begin 和 end 之间的代码被执行一次,然后等待该事件再次触发,然后再执行、再等待,不断重复。always 过程块是个"永远循环"过程,每次循环均由敏感信号列表触发。

2. 过程赋值

always 和 initial 过程块中的语句都是过程赋值语句,有两种赋值方式:阻塞赋值和非阻塞赋值。

阻塞赋值按照顺序执行,要等当前赋值语句执行完毕,下一条语句才能执行,即当前赋值语句阻断了下一条语句的执行。阻塞赋值符号为"=",例如 a=b。

非阻塞赋值是并行执行的,下一条语句的执行不会因为当前语句的执行而被阻塞。非阻塞赋值可以理解为表达式的值在 always 块结束时进行赋值,这种情况下赋值没有阻断其他语句的执行。非阻塞赋值符号为"<=",例如 a <= b。

过程赋值语句出现在 always 和 initial 过程块中,只可给寄存器型变量赋值,不能给线网型变量赋值。

基本使用原则:组合电路使用阻塞赋值,时序电路使用非阻塞赋值。

3. 延时控制

延时控制语句用于指定特定的仿真时间,以便顺序延迟程序的执行。格式如下:

#延迟时间 语句;

例如:

```
#2 clk = 0;            //延迟 2 个单位时间后执行语句 clk = 0;
#10 reset = 0;         //从上句执行完算起,再延迟 10 个单位时间后执行语句 reset = 0;
```

以上是语句间延时。

其实赋值语句右端表达式也可以出现延时,即语句内延时。例如"#2 clk= #4 0;"表示延迟 2 个单位时间后开始执行语句"clk = #4 0;"(语句间延时 2),后者延迟 4 个单位时间后才开始计算等号右边表达式的值并赋给左边(语句内延时 4)。这样语句"#2 clk= #4 0;"总共要花 6 个单位时间才可以完成。

至于时间单位,可以用编译指令`timescale 将时间单位与物理时间相关联。其格式如下:

timescale 时间单位/时间精度

注意编译指令以"`"开头,结束处没有分号。

例如:"`timescale 1ns/1ps",在这个指令之后,#2 代表 2 ns,#2.0005 对应 2.001 ns(精确到 1 ps)。

又如:"`timescale 10ns/1ns",在这个指令之后,#5.22 对应 52 ns,#6.17 对应 62 ns。

4. 块语句

若干条语句可放在 begin 和 end 之间,或 fork 和 join 之间,整体上视同一条语句(但 end 或 join 后不用分号结尾),称为块语句。begin 和 end 之间是顺序块,fork 和 join 之间是并行块。

顺序块里的语句按顺序执行，每条语句的延时是相对于前一条语句的仿真时间而言的。直到块内最后一条语句执行完，程序流程控制才跳出该块。例 7 - 3 中 begin 和 end 之间的语句便是一个顺序块。

并行块里的语句是同时执行的，每条语句的延迟时间是相对于程序流程控制进入到块内时的仿真时间而言的。当按时序排在最后(不一定是书写在最后)的语句执行完时，程序流程控制跳出该块。

7.2.5 Verilog HDL 结构建模

结构建模是通过调用 Verilog HDL 内部的基本元件或设计好的模块来完成设计功能的描述方式，其侧重设计功能模块是由哪些具体的基本元件或模块构成的。结构建模常调用的实例包括内置门、用户原语(User Define Primitives，UDP)和模块三种。这里重点介绍基于内置门和基于模块的结构建模；用户原语主要用于仿真，这里不做介绍。

数据流、行为、结构描述这三种方式其实还可以自由混合使用。模块描述中可以包含实例化的门、模块实例化语句、连续赋值语句以及 always 过程块与 initial 过程块等的混合。

1. 内置门

内置门是 Verilog HDL 预定义的一些常用的门电路模型，可用来实现门级电路的建模。内置门有 6 种：多输入门、多输出门、三态门、上拉/下拉门、MOS 开关、双向开关。调用门实例的格式如下：

```
门名称 实例名(输入/输出端口列表);  //实例名可省略
```

2. 模块调用(亦称例化)

一个模块能在另一个模块中被调用，是结构建模的一种重要方式，体现了层次化结构。模块实例就是已设计好的模块，调用(或称引用)模块实例的语句格式如下：

```
模块名 实例名(.端口名 1(连接信号 1), .端口名 2(连接信号 2), …);  //按名称关联
```

实例名是调用者在调用模块时给该模块的命名，可省略，但最好给出，有时要用到。

实例名后的括号部分是表示各端口与连接信号关联的一个列表。列表中各项以圆点“.”开头，以逗号“,”分隔。由于是按端口名称关联，故各项出现的顺序可以不作要求。亦可省略端口名写成如下形式：

```
模块名 实例名(连接信号 1, 连接信号 2, …);  //按位置关联
```

此时是按位置关联，即各连接信号出现的顺序必须对应于模块定义中端口出现的顺序。类似于 C 语言中调用函数时，实参与形参按顺序对应。

端口与连接信号的位置关联和名称关联这两种方式不能混合使用。

C 语言所有函数中最顶层的函数叫作 main，而 Verilog HDL 语言最顶层模块并没有固定名称，其层次关系取决于模块间的调用关系。调用者为上层模块，被调用者为下层模块。

注意：Verilog HDL 结构化元件间的物理连线一般应声明为线网型。定义模块时，在端口说明中被声明为 input、inout 型(二者均涉及输入)的端口信号应定义为线网型；在引用模块时，与被引用模块的 output 端口对应的连接信号也应为线网型。

3. 结构建模举例

例 7-9 给出图 7.3 所示二路选择器电路的 Verilog HDL 结构描述模型。

```
module mux2_1(out1, a, b, sel);
    output out1;
    input a, b;
    input sel;
    not (sel_, sel);      //调用"非"门。省略实例名。由线网型变量 sel_连接"非"门和"与"门
    and (a1, a, sel_);    //调用"与"门。省略实例名。由线网型变量 a1 连接"与"门和"或"门
    and (b1, b, sel_);    //调用"与"门。由线网型变量 b1 连接"与"门和"或"门
    or (out1, a1, b1);    //调用"或"门。a1、b1 和 sel_未显式定义,默认是线网型
endmodule
```

例 7-10 如图 7.4 所示,请给出由两个半加器 Add_half 和一个"或"门 OR2 构成的全加器 Verilog HDL 结构描述模型。

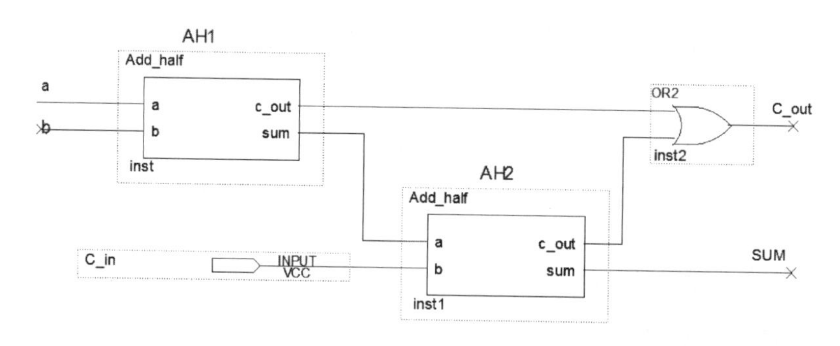

图 7.4 由两个半加器和一个"或"门构成的全加器

```
module Add_full (cout, sum, a, b, c_in);                        //全加器顶层模块结构描述
    output sum, cout;
    input a, b, c_in;
    wire w1, w2, w3;                                         //由线网型变量连接两个半加器和一个"或"门
    Add_half  AH1(.sum(w1), .c_out(w2), .a(a), .b(b));        //调用下层模块实例
    Add_half  AH2(.sum(sum), .c_out(w3), .a(c_in), .b(w1));   //端口按名称关联
    or (cout, w2, w3);                                        //调用或门,省略了实例名
endmodule
module Add_half (c_out, sum, a, b);                           //下层半加器模块
    output sum, c_out;
    input a, b;
    xor  sum_bit (sum, a, b);                                 //调用异或门实例 sum_bit 求和
    and  carry_bit (c_out, a, b);                             //求进位
endmodule
```

其中,模块 Add_full 还可以改写成如下等效的模块 Add_full2,它混合了结构描述和数据流描述方式:

```
module Add_full2 (c_out, sum, a, b, c_in);                    //另一形式全加器混合描述模型
    output sum, c_out;
    input a, b, c_in;
    wire w1, w2, w3;
    Add_half  AH1 (.sum(w1), .c_out(w2), .a(a), .b(b));       //调用模块实例。结构描述
    Add_half  AH2 (.sum(sum), .c_out(w3), .a(c_in), .b(w1));
    assign c_out = w2 | w3;                                   //连续赋值语句。数据流描述
endmodule
```

7.2.6 Verilog HDL 层次化设计

在 FPGA 设计中往往采用层次化的设计方法，分模块、分层次地进行设计描述。描述系统总功能的设计为顶层设计，描述系统中较小单元的设计为底层设计。整个设计过程可理解为从硬件的顶层抽象描述向最底层结构描述的一系列转换过程，直到最后得到可实现的硬件单元描述为止。层次化设计方法比较自由，既可采用自顶向下(Top - Down)的设计，也可采用自底向上(Down - Top)设计，可在任何层次使用原理图输入和硬件描述语言 HDL 设计。

例 7 - 11 利用 Verilog HDL 语言文本的方式设计十进制计数器。

```
module counter10(Q, nCR, EN, CP);
    input CP, nCR, EN;
    output [3:0]Q;
    reg    [3:0]Q;
    always @(posedge CP or negedge nCR)
    begin
      if(~nCR)     Q <= 4'b0000;                   //nCR = 0,计数器被异步清 0
      else if(~EN)  Q <= Q;                        //EN = 0,暂停计数
      else if(Q == 4'b1001)  Q <= 4'b0000;
      elseQ <= Q + 1'b1;                           //计数器增 1 计数
    end
endmodule
```

例 7 - 12 利用例 7 - 11 设计的十进制计数器模块设计一百进制计数器。

```
//一百进制计数器:调用 2 个十进制底层模块构成
module counter100(Cnt, nCR, EN, CP);
    input CP, nCR, EN;
    output [7:0] Cnt;                               //模 100 计数器的输出信号
    wire  [7:0] Cnt;                                //输出为 8421 BCD 码
    wire  ENP;                                      //计数器十位的使能信号(中间变量)
    counter10  UC0 (Cnt[3:0], nCR, EN, CP);         //计数器的个位
    counter10  UC1 (Cnt[7:4], nCR, ENP, CP);        //计数器的十位
    assign  ENP = (Cnt[3:0] == 4'h9);               //产生计数器十位的使能信号
Endmodule
```

其编译成功后的顶层图如图 7.5 所示。

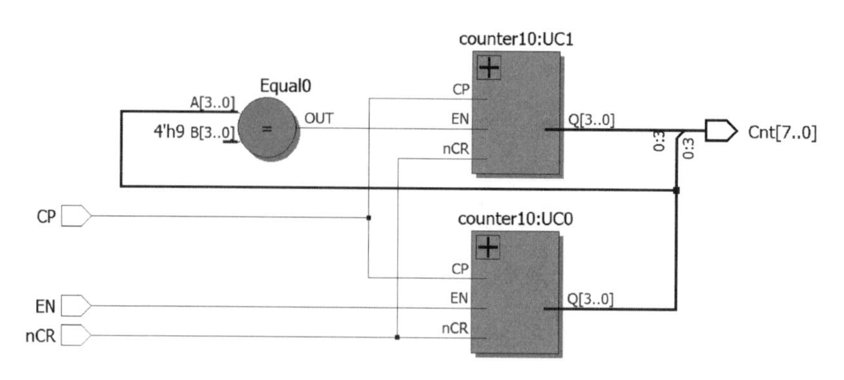

图 7.5　一百进制计数器顶层电路图

7.3　Verilog HDL 基本语句

前面已介绍过赋值语句、块语句、模块实例引用语句等语句，本节介绍 Verilog HDL 语言中的若干常见语句。

7.3.1　选择语句

选择语句又称条件语句，主要有 if 语句和 case 语句，它与 C 语言的条件语句类似。

1. if 语句

格式如下：

```
if(条件表达式) 语句 1;          //条件表达式必须被括起来。语句 1 以分号结束
else 语句 2;                    //else 分支，这部分可没有。语句 2 以分号结束
```

如果对条件表达式求值的结果为一个非零值，那么语句 1 被执行；如果条件表达式的值为 0、x 或 z，那么语句 1 不执行，这时如果存在一个 else 分支，那么这个分支(即语句 2)被执行。

常见的有以下两种情况：

① “语句 1;”“语句 2;”都可以换成用 begin 和 end 之间的块语句(块内可有多个语句，整体上视同一条语句，但注意 begin、end 后都不用分号结尾)；

② “语句 1;”、“语句 2;”都可以是 if 语句(其 else 分支可有可无)，这样会形成嵌套，看起来较复杂，甚至产生二义性，主要用于时序电路的描述。注意：此时 else 总是与离它最近的没有 else 的 i f 相关联。例如：

```
if(Clk)                       //第一行 if 无 else 分支
    if(Reset) Q = 0;
    else Q = D;               //第三行 else 与相邻的第二行 if 关联，是其 else 分支
```

这里第三行 else 应与相邻的第二行 if 关联。但这三行若书写成这样(本质上同上面三行)：

```
i f(Clk)
    if(Reset) Q = 0;
else Q = D;
```

就很容易误解为第二行是无 else 分支的 if 语句，而第三行 else 是第一行 if 的 else 分支。

例 7-13 四选一多路选择器（用 if-else 语句描述）：

```
module MUX4_1(out, in0, in1, in2, in3, sel);
    output out;
    input in0, in1, in2, in3;
    input [1:0] sel;
    reg out;
    always @ (in0, in1, in2, in3, sel) begin
        if (sel == 2'b00) out = in0;
        else if (sel == 2'b01) out = in1;
        else if (sel == 2'b10) out = in2;
        else out = in3;
    end
endmodule
```

注意：if 语句虽然可以没有 else 分支，但每个 if 语句最好还是写上 else 分支，以免在设计中生成原本没想要的锁存器。

例 7-13 中，如果删掉“else out＝in3;”这一行，则“if (sel＝＝2'b10) out＝in2;”就成为没有 else 分支的 if 语句，那么虽然程序确保了当 sel 等于 2'b00、2'b01、2'b10 时，out 都被赋值（分别是 in0、in1、in2），但当 sel 等于其他（例如 2'b11）时，out 就没被赋值了，这时会出现什么情况呢？

在 always 过程块内，如果在给定条件下变量没有被赋值，则保持原值，为此 Verilog HDL 代码在综合后的电路中会生成一个锁存器，而此锁存器可能不是设计人员原本想要或程序功能需要的。总之，if 语句若没有 else 分支，一些其他情况的处理就容易被漏掉，可能会导致原本不想要的结果。

2. case 语句

case 语句是一个多路条件分支形式，格式如下：

```
case(控制表达式)
    分支表达式 1:    执行语句 1;          //分支项 1
    分支表达式 2:    执行语句 2;          //分支项 2
    …
    分支表达式 n-1:    执行语句 n-1;      //分支项 n-1
    default:    执行语句 n;              // default 分支项。此行可以没有
endcase
```

case 语句首先计算控制表达式，然后依次对各分支项的分支表达式求值并进行比较，第一个与控制表达式值相匹配的分支项中的语句被执行。default 分支项覆盖所有没有被匹配的其他分支项。控制表达式和各分支项的分支表达式不必都是常量表达式。在 case 语句中，x 和 z 值作为文字值进行比较。

与 C 语言的 case 语句不同，Verilog HDL 语言中，第一个与控制表达式匹配的分支项中的语句被执行后，程序将结束 case 语句，跳到 endcase 之后的语句去继续运行。也就是说，它不需要 break 语句。

例 7-14 四选一多路选择器(用 case 语句描述):

```
module MUX4_2(out, in0, in1, in2, in3, sel);
    output out;
    input in0, in1, in2, in3;
    input [1:0] sel;
    reg out;
    always @ (in0 or in1 or in2 or in3 or sel) begin  //or 是旧规范中的写法,现在多用逗号取代
        case(sel)
            2'b00: out = in0;
            2'b01: out = in1;
            2'b10: out = in2;
            default: out = in3;
        endcase
    end
endmodule
```

注意: case 语句虽然可以没有 default 分支项,但最好还是写上 default 项,以免在设计中生成原本没想要的锁存器。

例 7-14 中,如果删掉“default: out=in3;”这一行,则当 sel 等于 2'b11 这个各分支项都没有的值时,out 就没被赋值了,综合后的电路中可能出现不是设计人员原本想要或需要的东西。总之,case 语句若没有 default 项,一些其他情况的处理就容易被漏掉,可能会导致原本不想要的结果。

7.3.2 重复语句

Verilog HDL 语言提供的重复语句有 for、while、repeat、forever 共 4 种循环语句。它们只能用在 initial 和 always 过程块中,用来控制语句的执行次数。

Verilog HDL 语言的 for、while 与 C 语言的 for、while 非常相似,但不同于 C 语言中用大括号{}来括住语句块(且其后无分号),Verilog HDL 语言采用 begin、end 来标示顺序语句块(且 begin、end 后也无分号),而{}则被 Verilog HDL 另用作位拼接运算符。此外 Verilog HDL 语言没有 C 语言的增 1(++)和减 1(--)运算符。

1. for 循环语句

例 7-15 用 for 语句描述七人投票表决器,过半数赞成则通过。

```
module voter7(vote,pass );
    input [6:0] vote;                    //表决器输入,1 表示同意,0 表示不同意
    output reg pass;                     //表决器输出
    reg [2:0] count;
    integer i;
    always @(vote)
    begin
        count = 0;                       //赞成票计数初值 = 0
        for (i = 0; i <= 6; i = i+1) //循环变量初值 i = 0,循环结束条件 i = 6,循环变量 + 1
```

```
        if (vote[i]) count = count + 1;/如果 vote[i] = 1,则记录赞成票 + 1,如果循环结束条件为
        真,则执行循环语句内的语句,同时循环变量 + 1;如果结束条件为假,则不在执行循环语句内
        的语句,结束循环,推出 for 语句。/
         if (count[2]) pass = 1;          //4 人以上赞成,则 pass = 1
         else pass = 0;
    end
endmodule
```

for 循环语句一般用于具有固定开始和结束条件的循环,设计中我们首选 for 循环语句,当只有一个可执行循环条件时,可使用 while 循环语句。

2. while 循环语句

while 循环语句是一种条件循环语句,只有在指定条件满足时才执行循环语句内的语句,否则不执行。例如,用 while 语句实现连续输出 3 条 Hello world 语句的代码如下:

```
module while_loop;
     integer i;
     initial begin
         i = 0;
         while (i < 3) begin
              $ display ("Hello world, % 0d", i);
              i = i + 1;
         end
     end
endmodule
```

3. repeat 循环语句

格式如下:

repeat(循环次数) 过程语句;

这种循环语句执行指定循环次数的过程语句。如果循环次数表达式的值不确定,即为 x 或 z 时,那么循环次数按 0 处理。例如:

```
repeat (ShiftBy) P_Reg = P_Reg << 1;              //将 P_Reg 左移 ShiftBy 位
```

4. forever 循环语句

forever 必须写在 initial 过程块内。格式如下:

forever (循环次数) 过程语句;

这种循环语句连续执行过程语句。例如:

```
initial begin
    Clock = 0;
    #5 forever #10 Clock = ~Clock;
end
```

它产生时钟波形,常用作仿真测试信号。时钟首先初始化为 0,并保持 5 个单位时间。此后每隔 10 个单位时间,Clock 反相一次。

7.3.3 任务和函数语句

Verilog HDL 程序设计中,对大型系统进行设计时,既可以调用底层模块设计,还可以通过调用任务和函数来设计。task 和 function 说明语句分别用来定义任务和函数。利用任务和函数可以将大程序模块分解成多个小任务和函数,简化程序结构,使程序易读、好理解,便于调试,利于代码重用。task 和 function 多用于组合电路。

任务可以包含时间控制,但任务包含时间控制时只能仿真不能综合;函数不能包含时间控制,比如 posedge、negedge、# 延时,它必须立即执行。任务可以有多个输入,多个输出;函数至少有一个输入,没有 output 和 inout 声明语句,只有一个返回值。任务可以调用其他任务和函数,任务调用语句只能出现在过程块内;函数可以调用其他函数,但不能调用任务,函数在表达式里被调用,函数调用可以在过程块中出现,也可以在 assign 语句中出现。

1. task 任务

task 可以被定义在使用它们的模块中。有时为了方便重用 task 的代码,把代码从模块中抽出,保存到一个单独的文件,在模块中通过一个编译指令`include 就能将该文件内容重新导入模块中,此方式跟直接在模块里写 task 的代码是等效的,单独的文件只是方便公用而已。task 定义格式如下:

```
task 任务名;
    输入和输出声明;  //声明的顺序重要,决定了被调用时传递给任务的变量顺序
    局部变量声明;
    begin
    …
    end
endtask                 //此处无分号
```

例 7-16 用 task 设计一个算术逻辑单元。

```
module alu_task(a, b,sel , out);
    input [3:0] a,b;
    input [1:0] sel;
    output reg [7:0] out;
    task mult;                  //定义任务 mult
        input [4:1] c,d;
        output [8:1] f1;       //积
            integer i;
        begin
            f1 = 0;
                for (i = 1;i<= 4;i = i + 1)
                Begin
                If (d[i] == 1)
                f1 = f1 + (c<<(i - 1)) ;
                end
```

```
        end
    endtask
    always @(*)
        begin
        case(sel)
            2'b00:out = a + b;
            2'b01:out = a - b;
            2'b10:mult(a,b,out);
            2'b11:out = a&b;
            default:out = 5'bx;
        endcase
    end
endmodule
```

2. function 函数

function 定义格式如下：

```
function<返回值的类型或范围说明> 函数名;
    输入声明;        //声明的顺序重要,决定了被调用时传递给函数的变量顺序
    局部变量声明;
    begin
        …
    end
endfunction      //此处无分号
```

函数的定义隐含地声明了一个函数内部的 reg 型变量，该变量与函数名同名，并且取值范围与“返回值的类型或范围说明”相同。“返回值的类型或范围说明”这项可选，若未设置则返回值为一位 reg 型数据。函数通过在函数定义中显式地对该 reg 型变量进行赋值来返回函数值。因此，这一寄存器的赋值必须出现在函数定义中。函数的输入由输入声明指定，但返回值涉及的变量名和类型或范围是由上述方式确定的，函数里不能有 output 和 inout 声明语句。函数是在(等号右侧的)表达式内被调用的，成为表达式的一部分。函数调用不能作为一条单独语句出现。其调用格式如下：

函数名(表达式 1，表达式 2，…，表达式 n)

例 7-17 用 function 设计一个 3-8 译码器。

```
function [7:0] decode3_8;               //定义函数 decode3_8
    input [2:0] x;
    case(x)
        3'b000:decode3_8 = 8'b00000001;
        3'b000:decode3_8 = 8'b00000001;
        3'b000:decode3_8 = 8'b00000001;
        3'b000:decode3_8 = 8'b00000001;
        3'b000:decode3_8 = 8'b00000001;
        3'b000:decode3_8 = 8'b00000001;
```

```
            3'b000:decode3_8 = 8'b00000001;
            3'b000:decode3_8 = 8'b00000001;
            default:out = 5'bx;
        endcase
    end
  endfunction
```

定义函数时没有输出端口,由函数名表示输出端口。在调用时,函数作为一个操作数,出现在表达式的右端。例如,调用函数 decode3_8 格式为 :out=decode3_8(d)。调用函数时将 d 的值赋给 x,函数运算完成后,将由函数名 decode3_8 承担的输出赋给 out。

例 7-18 用 function 设计一个算术逻辑单元。

```
module alu_function(a,b,sel,out);
          input [3:0] a,b;
          input [1:0] sel;
          output reg [7:0] out;
          function[8:1] mult;                   //定义 function mult(a,b)
              input [4:1] c,d;
              reg [8:1] f2;                     //积
              integer j;
              begin
                  f2 = 0;mult = 0;
              for (j = 1;j<= 4;j = j + 1)
                  begin
                  if (d[j] == 1) f2 = f2 + (c<<(j - 1)) ;
                  end
                  mult = f2 ;
              end
          endfunction
          always @( * )
              begin
                  case(sel)
                      2'b00:out = a + b;
                      2'b01:out = a - b;
                      2'b10:out = mult(a,b);
                      2'b11:out = a&b;
                      default:out = 8'bx;
                  endcase
              end
          endmodule
```

7.4 常见组合逻辑电路的 Verilog HDL 设计

7.4.1 编码器、译码器、选择器

1. 编码器的设计

例 7-19 根据表 7.1 完成 8-3 线优先编码器 74148 的 Verilog HDL 设计。

表 7.1 优先编码器真值表

*E*1	*D*0	*D*1	*D*2	*D*3	*D*4	*D*5	*D*6	*D*7	*Q*0	*Q*1	*Q*2	*GS*	*EO*
1	X	X	X	X	X	X	X	X	1	1	1	1	1
0	1	1	1	1	1	1	1	1	1	1	1	1	0
0	X	X	X	X	X	X	X	0	0	0	0	0	1
0	X	X	X	X	X	X	0	1	0	0	1	0	1
0	X	X	X	X	X	0	1	1	0	1	0	0	1
0	X	X	X	X	0	1	1	1	0	1	1	0	1
0	X	X	X	0	1	1	1	1	1	0	0	0	1
0	X	X	0	1	1	1	1	1	1	0	1	0	1
0	X	0	1	1	1	1	1	1	1	1	0	0	1
0	0	1	1	1	1	1	1	1	1	1	1	0	1

```
module Priority_Encoder(d, E1, GS, E0, Q);
    input [7:0]    d;
    input      E1;
    output     reg    GS,E0;
    output     reg [2:0]    Q;
    always @(d) begin
        if (d[0] == 0 & E1 == 0) begin
                                    Q  <= 3'b111; GS <= 1'b0; E0 <= 1'b1;
                                   end
  else if (d[1] == 0 & E1 == 0) begin
                                    Q <= 3'b110;GS <= 1'b0; E0 <= 1'b1;
                                   end
  else if (d[2] == 0 & E1 == 0) begin
                                    Q <= 3'b101; GS <= 1'b0;E0 <= 1'b1;
                                   end
  else if (d[3] == 0 & E1 == 0) begin
                                    Q <= 3'b100;GS <= 1'b0; E0 <= 1'b1;
                                   end
  else if (d[4] == 0 & E1 == 0) begin
                                    Q <= 3'b011;GS <= 1'b0;E0 <= 1'b1;
                                   end
```

```
else if (d[5] == 0 & E1 == 0) begin
                                     Q <= 010; GS <= 1'b0; E0 <= 1'b1;
                                  end
else if (d[6] == 0 & E1 == 0) begin
                                     Q <= 3'b001; GS <= 1'b0; E0 <= 1'b1;
                                  end
else if (d[7] == 0 & E1 == 0) begin
                                     Q <= 3'b000; GS <= 1'b0; E0 <= 1'b1;
                                  end
else if (E1 == 1)       begin
                                     Q <= 3'b111;GS <= 1'b1;E0 <= 1'b1;
                                  end
else if (d == "1111 1111" & E1 == 0) begin
                                     Q <= 3'b111; GS <= 1'b1;E0 <= 1'b0;
                                  end
    end
endmodule
```

2. 显示译码器设计

例 7-20 利用 VerilogHDL 设计七段共阴极数码管显示译码器电路,输入 4 位 8421BCD 码,译为 7 位输出。参见 3.6.2 小节“七段管译码器”。

```
module decode7447 (a, b, c, d, e, f, g, D, C, B, A);
    input D, C, B, A;                  //输入 8421BCD 码的 4 个位
    output a, b, c, d, e, f, g;        //输出 7 位码,输出为 1 的能使对应笔画段发光
    reg a, b, c, d, e, f, g;
    always @ (D, C, B, A) begin
        case ({D, C, B, A })           //使用了位拼接运算符{}
            4'd0: {a, b, c, d, e, f, g} = 7'b1111110;
            4'd1: {a, b, c, d, e, f, g} = 7'b0110000;
            4'd2: {a, b, c, d, e, f, g} = 7'b1101101;
            4'd3: {a, b, c, d, e, f, g} = 7'b1111001;
            4'd4: {a, b, c, d, e, f, g} = 7'b0110011;
            4'd5: {a, b, c, d, e, f, g} = 7'b1011011;
            4'd6: {a, b, c, d, e, f, g} = 7'b1011111;
            4'd7: {a, b, c, d, e, f, g} = 7'b1110000;
            4'd8: {a, b, c, d, e, f, g} = 7'b1111111;
            4'd9: {a, b, c, d, e, f, g} = 7'b1111011;
            default: {a, b, c, d, e, f, g} = 7'bx;
        endcase
    end
endmodule
```

该程序也可写成如下形式:

```
module decode7447_another(incode,decodeout);
    input [3:0] incode;
    output reg [6:0] decodeout
    always @(incode) begin
        case (incode)
            4'd0: decodeout = 7'b1111110;
            4'd1: decodeout = 7'b0110000;
            4'd2: decodeout = 7'b1101101;
            4'd3: decodeout = 7'b1111001;
            4'd4: decodeout = 7'b0110011;
            4'd5: decodeout = 7'b1011011;
            4'd6: decodeout = 7'b1011111;
            4'd7: decodeout = 7'b1110000;
            4'd8: decodeout = 7'b1111111;
            4'd9: decodeout = 7'b1111011;
            default: decodeout = 7'bx;
        endcase
    end
endmodule
```

例 7-21 利用 Verilog HDL 设计共阳极七段数码显示译码器电路。

```
module SEG7_LUT (iDIG, oSEG);
    input [3:0]iDIG;
    output  reg [6:0]  oSEG;
    always @(iDIG)begin
        case (iDIG)
            4'b0000 : oSEG <= 7'b1000000;      // gfedcba(共阳极七段数码管)
            4'b0001 : oSEG <= 7'b1111001;      // ---a--- -
            4'b0010 : oSEG <= 7'b0100100;      // |         |
            4'b0011 : oSEG <= 7'b0110000;      // f         b
            4'b0100 : oSEG <= 7'b0011001;      // |         |
            4'b0101 : oSEG <= 7'b0010010;      // ---g--- -
            4'b0110 : oSEG <= 7'b0000010;      // |         |
            4'b0111 : oSEG <= 7'b1111000;      // e         c
            4'b1000 : oSEG <= 7'b0000000;      // |         |
            4'b1001 : oSEG <= 7'b0011000;      // ---d---h
            4'b1010 : oSEG <= 7'b0001000;
            4'b1011 : oSEG <= 7'b0000011;
            4'b1100 : oSEG <= 7'b1000110;
            4'b1101 : oSEG <= 7'b0100001;
            4'b1110 : oSEG <= 7'b0000110;
            4'b1111 : oSEG <= 7'b0001110;
            default :  oSEG <= 7'b0000000;
        endcase
    end
endmodule
```

3. 数据选择器的设计

数据选择器的输入信号个数一般是 2、4、8 等，其中 4 选 1 选择器是数字系统中应用最广泛的一种数据选择器(相关原理参见 3.6.3 小节的内容)。

例 7-22 用 Verilog HDL 语言描述 4 选 1 选择器。

```
module mux4_1(D, A, B, F);
      input [3:0] D;
      input     A, B;
      output reg F;
      wire [1:0]  SEL;
      assign SEL = {B, A};
      always @ (D or SEL) begin
          case (SEL)
              2'b00:F <= D[0];
              2'b01:F <= D[1];
              2'b10:F <= D[2];
              2'b11: F <= D[2];
              default:F <= 1'bX;
          endcase
      end
 endmodule
```

7.4.2 数值比较器

用来比较两个二进制数大小的逻辑电路称为数值比较器，简称比较器。比较器就是对两数 A、B 进行比较，以判断其大小的数字逻辑电路。比较结果有 $A>B$、$A=B$、$A<B$。74 系列的 7485 是常用的集成电路数值比较器。数值比较器 7485 的 Verilog HDL 程序见例 7-23。

例 7-23 数值比较器 7485 的 Verilog HDL 实现。

```
module T7485_V (a, b, gtin, ltin, eqin, agtb, altb, aeqb);
     input [3:0] a,b;
     input    gtin, ltin, eqin;    // 级联输入。标准级联输入:gtin = ltin = '0';eqin = '1'
     output  reg    agtb, altb,aeqb;     //比较结果输出
     always @ (a or b or gtin or ltin or eqin) begin
         if (a < b) begin                    //a<b 时,altb = 1(高电平)
                 altb <= 1'b1;agtb <= 1'b0; aeqb <= 1'b0;
                 end
else if (a > b) begin                        //a>b 时,agtb = 1(高电平)
                 altb <= 1'b0;agtb <= 1'b1; aeqb <= 1'b0;
         end
     else begin                              //a = b, 时,aeqb = 1(高电平)
         altb <= 1'b0;agtb <= 1'b0; aeqb <= 1'b1;
         end
     end
endmodule
```

7.5 常见时序逻辑电路的 Verilog HDL 设计

7.5.1 触发器

触发器(Flip - flop)是提供记忆功能的基本逻辑器件。它具有两个稳定状态,两个互补的输出,可存储一位二进制码。其电路的输出不仅与当前的输入有关,而且与过去的输入状态有关,触发器在电路结构和触发方式方面有不同的种类,下面介绍 J - K 触发器和 D 触发器。

例 7 - 24 J - K 触发器的 Verilog HDL 程序设计。

J - K 触发器的输入端有一个置位输入、一个复位输入、两个控制输入和一个时钟输入;输出端有正向输出断和反向输出端。具有置位和清 0 端的 J - K 触发器真值表见表 7.2。

表 7.2 J - K 触发器真值表

输入端					输出端	
PSET	CLR	CLK	J	K	Q	$\overline{Q}$
0	1	d	D	d	1	0
1	0	d	D	d	0	1
0	0	d	D	d	d	d
1	1	上升	0	1	0	1
1	1	上升	1	1	翻转	翻转
1	1	上升	0	0	不变	不变
1	1	上升	1	0	1	0
1	1	0	D	d	不变	不变

```
module Tjkff (PSET, CLK, CLR, J, K, Q, QB);
  input    PSET, CLK, CLR, J, K;
  output reg Q,QB;
  reg Q_S, QB_S;
  always @(negedge PSET or negedge CLR or posedge CLK) begin
      if (PSET == 1'b0) begin
          Q_S <= 1'b1;                              //异步置 1
          QB_S <= 1'b0;
      end
      else if (CLR == 1'b0) begin
          Q_S <= 1'b0;                              //异步置 0
          QB_S <= 1'b1;
      end
      else begin
          if ((J == 1'b0) & (K == 1'b0)) begin      //jk = 00 时,触发器不翻转
              Q_S <= 1'b0;
              QB_S <= 1'b1;          end
```

```
        else if ((J == 1'b1) & (K == 1'b0)) begin        //jk = 10 时,Q = 1, /Q = 0
            Q_S <= 1'b1;
            QB_S <= 1'b0;
        end
        else if ((J == 1'b0) & (K == 1'b1)) begin        //jk = 01 时,Q = 0, /Q = 1
            Q_S <= 1'b0;
            QB_S <= 1'b1;
        end
        else if ((J == 1'b1) & (K == 1'b1)) begin        //jk = 11 时,触发器翻转
            Q_S <= (~Q_S);QB_S <= (~QB_S);
        end
        end
        Q <= Q_S; QB <= QB_S;                            //更新输出 Q、QB
    end
endmodule
```

例 7-25 带清 0 端的 D 触发器 Verilog HDL 程序设计。

所有 FPGA 中都包含成千上万个 D 触发器,它们都是用各种专门的方法实现的。和 J-K 触发器一样,这些 D 触发器一般都具有异步置位和清 0 端。如果想要设计一个正沿触发的 D 触发器,可在 Verilog 的 always 过程块中,通过敏感事件程序清单中的 posedge CLK 描述其行为,具体程序如下:

```
module Dff (CR,CLK,D,Q);
    input  CR, CLK,D;
    output reg Q;
    always @ (posedge CLK or posedge CR)
        if (CR == 1) Q <= 0;                  //CR = 1 时,输出同步清 0
        else Q <= D;                          //CR = 0 时,输出被设置为当前值 D
    end
endmodule
```

例 7-26 防抖按钮程序的 Verilog HDL 模型。

按下 FPGA 开发板上的任何按钮,在它们稳定下来之前都会有几毫秒(ms)的轻微抖动。这意味着输入到 FPGA 的信号并不是稳定地从 0 变化到 1,而可能是在几毫秒(ms)的时间里在 0 和 1 之间来回抖动。在实际设计中可利用图 7.6 所示电路消除抖动。具体程序如下:

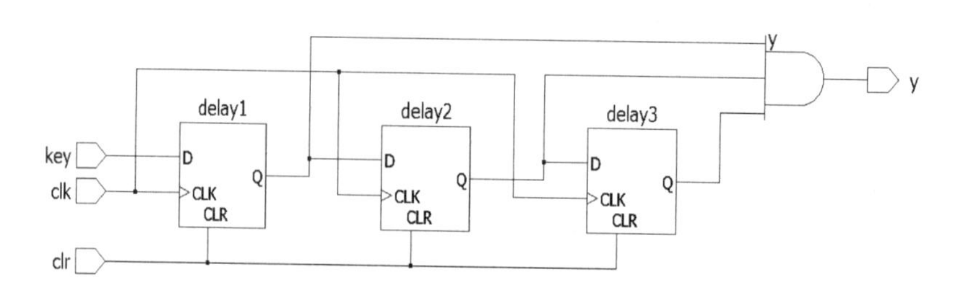

图 7.6 抖动消除电路

```
module debounced(key,clk,clr,y);
    input key,clk,clr;
    output y;
        reg delay1,delay2,delay3;
    always @ ( posedge clk or posedge clr)
        begin
        if (clr == 1) begin
            delay1 <= 0; delay2 <= 0; delay3 <= 0;
            end
    else
            begin
            delay1 <= key;delay2 <= delay1;delay3 <= delay2;
            end
    end
        assign y = delay1 & delay2 & delay3;
endmodule
```

7.5.2 锁存器和寄存器

1. 锁存器(Latch)

锁存器的功能与触发器相似,但其区别如下:触发器只在有效时钟沿才发生作用,而锁存器是电平敏感的,只要时钟信号有效,而不管是处在上升沿还是下降沿,锁存器都会起作用。用 Verilog HDL 语言描述的选通 D 锁存器的模型如例 7-27 所示。

例 7-27 选通 D 锁存器的 Verilog HDL 模型:

```
module Tlatch (D, CLK, Q);
    input  D, CLK;
    output reg Q;
    always @ (D or CLK) begin
        if (CLK == 1'b1) Q <= D;          //CLK 为高电平时输出数据
    end
endmodule
```

2. 寄存器(Register)

在数字系统中,寄存器就是在某一特定信号(通常是时钟信号)的控制下存储一组二进制数据的时序电路。寄存器一般由多个触发器连接,采用一个公共信号进行控制,同时各个触发器的数据端口仍各自独立地接收数据。通常寄存器分为两大类:普通寄存器和移位寄存器。其中,将输入数据按时钟的节拍向左或向右移位的寄存器称为移位寄存器。

用 Verilog HDL 的 CASE 语句设计 4 位双向移位寄存器。该方法中不把移位寄存器看作一个串行的触发器串,而是把它看作是一个并行寄存器(DFF 模型),寄存器中的存储信息以并行方式传递到一个位集合,集合中的数据可以逐位移动。

例 7-28 4位双向移位寄存器的 Verilog HDL 设计。该寄存器具有4种工作方式:保持数据、右移、左移和并行输入。

```
module T194(clock, dP, ser_in, mode, q);
    input       clock;
    input [3:0]  dP;                    //4位并行数据输入
    input       ser_in;                 //串行数据输入(左移或右移)
    input [1:0]  mode;                  //工作方式:0=保持数据,1=右移,2=左移,3=并行输入
    output [3:0] q;                     //寄存器输出状态
    reg [3:0]    ff;
    always @(posedge clock)begin
        case (mode)
            0 : ff <= ff;               //保持数据
            1 : begin
                ff[2:0] <= ff[3:1]; //右移
                ff[3] <= ser_in;
              end
            2 : begin
                ff[3:1] <= ff[2:0]; //左移
                ff[0] <= ser_in;
              end
            default : ff <= din;        //并行输入
        endcase
    end
    assign q = ff;                      //更新寄存器输出状态
endmodule
```

7.5.3 计数器

1. 同步计数器

同步计数器就是在时钟脉冲(计数脉冲)的控制下,构成计数器的各触发器的状态同时发生变化的一类计数器。

例 7-29 十进制同步计数器的 Verilog HDL 设计。

一个具有计数使能、清0控制和进位扩展输出十进制计数器可利用两个独立的 if 语句完成。一个 if 语句用于产生计数器时序电路,该语句为非完整性条件语句;另一个 if 语句用于产生纯组合逻辑的多路选择器。其 Verilog HDL 代码如下:

```
module cnt10_v(CLK, RST, EN, CQ, COUT);
    input           CLK, RST, EN;
    output reg [3:0] CQ;
    output reg       COUT;
    always @(posedge CLK) begin
        reg [3:0]    CQI;
```

```
        if (RST == 1'b1) CQI = 4'b0000;                    //计数器异步复位
         else begin
         if (EN == 1'b1) begin                             //检测是否允许计数(同步使能)
             if (CQI < 9) CQI = CQI + 1;                   //允许计数，检测是否小于 9
             else CQI = 4'b0000;                           //计数大于 9,计数值清 0
         end
     end
     if (CQI == 9) COUT <= 1'b1;                           //计数等于 9,输出进位信号
     else COUT <= 1'b0;
     CQ <= CQI;                                            //将计数值向端口输出
 end
 endmodule
```

在源程序中,COUT 是计数器进位输出;CQ[3..0]是计数器的状态输出;CLK 是时钟输入端;RST 是复位控制输入端,当 RST=1 时,CQ[3..0]=0,COUT=0;EN 是使能控制输入端,当 EN=1 时,计数器计数,当 EN=0 时,计数器保持状态不变。

2. 可逆计数器

可逆计数器根据计数脉冲的不同,控制计数器在同步信号脉冲的作用,进行加 1 操作,或者减 1 操作。假设可逆计数器的计数方向,由特殊的控制端 updown 控制,则有如下关系:

- 当 updown = 1 时,计数器进行加 1 操作;
- 当 updown = 0 时,计数器进行减 1 操作。

下面以 8 位二进制可逆计数器设计为例,其真值表见表 7.3,程序代码见例 7-30。

表 7.3 8 位二进制可逆计数器真值表

CLR	UPDOWN	CLK	Q0 Q1 Q2 Q3 Q4 Q5 Q6 Q7
1	X	X	0000 0000
0	1	上升沿	加 1 操作
0	0	上升沿	减 1 操作

例 7-30 8 位可逆计数器的 Verilog HDL 设计。

```
module count8UP_Dn(clk, clr, updown, Q);
    input    clk, clr, updown;
    output [7:0] Q;
    reg [7:0]  count;
    assign  Q = count;
    always @(posedge clk)
    begin
        if (!clr) count<= 8'h00;
        else
            if (updown) count <= count + 1;
            else count <= count - 1;
    end
 Endmodule
```

3. 分频器

分频器是一种应用十分广泛的基本时序电路,它通常是通过计数器来实现的。例 7-31 中 divider 模块描述了一个分频器,对系统时钟 clk50 进行分频,延时后得到较慢的时钟 cclk。

例 7-31 某 FPGA 实验板系统时钟频率为 50 MHz,周期为 20 ns,设计一个分频电路产生 190 Hz、48 Hz、2 Hz 的时钟信号。

```
module clkdiv(clk50,cr,clk_190,clk_48,clk_2);
    inputclk50,cr;                      // clk50 为 50 MHz 系统时钟,cr 为异步清 0 信号
    output clk_190,clk_48,clk_2;        //190 Hz,48 Hz,2 Hz 输出,
    reg[25:0] Count_FP;                 //26 位计数信号
 always@(posedge clk50 or posedge cr)
 begin
    if(cr == 1)
        Count_FP<= 0;
    else
        Count_FP<= Count_FP + 1;
    end
    assign clk_190 = Count_FP[17];      //频率为 190 Hz,周期 5.24 ms
    assign clk_50 = Count_FP[19];       //频率为 48 Hz,周期 21 ms
    assign clk_2 = Count_FP[25];        //频率为 0.75 Hz,约等于 1 Hz,周期 1.34 s
 endmodule
```

7.6 有限状态机的 Verilog HDL 设计

7.6.1 有限状态机

有限状态机(Finite State Machine,FSM)简称状态机,是用来表示系统中有限个状态及这些状态之间的转移和动作的模型。状态机是实现高效率、高可靠性控制逻辑的重要途径。它也属于时序逻辑电路,因其在数字电路中有着非常重要的地位和作用,所以在这里单独介绍。

有限状态机从输出方式上可分为米利(Mealy)型和摩尔(Moore)型两类。Mealy 型状态机的输出是当前状态和输入信号的函数,其输出是在输入变化后立即发生的,不依赖于时钟的同步;Moore 型状态机的输出仅为当前状态的函数,与当前输入无关。当然,当前状态与上一时刻的输入相关,就是说 Moore 型状态机要比 Mealy 型状态机多等一个时钟周期,才能让之前输入的变化影响到当前状态,进而导致输出变化。

在时序电路设计中,对 Moore 型和 Mealy 型状态机电路的选择原则如下:当要求对输入快速响应且电路尽量简单时,选 Mealy 型;当要求时序输出稳定,且输出序列晚一个周期和电路的复杂性可接受时,选 Moore 型。

7.6.2 状态机的设计

用 Verilog HDL 语言描述状态机,主要包含以下几部分:状态声明、状态切换(时序逻辑)、次态和输出(组合逻辑)。

1. 状态声明

一般采用某种编码来对状态进行编码。常见有自然二进制码、格雷码和独热码 3 种编码方式,它们各有特点。编码后可用 parameter 语句将编码数值定义为可读性较好的符号名。

还要定义两个分别保存现态和次态的寄存器型变量,例如:

```
parameter S0 = 2'b00, S1 = 2'b01, S2 = 2'b10;          //状态编码符号化
 reg [1:0] state, next_state;                           //分别保存现态和次态的寄存器型变量
```

2. 状态切换(时序逻辑)

状态机的运转就是不断转换状态的过程。转换是在外部时钟的驱动下完成的,因此状态机应包含一个对时钟信号敏感的 always 过程块。它只是机械地执行现态和次态间的切换,而不关心现态和次态的内容是什么。例如:

```
always@ (posedge clk) begin                    //状态切换,更新现态 state
        state <= next_state;                   //现态变成次态
 end
```

这是一个时序逻辑,一般采用非阻塞赋值。

状态切换的时序逻辑 always 过程块通常包含一些清 0 或置位的控制信号。状态机一般应该有一个异步或同步复位端,以便在通电时将硬件电路复位到有效状态,也可以在操作中将硬件电路复位(大多数 FPGA 结构都允许使用异步复位端)。考虑异步复位信号的例子:

```
always@ (posedge clk, posedge rst) begin        //状态切换,更新现态 state。带异步复位
        if (rst) state <= S0;                   //复位
        else state <= next_state;               //核心语句:现态变成次态
    end
```

同步复位情形,同步复位信号不应与时钟信号同时出现在敏感信号列表里:

```
always@ (posedge clk) begin                  //状态切换,更新现态 state。带同步复位
        if (rst) state <= S0;                //复位
        else state <= next_state;            //核心语句:现态变成次态
    end
```

3. 次态和输出(组合逻辑)

这是根据当前状态值和外部输入的控制信号(敏感信号通常可以写成@ *),决定次态逻辑(即给次态变量 next_state 赋值),以及计算对外输出内容的组合逻辑。

次态和输出这两者,可以用一个 always 块来集中描述(这样会比较紧凑),也可以用两个 always 块来分别描述,这样整个状态机描述主要用了状态切换、次态逻辑和计算输出 3 个 always 过程块,称为三段式状态机设计。三段式状态机将时序逻辑和组合逻辑分开、状态和输出分开,结构清晰,方便检查和维护。

描述时可用 case 语句针对现态变量 state 的各种可能取值情形,分别给次态变量 next_state 赋值,或分别计算输出(注意:Moore 状态机的输出与输入无关)。

例 7-32 用 Moore 状态机设计七进制计数器。

七进制计数器就是从 0 开始计数到 6,一共 7 个数。根据 Moor 状态机的特点,可以用 S0、S1、S2、S3、S4、S5、S6 这 7 个状态来代表这 7 个数。其状态转移图如图 7.7 所示。

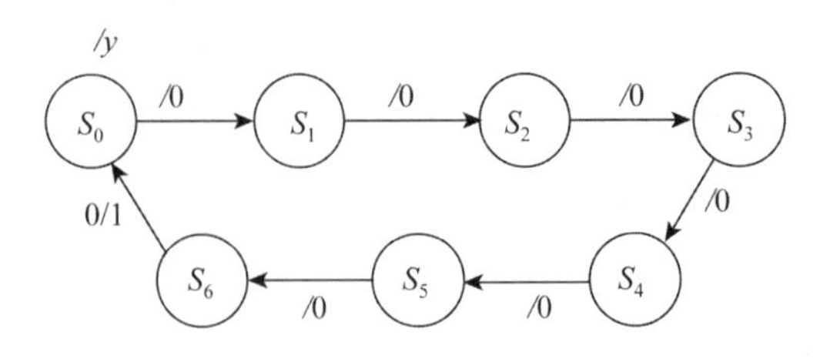

图 7.7　例 7-30 原始状态转移图

```
module moor_count5 (clk,rst, out,cout);
 input clk,rst;                    //clk 为时钟信号,rst 为复位信号
 output reg cout;                  //进位输出
 output reg [2:0] out;             //输出状态
 reg [2:0] c_state;                //现态,寄存器型变量
 parameter S0 = 3'b000, S1 = 3'b001, S2 = 3'b010,S3 = 3'b011, S4 = 3'b100,S5 = 3'b101,S6 = 3'b110;
                                   //编码    always@ (posedge clk or negedge rst)
      begin
          if (! rst)                   //复位,低电平有效
          begin
              out<= 0;c_state <=  S0; cout<= 0;
          end
          else
          case(c_state)                //状态转换
          S0:begin
              out<= 1; c_state <=  S1; cout<= 0;
              end
          S1:begin
              out<= 2;c_state <=  S2; cout<= 0;
              end
          S2:begin
              out<= 3;c_state <=  S3; cout<= 0;
              end
          S3:begin
              out<= 4;c_state <=  S4;cout<= 0;
              end
          S4:begin
              out<= 5;c_state <=  S5;cout<= 0;
              end
          S5:begin
              out<= 6;c_state <=  S6;cout<= 0;
              end
          S6:begin
              out<= 0;c_state <=  S0;cout<= 1;
              end
          default:c_state = S0;
          endcase
      end
 Endmodule
```

例 7-33 是一个带有异步复位的七进制计数器。在块语句中首先考虑复位信号，只要 rst 信号有效，计数器就一直处于复位状态 S0；当 rst 信号无效时，只要时钟上升沿到来，计数器就会按照状态图进行状态转换。

例 7-34 用 Moore 型有限状态机实现一个"1101"序列检测器。

图 7.8 所示为"1101"序列检测器 Moore 状态机状态转移图。当检测到"1101"序列时，状态机输出 1，因为是 Moore 型状态机，其输出仅取决于现态，所以每个转态对应的输出写在各圆圈内状态名之下。

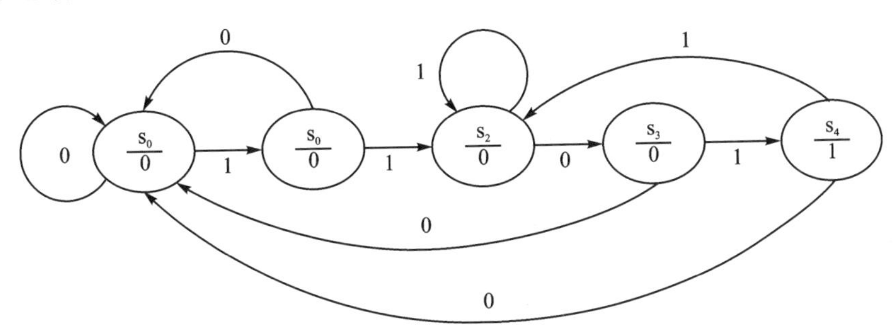

图 7.8 "1101"序列检测器 Moore 状态机状态转移图

在图 7.8 中，如果现态是 S0，输入为 0，则其下一个状态仍是 S0，输入为 1，再下一个状态是 S1；在状态 S1，如果输入为 0，则其下一个状态是 S0，如果输入为 1 则其下一个状态是 S2，此时表示连续收到 2 个 1；在状态 S2，如果输入为 1 则其下一个状态仍是 S2，如果输入为 0 则其下一个状态是 S3，此时表示连续收到序列 110；如果在状态 S3，输入为 0，则回到状态 S0，如果输入为 1 则其下一个状态是 S4，表示检测到序列 1101，状态机输出 1；如果在状态 S4，输入为 0 则回到状态 S0，如果输入为 1 则回到状态 S2，该序列检测器中，允许使用重叠位，如果不允许，则回到状态 S1。其源程序如下：

```
module SerialTestMoore_1101 (clk, clr, inX, outY);
 input clk,clr,inX;                         // clk 为时钟信号,clr 为复位信号,inX 为输入序列;
 output reg outY;
 reg [2:0] state, next_state;               //分别保存现态和次态的寄存器型变量
 parameter S0 = 3'b000,S1 = 3'b001,S2 = 3'b010,S3 = 3'b011,S4 = 3'b100;   //符号化状态编码
     always@ (posedge clk, posedge clr)     //状态切换进程
 begin
         if (clr == 1) state <= S0;
             else state <= next_state;
     end
       always@( * )                         //次态逻辑进程
       begin
     case(state)
         S0:if(inX == 1) next_state <= S1;
         else next_state <= S0;
         S1:if(inX == 1) next_state <= S2;
         else next_state <= S0;
```

```
        S2:if(inX == 0) next_state <= S3;
        else next_state <= S2;
        S3:if(inX == 1) next_state <= S1;
        else next_state <= S0;
        S4:if(inX == 0) next_state <= S0;
        else next_state <= S2;
        default:next_state = S0;
        endcase
    end
    always@(*)                  //计算输出进程
        begin
          if(state == S4)  outY = 1;
          else  outY = 0;
    end
endmodule
```

例 7-34 用 Mealy 型有限状态机实现一个"1101"序列检测器。

在例 7-33 中,用 Moore 型有限状态机实现了一个"1101"序列检测器。其状态转移图 7.8 中共有 5 个状态,在现态为 S4 时,状态机输出 1。本例则采用 Mealy 型有限状态机实现"1101"序列检测器,可用 4 个状态实现"1101"序列检测器 Mealy 型有限状态机,其状态转移图如图 7.9 所示。图 7.9 中输入/输出一起被标注在状态转移箭头上,其标注为"当前输入/当前输出"(输出值取决于当前输入和现态)。当状态为 S3(即检测到序列 110)且输入为 1 时,状态机输出 Z 变为 1,在下一个时钟上升沿,状态将变为 S1,输出 Z 变为 0,该检测器能够在一个串行数据流输入中检测出"1101"。

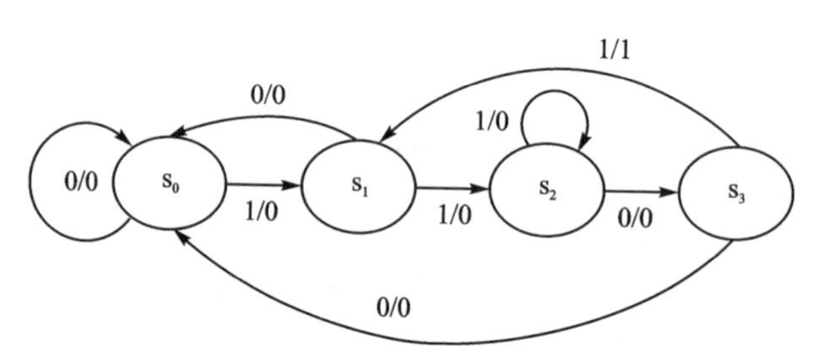

图 7.9 "1101"序列检测器 Mealy 型状态机状态转移图

其源程序如下:

```
module SerialTestMealy_1101 (clk, clr, inX, outY);
input clk,clr,inX;                   // clk 为时钟信号,clr 为复位信号,inX 为输入序列;
output reg outY;
reg [1:0] state, next_state;                   //分别保存现态和次态的寄存器型变量
parameter S0 = 2'b00,S1 = 2'b01,S2 = 2'b10,S3 = 2'b11;  //符号化状态编码
always@ (posedge clk, posedge clr)
begin                                          // 状态切换进程
    if (clr == 1) state <= S0;
        else state <= next_state;
```

```
  end
  always@(*)                                      // 次态逻辑进程
  begin
  case(state)
      S0:if(inX == 1) next_state <= S1;
      else next_state <= S0;
      S1:if(inX == 1) next_state <= S2;
      else next_state <= S0;
      S2:if(inX == 0) next_state <= S3;
      else next_state <= S2;
      S3:if(inX == 1) next_state <= S1;
      else next_state <= S0;
      default:next_state = S0;
      endcase
end
  always@(*)                                      // 计算输出进程,时序逻辑
  begin
  if(clr == 1) outY = 0;                          //如果在时钟上升沿,clr = 1,输出为 0
      if((state == S3)&&(inX == 1))               //当前状态为 S3 且输入为 1,则输出为 1 且被寄存
      outY = 1;
      else  outY = 0;
  end
endmodule
```

7.6 习　题

7-1　HDL 语言有什么特点?

7-2　举例说明 Verilog HDL 与 C 语言语法的相似点和不同之处。

7-3　wire 型变量和 reg 型变量有什么不同?分别用在什么场合?

7-4　举例说明几种循环语句的区别。

7-5　简述什么是数据流建模、行为建模和结构建模。

7-6　使用 Verilog HDL 描述一个 3 位 BCD 码至 8 位二进制的转换器。

7-7　编写一个低位优先的 8-3 编码器程序:如果两个输入同时有效,则这个编码器总是对最小的数字进行编码。

7-8　用 Verilog HDL 设计 4 选 1 数据选择器,然后用生成语句设计双 4 选 1 数据选择器。

7-9　分别采用行为描述和数据流描述方法描述三态门电路。

7-10　用 Verilog HDL 设计七段数码显示器(LED)的十六进制译码器,要求该译码器有三态输出。

7-11　用 Verilog HDL 语言编写一个源程序,产生一个 4 位自启动扭环型计数器。

7-12　分频器是一种应用广泛的时序电路,其核心是计数器,设计一个 1 024 Hz 转 1 Hz(占空比为 1:1)的分频器。

7-13　设计 16 位序列信号检测器,当检测到一组或多组由 16 位二进制码组成的脉冲序列信

号时，如果这组码与检测器预先设置的码相同，则输出 1，否则输出 0。

7-14 简易数字钟实际上是一个对标准 1 Hz 秒脉冲信号进行计数的计数电路，秒计数器满 60 后向分计数器进位，分计数器满 60 后向时计数器进位，时计数器按 24 翻 1 规律计数，计数输出经译码器送 LED 显示器，以十进制(BCD 码)形式输出时分秒。用 Verilog HDL 语言设计一个简易数字钟电路。

7-15 某 FPGA 实验板系统时钟频率为 50 MHz，周期 20 ns。板上有 8 个数码管，从右向左分别由 AN[0]～AN[7] 8 位信号驱动，低电平有效。试用 VerilogHDL 语言设计一个电路，用来控制 8 个数码管从右向左轮流显示数字 8，每个数码管显示数字 8 的时长为 1 s。

7-16 选择题

(1) Verilog HDL 语言定义了一系列保留字，叫作关键词。下面不属于关键词的是(　　)。

A. Input　　B. wire　　C. begin　　D. task

(2) 语句“reg [7:0] A = 2'hFF;”将使变量 A 的值为(　　)。

A. 8'b0000_0011　　B. -1

C. 8'b1111_1111　　D. 8'b11111111

(3) 与{1, 0}等值的是(　　)。

A. 2'b01　　B. 2'b10　　C. 10

D. 32'h00000002　　E. 64'h0000000100000000

(4) P、Q 都是 4 位的 wire 型变量，下面表达形式正确的是(　　)。

A. wire P[3:0], Q;　　B. wire P, Q[3:0];

C. wire P[3:0], Q[3:0];　　D. wire [3:0] P, [3:0] Q;E. wire [3:0] P,Q;

(5) reg 型变量在赋新值以前的值是(　　)。

A. 0　　B. 1　　C. x　　D. 原值

(6) 要使以下语句正确，变量 A、D 的类型可以分别为(　　)。

```
assign A = B;
initial D = C + 1;
```

A. wire 型和 wire 型　　B. reg 型和 integer 型

C. reg 型和 wire 型　　D. wire 型和 reg 型

(7) 以下变量 Cin、Cout、C1 和 C2 中可确定为 wire 型的是(　　)。

```
module M(input Cin, output Cout);
    ...
endmodule
module Test;
    ...
M(C1, C2);
    ...
endmodule
```

A. Cin 和 C2　　B. C1 和 C2

C. Cin 和 Cout　　　　D. Cout 和 C1

(8) Verilog HDL 支持的语句为(　　)。

A. wire [7:0] Sum = 8'd0;

B.

```
integer i, j;        ...
for (i = 0; i < 3; i = i ++) j = 2 * j;
```

C.

```
case(sel)
    2'b00: out = in0;
    2'b01: out = in1;
    2'b10: out = in2;
    default:break;
endcase
```

D.

```
input reg [7:0] inX;
output outY;
...
assign outY = inX[0];
```

(9) 在 Verilog HDL 语言中,always 过程块中的语句是(　　)语句。

A. 顺序　　B. 并行　　C. 顺序或并行　　D. 阻塞赋值

(10) 下面程序中信号 in、a、b 和 c 的初值分别为 0、1、2 和 3,那么经过 1 个时钟周期后,c 的值是(　　)。

```
always @(posedge clk) begin
  a <= in;
  b <= a;
  c <= b;
end
```

A. 0　　B. 1　　C. 2　　D. 3

(11) 在指令"timescale 10ns/1ns"后,语句"#2.17　Y = #4　0;"总共延时(　　)。

A. 2 ns　　B. 6 ns　　C. 60 ns　　D. 62 ns

(12) 下列代码的功能是(　　)。注:占空比(Duty Cycle)是高电平所占周期时间与整个周期时间的比值。

```
always begin
  #5clk = 0;
  #10clk = ~clk;
end
```

A. 产生占空比 1/3 的时钟波形　　B. 产生周期为 10 的时钟波形

C. 使得 clk=0　　D. 使得 clk=1

(13) 某一时序电路由时钟 clk 信号上升沿触发,同步高电平复位信号 rst 清 0,下面正确的代码描述是(　　)。

A. always @(posedge clk, posedge rst) if(rst)

B. always @(negedge clk, negedge rst) if(rst)

C. always @(posedge clk, rst) if(rst)

D. always @(posedge clk) if(rst)

(14) 以下 always 块描述一个带异步 reset_n 和同步 set_n 输入端的上升沿时钟 clk 触发器,最适合填入划线中的是(　　)。

```
always @ (________) begin
    if (!reset_n) Q <= 0;
    else if (!set_n) Q <= 1;
    else Q <= D;
end
```

A. posedge clk

B. negedge reset_n, negedge set_n

C. posedge clk, negedge reset_n

D. posedge clk, negedge set_n

E. posedge clk, negedge reset_n, negedge set_n

第 8 章

FPGA 设计基础

8.1 EDA 技术概述

8.1.1 EDA 技术的发展历程

20 世纪后半叶，随着集成电路和计算机的不断发展，电子技术面临着严峻的挑战。现在，专用集成电路(ASIC)的设计面临的是难度不断提高与设计周期不断缩短之间的矛盾。为了解决这个问题，我们必须采用新的设计方法和设计工具。在此情况下，EDA(Electronic Design Automation 电子设计自动化)技术应运而生。EDA 技术就是以计算机为工作平台，以 EDA 软件工具为开发环境，以硬件描述语言为设计语言，以可编程器件为实验载体，以 FPGA、SoC(System on Chip)芯片为目标器件，以数字逻辑系统设计为应用方向的电子产品自动化的设计过程。

随着现代半导体的精密加工技术发展到深亚微米(0.18～0.35 μm)阶段，基于大规模或超大规模集成电路技术的定制或半定制 ASIC(Application Specific IC，专用集成电路)器件大量涌现并获得广泛应用，使整个电子技术与产品的面貌发生了深刻的变化，极大地推动了社会信息化的发展进程。而支撑这一发展进程的主要基础之一，就是 EDA 技术。

EDA 技术在硬件方面融合了大规模集成电路制造技术、IC 版图设计技术、ASIC 测试和封装技术、CPLD/FPGA 技术等；在计算机辅助工程方面，融合了计算机辅助设计 CAD、计算机辅助制造 CAM、计算机辅助测试 CAT 及多种计算机语言的设计概念；而在现代电子学方面则融合了更多的内容，如数字电路设计理论、数字信号处理技术、系统建模和优化技术等。EDA 技术打破了计算机软件与硬件之间的壁垒，使计算机软件技术与硬件实现、设计效率和产品性能合二为一，它代表了数字逻辑设计技术和应用技术的发展方向。人工智能、云计算、大数据等新信息技术的广泛应用，为信息处理手段带来了挑战，同时也为 FPGA 带来了新的发展机遇。

EDA 技术伴随着计算机、集成电路、电子系统设计的发展，经历了以下三个发展阶段。

1. CAD 阶段

20 世纪 70 年代发展起来的计算机辅助设计 CAD(Computer Aided Design)阶段是 EDA 技术发展的早期阶段。在这一阶段，集成电路制作方面，MOS 工艺得到广泛应用，可编程逻辑器件问世时，计算机作为一种运算工具已在科研领域得到广泛应用，人们借助于计算机使用 EDA 软件工具，在计算机上进行电路图的输入、存储及 PCB 版图设计，从而使人们摆脱了用手工进行电子设计时的大量繁杂、重复、单调的计算与绘图工作，EDA 软件工具逐步取代人工进行电子系统的设计、分析与仿真。

2. CAE 阶段

CAE(Computer Aided Engineering)即计算机辅助工程,是 20 世纪 80 年代在 CAD 工具逐步完善的基础上发展起来的。此时集成电路设计技术进入了 CMOS(互补场效应管)时代,复杂可编程逻辑器件已进入商业应用,相应的辅助设计软件也已投入使用。

在这一阶段,人们已将各种电子线路设计工具(如电路图输入、编译与连接、逻辑模拟、仿真分析、版图自动生成及各种单元库)都集成在一个 CAE 系统中,以实现电子系统(或芯片)从原理图输入到版图设计输出的全程设计自动化。利用现代 CAE 系统,设计人员在进行系统设计时,可以把反映系统互连线路对系统性能的影响因素(如板级电磁兼容、板级引线走向等影响物理设计的制约条件)一并考虑进去,使电子系统的设计与开发工作更贴近产品实际,更加自动化、方便、稳定可靠,大幅提高了工作效率。

3. EDA 阶段

20 世纪 90 年代后期,出现了以硬件描述语言 HDL、系统级仿真和综合技术为特征的 EDA(Electronics Design Automation)技术。随着硬件描述语言 HDL 标准化的进一步确定,计算机辅助工程、辅助分析、辅助设计在电子技术领域获得更加广泛的应用。与此同时,电子技术在通信、计算机及家电产品生产中的市场和技术需求,极大推动了全新的电子自动化技术的应用和发展。特别是集成电路设计工艺目前步入了深微纳米阶段,千万门以上的大规模可编程逻辑器件的陆续面世,以及基于计算机技术面向用户的低成本大规模 FPGA 设计技术的应用,促进了 EDA 技术的形成。在这一阶段,电路设计者只需要完成对系统功能的描述,就可以由计算机软件进行系列处理,并最终得到设计结果。在此阶段,修改设计方案如同修改软件一样方便,利用 EDA 工具可以极大地提高设计效率。

8.1.2 EDA 技术的主要内容

EDA 技术涉及面广,内容丰富,从教学和实用的角度看,主要有以下四方面内容:① 大规模可编程逻辑器件,是利用 EDA 技术进行电子系统设计的载体;② 硬件描述语言,是利用 EDA 技术进行电子系统设计的主要表达手段;③ 软件开发工具,是利用 EDA 技术进行电子系统设计的智能化、自动化设计工具;④ 实验开发系统,是利用 EDA 技术进行电子系统设计的下载工具及硬件验证工具。

利用 EDA 技术进行数字逻辑系统设计,具有以下特点:

- 全程自动化:用软件方式设计的系统到硬件系统的转换,是由开发软件自动完成的。
- 工具集成化:具有开放式的设计环境,也称框架结构(Framework)。它在 EDA 系统中负责协调设计过程和管理设计数据,实现数据与工具的双向流动。其优点是可以将不同公司的软件工具集成到统一的计算机平台上,使之成为一个完整的 EDA 系统。
- 操作智能化:设计人员不必深入学习太多的专业知识,也可免除繁杂的推导运算即可获得优化的设计成果。
- 执行并行化:由于多种工具采用了统一的数据库,因此一个软件的执行结果马上可被另一个软件所使用,原来要串行的设计步骤变成了同时并行过程,也称为“同时工程(Concurrent Engineering).”。

➢ 成果规范化：EDA 技术都采用硬件描述语言。硬件描述语言是 EDA 系统的一种设计输入模式，可以支持从数字系统级到门级的多层次的硬件描述。

8.1.3 EDA 技术的发展趋势

EDA 技术在进入 21 世纪后得到了进一步的发展，突出表现在以下几方面：

➢ 使电子设计成果以自主知识产权（Intellectual Property，IP）的方式得以明确表达和确认成为可能。
➢ 使仿真和设计两方面支持标准硬件描述语言、功能强大的 EDA 软件不断推出。
➢ 电子技术全方位纳入 EDA 领域，除了日益成熟的数字技术外，传统的电路系统设计建模理念发生了重大变化：软件无线电技术的崛起，模拟电路系统硬件描述语言的表达和设计的标准化，系统可编程模拟器件的出现，数字信号处理和图像处理的全硬件实现方案的普遍接受，软硬件技术的进一步融合等。
➢ EDA 使得电子领域各学科的界限更加模糊，相互融合：模拟与数字、软件与硬件、系统与器件、专用集成电路 ASIC 与现场可编程逻辑器件 FPGA（Field Programmable Gate Array）、行为与结构等的界限更加模糊，更加互相包容。
➢ 基于 EDA 工具的 ASIC 设计标准单元已涵盖大规模电子系统及 IP 核模块。IP 核在电子行业的产业领域、技术领域和设计领域得到了广泛应用。
➢ C 综合技术开始应用于复杂 EDA 软件工具，使用 C 语言或类 C 语言对数字逻辑系统进行设计已经成为可能。使用 C/C++建立算法模型，并验证，HLS（High-level Synthesis）工具可以实现 C 语言到 HDL 的转化。
➢ 传统 ASIC 和 FPGA 之间的界限正变得模糊，系统级芯片不仅集成 RAM 和微处理器，也集成 FPGA，整个 EDA 和 IC 设计工业都在朝着这个方向发展。

8.2 FPGA 设计方法与设计流程

8.2.1 基于 FPGA 的层次化设计方法

FPGA 设计往往采用层次化的设计方法，分模块、分层次进行设计描述。描述系统总功能的设计为顶层设计，描述系统中较小单元的设计为底层设计。整个设计过程可理解为从硬件的顶层抽象描述向最底层结构描述的一系列转换过程，直至得到可实现的硬件单元描述。

层次化设计方法比较自由，既可采用自顶向下（Top - Down）的设计，也可采用自底向上（Down - Top）设计，可在任何层次使用原理图输入和硬件描述语言 HDL 设计。

1. 自底向上（Bottom-Top）设计方法

自底向上设计方法的中心思想是：首先根据对整个系统的测试与分析，由各个功能块连成一个完整的系统，由逻辑单元组成各个独立的功能模块，由基本逻辑门构成各个组合逻辑单元与时序逻辑单元。

自底向上设计方法的特点：从底层逻辑库中直接调用逻辑门单元；符合硬件工程师传统的设计习惯；在进行底层设计时，缺乏对整个电子系统总体性能的把握；在整个系统完成后，要进行修

改较为困难,设计周期较长,随着设计规模与系统复杂度的提高,这种方法的缺点更加突出。

传统的数字系统设计方法一般都是自底向上的,即首先确定构成系统的最底层的电路模块或元件的结构和功能,然后根据主系统的功能要求,将它们组成更大的功能块,使它们的结构和功能满足高层系统的要求,以此类推,直至完成整个目标系统的设计。

对于一般数字系统的设计,使用自底向上的设计方法,必须首先决定使用的器件类别,如74系列的器件、某种RAM和ROM、某类CPU以及某些专用功能芯片等;然后是构成多个功能模块,如数据采集、信号处理、数据交换和接口模块等等,直至利用它们完成整个系统的设计。

2. 自顶向下(Top-Down)设计方法

自顶向下设计方法的中心思想:系统层是一个包含输入/输出的顶层模块,并用系统级、行为级描述加以表达,同时完成整个系统的模拟和性能分析;整个系统进一步由各个功能模块组成,每个功能模块再由更细化的行为级描述加以表达;由EDA综合工具完成到工艺库的映射。

自顶向下设计方法的特点:结合模拟手段,可以从开始就掌握实现目标系统的性能状况;随着设计层次向下进行,系统的性能参数将进一步得到细化与确认;可以根据需要及时调整相关的参数,从而保证了设计结果的正确性,缩短了设计周期;当规模越大时,这种方法的优越性越明显;须依赖EDA设计工具的支持及高额的基础投入;逻辑综合及以后的设计过程的实现,均需要精确的工艺库的支持。

现代数字系统的设计方法一般都采用自顶向下(Top-to-Down)的层次化设计方法,即从整个系统的整体要求出发,自上而下逐步将系统设计内容细化,即把整个系统分割为若干功能模块,最后完成整个系统的设计。

系统设计从顶向下大致可分为以下3个层次:

- 系统层——用概念、数学和框图进行推理和论证,形成总体方案。
- 电路层——进行电路分析、设计、仿真和优化,把框图与实际的约束条件与可测性条件结合,实行测试和模拟(仿真)相结合的科学实验研究方法,产生直到门级的电路图。
- 物理层——真正实现电路的工具。同一的电路可以有多种不同的方法实现它。物理层包括PCB、IC、PLD、FPGA、混合电路集成、微组装电路的设计等。

在电子设计领域,自顶向下的层次化设计方法只有在EDA技术得到快速发展和成熟应用的今天才成为可能。自顶向下的层次化设计方法的有效应用必须基于功能强大的EDA工具,具备集系统描述、行为描述和结构描述功能为一体的硬件描述语言HDL,以及先进的ASIC制造工艺和FPGA开发技术。

应用FPGA技术进行自顶向下的层次化设计方法,就是使用HDL模型在所有综合级别上对硬件设计进行说明、建模和仿真测试。主系统和子系统最初的功能要求体现为可以被EDA平台验证的可执行程序。在这些过程中,由于设计的下一步是基于当前的设计,即使发现问题或要做新的修改而必须从头开始设计,也不妨碍整体的设计效率。FPGA设计的可移植性、EDA平台的通用性及与实际硬件结构的无关性,使得前期的设计可以容易地应用于新的设计项目,大大缩短设计周期。

8.2.2 基于 FPGA 技术的数字逻辑系统设计流程

利用 FPGA 技术进行数字逻辑系统设计的工作大部分是在 EDA 软件平台上完成的。一个完整的 FPGA 设计流程既是自顶向下的层次化设计方法的具体实施途径，也是 EDA 工具的组成结构。其设计流程包含设计输入、设计处理、设计效验和器件编程，以及相应的功能仿真、时序仿真、器件测试。

1. 设计输入

设计输入是由设计者对器件所实现的数字系统逻辑功能进行描述，主要有原理图输入、真值表输入、状态机输入、波形输入、硬件描述语言输入等。

对初学者，一般推荐使用原理图输入和硬件描述语言输入。

(1) 原理图输入法

原理图输入法是基于传统的硬件电路设计思想，用逻辑原理图来表示数字逻辑系统，即在 EDA 软件的图形编辑界面上绘制能完成特定功能的电路原理图，使用逻辑器件(即元件符号)和连线等来描述设计，原理图描述要求设计工具提供必要的元件库和逻辑宏单元库，如“与”门、“非”门、“或”门、触发器以及各种含 74 系列器件功能的宏功能块和用户自定义设计的宏功能块。

原理图编辑绘制完成后，原理图编辑器将对输入的图形文件进行编排之后再将其编译，以适用于 EDA 设计后续流程中所需要的低层数据文件。

原理图输入法的优点是显而易见的：

- 设计者进行数字逻辑系统设计时不需要增加新的相关知识，如 HDL；
- 该方法与 PROTEL 作图相似，设计过程形象直观，适用于初学者和教学；
- 对于较小的数字逻辑电路，其结构与实际电路十分接近，设计者易于把握电路全局；
- 由于设计方式属于直接设计，相当于底层电路布局，因此易于控制逻辑资源的耗用，节省集成面积。

然而，原理图输入法的缺点同样明显：

- 电路描述能力有限，只能描述中、小型系统，一旦用于描述大规模电路，往往难以快速有效地完成；
- 设计文件主要是电路原理图，如果设计的硬件电路规模较大，从电路原理图来了解电路的逻辑功能是非常困难的；文件管理庞大且复杂，大量的电路原理图将给设计人员阅读和修改硬件设计带来很多不便；
- 由于图形设计方式尚未标准化，不同 EDA 软件中图形处理工具对图形的设计规则、存档格式和图形编译方式都不同，因此兼容性差，性能优良的电路模块移植和再利用很困难；
- 由于原理图中已确定了设计系统的基本电路结构和元件，留给综合器和适配器的优化选择空间已十分有限，因此难以实现设计者所期望的面积、速度及不同风格的优化，这显然偏离了 EDA 的设计初衷，而且无法实现真实意义上的自顶向下的设计。

(2) HDL 文本输入法

硬件描述语言 HDL(Hardware Description Language)是用文本形式描述数字逻辑电路

设计。常用的语言有 VHDL 和 Verilog HDL。HDL 文本输入法与传统的计算机软件语言编辑输入基本一致,就是将使用某种硬件描述语言的电路设计文本进行编辑输入。该方法克服了原理图输入法的缺点。

(3) 混合输入法

在一定条件下,我们会混合使用以上两种方法。目前有些 EDA 工具(如 Quartus Ⅱ)可以把图形的直观与 HDL 的优势结合起来。例如,状态图输入的编辑方式,即用图形化状态机输入工具,用图形的方式表示状态图,在填好时钟信号名、状态转换条件、状态机类型等要素后,就可以自动生成 VHDL、Verilog HDL 程序。又如,在原理图输入方式中,连接用 HDL 描述的各个电路模块以直观地表示系统总体框架,再用 HDL 工具生成相应的 HDL 程序。

2. 设计处理

设计处理是 FPGA 设计流程中的中心环节。在该阶段,编译软件将对设计输入文件进行逻辑优化、综合,并利用一片或多片 FPGA 器件自动进行适配,最后产生编程用的数据文件。该环节主要完成设计编译、逻辑综合优化、适配和布局、生成编程文件等任务。

(1) 设计编译

设计输入完成后,即可进行设计编译。EDA 编译器首先从工程设计文件间的层次结构描述中提取信息,包含每个低层次文件中的错误信息,如原理图中信号线有无漏接,信号有无多重来源,文本输入文件中的关键字错误或其他语法错误,并及时标出错误的位置,供设计者排除纠正,然后进行设计规则检查,看设计有无超出器件资源或规定的限制,并给出编译报告。

(2) 逻辑综合优化

所谓综合(Synthesis)就是把抽象的实体结合成为单个或统一的实体。在设计文件编译过程中,逻辑综合就是把设计抽象层次中的一种表示转化为另一种表示的过程。实际上,编译设计文件过程中的每一步都可称为一个综合环节。设计过程通常从高层次的行为描述开始,以最低层次的结构描述结束,每一个综合步骤都是上一层次的转换,分别如下:

① 从自然语言转换到 HDL 语言算法表示,即自然语言综合。

② 从算法表示转换到寄存器传输级(Register Transport Level,RTL),即从行为域到结构域的综合,即行为综合。

③ RTL 级表示转换到逻辑门(包括触发器)的表示,即逻辑综合。

④ 从逻辑门表示转换到版图表示(ASIC 设计),或转换到 FPGA 的配置网表文件,可称为版图综合或结构综合。有了版图信息就可以把芯片生产出来了。有了对应的配置文件,就可以使对应的 FPGA 变成具有专门功能的电路器件。

一般来说,综合仅相对于 HDL 而言。利用 HDL 综合器对设计进行编译综合是十分重要的一步,这是因为综合过程将把软件设计的 HDL 描述与硬件结构挂钩,是将软件转化为硬件电路的关键,是文字描述与硬件实现之间的一座桥梁。综合就是将电路的高级语言转换成低级的,可与 FPGA 的基本结构相对应的网表文件或程序。

在综合之后,HDL 综合器一般都可以生成一种或多种格式的网表文件,如 EDIF、VHDL、AHDL、Verilog HDL 等标准格式。在这种网表文件中,可以使用各种格式描述电路的结构,如在 Verilog HDL 网表文件中采用 Verilog HDL 的语法,用结构描述的风格重新解释综合后的电路结构。

整个综合过程就是将设计者在 EDA 平台上编辑输入的 HDL 文本、原理图或状态图描述，依据给定的硬件结构组件和约束控制条件进行编译、优化、转换和综合，最终获得门级电路甚至更底层的电路描述网表文件。由此可见，HDL 综合器工作前，必须给定最后实现的硬件结构参数，它的功能就是将软件描述与给定的硬件结构用某种网表文件的方式对应起来，形成相互对应的映射关系。

(3) 适配和布局

适配器又称结构综合器，它的功能是将由综合器产生的网表文件，配置于指定的目标器件中，使之产生最终的下载文件，如 JEDEC、Jam 格式的文件。适配器所选定的目标器件必须属于原综合器指定的目标器件系列。通常，EDA 软件中的综合器可由专业的第三方 EDA 公司提供，而适配器须由 FPGA 供应商提供，因为适配器的适配对象直接与器件的结构细节相对应。

逻辑综合通过后，必须利用适配器将综合后的网表文件，针对某一具体的目标器件进行逻辑映射操作，其中包括底层器件配置、逻辑分割、逻辑优化、逻辑布局、布线操作。

适配和布局工作是在设计检验通过后，由 EDA 软件自动完成的。它能以最优的方式对逻辑元件进行逻辑综合和布局，并准确实现元件间的互连，同时 EDA 软件生成相应的报告文件。

(4) 生成编程文件

适配和布局完成后，可以利用适配所产生的仿真文件进行精确的时序仿真，同时产生可用于编程使用的数据文件。对 CPLD 来说，是产生熔丝图文件，即 JEDEC 文件；对于 FPGA 来说，则生成流数据文件 BG(Bit-stream Generation)。

3. 设计效验

设计效验过程是对所设计的电路进行检查，以验证所设计的电路是否满足指标要求。验证的方法有 3 种：模拟方法(又称仿真方法)、规则检查和形式验证。规则检查是分析电路设计结果中各种数据的关系是否符合设计规则。形式验证是利用理论证明的方法来验证设计结果的正确性。由于系统的设计过程是分若干层次进行的，对于每个层次都有设计验证过程对设计结果进行检查。模拟方法是目前最常用的设计验证法，它是指从电路的描述抽象出模型，然后将外部激励信号或数据施加于此模型，通过观测此模型的响应来判断该电路是否实现了预期的功能。

模型检验是数字系统 EDA 设计的重要工具。整个设计中近 80%的时间在做仿真。设计效验过程包括功能模拟和时序模拟，其中：功能模拟是在设计输入完成以后，选择具体器件进行编译以前进行的逻辑功能验证；时序模拟是在选择具体器件进行编译以后所进行的时序关系仿真。

(1) 功能模拟

功能模拟(Compilation)是直接对原理图描述或其他描述形式的逻辑电路进行测试模拟，以了解其实现的功能是否满足原设计要求的过程，对所设计的电路与输入的原理图或 HDL 进行编译，检查各单元模块的输入、输出是否有矛盾，扇入、扇出是否合理，各单元模块有无未加处理的输入信号端、输出信号端，仿真过程不涉及任何具体器件的硬件特性。

(2) 时序模拟

时序模拟(Simulation)是通过设计输入波形(University Program VWF)或第三方工具(如 ModelSim)进行仿真校验。通过仿真校验结果,设计者可对存在的设计错误进行修正。值得一提的是,一个层次化的设计中最底层的图元或模块必须首先进行仿真模拟,在确认其工作正确无误以后,再进行高一层次模块的仿真模拟,直至最终完成系统设计任务。

(3) 时序分析

时序分析(Time Quest Timing Analyzer)不同于功能模拟和时序模拟。它只考虑所有可能发生的信号路径的延时,而功能模拟和时序模拟是以特定的输入信号来控制模拟过程的,因而只能检查特定输入信号的传输路径延时。本书讨论的时序分析可以分析时序电路的性能(延迟、最小时钟周期、最高的电路工作频率),计算从输入引脚到触发器、锁存器和异步 RAM 的信号输入所需要的最少时间和保持时间。

4. 器件下载

把适配后生成的下载数据文件,通过编程电缆或编程器下载到 CPLD 或 FPGA,以便进行硬件调试和验证。编程是指将实现数字系统已编译数据放到具体的可编程器件中。对 CPLD 来说,是将熔丝图文件(即 JEDEC 文件)下载到 CPLD 器件中去;对于 FPGA 来说,是将生成流数据文件 BG 配置到 FPGA 中。

通常,将对 CPLD 的下载称为编程(Program),对 FPGA 中的 SRAM 进行直接下载的方式称为配置(Configure),但对于 OTP FPGA 的下载和对 FPGA 的专用配置 ROM 的下载仍称为编程。FPGA 与 CPLD 的辨别和分类主要是依据其结构特点和工作原理。

通常的分类方法如下:

(1) 将以乘积项结构方式构成逻辑行为的器件称为 CPLD,如 Lattice 的 ispLSI 系列、Xilinx 的 XC9500 系列、Altera 的 MAX7000S 系列和 Lattice(原 Vantis)的 Mach 系列等。

(2) 将以查表法结构方式构成逻辑行为的器件称为 FPGA,如 Xilinx 的 SPARTAN 系列、Altera 的 Cyclone IV 系列等。

5. 设计电路硬件调试——实验验证过程

实验验证是将已编程的器件与它的相关器件和接口相连,以验证可编程器件所实现的逻辑功能是否满足整个系统的要求,并在最后将载入了设计的 FPGA 硬件系统进行统一测试,以便最终验证设计项目在目标系统上的实际工作情况,以排除错误,改进设计。

实验验证可以在 EDA 硬件实验开发平台上进行,如本书所采用的 Altera 公司的 DE2-115 开发系统。该开发系统的核心部件是一片可编程逻辑器件(Cyclone IV E EP4CE115F29C7)以及 A/D、D/A、RAM、ROM、高速时钟等,再附加一些输出/输入设备和接口,如按键、数码显示器、指示灯和 USB 接口、VGA 接口、USB、以太网接口等。将设计电路的编程数据下载到目标芯片 EP4CE115F29C7 中,根据 Altera 公司的 DE2-115 开发平台的操作模式要求,进行相应的操作即可(详见附录)。

8.3 FPGA 设计工具——Quartus Ⅱ 13.1

FPGA 设计是实现具有不同逻辑功能 ASIC 的有效方法,是进行原型设计的理想载体。

FPGA 设计是借助于 EDA 软件,用原理图、布尔表达式、硬件描述语言等方法生成相应的目标文件,最后用编程器或下载电缆,由目标器件实现。目前,世界上具有代表性的 FPGA 生产厂家有 Intel FPGA(原 Altera 公司,2015 年 6 月被 Intel 公司收购)、Xilinx 公司和 Lattice 公司,其中本书所使用的设计工具为原 Altera 公司的 FPGA 设计软件 Quartus Ⅱ 13.1。

8.3.1 Quartus Ⅱ 13.1 的安装

Quartus Ⅱ 13.1 软件实现了性能最好的 FPGA 和 SoC,提高了设计人员的工作效率。与之前的版本相比,Quartus Ⅱ 13.1 支持面向 Stratix V FPGA 的设计,增强了包括基于 C 的开发套件、基于系统 IP 以及基于模型的高级设计流程,还包括 Altera 公司同类产品最佳的 IP,延时降低了 70%,资源利用率提高了 50%以上,同时保持了客户的性能不变,也保持了最常用和性能最高的 IP 的吞吐量;其 28 nm FPGA 和 SoC 用户的编译时间将平均缩短 25%;其 OpenCL 的 SDK 为没有 FPGA 设计经验的软件编程人员打开了强大的并行 FPGA 加速设计的新世界。从代码到硬件实现,OpenCL 并行编程模型提供了最快的方法。与其他硬件体系结构相比,FPGA 的软件编程人员以极低的功耗实现了很高的性能。关于 Quartus Ⅱ 13.1 特性的详细信息,请访问 Intel FPGA 的 Quartus Ⅱ 13.1 软件新增功能网页及官网。

要使用 Altera 提供的软件,需要设置并获取 Altera 的订购许可。首先,检查电脑操作系统是 32 位的还是 64 位的。客户在购买选定开发工具包时,将收到用于个人计算机的 Quartus Ⅱ 13.1 软件免费版本,并获得有关该软件许可的指令。如果没有有效的许可文件,则应请求新的许可文件;还可以选择 30 天试用版用以评估 Quartus Ⅱ 软件,但它没有编程文件支持。要使用 30 天试用版,在启动 Quartus Ⅱ 软件后,请选择 Enable 30 - day evaluationperiod 选项。30 天试用期结束后,客户必须取得有效的许可文件才能使用该软件。

我们可以从网站 http://www.ithinktech.cn 获取 Quartus Ⅱ 软件。Quartus Ⅱ 软件目前最高版本为 Quartus Ⅱ 19.1,本书采用的是 Quartus Ⅱ 13.1。

1. Quartus Ⅱ 13.1 软件的安装步骤

① 将下载的 Quartus Programmer Setup-13.1.0.162.exe(含 ModelSimSetup - 13.1.0.162)拷入计算机硬盘中,双击该文件即可弹出安装向导界面。

② 单击安装向导界面的 Next 按钮,将出现 License 界面,选择 I accept the agreement,再单击 Next 按钮,出现安装路径设置界面,可根据需要选择安装路径或在默认路径下安装。

③ 在下一步操作中选择所需的器件系列和 EDA 工具。从 10.0 版本开始,软件与器件库是分别安装的,我们必须安装所需要的器件库。例如,本文选择的器件安装包为 cyclone13.1.0.162.qdz 和 cyclonev13.1.0.162.qdz,仿真工具选择 Modelsim-altera。

④ 继续单击 Next 按钮,弹出指定 MATLAB 安装路径的对话框,若主机已安装 MATLAB 则可使用安装向导检测出安装路径。该步骤主要用于 Matlab 的插件 DSP Build 的安装,通过 Simulink 方式设计信号处理系统,并直接用生成相应的 FPGA 工程。

⑤ 下一步将给出安装选定部件所需的硬盘空间,以及当前指定驱动器上可用空间。单击 Next 按钮,即可开始安装 Quartus Ⅱ 13.1 软件了。

2. 安装 USB - Blaster 驱动安装

将 DE2 - 115 开发板 Blaster 接口 J9(开发板最左侧)接好 USB 连接线,另一头插入计算机的 USB 接口。Quartus Ⅱ软件安装完成后,将给出提示界面,并告知安装成功与否。建议仔细阅读全部提示。为保证 DE2 - 115 开发板的正常使用,还须安装 USB - Blaster 驱动程序,通过添加系统新硬件方式,在弹出的对话框中单击“浏览”按钮,选择驱动程序所在的子目录(位于 Quartus Ⅱ软件的安装目录下),如 D:\altera\13.1\quartus\drivers\usb - blaster,再单击“下一步”按钮即可完成硬件驱动程序的安装。

安装完成后,用右击桌面上“我的电脑”图标,选择“属性”,再进入“硬件”标签页,打开“设备管理器”对话框,单击“通用串行总线控制器”图标,即可查看安装是否成功。

3. 获取 Quartus Ⅱ 13.1 软件许可

① 启动 Quartus Ⅱ 13.1 软件后,如果软件检测不到有效的 ASCII 文本许可文件 license.dat,则将出现含 Request updated license file from the web 选项的提示信息。

② 选择相应许可类型的链接,指定请求的信息。

③ 通过电子邮件收到许可文件之后,将其保存至系统的一个目录中。

④ 启动 Quartus Ⅱ 软件,尚未指定许可文件位置,将出现 Specifyvalid license file 选项。此选项显示 Options 对话框(Tools 菜单)的 License Setup 选项卡,如图 8.1 所示。

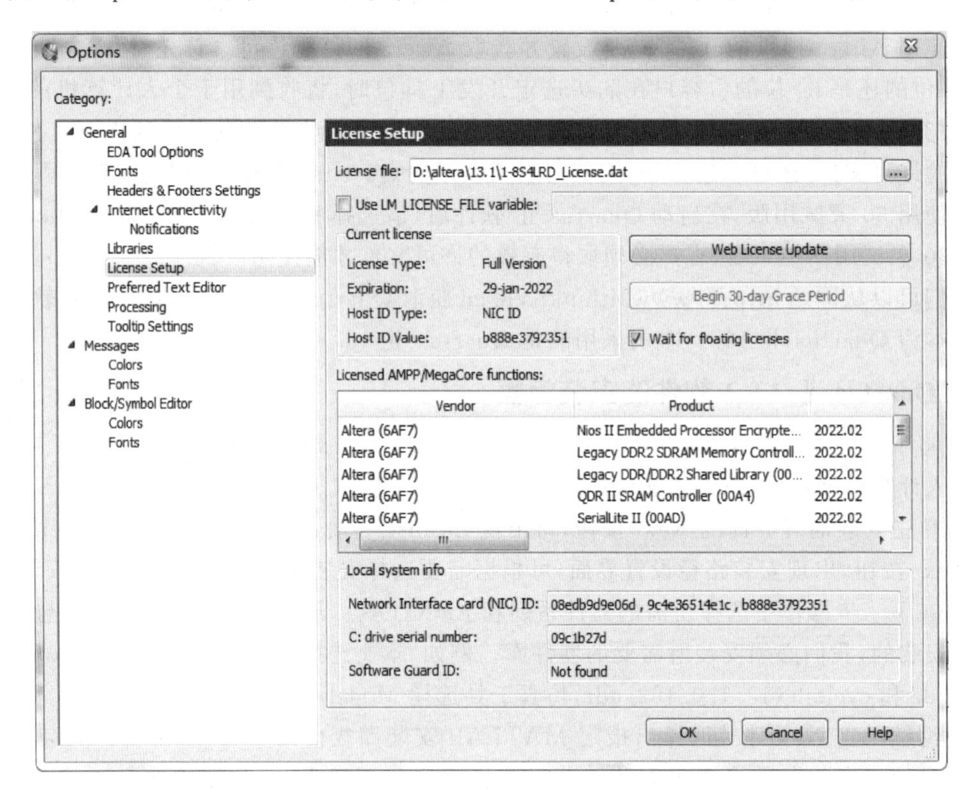

图 8.1 Quartus Ⅱ 13.1 软件许可文件示意图

8.3.2 Quartus Ⅱ 13.1 设计流程

Quartus Ⅱ 13.1 的设计流程如图 8.2 所示。使用 Quartus Ⅱ 软件可以完成设计流程的所有阶段,主要包括设计输入、逻辑综合、布局布线、仿真、时序分析、编程和配置。

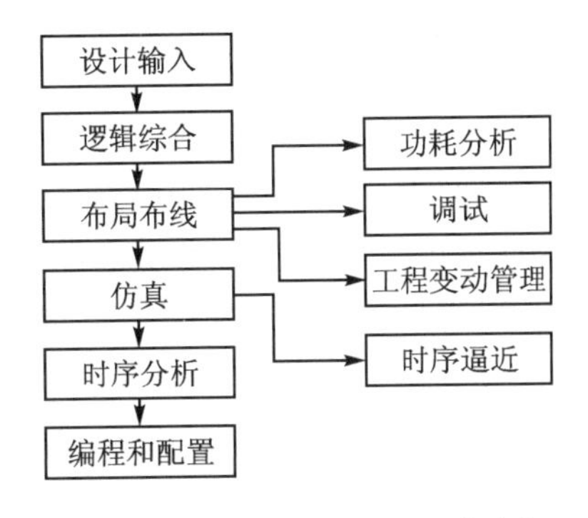

图 8.2 Quartus Ⅱ 13.1 设计流程

1. 设计输入

Quartus Ⅱ软件的工程由所有设计文件和与设计有关的设置组成。设计者可以使用 Quartus Ⅱ框图编辑器、文本编辑器、Mega Wizard® Plug-InManager (Tools 菜单)和 EDA 设计输入工具,建立包括 Altera 宏功能模块、参数化模块库(LPM)函数和知识产权(IP)函数在内的设计。

(1) Quartus Ⅱ框图编辑器

Quartus Ⅱ框图编辑器以原理图和流程图的形式输入和编辑图形设计信息,读取并编辑原理图设计文件。每个原理图设计文件包含块和符号,代表设计中的逻辑。Quartus Ⅱ框图编辑器将每个流程图、原理图或符号代表的设计逻辑融合到工程中。

可以更改 Quartus Ⅱ框图编辑器的显示选项,如更改导向线和网格间距、橡皮带式生成线、颜色和屏幕元素、缩放以及不同的块和基本单元属性。

Quartus Ⅱ软件提供可在 Quartus Ⅱ框图编辑器中使用的各种逻辑功能符号,包括基本单元、参数化模块库(LPM)函数和其他宏功能模块,使用 Create/Update 命令(File 菜单)可从当前框图设计文件中建立框图符号文件,然后将其合并到其他框图设计文件中去。

(2) 文本编辑器

可以使用 Quartus Ⅱ文本编辑器或其他文本编辑器,建立文本设计文件、Verilog 设计文件和 VHDL 设计文件,并在层次化设计中将这些文件与其他类型的设计文件相结合。

Verilog 设计文件和 VHDL 设计文件可以包含 Quartus Ⅱ 支持的语法语义的任意组合。它们还可以包含 Altera 公司提供的逻辑功能,包括基本单元和宏功能模块,以及用户自定义的逻辑功能。在文本编辑器中,使用 Create/Update 命令(File 菜单)从当前的 Verilog HDL 或 VHDL 设计文件建立框图符号文件,然后将其合并到框图设计文件中。

(3) 配置编辑器

建立工程和输入设计之后,使用 Quartus Ⅱ 软件中 Assignments 菜单下的 Settings 对话框指定初始设计的约束条件,如引脚分配、器件选项、逻辑选项和时序约束条件。

Assignment Editor 是用来在 Quartus Ⅱ 软件中建立和编辑分配的界面,分配用于设计中为逻辑指定各种选项和设置,包括位置、I/O 标准、时序、逻辑选项、参数、仿真和引脚分配。使用 Assignment Editor 可以选择分配类别。使用 Quartus Ⅱ Node Finder 选择要分配的特定节点和实体。使用它们可显示有关特定分配的信息,添加、编辑或删除选定节点的分配,还可以向分配添加备注,查看出现分配的设置和配置文件。

2. 逻辑综合

逻辑综合是指将原理图、HDL 语言等设计输入翻译成由“与”门、“或”门、“非”门、触发器、存储器等基本逻辑单元组成的逻辑网表,并根据目标与约束条件优化所生成的逻辑连接,输出 EDA 网表文件供布局布线来实现。

Quartus Ⅱ 软件的全程编译(Compiler)包含逻辑综合(Analysis & Synthesis)过程。

3. 布局布线

逻辑综合结果的本质是一些由“与”门、“或”门、“非”门、触发器、存储器等基本逻辑单元组成的逻辑网表,它与芯片实际配置情况还有较大差距。此时应使用 FPGA 厂商提供的软件工具,根据所选芯片的型号,将综合输出的逻辑网表适配到具体的目标芯片上,此过程称作逻辑实现。因为只有器件开发商了解器件的内部结构,所以该实现过程必须选用开发商提供的工具。

在逻辑实现过程中最主要的过程是布局布线,也称为适配(Fitter)。布局是将逻辑网表中的符号合理地适配到 FPGA 内部固有的硬件结构上;布线则是根据布局的拓扑结构,利用 FPGA 内部的各种连线资源选择相应的互连路径和引脚分配。

4. 仿 真

在编程下载前必须对逻辑实现生成的结果进行模拟测试,即仿真。仿真就是让计算机根据一定的算法和仿真库对 FPGA 设计进行模拟测试,以验证设计排除错误。

仿真软件主要有两类;第一类是由 FPGA 供应商自己推出的仿真软件,如 Quartus Ⅱ 9.1 以前的旧版本中自带的波形仿真软件;第二类是由 EDA 专业仿真软件商提供,即第三方仿真工具(如 ModelSim)。

在 Quartus Ⅱ平台上使用第三方仿真工具 ModelSim 的方法有多种,常见的有两种:一是直接使用(详见参考文献[11]);二是面向大学计划的以间接方式使用(如 Model Sim-altera)。在 Quartus Ⅱ 13.1 中将 ModelSim 整合成类似旧版本的波形仿真器(University Program VWF),使得用户可以使用自己熟悉的操作流程进行仿真。

5. 时序分析

Quartus Ⅱ的时序分析工具对所设计的所有路径延时进行分析,并与时序要求进行对比,以保证电路在时序上的正确性。

Quartus Ⅱ 13.1 提供的时序分析工具是 Time Quest Timing Analyzer。Time Quest Timing Analyzer 采用 Synopsys Design Constraints(SDC)文件格式作为时序约束输入。这正是 Time Quest 的优点:采用行业通用的约束语言而不是专有语言,有利于设计约束从 FPGA 向 ASIC 设计流程迁移,有利于创建更细致深入的约束条件。其具体使用流程可参照参考文献[12]。

6. 编程和配置

使用 Quartus Ⅱ 软件成功编译(Compiler)项目工程之后,就可以对 Altera 器件进行编程或配置。Quartus Ⅱ 的编译模块生成编程文件。Quartus Ⅱ 编程器(Programmer)可以用编程文件与 Altera 编程硬件一起对器件进行编程或配置。还可以使用 Quartus Ⅱ Programmer 的独立版本对器件进行编程和配置。

编程器(Assembler)自动将适配(Fitter)好的器件、逻辑单元和引脚分配转换为该器件的编程图像,这些图像以目标器件的一个或多个编程对象文件(. pof)或 SRAM 对象文件(. sof)的形式存在。

8.4 Quartus Ⅱ 13.1 设计入门

下面根据 8.3 节的 Quartus Ⅱ 13.1 的设计输入流程，以 1 位全加器的原理图（如图 8.3 所示）输入设计为例，介绍 Quartus Ⅱ 13.1 的基本使用方法。

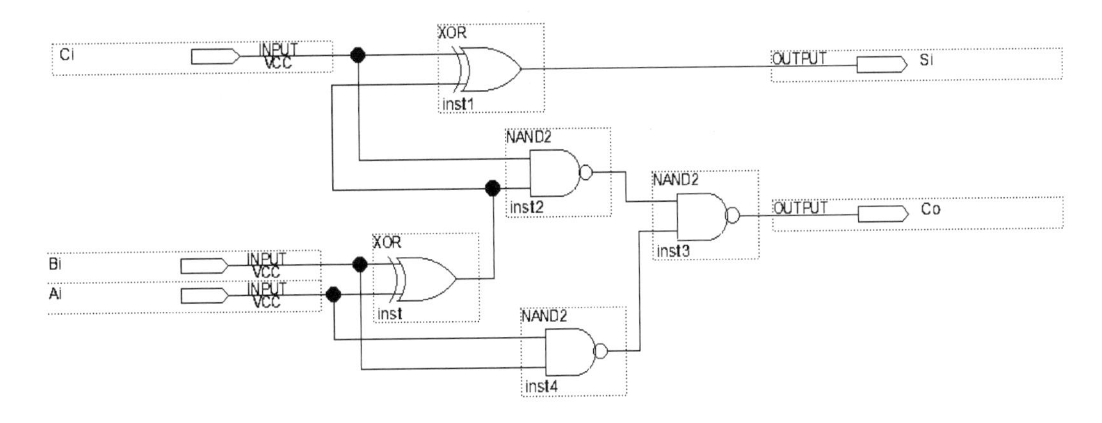

(a) 电路图

Ci	Bi	Ai	Si	Co
0	0	0	0	0
0	0	1	1	0
0	1	0	1	0
0	1	1	0	1
1	0	0	1	0
1	0	1	0	1
1	1	0	0	1
1	1	1	1	1

(b) 真值表

图 8.3　1 位全加器电路图

8.4.1 启动 Quartus Ⅱ 13.1

从操作系统“开始”菜单“所有程序”中的“Altera”程序框中单击 Quartus Ⅱ 13.1 图标，即可呈现如图 8.4 所示的 Quartus Ⅱ 13.1 图形用户界面。该界面由标题栏、菜单栏、工具栏、资源管理窗、编译状态显示窗、信息显示窗和工程工作区等部分组成。

1. 标题栏

标题栏显示当前工程项目的路径和工程项目的名称。

2. 菜单栏

菜单栏由文件（File）、编辑（Edit）、视窗（View）、工程（Project）、资源分配（Assignments）、操作（Processing）、工具（Tools）、窗口（Window）和帮助（Help）9 个下拉菜单组成。限于篇幅，下面仅介绍几个核心下拉菜单。

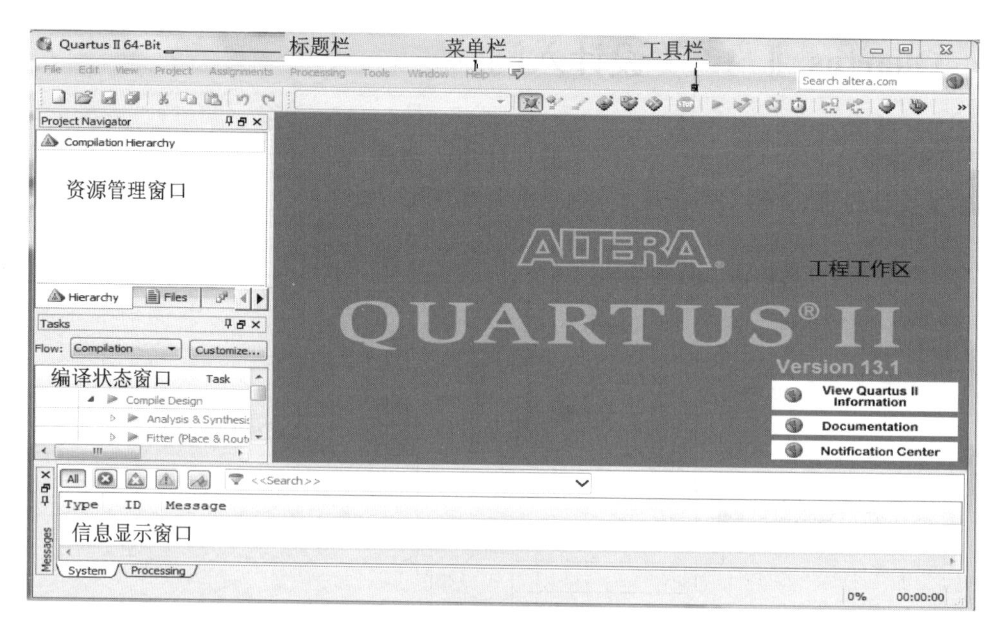

图 8.4　Quartus Ⅱ 13.1 图形用户界面

(1) File(文件)菜单

File(文件)下拉菜单中包含如下几个常见的对话框。

①新建输入文件对话框(New),如图 8.5 所示。

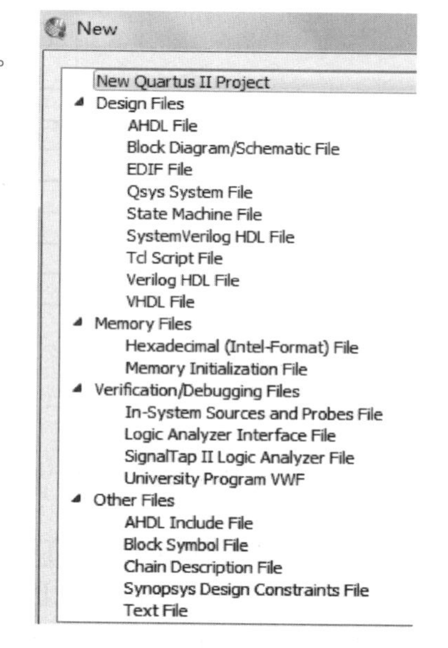

图 8.5　新建输入文件对话框

New 对话框中包含如下选项:

New Quartus Ⅱ Project:新建工程向导,可引导设计者如何创建工程、设置定层设计单元、引用设计文件、器件设置等。

Design Files:可选择 AHDL File、Block Diagram/Schematic File、EDIF File、Qsys System File 、State Machine File、Tcl Script File、SystemVerilog HDL File、Verilog HDL File、VHDL File 共 9 种硬件设计文件类型。

Memory Files:可选择 Memory Initalization File、Hexadecimal(Intel-Format) File。

Verification/Debugging Files:可选择 In-System Sources and Probes File、Logic Analyzer Interface File、SignalTap II Logic Analyzer File、University Program VWF 。

Other Files:可选择 AHDL Include File、Block Symbol File、Chain Description File、Synopsys Design Constrains File、Text File 等其他类型的新建文件类型。

② Open Project:打开已有的工程项目。

③ Close Project:关闭工程项目。

④ Create/Update:用户设计的具有特定应用功能的模块须经过模拟仿真和调试证明无误后,可执行该命令,建立一个默认的图形符号(Create Symbol Files for Current File)后再放

入用户的设计库中，供后续的高层设计调用。

(2) Project(工程)菜单

Project(工程)菜单的主要功能如下：

① Add Current File to Project：将当前文件加入工程中。

② Revisions：创建或删除工程，在其弹出的窗口中单击 Create 按钮创建一个新的工程；或者在创建好的几个工程中选一个，单击 Set Current 按钮，就把选中的工程置为当前工程。

③ Archive Project：为工程归档或备份。

④ Generate Tcl File for Project：为工程生成 Tcl 脚本文件。

⑤ Generate Powerplay Early Power Estimatior File：生成功率分析文件。

⑥ Locate：将 Assignment Editor 中的节点或源代码中的信号在 Timing Closure Floorplan、编译后的布局布线图、Chip Editor 或源文件中定位其位置。

⑦ Set as Top-level Entity：把工程工作区打开的文件，设定为定层文件。

⑧ Hierarchy：打开工程工作区显示的源文件的上一层或下一层源文件及定层文件。

(3) Assignments(资源分配)菜单

Assignments(资源分配)菜单的主要功能是对工程的参数进行配置，如引脚分配、时序约束、参数设置等。

① Device：设置目标器件型号及相关引脚参数的选择。

② Settings：打开参数设置页面，可切换到使用 Quartus Ⅱ软件开发流程的每个步骤所需的参数设置页面。

③ TimeQuest Timing Analysis Wizard：打开时序约束分析的对话框向导。

④ Assigment Editor：用于手工分配器件引脚、设定引脚电平标准、设定时序约束等。

⑤ Pin Planner：可显示和修改对话框下方 All Pins 列表中包含所有引脚信息。

⑥ Remove Assigments：删除设定的类型分配。

⑦ Import Assigments：将 excel 格式的引脚分配文件. csv 导入当前工程中，完成引脚锁定。

(4) Processing(操作)菜单

Processing(操作)菜单包含了对当前工程执行的各种设计流程，如开始编译(Start Compilation)、开始行布局布线(Fitter)、开始运行仿真(Start Simulation)，以及对设计进行时序分析(TimeQuest Timing Analyzer)，设置 Powerplay Power Analyzer 等。

(5) Tools(工具)菜单

调用 Quartus Ⅱ中的集成工具，如 MegaWizard Plug-In Manager(IP 核与宏功能模块定制向导)、Chip Editor(低层编辑器)、RTL View(寄存器传输结构视图)、SignalTap® II Logic Analyzer(逻辑分析仪)、In System Memory Contant Rditor(在系统存储器内容编辑器)、Programmer(编程器)、Liscense Setup(安装许可文件)。

① MegaWizard Plug-In Manager：为了方便设计者使用 IP 核及宏功能模块，Quartus Ⅱ软件提供了此工具(亦称为 MegaWizard 管理器)，可以帮助设计者建立或修改包含自定义宏功能模块变量的设计文件，并为自定义宏功能模块变量指定选项，定制用户所需的功能。

② Chip Planner：Chip Planner 是在设计后端对设计进行快速查看和修改的工具，通过它可以查看编译后布局布线的详细信息。它允许设计者利用资源特性编辑器(Resource Properties Editor)直接修改布局布线后的逻辑单元(LE)、I/O 单元(IOE)或 PLL 单元的属性和参数,而不是修改源代码,这样一来就避免了重新编译整个设计过程。

③ Netlists View:在 Quartus Ⅱ中,设计者只需运行完 Analysis and Elaboration(分析和解析,检查工程中调用的设计输入文件及综合参数设置)命令,即可通过 Netlist View 观测设计的 RTL 结构,RTL View 显示了设计中的逻辑结构,使其尽可能接近源设计。

④ Signal Tap II Logic Analyzer:它是 Quartus Ⅱ中集成的一个内部逻辑分析软件。使用它可以观察设计的内部信号波形,方便设计者查找引起设计缺陷的原因。Signal Tap II 逻辑分析仪是第二代系统级调试工具,可以捕获和显示实时信号行为,允许观察系统设计中硬件和软件之间的交互作用。Quartus Ⅱ 允许选择要捕获的信号、开始捕获信号的时间以及要捕获多少数据样本,还可以选择将数据从器件的存储器块通过 JTAG 端口送至 SignalTap II 逻辑分析器,或是至 I/O 引脚以供外部逻辑分析器或示波器使用。可以使用 Master Blaster™、Byte Blaster MV™、Byte Blaster™ II、USB-Blaster™ 或 Ethernet Blaster 通信电缆下载配置数据到器件上。这些电缆还可将捕获的信号数据从器件的 RAM 资源上传至 Quartus Ⅱ软件。

⑤ In-System Memory Contant Rditor:In-System Memory Content Editor 使设计者可以在运行时查看和修改设计的 RAM、ROM,或独立于系统时钟的寄存器内容。调试节点使用标准编程硬件通过 JTAG 接口与 In-System Memory Content Editor 进行通信。可以通过 MegaWizard Plug-In Manager (Tools 菜单)使用 In-System Memory Content Editor 来设置和实例化 lpm_rom、lpm_ram_dq、altsyncram 和 lpm_constant 宏功能模块,或通过使用 lpm_hint 宏功能模块参数,直接在设计中实例化这些宏功能模块。该菜单可用于捕捉并更新器件中的数据。可以在 Memory Initialization File (. mif)、十六进制(Intel-Format)文件(. hex)以及 RAM 初始化文件(. rif) 格式中导出或导入数据。

⑥ Programmer:通过该菜单可完成器件编程和配置。

⑦ Liscense Setup:该页面将给出选项来指定有效许可文件。

(6) View(视察)菜单

前面介绍的所有子窗口均可在 View(视察)菜单下的 Utility Windows 中进行显示和隐蔽切换。也可以在 Status 等子窗口上右击,在右键快捷菜单中进行显示切换。

3. 工具栏(Tool Bar)

工具栏(Tool Bar)中包含了常用命令的快捷图标,将鼠标移到相应图标时,在其下方出现此图标对应的含义,而且每种图标在菜单栏均能找到相应的命令菜单。设计者可以根据需要将自己常用的功能定制为工具栏上的图标。

4. 资源管理窗

资源管理窗用于显示当前工程中所有相关的资源文件。资源管理窗左下角有三个标签,分别是结构层次(Hierarchy)、文件(Files)、设计单元(Design Units)。结构层次窗口在工程编译前只显示顶层模块名;工程编译后,此窗口按层次列出了工程中所有的模块,并列出了每个源文件所用资源的具体情况。顶层可以是设计者生成的文本文件,也可以是图形编辑文件。文件窗口列出了工程编译后所有的文件(参见图 3-6)。

5. 工程工作区

在 Quartus Ⅱ中实现不同的功能时，工程工作区将打开相应的操作窗口，显示不同的内容，进行不同的操作。

6. 编译状态显示窗

编译状态显示窗是显示模块综合、布局布线过程及时间。模块(Module)列出工程模块，过程(Process)显示综合、布局布线进度条，时间(Time)表示综合、布局布线所耗费的时间。

7. 信息显示窗

信息显示窗显示 Quartus Ⅱ软件综合、布局布线过程中的信息，如开始综合时调用源文件、库文件、综合布局布线过程中的定时、告警、错误等。如果是告警和错误，则会给出具体的原因，方便设计者查找并修改错误。

8.4.2 设计输入

Quartus Ⅱ项目是由所有设计文件和与设计有关的设置组成的。设计者可以使用 Quartus Ⅱ Block Editor、Text Editor、MegaWizard Plug-InManager（Tools 菜单）和 EDA 设计输入工具建立包括 Altera 宏功能模块、参数化模块库(LPM)函数、知识产权(IP)函数在内的设计。其设计步骤如下：

1. 建立工作库目录文件夹以便设计工程项目的存储

EDA 设计是一个复杂的过程。项目的管理很重要，良好清晰的目录结构可以使工作更有条理性，任何一项设计都是一项工程(Project)，都必须首先为此工程建立一个放置于此工程相关的所有文件的文件夹。本设计项目建立的工作库目录文件夹路径为 D:\chapter3\fulladder，此文件夹将被 EDA 软件默认为工作库(Work Library)。不同的设计项目最好放在不同的文件夹中，同一工程的所有文件都必须放在同一文件夹中。(**注意**：文件夹的命名不能使用中文，且不可带空格)

2. 编辑设计文件，输入源程序

打开 Quartus Ⅱ 13.1，选择 File→New 命令。在 New 窗口中的 Design Files 中选择硬件设计文件类型为 Block Diagram/Schematic File，得到如图 8.6 所示的图形编辑窗口。

在原理图空白处双击，在 Symbol 选择窗(或右击选择 Inster→Symbol…)，弹出如图 8.7 所示元件选择对话框。展开 Libraries 框中的层次结构，在 Logic 库中包含了基本的逻辑电路。为了设计 1 位全加器，可参考图 8.3(a)，分别选择元件“与”门 AND2(2 个)、“异或”门 XOR(2 个)和“或”门 OR(1 个)。

按同样的步骤从 primitives/pin 库中选择 input、output，然后分别在 input 和 output 的 PIN NAME 上双击使其变黑，再用键盘分别输入各引脚名：Ai(加数)、Bi(被加数)、Ci(低位进位输入)、Si(和输出)和 Co(向高位进位输出)。

用连线按图 8-4(a)所示电路图连接各节点。当两条线相连时，在连接点上将会出现一个圆点。如果连线有误，则可单击选中错误的连线，单击 Del 键删除。连完线后，单击选择聪明连线工具，可选择拖动、删除、连线和符号完成之后的原理图如图 8.8 所示。

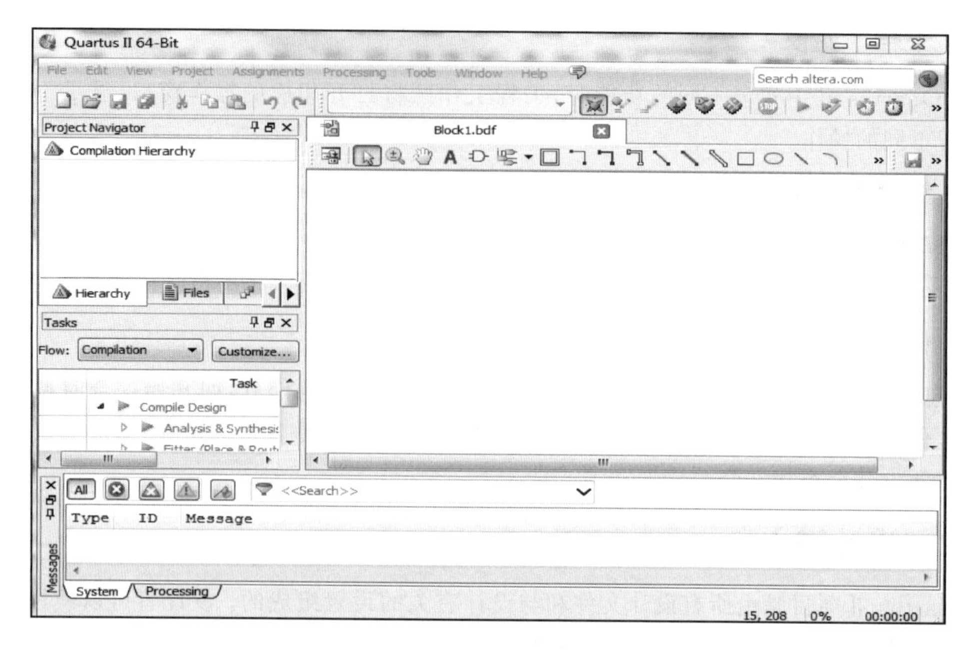

图 8.6　图形编辑窗口

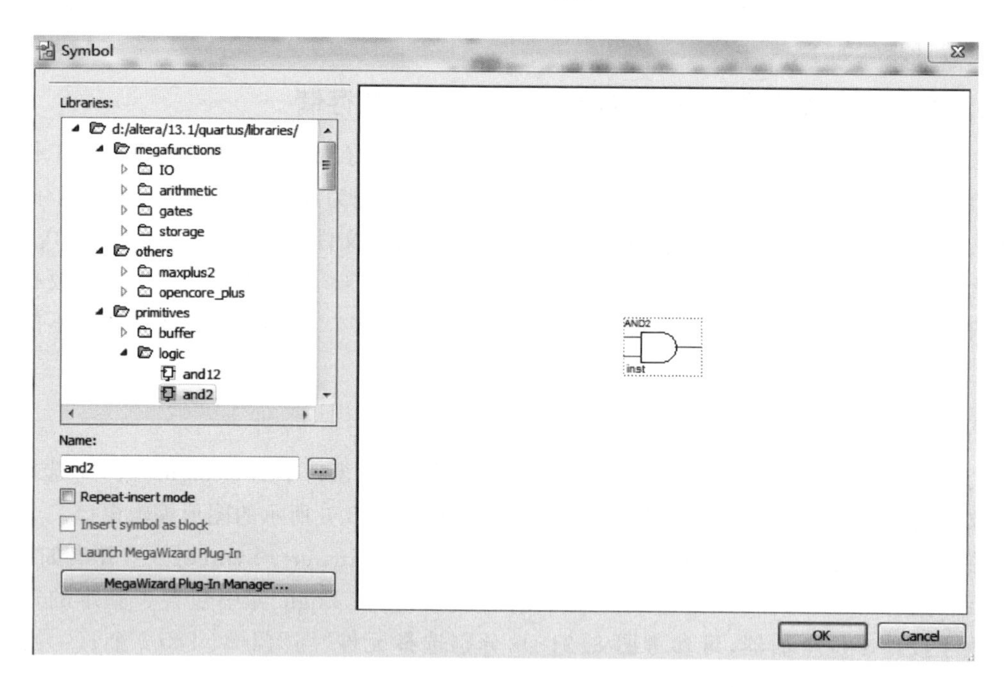

图 8.7　元件选择对话框

文件存盘。选择 File→Save As 命令，找到已设立的文件夹 D:/chapter3，存盘文件名为 fualladd_g. bdf。根据提示"Do you want to create a new project with this file"，如果选"yes"则根据提示完成后面步骤；如果选"No"则按下述步骤进入建立工程项目流程。

3. 建立工程项目

选择 File→New Project Wizard 命令，即打开建立新工程对话框，单击对话框最上面一栏

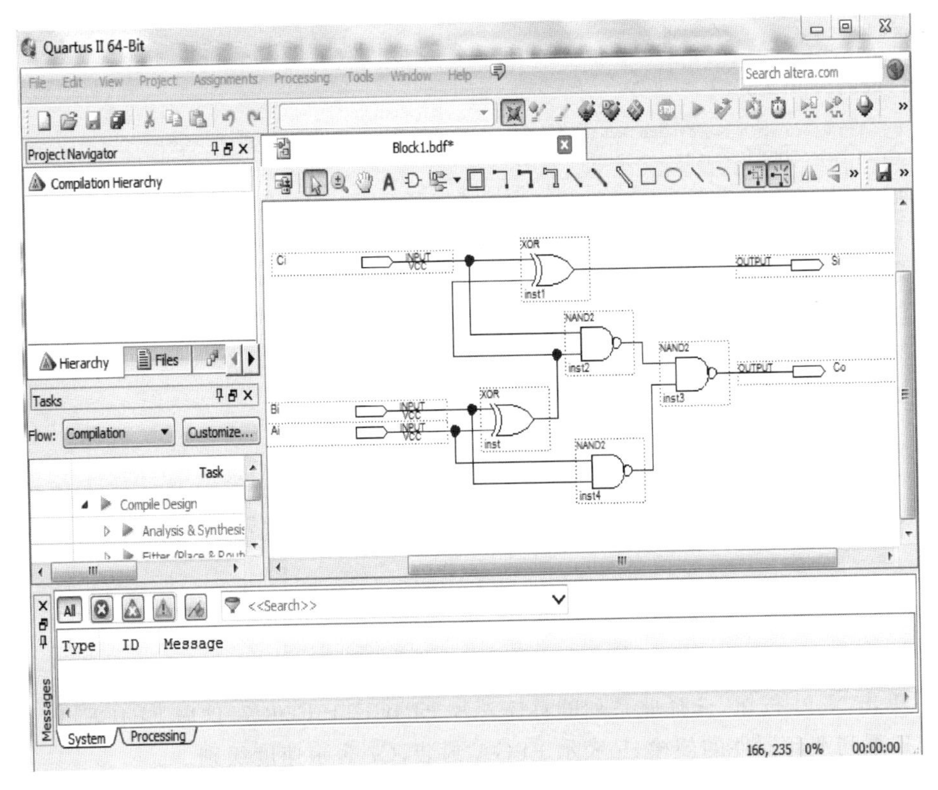

图 8.8　设计输入完成之后的一位全加器原理图

右侧的“…”按钮，找到项目所在的文件夹，选中已存盘的文件 fualladd_g. bdf（一般应该设定该层设计文件为工程），再单击“打开”按钮，图形框中第 1 行表示工程所在的工作库目录文件夹；第 2 行表示该工程的工程名 fualladd_g，此工程名可以任意命名，也可以用顶层文件实体名作为工程名；第 3 行是顶层文件的实体名 fualladd_g，如图 8.9 所示。

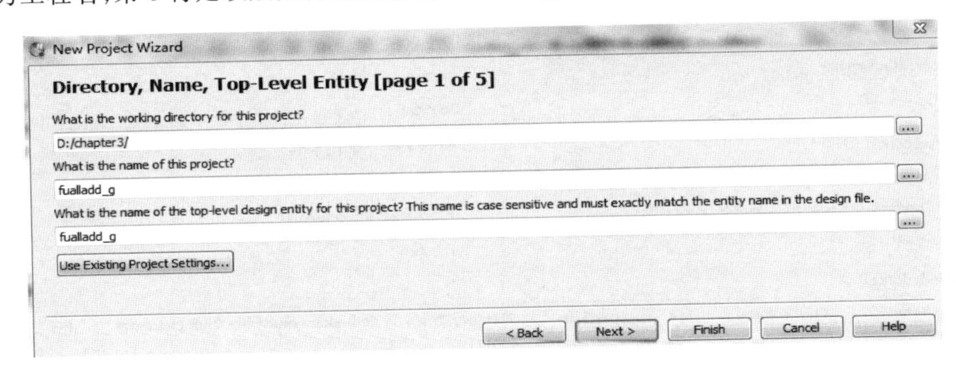

图 8.9　使用 New Project Wizard 创建工程

单击 Next 按钮，在弹出的对话框（如图 8.10 所示）中单击 File 栏中的“…”按钮，将与工程相关的所有文件加入工程中（本例中只有一个图形文件 fuall_add1. bdf），单击 Add 按钮进入此工程即可。

选择目标芯片（用户必须选择与开发板相对应的 FPGA 器件型号）。这时弹出选择目标芯片的窗口，首先在 Family 栏选择目标芯片系列，这里选择 Cyclone Ⅳ E 系列，如图 8.11 所

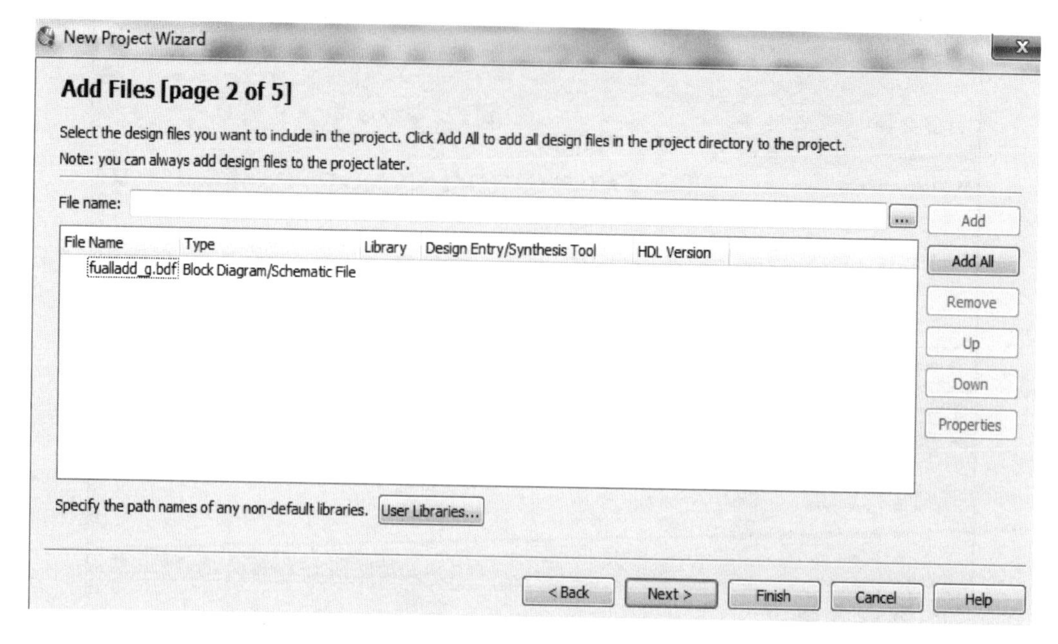

图 8.10　添加文件到当前工程

示。然后单击 Next 按钮,选择此系列的具体芯片 EP4CE115F29C7,这里 EP4CE115 表示 Cyclone Ⅳ E 系列及此器件的规模,F 表示 FPGA 封装,C7 表示速度级别。

选择仿真器和综合器。在图 8.11 所示窗口中单击 Next 按钮,可从随后弹出的窗口中选择 Quartus Ⅱ 中自带的仿真器 ModelSim-altera 和 Verilog 综合器,如图 8.12 所示。

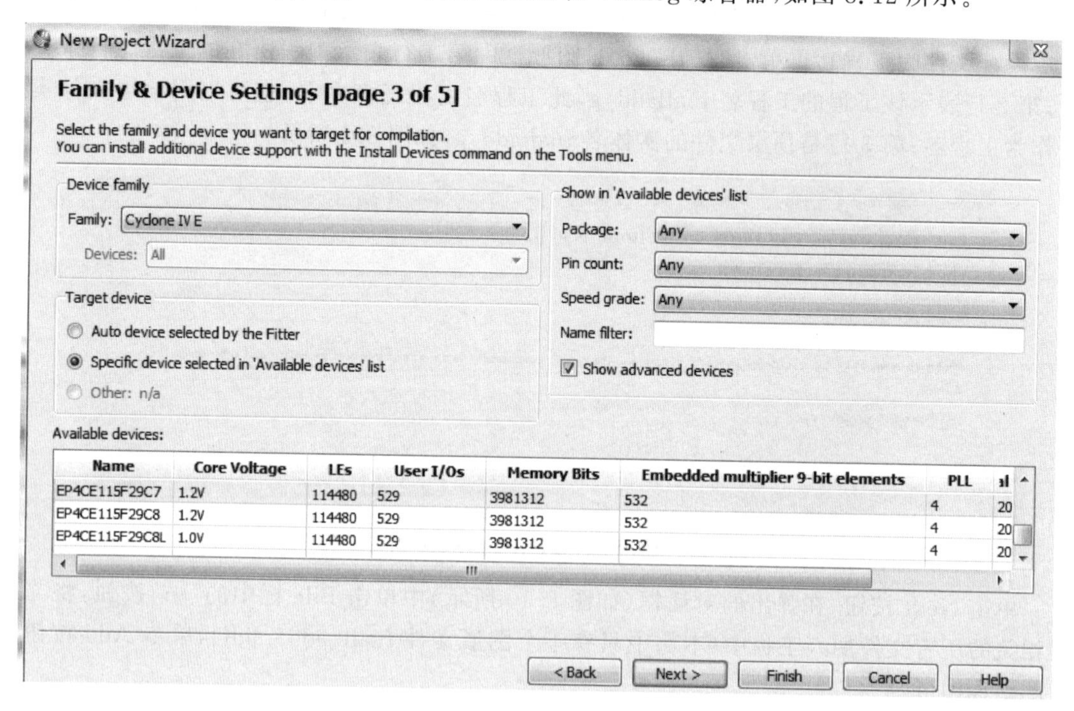

图 8.11　选择目标芯片

结束设置。在图 8.12 所示窗口中单击 Next 按钮，弹出工程设置信息显示窗口，如图 8.13 所示。单击 Finish 按钮，即表示已设定好此工程。随后弹出如图 8.13 所示 fualladd_g 的工程管理窗口。该窗口主要显示该工程项目的层次结构和各层次的实体名，若有误则可单击 Back 按钮返回重新设置。

New Project Wizard
EDA Tool Settings [page 4 of 5]
Specify the other EDA tools used with the Quartus II software to develop your project.
EDA tools:
Tool Type
Tool Name
Format(s)
Run Tool Automatically
Design Entry/Synthesis
<None>
<None>
Run this tool automatically to synthesize the current design
Simulation
ModelSim-Altera
Verilog HDL
Run gate-level simulation automatically after compilation
Formal Verification
<None>
Board-Level
Timing
<None>
Symbol
<None>
Signal Integrity
<None>
Boundary Scan
<None>
< Back
Next >
Finish
Cancel
Help

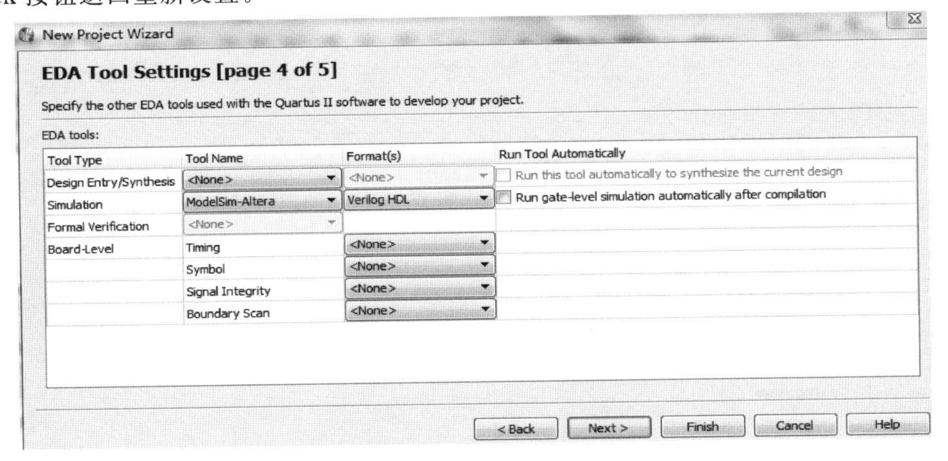

图 8.12　EDA 工具设置

New Project Wizard
Summary [page 5 of 5]
When you click Finish, the project will be created with the following settings:
Project directory:
D:/chapter3/
Project name:
fualladd_g
Top-level design entity:
fualladd_g
Number of files added:
1
Number of user libraries added:
0
Device assignments:
Family name:
Cyclone IV E
Device:
EP4CE115F29C7
EDA tools:
Design entry/synthesis:
<None> (<None>)
Simulation:
ModelSim-Altera (Verilog HDL)
Timing analysis:
0
Operating conditions:
VCCINT voltage:
1.2V
Junction temperature range:
0-85 °C
< Back
Next >
Finish
Cancel
Help

图 8.13　工程设置信息汇总

注意：在工程设计向导中，可在任一对话框单击 Finish 按钮完成新工程的创建。所有参数均可在 Quartus Ⅱ 13.1 主菜单中资源分配(Assignments)选项下的 Settings 对话框中进行设置。Quartus Ⅱ将工程信息文件存储在工程配置文件(.qsf)中，它包括设计文件、波形文件、SignalTap II 文件、内存初始化文件，以及构成工程的编译器、仿真器的软件构建设置等有关 Quartus Ⅱ 工程的所有信息。

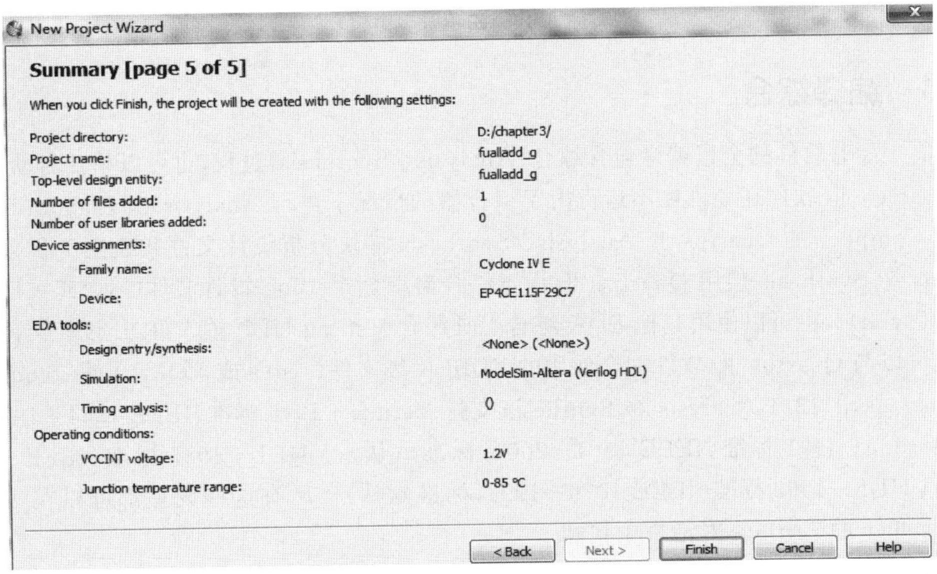

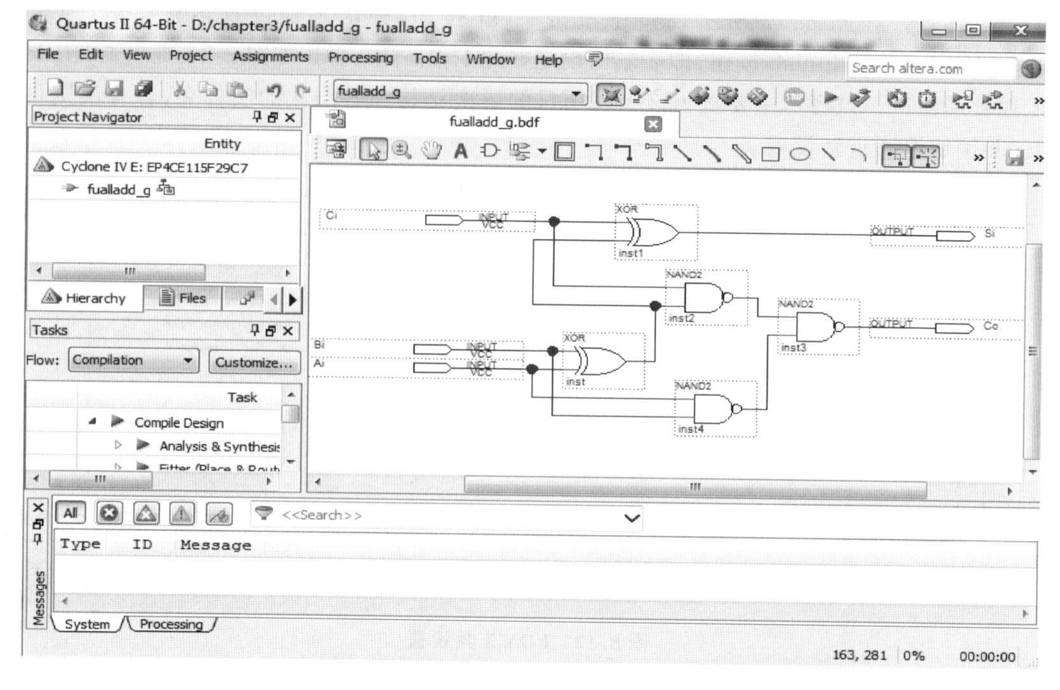

图 8.14 工程管理窗口

8.4.3 编译综合

Quartus Ⅱ软件的全程编译包含综合(Analysis&Synthesis)过程,也可以单独启动综合过程。Quartus Ⅱ 软件还允许在不运行内置综合器的情况下进行 Analysis & Elaboration。可以使用 Compiler 的 Quartus Ⅱ Analysis&Synthesis 模块分析设计文件和建立工程数据库。Analysis & Synthesis 使用 Quartus Ⅱ 内置综合器综合 Verilog 设计文件(.v)或 VHDL 设计文件(.vhd)。也可以使用其他 EDA 综合工具综合 Verilog HDL 或 VHDL 设计文件,然后再生成可以与 Quartus Ⅱ 软件配合使用的 EDIF 网表文件(.edf)或 VQM 文件(.vqm)。

Quartus Ⅱ 13.1 Analysis & Synthesis 支持 Verilog—1995 标准(IEEE 1364—1995)、大多数 Verilog—1991 标准(IEEE 1364—2001,标准默认)、VHDL—1987 标准(IEEE 1076—1987)、VHDL—1993 标准(IEEE 1076—1993,标准默认)。所有这些设置都可以在 Assignments 菜单下的 Settings 对话框中找到。

在执行全程编译前可通过 Assignments 菜单下的 Settings 对话框中选择 Compilation Process Settings 栏设置编译速度、编译所用的磁盘空间及其他选项,如图 8.15 所示。

在图 8.14 中,为使重编译速度加快,我们勾选了 Use smart compilation 选项;通过勾选 Preserve fewer node names to save disk 来节省编译所占用的磁盘空间,其他选项采用默认设置,其他设置请参见参考文献[13]。

项目设计完成后,执行 Quartus Ⅱ主窗口的 Processing 菜单的 Star Compilation 选项,启动全程编译。编译过程中应注意工程管理窗下方的 Processing 栏中的编译信息。编译成功后的工程管理窗口如图 8.16 所示。此界面左上角是工程管理窗口,显示此工程的结构和使用的逻辑宏单元数,最下面一栏是编译处理信息,中间(Compilation Report 栏)是编译报告项目选

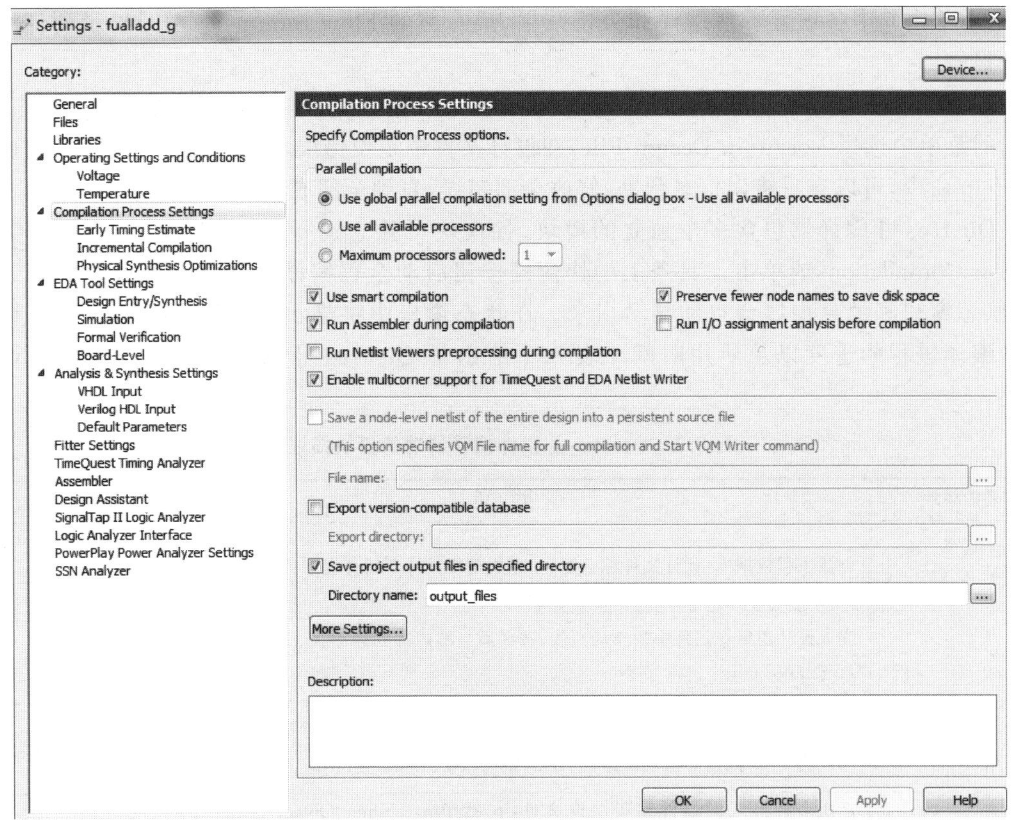

图 8.15　Settings 对话框 Compilation Process Settings 页

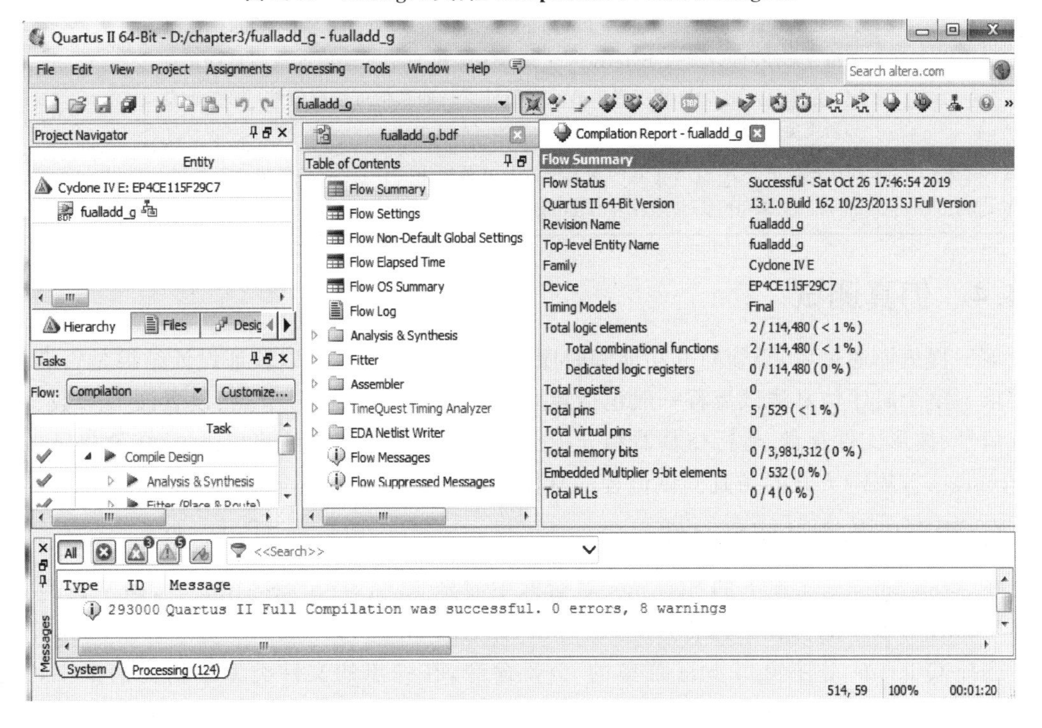

图 8.16　编译成功后的工程管理窗口

择菜单,单击其中各项可了解编译和分析结果,最右侧的 Flow Summary 栏则显示硬件耗用统计报告。

在编译过程中如果出现设计错误,可以在消息窗口选择错误信息,在错误信息上双击,从弹出的菜单中选择 Locate in Design File,在设计文件中定位错误之处。在右键快捷菜单中选择 Help 命令,可以查看错误信息帮助,修改全部错误,直到全部成功。

Quartus Ⅱ编译器包含多个独立的模块,各模块可独立运行,也可选择 Processing 菜单的 Star Compilation,或单击工具条上的快捷键按钮启动全程编译。在设计项目的编译过程中,状态窗口和消息窗口会自动显示出来。在状态窗口中将显示全编译过程中各个模块和整个编译进程的进度以及所用时间。表 8.1 给出了 Quartus Ⅱ软件编译器功能各模块的描述。

表 8.1 Quartus Ⅱ软件编译器功能模块描述

功能模块	描　述	备　注
Analysis & Synthesis	创建工程数据库、设计文件综合逻辑、完成逻辑设计到器件资源的技术映射	Quartus_map
Fitter	完成设计逻辑在器件中的布局布线;选择适当的内部互连路径、引脚分配及逻辑单元分配	Quartus_fit
TimeQuest Timing Analysis	计算给定设计与器件上的延时,并在网表文件中注释;完成设计的时序约束分析和逻辑实现;此前必须成功运行 Analysis & Synthesis 和 Fitter	Quartus_sta
Assembler	产生多种形式的器件编程映像文件,包括 Programmer Object Files(.pof)、SRAM Object Files(.sof)、Hexadecimal(Intel-Format) Output Files(.hexout)、Tabular Text Files(.ttf)、Raw Binary Files(.rbf)。.sof 和.pof 文件是 Quartus Ⅱ的编程文件,可以通过 ByterBlaster 或 MasterBlaster 下载线下载到目标器件中;.hexout、.ttf、.rbf 用于提供 Altera 器件支持的其他可编程硬件厂商。此前必须成功运行 Fitter	Quartus_asm
EDA Netlist Writer	用于产生第三方 EDA 工具的网表文件及其他输出文件,此前必须成功运行 Analysis & Synthesis、Fitter 和 Timing Analysis	Quartus_eda

8.4.4 仿真测试

该工程编译通过后,必须对其功能和时序性能进行仿真测试,以验证设计结果是否满足设计要求。整个时序仿真测试流程一般包括建立波形文件、输入信号节点、设置波形参数、编辑输入信号、波形文件存盘、运行仿真器和分析仿真波形等步骤。现给出以.vwf 文件(University Program VWF)方式的仿真测试流程的具体步骤如下:

1. 建立仿真测试波形文件

在 Assignments 菜单下的 Settings 对话框中找到 EDA Tools Setting 栏,确定该栏目下的 Simulation 项中的仿真工具名为 ModelSim-Altera,如图 8.17 所示。

选择 Quartus Ⅱ主窗口 File 菜单的 New 命令,在弹出的文件类型编辑对话框中,选择 Verification/Debugging File 中的(University Program VWF)项,单击 OK 按钮,即弹出如图 8.18 所示的矢量波形编辑器窗口。

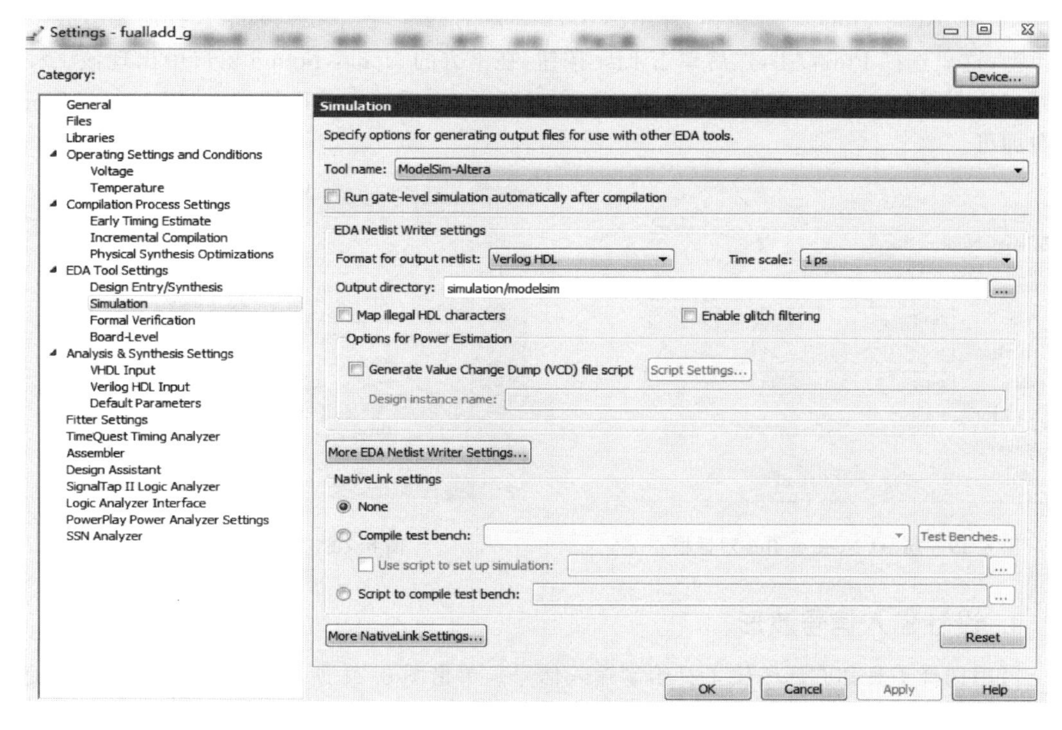

图 8.17 EDA Tools Setting 栏 Simulation 页面设置

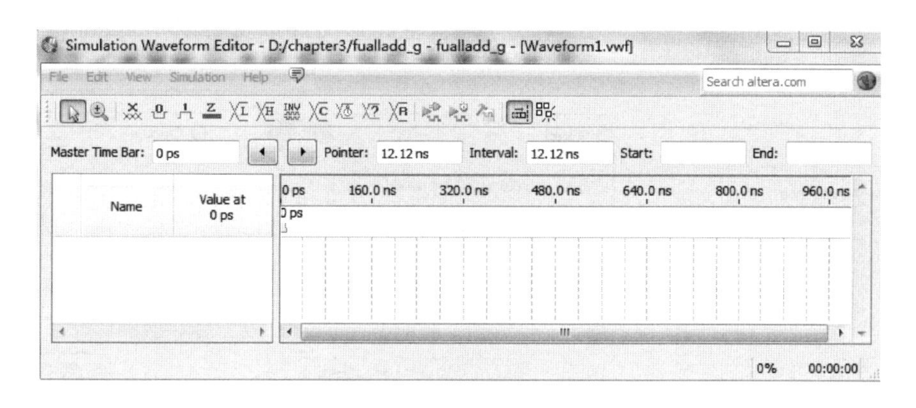

图 8.18 矢量波形编辑器窗口

2. 设置仿真时间区域

对于时序仿真测试来说，将仿真时间设置在一个合理的时间区域内是十分必要的，通常设置的时间区域将视具体的设计项目而定。

本例设计中整个仿真时间区域设为 1 μs、时间轴周期为 100 ns，其设置步骤是在 Edit 菜单中选择 End Time 命令，在弹出窗口中的 Time 处填入 1，单位选择 μs，同理在 Edit 菜单中选择 Gride Size 命令，在弹出窗口中的 Time period 输入 100 ns，单击 OK 按钮，设置结束。

3. 输入工程的信号节点

选择 Edit 菜单中的 Insert Node or Bus 选项，即可弹出如图 8.19 所示的对话框。单击

图 8.19 中“Node Finder …”按钮，弹出图 8.20 所示对话框，在下拉列表中选择所要寻找节点的类型，这里选择 Pins：All，然后单击 List 按钮，在下方的 Nodes Found 窗口中出现该工程所有端口的引脚名。单击>>按钮，显示如图 8.20 所示，之后单击 OK 按钮，关闭 Nodes Finder 窗口即可。

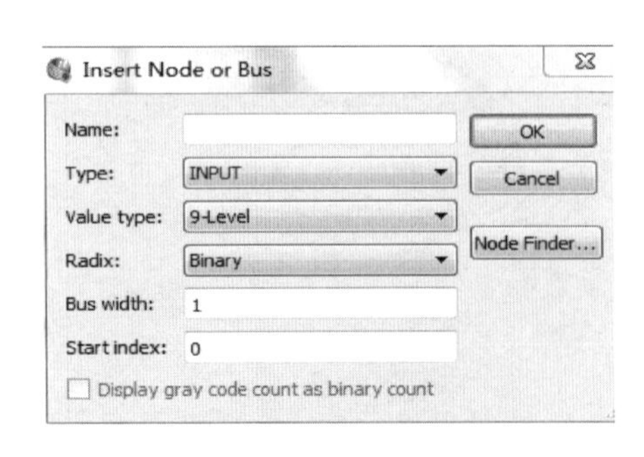

图 8.19 Insert Node or Bus 对话框

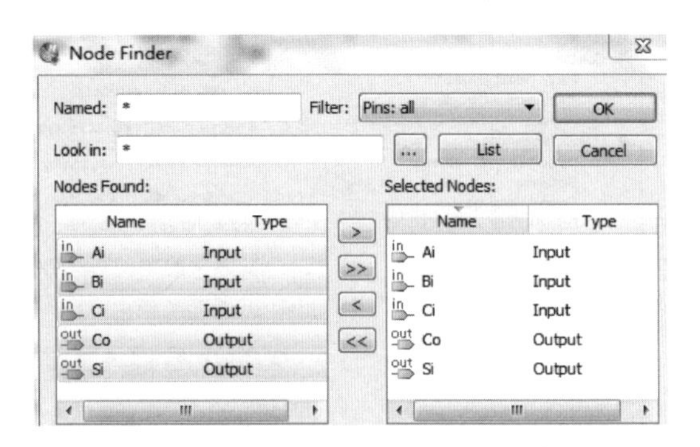

图 8.20 Node Finder 窗口

4. 设计输入信号波形

可用选择工具和波形编辑工具绘制输入信号。单击图 8.21 所示窗口的输入信号 Ai 使之变成蓝色条，再右击选择 Value 设置中的 Clock 项，设置 Ai 值，初始值为 0，如图 8.21 所示。同理可设置输入波形 Bi 和 Ci，分别如图 8.22、图 8.23 所示。最后得到的波形编辑结果如图 8.24 所示。选择 File 菜单中的 Save as 选项，将波形文件以文件名 fualladd_g. vwf 存盘即可。

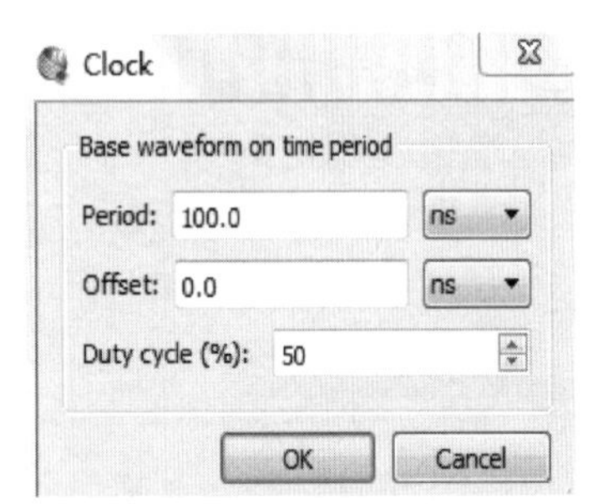

图 8.21 输入波形 Ai 设置

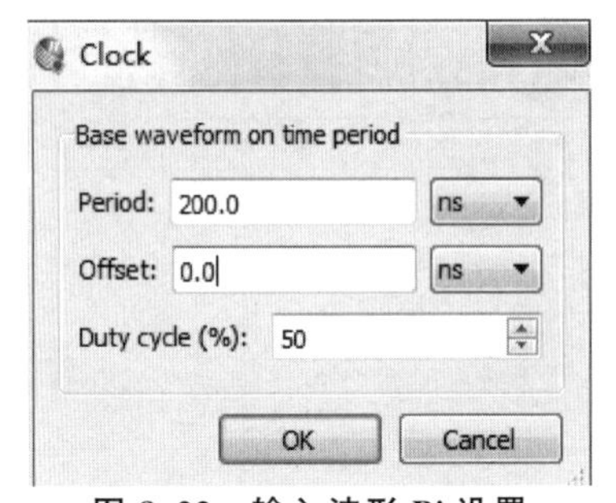

图 8.22 输入波形 Bi 设置

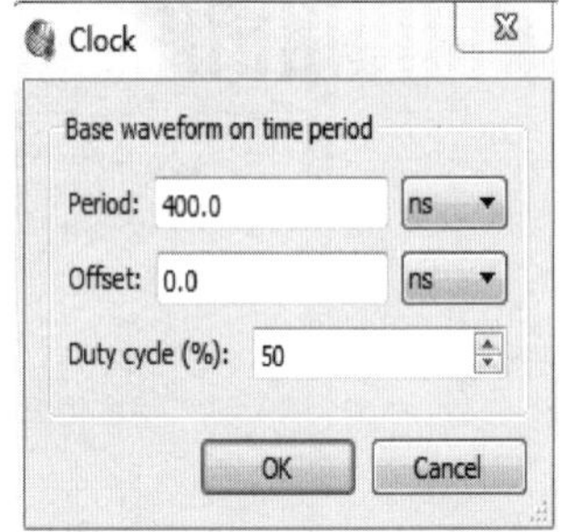

图 8.23 输入波形 Ci 设置

5. 仿真器参数设置

如果是第一次用 Quartus Ⅱ 调用 Modelsim-Altera 软件进行仿真，则需要在 Quartus Ⅱ 中通过 Tools→Options 命令下的 EDA Tool Options 设置对话框中确认仿真工具是否指向 Modelsim 所在路径(如图 8.25 所示)，此路径是安装 Quartus Ⅱ 13.1 时自动加上的。在建立仿真器设置，指定要仿真的类型、仿真涵盖的时间段、激励向量以及其他仿真选项时，可以进行仿真激励文件、毛刺检测、功耗估计、输出等设置，一般情况下选默认值。

6. 启动仿真器，观察仿真结果

所有设置完成后，选择 File→Save as 命令，将波形文件再次存盘后，即可启动仿真器 Simulation→Run Timing Simulation，直到出现 Simulation was successful。仿真结束，输出的仿

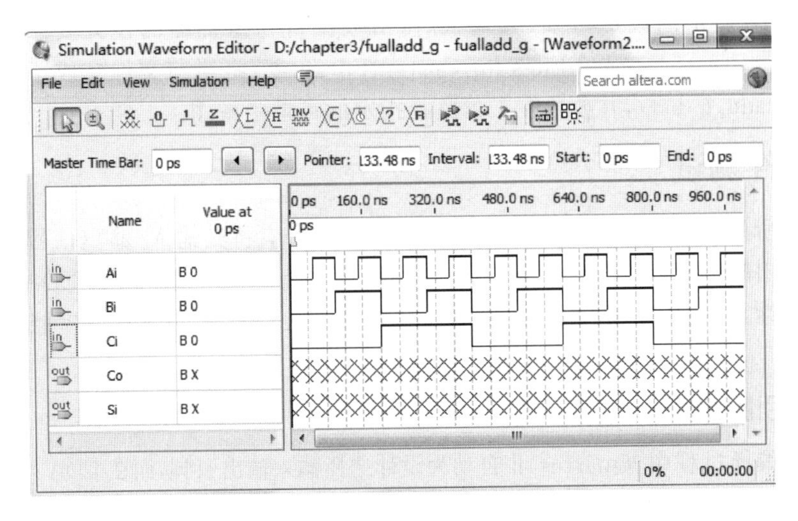

图 8.24　输入形编辑结果

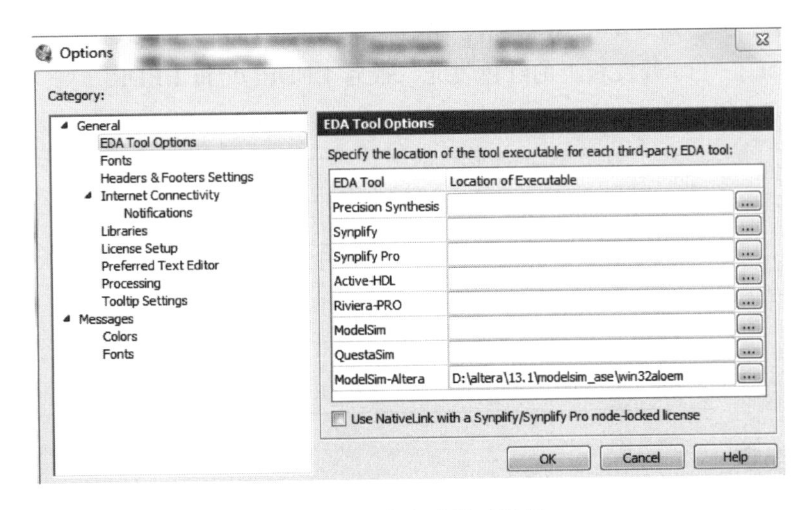

图 8.25　仿真设置对话框

真波形报告文件将自动弹出，如图 8.26 所示。在该仿真波形文件中，波形编辑文件(.vwf)与波形报告文件 Simulation Report 是分开的，有利于从外部获取独立的仿真激励文件。

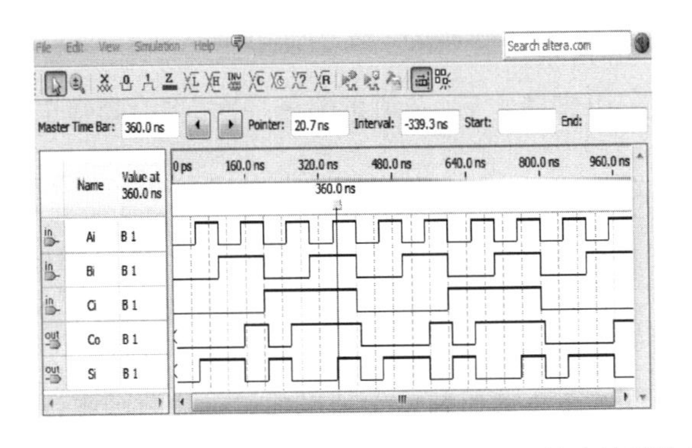

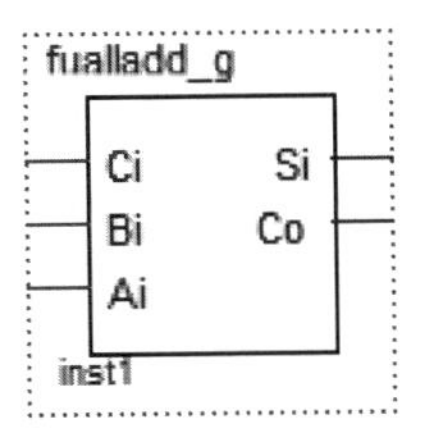

图 8.26　Run Timing 仿真波形输出结果

分析图 8.25 所示的波形可知,其输入/输出数据符合全加器的设计要求。选择 File→Create/update→Create Symbol Files for CurrentFile 命令,将当前文件变成了一个包装好的单一元件(fualladd_g. bsf),并放置在工程路径指定的目录中备用。

8.4.5 硬件测试

为了能对所设计的“1 位全加器电路”进行硬件测试,应将其输入/输出信号锁定在开发系统的目标芯片引脚上,并重新编译,然后对目标芯片进行编程下载,完成 EDA 的最终开发。为了不失一般性,本设计选用的 EDA 开发平台为 DE2 - 115(详细内容请参照附录),其详细流程如下。

1. 确定引脚编号

在前面的编译过程中,Quartus Ⅱ 自动为设计选择输入输出引脚,而在 EDA 开发平台上,FPGA 与外部的连线是确定的,要让电路在 EDA 平台上正常工作,必须为设计分配引脚。我们选择 DE2 - 115 开发板,目标芯片为 EP4C115F29C7,查阅附录可得 1 位全加器电路输入/输出引脚分配(见表 8.2)。用 SW0、SW1、SW2 模拟二进制输入序列 Ai、Bi、Ci,输出 Si(和)进位输出 Co 分别用 DE2 - 115 开发板上的红色发光二极管 LEDR[0]和 LEDR[1]表示。

表 8.2 1 位全加器电路输入输出引脚分配表

信号名	引脚号 PIN	对应器件名称
Ai	PIN_AB28	SW[0](加数)
Bi	PIN_AC28	SW[1](被加数)
Ci	PIN_AC27	SW[2] (进位输入)
S	PIN_ E21	发光二极管 LEDG[0](和)
Co	PIN_ E22	发光二极管 LEDG[1](进位输出)

2. 引脚锁定

引脚锁定的方法有 3 种,分别是手工分配、使用 qsf 文件自动导入和使用 csv 文件自动导入。

(1) 手工分配引脚锁定的方法

在 Assignments 菜单中,单击 Pin Planner 选项,弹出如图 8.27 所示 Pin 引脚编辑窗。在其 Location 栏对应的信号位置,根据表 8.2 输入对应的引脚号再按回车键,之后依次输入所有的引脚信号。完成后的情况如图 8.26 所示。

执行 File 菜单下的 Save 存盘命令,引脚锁定后,必须再编译一次,将引脚锁定信息编译进下载文件. sof 中。

(2) 基于 qsf 文件进行引脚锁定的方法

引脚分配的结果可导出到. qsf 文件中,用于其他工程的引脚分配。当引脚较多时,我们可以用 qsf 文件进行引脚锁定。使用 qsf 文件进行引脚锁定只需要全程编译一次即可(Star Compilation),操作方法如下:

用记事本打开 fualladd_g. qsf,将以下命令添加到该文件中即可完成引脚锁定:

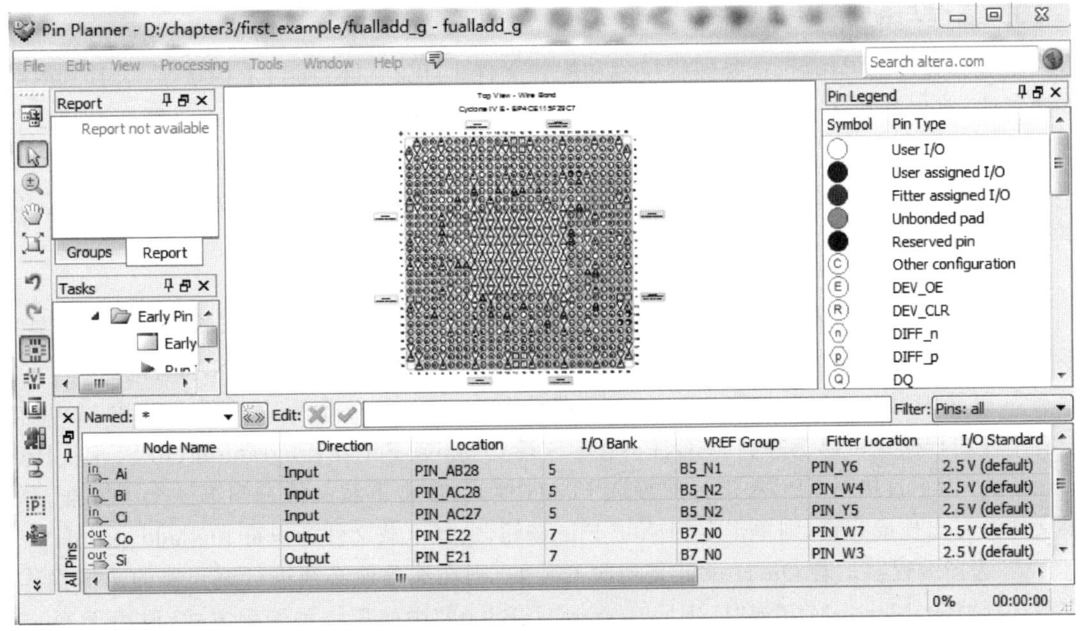

图 8.27 Pin 引脚编辑窗

```
set_location_assignment PIN_AB28 - to Ai      - - SW[2]
set_location_assignment PIN_AC28 - toBi       - - SW[1]
set_location_assignment PIN_AC27 - toCi       - - SW[0]
set_location_assignment PIN_E22 - toCo        - - LEDG[1]
set_location_assignment PIN_E21 - toSi        - - LEDG[0]
```

(3) 导入.CSV 文件进行引脚锁定的方法

在主菜单中选择 Assignments→Import Assignments...，选择 DE2-115 系统光盘中提供的文件名为 DE2_115_pin_assignment.csv 自动导入引脚配置文件。如果要用文件中的引脚配置，则需要在图形文件中将节点 Ai 改为 sw[0]，Bi 改为 sw[1]，Ci 改为 sw[2]，Si 改为 LEDR[0]，Co 改为 LEDR[1]，并重新编译，如图 8.28 所示。若引脚配置文件中含有大量本实验没有用到的引脚，则在编译时将会出现大量警告，此时删除多余引脚即可。

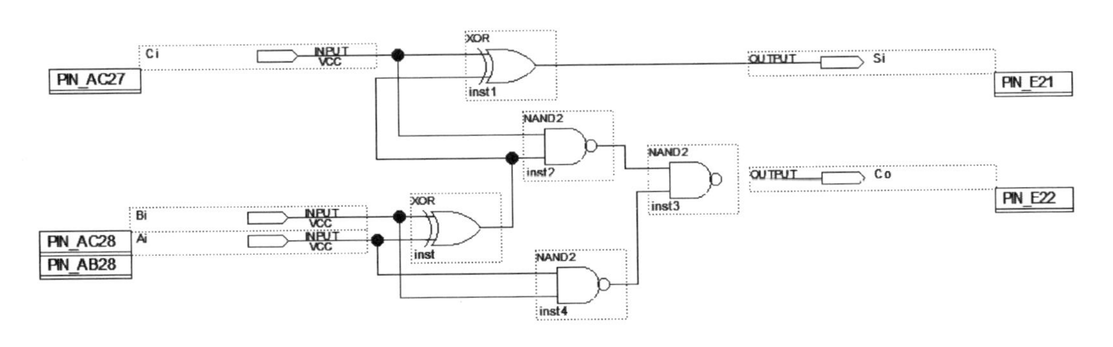

图 8.28 引脚锁定完成后的情况

3. 编程与配置 FPGA

完成引脚锁定工作后,选择编程模式和配置文件。DE2-115 平台上内嵌了 USB Blaster 下载组件,可以通过 USB 线与 PC 机相连,并且通过两种模式配置 FPGA:一种是 JTAG 模式,通过 USB Blaster 直接配置 FPGA,但掉电后,FPGA 中的配置内容会丢失,再次上电需要用 PC 对 FPGA 重新配置;另一种是在 AS 模式下,通过 USB Blaster 对 DE2-115 平台上的串行配置器件 EPCS64 进行编程,平台上电后,EPCS64 自动配置 FPGA。

JTAG 模式的下载步骤如下:

① 打开电源。为了将编译产生的下载文件配置进 FPGA 中进行测试,将 DE2-115 实验系统和 PC 机之间用 USB-Blaster 通信线连接好,RUN/PROG 开关拨到 RUN,打开电源即可。

② 打开编程窗和配置文件。执行 Tool 菜单中 Programmer 命令,在弹出编程窗 Mode 栏中有 4 种编程模式可以选择:JTAG、Passive Serial、Active Serial Programing、In-Socket Programing。为了直接对 FPGA 进行配置选 JTAG 模式,单击下载文件右侧第一个小方框。如果文件没有出现或有错,则单击左侧 Add File 按钮,选择下载文件标识符 fualladd_g. sof。

③ 选择编程器。若 Quartus Ⅱ是初次安装的,则在编程前必须进行编程器的选择操作,究竟选择"ByteBlasterMV"或"USB-Blaster[USB-0]"中的哪一种编程方式,取决于 Quartus Ⅱ对实验系统上的编程口的测试。在编程窗中,单击 Setup 按钮可设置下载接口方式,这里选择 USB-Blaster[USB-0]。方法是单击编程窗上的 Hardware Setup 对话框,选择 Hardware settings 标签页,再双击此页中的选项 USB-Blaster[USB-0],之后单击 Close 按钮,关闭对话框即可(参见图 8.29)。

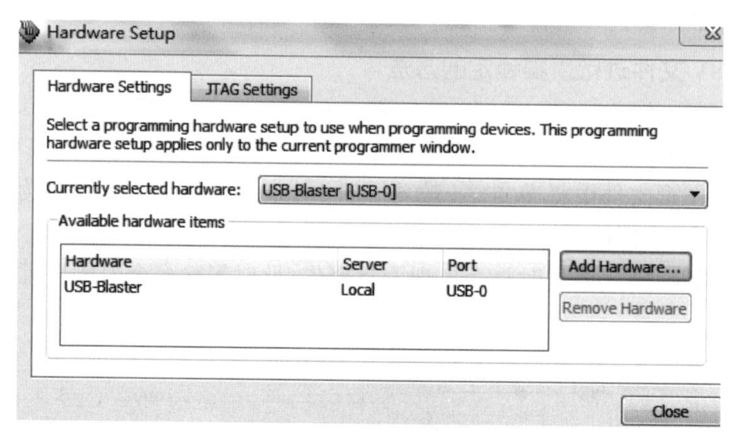

图 8.29 设置下载接口方式

④ 文件下载。单击下载标识符 Start 按钮,当 Progress 显示 100%,并在底部的处理栏中出现 Configuration Succeeded 时,表示编程成功。

4. 硬件测试

成功下载文件 fualladd_g. sof 后,通过 DE2-115 实验板上的输入开关 sw[0]、sw[1]、sw[2]得到不同的输入,观测 LEDR[1]、LEDR[0]红色 LED 的输出,对照图 8.3(b)的真值表检查 1 位全加器电路的输出是否正确。

8.5 习 题

8-1 简述 EDA 技术的发展历程。

8-2 EDA 技术主要内容与发展趋势是什么？

8-3 在 EDA 技术中“Top to Down”自顶向下的设计方法的意义何在？如何理解“顶”的含义？

8-4 简述 FPGA 的设计流程。

8-5 FPGA 在 ASIC 设计中有什么用处？

8-6 简述 Quartus Ⅱ13.1 的特点、基本功能、支持的器件、系统配置、支持的操作系统。

8-7 举例说明 Quartus Ⅱ的设计流程。

8-8 登录 http://www.ithinktech.cn 网站，下载最新版本的 Quartus Ⅱ软件，并说明其特点和功能。

第 9 章

数字逻辑实验指南

本章共包括 4 个 Quartus Ⅱ设计实例，以及 10 个基本的数字逻辑教学实验。每个实验 2 学时，既有验证型实验又有设计型实验，这些实验可与理论教学同步进行，也可以独立实验课的方式进行。实验内容是以 Quartus Ⅱ 13.1 为工具软件，完成设计电路原理图或 HDL 文本的编辑、编译、引脚锁定和编程下载等操作，下载目标芯片选择 Intel 公司的 Cyclone Ⅳ E 系列的 EP4CE115F29C7 芯片，并利用 DE2 - 115 实验平台实现对实验结果的硬件测试。

9.1 基于原理图输入设计 4 位加法器

9.1.1 设计提示

实现多位二进制数相加的电路称为加法器。4 个全加器级联，每个全加器处理两个 1 位二进制数，则可以构成两个 4 位二进制数相加的并行加法器，加法器结构图如图 9.1 所示，由于进位信号是由低位向高位逐位产生的，故又称为行波加法器，这种加法器速度很低。最坏的情况是进位从最低位传送至最高位。

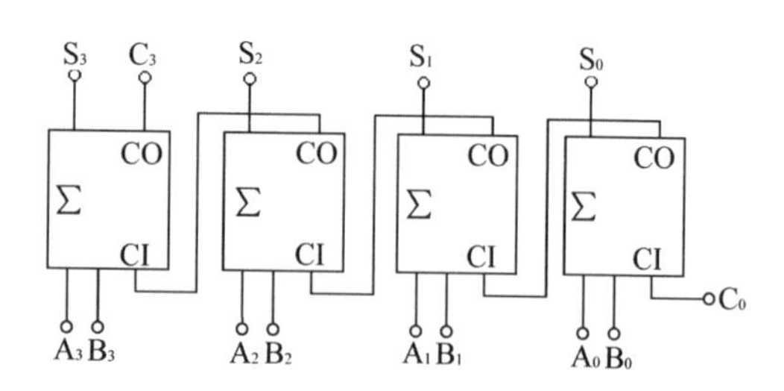

图 9.1　4 位行波加法器结构图

4 位行波加法器的最大运算时间计算公式如下：

$$T_{Add} = T_{Cout} + 4 \cdot T_{CinCout+} T_{Cins}$$

其中，T_{Cout}是最低位全加器中由 A0 和 B0 产生进位 Cout 的延迟时间，$T_{CinCout}$是中间位全加器中由 Cin 产生 Cout 的延迟时间，T_{Cins}是最高位全加器中由 Cin 产生 S[3..0]的延迟时间。

9.1.2 Quartus Ⅱ设计流程

1. 建立设计工程项目

建立工作库目录文件夹（D:/chapter9/example1），用于存储设计工程项目。此文件夹将被 EDA 软件默认为工作库（Work Library），不同的设计项目最好放在不同的文件夹中，同一工程的所有文件都必须放在同一文件夹中。

2. 设计文件输入

打开 Quartus Ⅱ 13.1，选择 File→New 命令。在 New 窗口中的 Design Files 中设置硬件设计文件类型为 Block Diagram/Schematic File，单击 OK 按钮进入 Quartus Ⅱ图形编辑窗。按图 9.1 输入 4 位并行加法器逻辑原理图，调出 4 个 8.4 节中设计的 1 位全加器元件 fuall_add1.sym 及相应的输入引脚 input 和输出引脚 output，并按图 9.2 所示连接好。

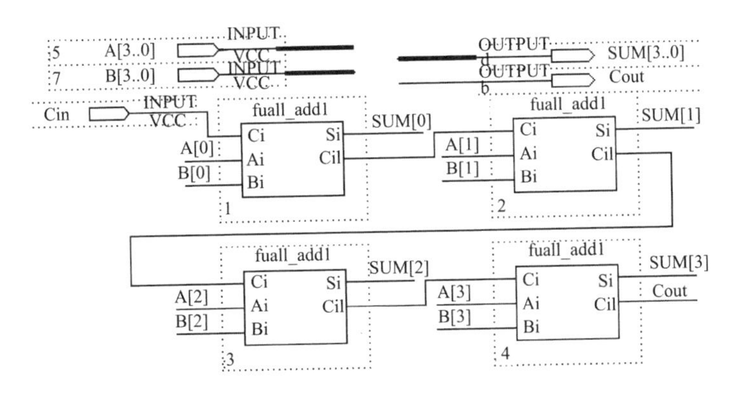

图 9.2　4 位并行加法器逻辑原理图

3. 设计文件存盘与编译

完成 4 位加法器逻辑电路的原理图输入设计后，即可对其进行存盘与编译。在 File 菜单中选择 Save 命令，选择为此工程建立的目录 D:/ chapter9/addder4，将已设计好的图文件命名为 adder4. bdf，并存盘在此目录内。在 Quartus Ⅱ菜单下选择 Compiler 项目，打开编译器窗口，单击 Start 按钮开始编译。

4. 设计项目校验

在编译完全通过后，接下来应该测试设计项目的正确性，即波形仿真。打开波形编辑窗建立波形文件 adder4. vwf(详细步骤请参见 8.4 节内容)。正确的仿真波形如图 9.3 所示。

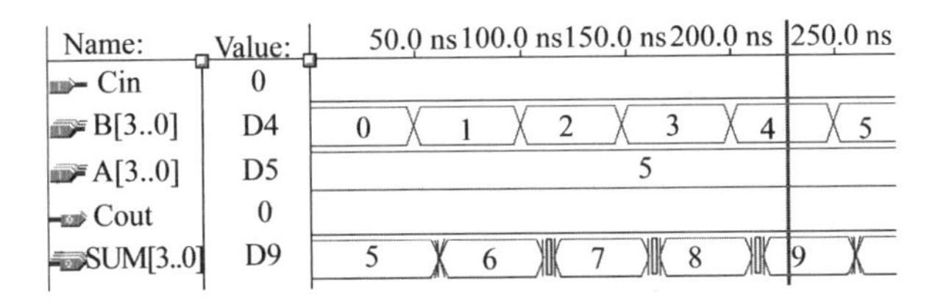

图 9.3　4 位加法器逻辑仿真波形

图 9.3 中，两个 4 位二进制数 A[3..0]和 B[3..0]为输入，Cin 为进位输入位，加法和输出为 SUM[3..0]，Cout 为进位输出位。分析结果可知，当 Cin＝0，A[3..0]＝5，B[3..0]＝4 时，SUM[3..0]＝A[3..0]＋B[3..0]＝5＋4＝9，Cout＝0 仿真结果正确，因此该电路设计正确。

5. 引脚锁定

对于 DE2－115 实验平台，目标器件是 Cyclone Ⅳ E 系列的芯片 EP4CE115F29C7，可用键 SW[7..0]作为输入信号 A[3..0]、B[3..0]，键 8 作为进位输入信号 Cin，输出 SUM[3..0]

接发光二极管 LEDG[3..0],进位输出信号 Cout 接发光二极管 LEDG[4]。查看附录中的附表 2,汇总后的引脚分配如表 9.1 所列,按 8.4.5 小节的方法完成引脚锁定。

表 9.1 4 位加法器电路输入输出引脚分配表

信号名	引脚号 PIN	对应器件名称
A[3..0]	PIN_AD27,PIN_AC27,PIN_AC28,PIN_AB28	按键 SW[3..0](加数)
B[3..0]	PIN_AB26,PIN_AD26,PIN_AC26,PIN_AB27	按键 SW[7..4](被加数)
Cin	PIN_AC25	按键 SW8(进位输入)
SUM[3..0]	PIN_E24,PIN_E25,PIN_E22,PIN_E21	发光二极管 LEDG[3..0](和)
Cout	PIN_H21	发光二极管 LEDG[4](进位输出)

6. 器件编程下载与硬件测试

根据 8.4.5 小节所提供的步骤可将 4 位加法器文件下载到 DE2 - 115 实验箱的目标芯片中。拨动实验板上滑动开关 SW[3..0](加数)和 SW[7..4](被加数)的高低电平输入按钮得到不同的输入组合,观测输出发光二极管 LEDG[3..0]的显示结果,检查 4 位全加器的输出是否正确,从而完成硬件测试。

9.2 基于 Verilog HDL 文本输入设计七段数码显示译码器

9.2.1 设计提示

在一些电子设备中,需要将 8421 码代表的十进制数显示在数码管上。数码管内的各个笔划段由 LED(发光二极管)制成。每一个 LED 均有一个阳极和一个阴极,当某 LED 的阳极接高电平、阴极接地时,该 LED 就会发光。对于共阳极数码管,各个 LED 的阳极全部连在一起,接高电平;阴极由外部驱动,故驱动信号为低电平有效。共阴数码管则相反,使用时必须注意,DE2 - 115 使用的是共阳极数码管。

9.2.2 Quartus Ⅱ设计流程

1. 建立工作库文件夹

建立工作库目录文件夹(D:\chapter9),用于存储设计工程项目。任何一项设计都是一项工程(Project),都必须首先为此工程建立一个文件夹用于放置与此工程相关的所有文件,该文件夹将被 EDA 软件默认为工作库(Work Library)。不同的设计项目最好放在不同的文件夹中,同一工程的所有文件都必须放在同一文件夹中。

2. 输入源程序

打开 Quartus Ⅱ,选择 File→New 命令。在 New 窗口的 Design Files 中选择设计文件类型为 Verilog HDL File,然后在文本编辑窗中输入七段数码显示译码器的 HDL 源程序,如图 9.4 所示。

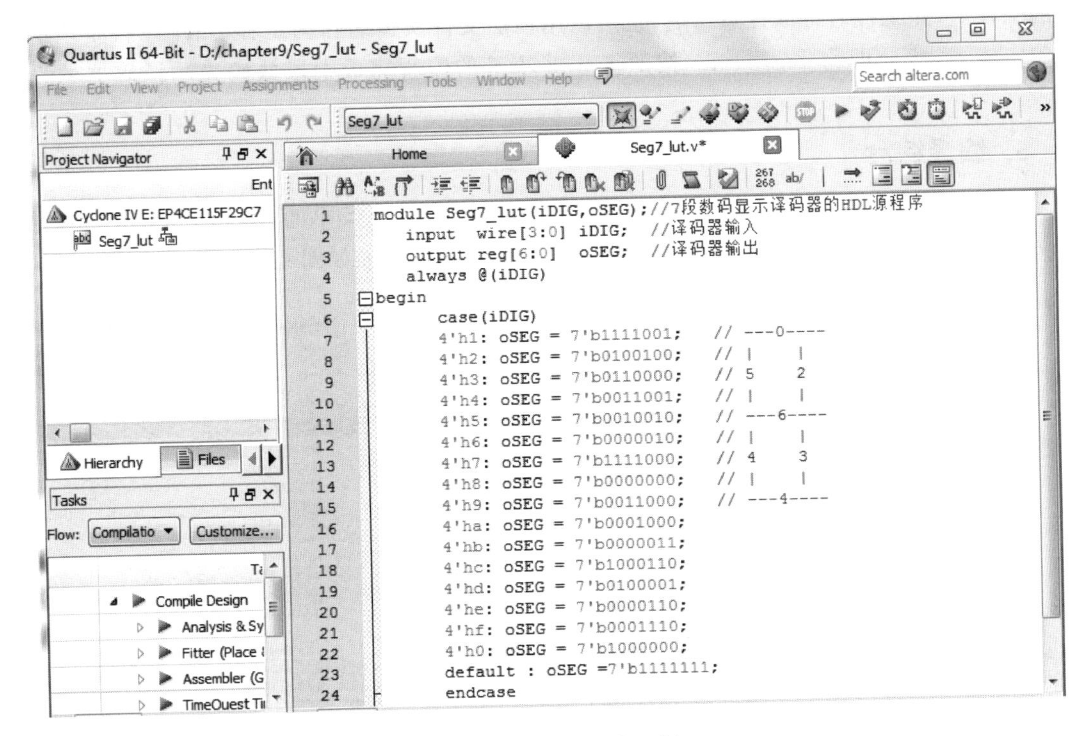

图 9.4 文本编辑窗示例

3. 文件存盘

选择 File→Save As 命令，找到已设立的文件夹 D:\chapter9\，存盘文件名应与实体名一致，即 Seg7_lut. v ，然后按下述步骤建立工程项目。

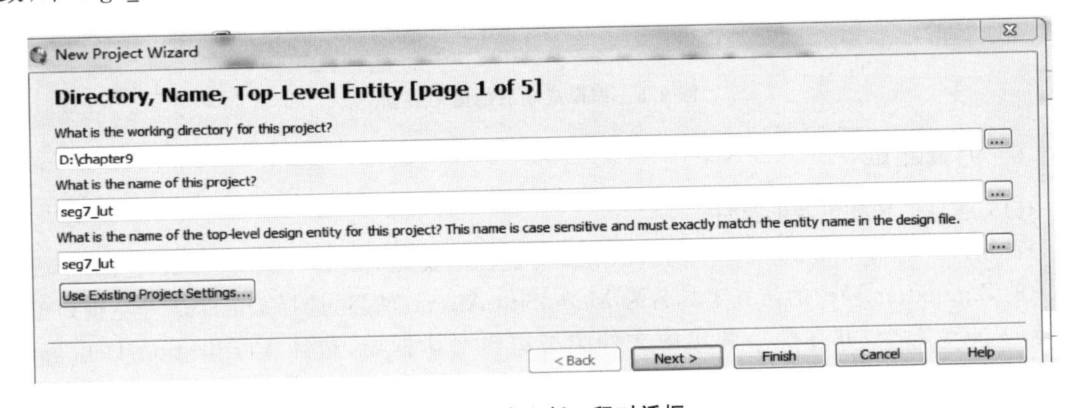

图 9.5 建立新工程对话框

4. 建立工程项目

选择 File→New Project Wizard 命令，即打开建立新工程对话框，如图 9.5 所示。单击对话框最上面一栏右侧的“…”按钮，找到项目所在的文件夹(D:\chapter9)，选中已存盘的文件 Seg7_lut. v(一般应该设定该层设计文件为工程)，再单击“打开”按钮，即显示图 9.5 所示的设置情况，其中第一行的 D:\chapter9 表示工程所在的工作库目录文件夹路径；第二行表示该工程的工程名,此工程名可以任意命名,也可以用顶层文件实体名作为工程名;第三行是顶层文件的实体名,此处即为 seg7_lut。按照 8.4.2 小节的流程完成七段数码显示译码器的设计输入。

5. 编译综合

前面所有工作完成后,执行 Quartus Ⅱ 主窗口 Processing 菜单的 Star Compilation 命令,启动全程编译直至没有错误信息出现。编译成功后的图形界面如图 9.6 所示。

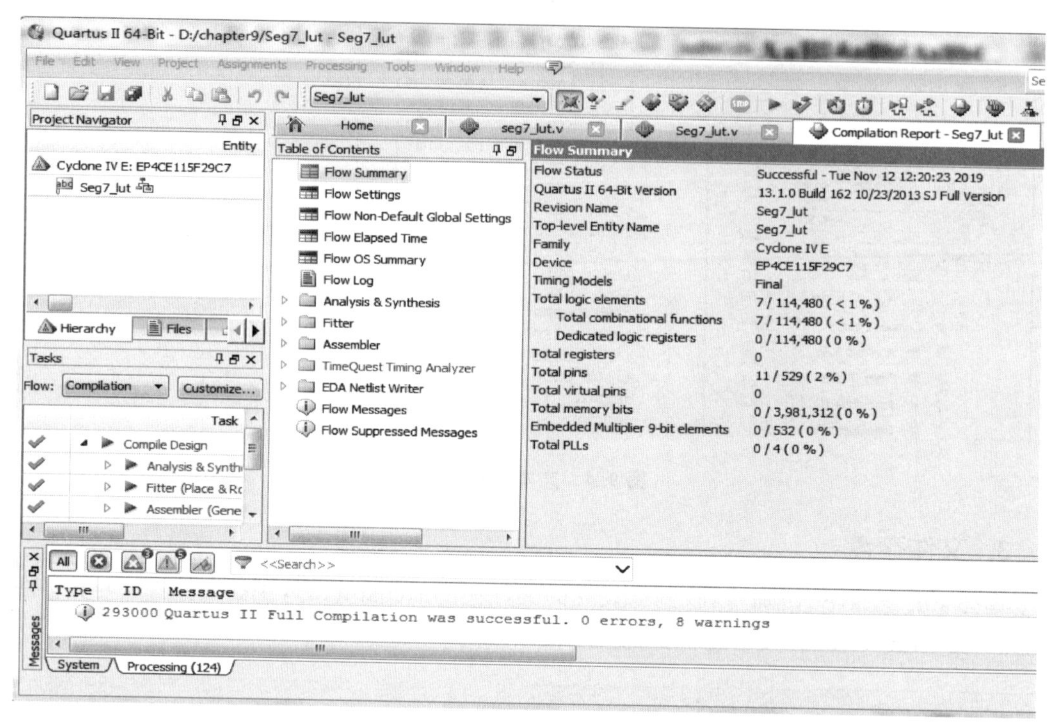

图 9.6　编译成功后的图形界面

6. 仿真测试

(1) 建立仿真测试波形文件

首先,在 Assignments 菜单下的 Settings 对话框中找到 EDA Tools Setting 栏,确定该栏目下的 Simulation 项中的仿真工具名为 ModelSim-Altera;然后,选择 Quartus Ⅱ 主窗口 File 菜单的 New 命令,并在随后弹出的文件类型编辑对话框中,选择 Verification/Debugging Files 中的 University Program VWF 项,最后单击 OK 按钮即可。

(2) 设置仿真时间区域

本例中整个仿真时间区域设为 2 μs、时间轴周期设为 100 ns,其设置步骤是在 Edit 菜单中选择 End Time 命令,在弹出窗口中 Time 处输入 2 μs,Gride Size 中 Time period 输入 100 ns。

(3) 输入工程信号节点

选择 Edit 菜单中的 Insert Node or Bus 选项,即可弹出如图 9.7 所示的对话框,单击图 9.7 中的“Node Finder…”按钮,打开如图 9.7 所示窗口,在下拉框中选择所要寻找节点的类型，这里选择 Pins：All。然后单击 List 按钮，在下方的 Nodes Found 窗口中出现设计中的该工程的所有端口的引脚名。最后单击 >> 按钮，之后单击 OK 按钮，关闭 Nodes Finder 窗口即可。

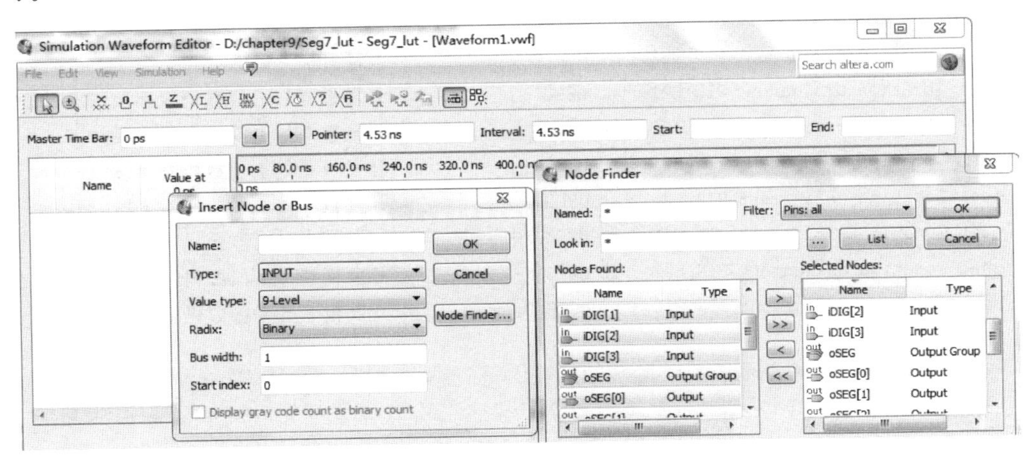

图 9.7　波形编辑器输入信号窗口

(4) 设计输入信号波形

单击图 9.7 左侧的“全屏显示”按钮，使之全屏显示，单击“放大/缩小”按钮，再用鼠标在波形编辑窗口单击（“右击”为放大，“左击”为缩小），使仿真坐标处于适当位置。

单击图 9.8 窗口的输入信号 iDIG[3..0]，使之变成蓝色条，再右击，选择 Value 设置中的 Count Value 项，设置 iDIG[3..0]的初始值为 0 且连续变化的二进制值，如图 9.8 所示。

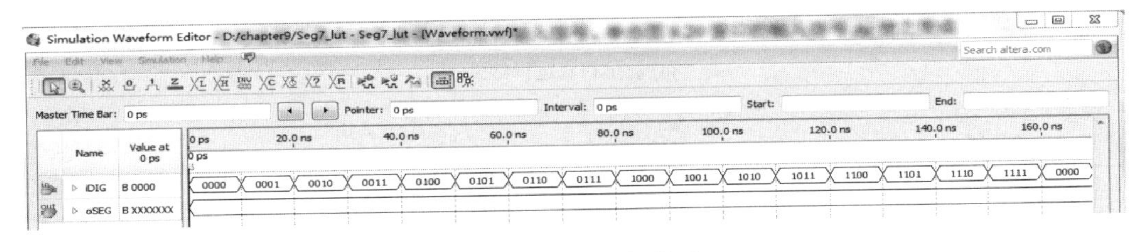

图 9.8　波形编辑结果

(5) 文件存盘

选择 File 菜单中的 Save as 命令，将波形文件以名 Seg7_lut. vwf 存盘即可。

(6) 启动仿真器，观察仿真结果

所有设置完成后，即可启动仿真器 Simulation|Run Timing Simulation，直到出现 Simulation was successful 提示，仿真结束。仿真波形输出文件 Simulation Report 将自动弹出（如图 9.9(a)所示），封装好的单一元件符号（Seg7_lut. bsf）如图 9.9(b)所示。

7. 硬件测试

对于 DE2－115 实验平台，目标器件是 Cyclone IV E 系列的芯片 EP4CE115F29C7，可用键 SW[3..0]作为输入信号 iDIG[3..0]，译码输出 oSEG[6..0]接 DE2－115 的七段数码管 HEX0[6..0]。查看附录中的附表 2 和附表 3，汇总后的引脚分配如表 9.2 所列，按 8.4.5 小节中介绍的方法使用 qsf 文件完成引脚锁定。用记事本打开 Seg7_lut. qsf，将以下命令添加到该文件中即可完成引脚锁定：

```
set_location_assignment PIN_AD27 -to iDIG[3]     //拨动开关 SW[3]
set_location_assignment PIN_AC27 -to iDIG[2]     //拨动开关 SW[2]
set_location_assignment PIN_AC28 -to iDIG[1]     //拨动开关 SW[1]
set_location_assignment PIN_AB28 -to iDIG[0]     //拨动开关 SW[0]
set_location_assignment PIN_H22 -to oSEG[6]      //开发板 0 号七段数码管字段[6]
set_location_assignment PIN_J22 -to oSEG[5]      //开发板 0 号七段数码管字段[5]
set_location_assignment PIN_L25 -to oSEG[4]      //开发板 0 号七段数码管字段[4]
set_location_assignment PIN_L26 -to oSEG[3]      //开发板 0 号七段数码管字段[3]
set_location_assignment PIN_E17 -to oSEG[2]      //开发板 0 号七段数码管字段[2]
set_location_assignment PIN_F22 -to oSEG[1]      //开发板 0 号七段数码管字段[1]
set_location_assignment PIN_G18 -to oSEG[0]      //开发板 0 号七段数码管字段[0]
```

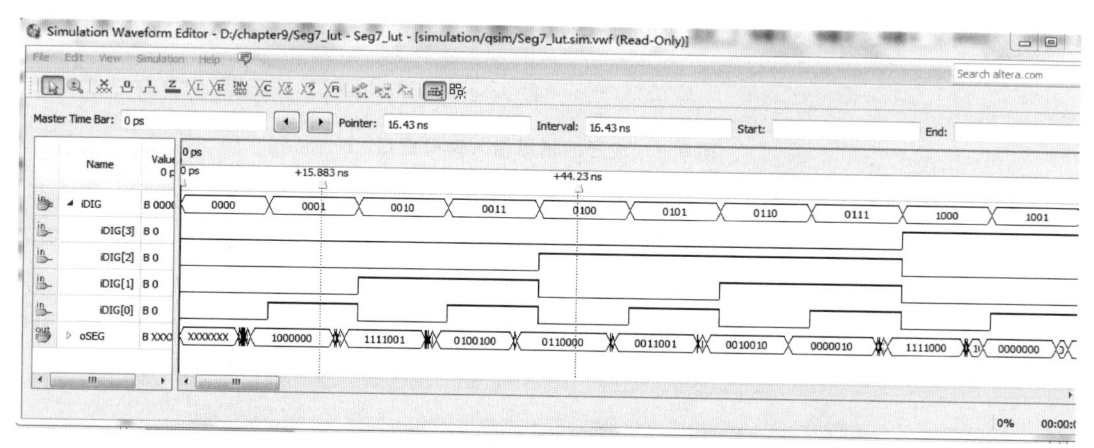

(a) 波形仿真运行结果

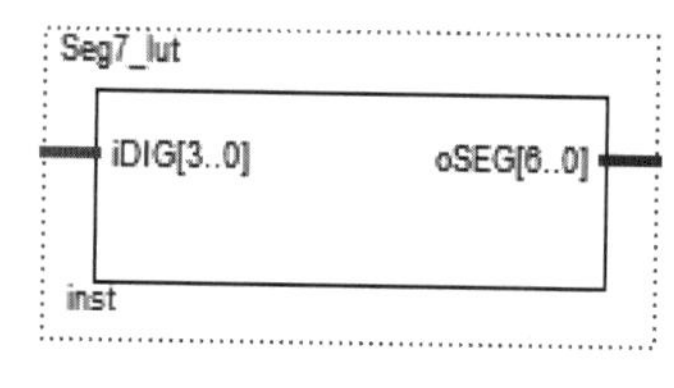

(b) 元件符号图

图 9.9 仿真波形输出

表 9.2 七段数码管显示译码电路输入输出引脚分配表

信号名	引脚号 PIN	对应器件名称
iDIG[3..0]	PIN_AD27,PIN_AC27,PIN_AC28,PIN_AB28	开关 SW[3..0]
oSEG[6..0]	PIN_H22,PIN_ J22,PIN_L25,PIN_L26, PIN_E17,PIN_F22,PIN_G18	七段数码管 HEX0[6..0]

引脚锁定后，必须再编译一次(执行 Processing→Start Compilation 命令)，将引脚锁定信息编译进下载文件 Seg7_lut. sof 中。编译完成后，为保证引脚锁定信息是否正确，可打开 Assignments 菜单中 Pin Planner 窗口，对照表 9.2 检查引脚锁定信息，如图 9.10 所示。

编程下载。完成引脚锁定工作后，选择编程模式和配置文件，单击下载标识符 Start 按

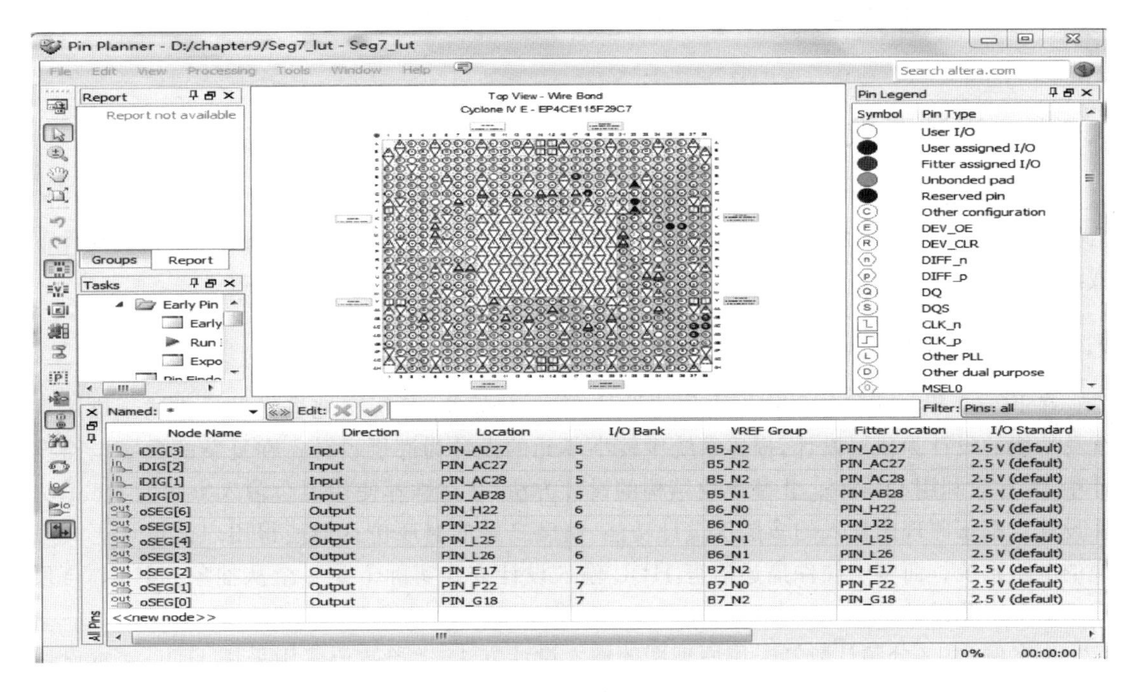

图 9.10　引脚编辑信息窗 Pin Planner

钮，当 Progress 显示出 100％时表示编程成功，如图 9.11 所示。

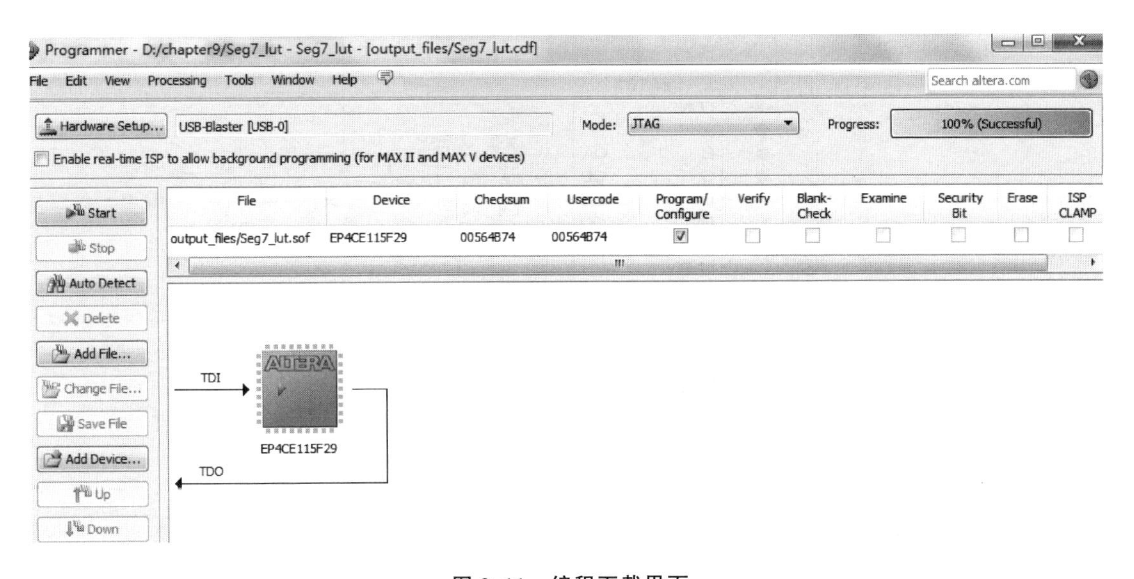

图 9.11　编程下载界面

硬件测试。成功下载文件 Seg7_lut. sof 后，通过 DE2－115 实验板上的输入开关键 3、键 2、键 1、键 0 得到不同的输入序列，观测数码管 HEX0 的输出，检查七段数码管译码器的输出是否正确。

9.3 基于混合输入方式的 Quartus Ⅱ设计

9.3.1 设计要求

应用 Quartus Ⅱ 13.1 宏功能元件 74161 设计分频比为 12 的计数器,利用9.2 节设计的七段数码管译码器将 12 分频计数器运算结果用 DE2-115 的七段数码管显示,并完成硬件下载测试。

9.3.2 设计提示

在 FPGA 设计中往往采用层次化的设计方法,分模块、分层次地进行设计描述。描述系统总功能的设计为顶层设计,描述系统中较小单元的设计为底层设计。在复杂的数字电路设计中,为有效利用 Quartus Ⅱ基于块结构的设计方法,往往推荐使用混合输入方式的 Quartus Ⅱ设计。基于原理图输入的多层次设计功能,精度良好的时序仿真器使得用户能设计更大规模的电路系统。而基于硬件描述语言 HDL 输入设计方式实际上是一个从抽象到具体、自顶向下的层次化设计。

本案例中 12 分频计数器采用原理图的输入设计方法,七段数码管则采用 HDL 文本设计方法。依题意,本设计选用 74161(4 位二进制加法计数器),利用同步反馈置数法设计一个 12 分频计数器,当 $N=12$ 时状态 S_{N-1} 的二进制代码 $S_{N-1}=S_{11}=1011$,其归零逻辑 $\overline{LDN}=\overline{Q_3^nQ_1^nQ_0^n}$。12 分频计数器原理图如图 9.12 所示。七段数码管译码器直接采用 9.2 节的结果。

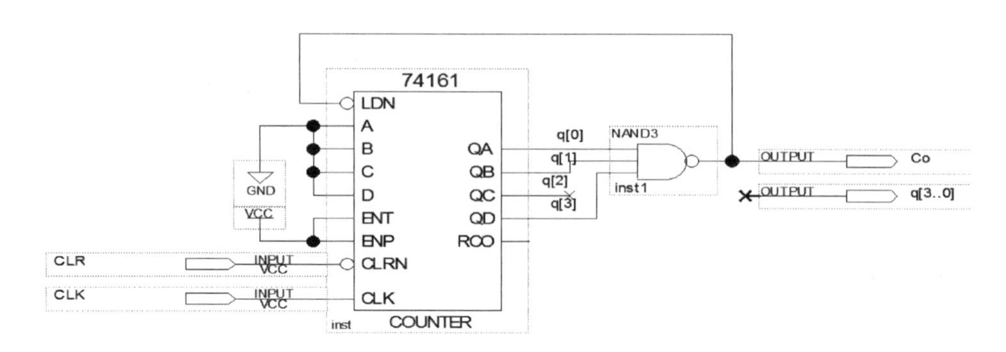

图 9.12　12 分频计数器原理图

9.3.3 Quartus Ⅱ设计流程

1. 基于原理图的 12 分频计数器设计输入

在 Quartus Ⅱ中打开一个新的原理图编辑窗,在原理图编辑窗中双击,在随后弹出的 Enter Symbol 元件对话框中选择\maxplus2\max2lib\mf 元件库,并从中调出 4 位二进制加法计数器 74161,3 输入“与非”门 NAND3, 输入引脚 input 和输出引脚 output 并连接好。在图 9.12 中,CLK 为计数时钟输入,CLR 为计数复位信号,Co 为进位输出,4 位计数输出 q[3]q[2]q[1]q[0]合并成总线输出 q[3..0]。

在编译完全通过后，接下来应测试设计项目的正确性，即逻辑仿真。具体步骤如下：

步骤1：建立仿真测试波形文件。

首先在Assignments菜单下的Settings对话框中找到EDA Tools Setting栏，确定该栏目下的Simulation项中的仿真工具名为ModelSim-Altera；再选择Quartus Ⅱ主窗口File菜单中的New命令，在弹出的文件类型编辑对话框中选择Verification/Debugging Files中的University Program VWF项，单击OK按钮即可。

步骤2：设置波形参量。

① 首先设定相关的仿真参数。在波形编辑窗的Edit菜单下选择Grid Size为10 ns，仿真时间Set End Time选10 μs以便有足够长的观察时间。

② 对输入信号赋值。现在可以为输入信号CLK和CLR设定测试电平了。CLR信号设为高电平，第一个周期为低电平，CLK信号周期设为10 ns。

③ 选择菜单命令File→Save，以chapter9_3.vwf为波形文件名存盘，如图9.13所示。

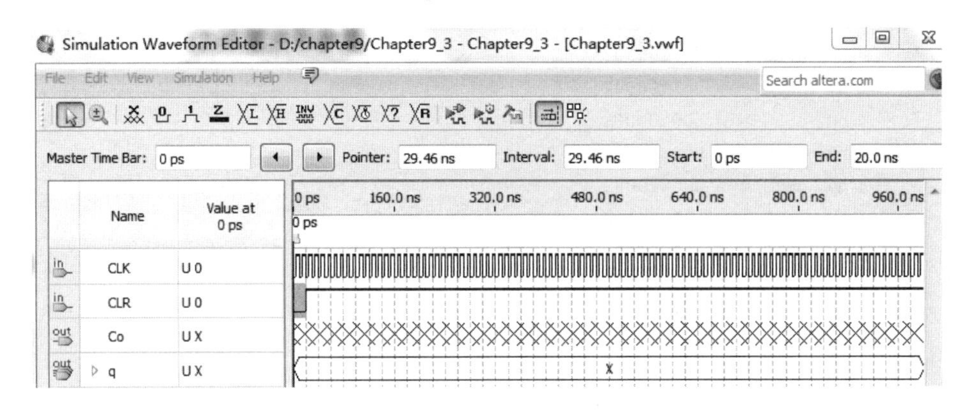

图9.13 建立仿真测试波形

步骤3：运行仿真器。

选择波形编辑窗Simulation→Run Timing Simulation，直到出现Simulation was successful提示，仿真结束。仿真波形输出如图9.14所示。

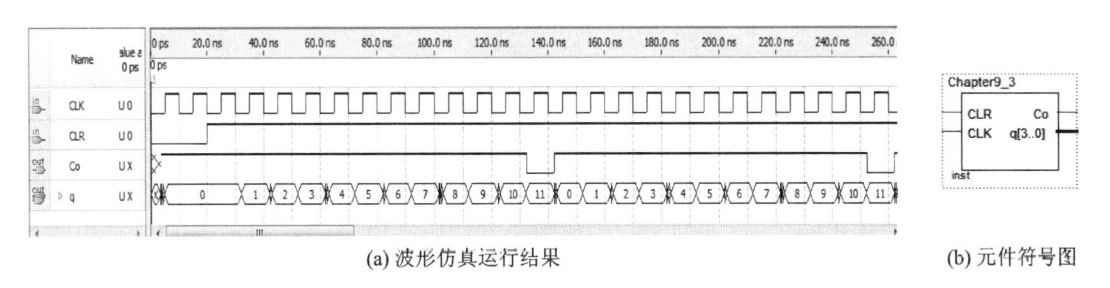

(a) 波形仿真运行结果　　(b) 元件符号图

图9.14 12分频计数器电路的输出仿真波形

步骤4：观察分析波形。

检查12分频计数器电路的输出仿真波形，当输出为$(11)_{10}$时，进位输出Co为低电平，整个计数周期为12，因此12分频计数器电路的设计结果正确。

2. 基于 Verilog HDL 文本七段数码管译码器模块的设计

根据 9.2 节的设计步骤可直接采用以下七段数码管译码器模块 seg7lut 的 Verilog HDL 源程序：

```
module seg7lut(iDIG,oSEG);
     input wire[3:0] iDIG;
     output reg[6:0]  oSEG;
   always @(iDIG)
 begin
        case(iDIG)
        4'h1: oSEG = 7'b1111001;// ---0----
        4'h2: oSEG = 7'b0100100; // |   |
        4'h3: oSEG = 7'b0110000; // 5   2
        4'h4: oSEG = 7'b0011001; // |   |
        4'h5: oSEG = 7'b0010010; // ---6----
        4'h6: oSEG = 7'b0000010; // |   |
        4'h7: oSEG = 7'b1111000; // 4   3
        4'h8: oSEG = 7'b0000000; // |   |
        4'h9: oSEG = 7'b0011000; // ---4----
        4'ha: oSEG = 7'b0001000;
        4'hb: oSEG = 7'b0000011;
        4'hc: oSEG = 7'b1000110;
        4'hd: oSEG = 7'b0100001;
        4'he: oSEG = 7'b0000110;
        4'hf: oSEG = 7'b0001110;
        4'h0: oSEG = 7'b1000000;
        default : oSEG = 7'b1111111;
        endcase
     end
 endmodule
```

3. 基于混合设计方法的顶层模块设计步骤

(1) 新建

在 Quartus Ⅱ 中打开一个新的原理图编辑窗，双击，在随后弹出的 Enter Symbol 元件对话框中，选择前面设计好的元件 chapter9_3、seg7lut、输入引脚 input、输出引脚 output，按图 9.15 所示连接各模块。在图 9.15 中，CLK 为计数时钟输入，CLR 为计数复位信号，Co 为进位输出，4 位计数输出 q[3..0]直接通过七段数码管译码器模块 seg7lut 产生译码输出信号 HEX0[6..0]。

(2) 编译综合

前面所有工作做好后，按照 8.4.3 小节所描写的步骤，执行 Quartus Ⅱ 主窗口的 Processing|Star Compilation 选项，启动全程编译，并保证正确无误。

(3) 引脚锁定

用记事本打开 count12_seg7lut. qsf，将以下命令添加到该文件中，执行 File 菜单下的 Save 存盘命令，引脚锁定后，必须再编译一次，将引脚锁定信息编译进下载文件 count12_

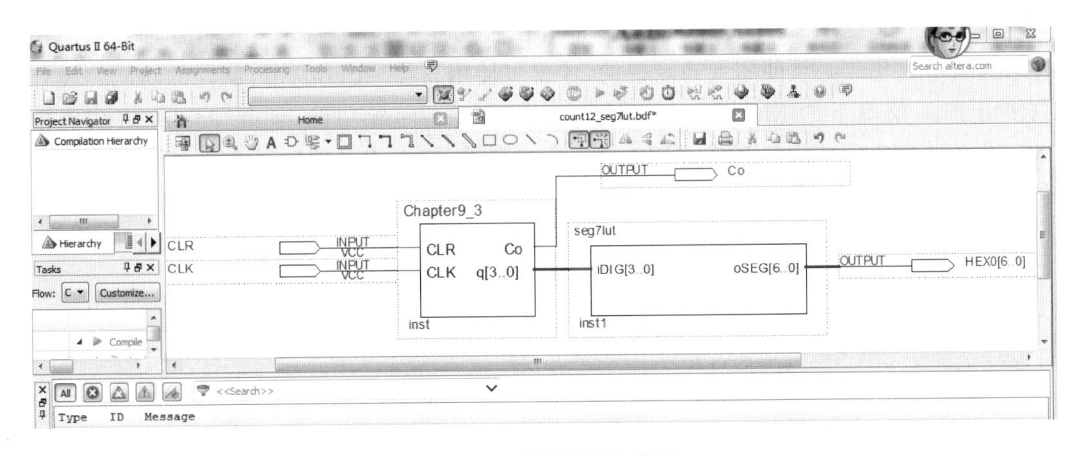

图 9.15　顶层模块连线图

seg7lut.sof 中。引脚分配编译成功后的原理图文件如图 9.16 所示。

```
set_location_assignment PIN_E21  - to Co          //发光二极管 LEDG[0]
set_location_assignment PIN_M23  - to CLK         //按钮开关 KEY[0],按下为 0
set_location_assignment PIN_M21  - to CLR         //按钮开关 KEY[1],按下为 0
set_location_assignment PIN_H22  - to HEX0[6]     //0 号七段数码管字段[6]
set_location_assignment PIN_J22  - to HEX0[5]     //0 号七段数码管字段[5]
set_location_assignment PIN_L25  - to HEX0[4]     //0 号七段数码管字段[4]
set_location_assignment PIN_L26  - to HEX0[3]     //0 号七段数码管字段[3]
set_location_assignment PIN_E17  - to HEX0[2]     //0 号七段数码管字段[2]
set_location_assignment PIN_F22  - to HEX0[1]     //0 号七段数码管字段[1]
set_location_assignment PIN_G18  - to HEX0[0]     //0 号七段数码管字段[0]
```

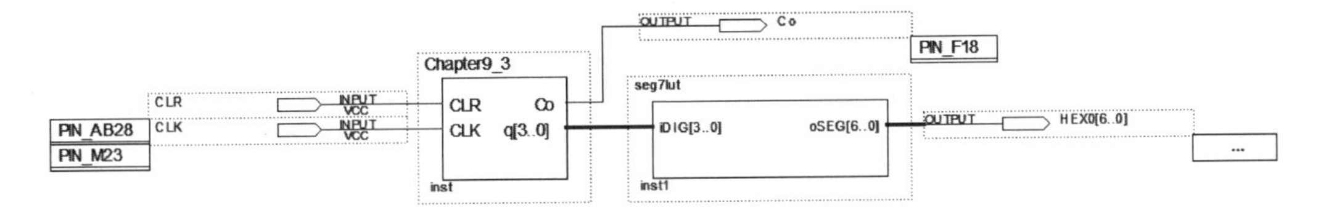

图 9.16　引脚分配编译成功后的原理图文件

(4) 器件编程下载与硬件测试

完成引脚锁定工作后，再次对设计文件进行编译正确无误后，将 12 分频计数器设计文件下载到目标芯片 EP4C115F29C7 中。操作 DE2－115 实验平台上的 KEY[0]、KEY[1]，得到 CLK、CLR 不同的输入组合，观测 0 号七段数码管 HEX0 输出结果是否正确。

9.4　基于宏功能模块 LPM_ROM 的 4 位乘法器设计

9.4.1　设计提示

Altera 宏功能模块是复杂或高级构建模块，可以在 Quartus Ⅱ设计文件中与门电路、触发器等基本单元一起使用。Altera 提供的可参数化宏功能模块和 LPM 功能,并都针对 Altera 器件结构做了优化。必须使用宏功能模块,才可以使用一些 Altera 特定器件的功能。设计者可以使用 File 菜单下的 MegaWizard Plug-In Manager 向导功能,创建 Altera 宏功能模块 LPM。作为 EDIF 标准的一部分,LPM 的形式得到了 EDA 工具的广泛支持,目前 LPM 库已经包含多种功能模块,每个模块都是参数化的。表 9.3 提供了可以通过 Mega Wizard Plug-In Manager 创建 Altera 提供的宏功能模块和 LPM 功能。

表 9.3　Altera 提供的部分 LPM 宏功能模块名与功能

类型描述	名　称	说　明
arithmetic(运算器库)	LPM_ABS	取绝对值电路
	LPM_ADD_SUB	加减法电路
	LPM_COMPARE	比较器
	LPM_COUNTER	计数器
	LPM_DIVIDE	除法器
	LPM_MULT	乘法器
gates(基本门电路)	LPM_AND	多输入与门
	LPM_BUSTRI	多位双向三态缓冲器
	LPM_CLSHIFT	桶形移位电路、组合逻辑移位电路
	LPM_CONSTANT	常量电路
	LPM_DECODE	多位译码器
	LPM_INV	倒相电路
	LPM_MUX	多路选择器
	LPM_OR	或门
	LPM_XOR	异或门
Storage(存储器)	DUAL_PORT_RAM	双端口 RAM
	FIFO	先进先出寄存器堆栈
	LPM_FF	触发器
	LPM_LATCH	寄存器
	LPM_RAM_IO	单 I/O 端口 RAM
	LPM_ROM	只读存储器
	LPM_SHIFTREG	通用移位寄存器

9.4.2　Quartus Ⅱ设计流程

硬件乘法器有多种设计方法,由高速 ROM 构成的乘法表方式的乘法器,运算速度最快;还可以使用 mega_lpm 库中的参数可设置的乘法器模块 lpm_mult;也可利用只读存储器 lpm_rom 通过查表的方式实现乘法。本小节介绍利用 mega_lpm 库中的只读存储器 lpm_rom,通过 ROM 查询表的方法设计的 4 位乘法器。所谓 ROM 查表法,就是把乘积放在存储器 ROM 中,使用操作数作为地址访问存储器,得到的输出就是乘法的运算结果。其设计流程如下。

步骤 1:编制 ROM 初始化数据文件 rom4x4.hex。

打开 Quartus Ⅱ,选择 File→New 命令。在 New 窗口中的 Memory Files 中选择 ROM 初始化数据文件类型为 Hexadecimal (Intel-Format) File 或 Memory Initialization File(本文

选择 Hex 文件类型)，单击 OK 按钮后进入 Quartus Ⅱ Hexadecimal (Intel-Format) File 编辑窗。

在 Hexadecimal (Intel-Format) File 编辑窗中完成乘法表数据填充工作，如图 9.17 所示。地址(Address)高 4 位和低 4 位分别看作乘数和被乘数，输出数据则为其乘积。Hex 文件的数据格式共有 4 种，默认的数据为十六进制(HEX)。图 9.17 给出了其十进制(DEC)数的数据图。

查表可知地址和数据的表达方式和含义，如地址(Address)99 表示乘数为 9，被乘数为 9，乘积 81 填充在 Value 框中对应的位置上，其余以此类推。

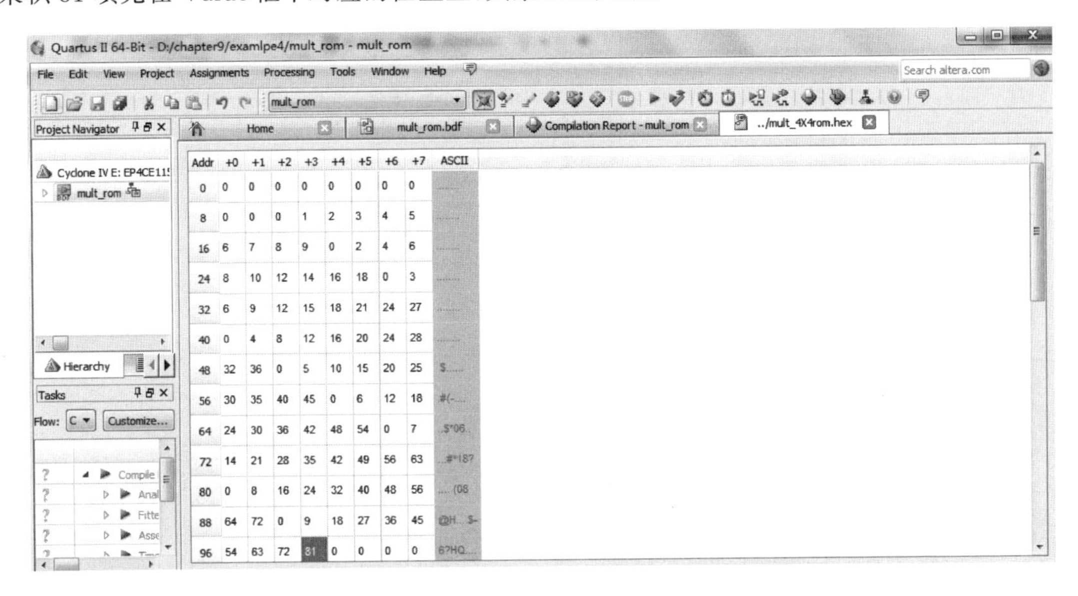

图 9.17　在 Hexadecimal (Intel-Format) File 编辑窗中编辑九九乘法表地址/数据

步骤 2：建立 Quartus Ⅱ 工程。

① 新建 Quartus Ⅱ 工程 mult_rom，顶层实体名为 mult_rom。

② 设置编译输出目录为 D:\chapter9\examlpe4。

步骤 3：利用 MegaWizard Plug - In Manager 定制 ROM。

① 新的设计工程创建好，在主窗口中选择 File→New 命令。在 New 窗口中的 Design Files 中设置硬件设计文件类型为 Block Diagram/Schematic File，得到图形编辑窗口。

② 在图形编辑窗口空白处双击，弹出 Symbol 选择窗(或右击选择 Instert→Symbol… 命令)，在其左侧出现元件选择对话框。

③ 在元件选择对话框中，选择 MegaWizard Plug-In Manager 初始对话框(或者在 Quartus Ⅱ 主窗口的 Tools 菜单中选择 MegaWizard Plug-In Manager 命令)，产生如图 9.18 所示的界面，可选择以下操作模式：

- Create a new custom megafunction variation，定制一个新的宏功能块模块；
- Edit an exiting custom megafunction variation，修改编辑一个已存在的宏功能块模块；
- Copy an exiting custom megafunction variation，即拷贝一个已存在的宏功能块文件。

④ 本例选择定制一个新的宏功能块模块。在图 9.18 所示窗口中单击 Next 按钮后，弹出图 9.19 所示的宏功能块模块选择对话框。该对话框左侧列出了可供选择的宏功能块模块类

型,有已安装的组件(Installed Plugins)和未安装的组件(Click to open IP Megs Store)。已安装的 Altera 宏功能模块主要有算术组件 Arithmetic、通信组件 Communication(如 8B10B 编解码器)、数字信号处理组件 DSP(如 FFT、FIR)、门类型 Gates(如译码器 DECODE、多路选择器 MUX)、输入/输出组件 I/O(如锁相环 PLL)、接口组件 Interface(如以太网接口、PCI 接口, DDR)、存储编译器 Memory Compiler(如 RAM、ROM)等。未未安装的部分是 Alter 的 IP 核,它们需要上网下载,然后再安装。

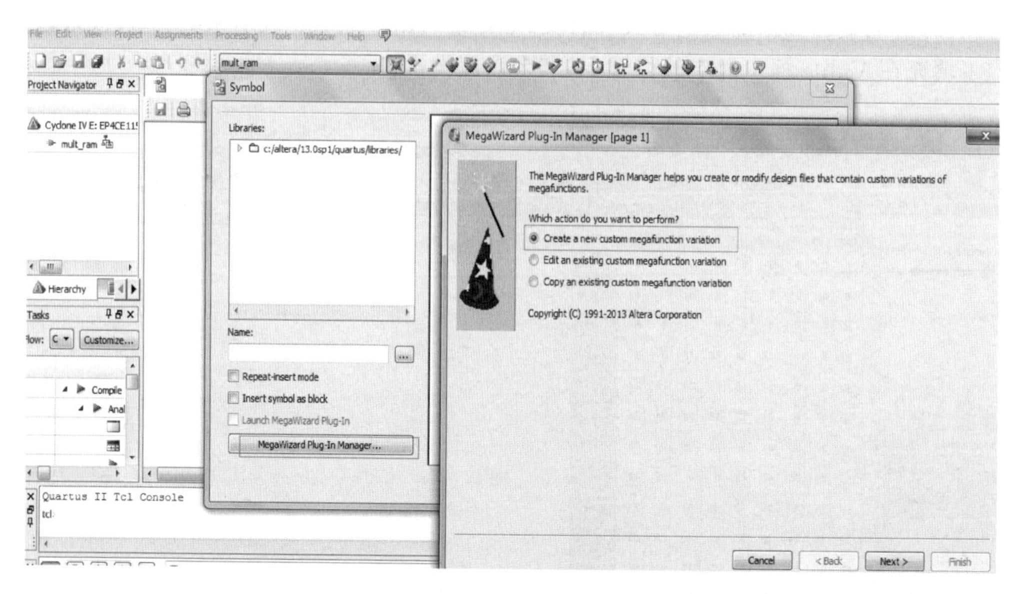

图 9.18 MegaWizard Plug-In Manager 向导对话框

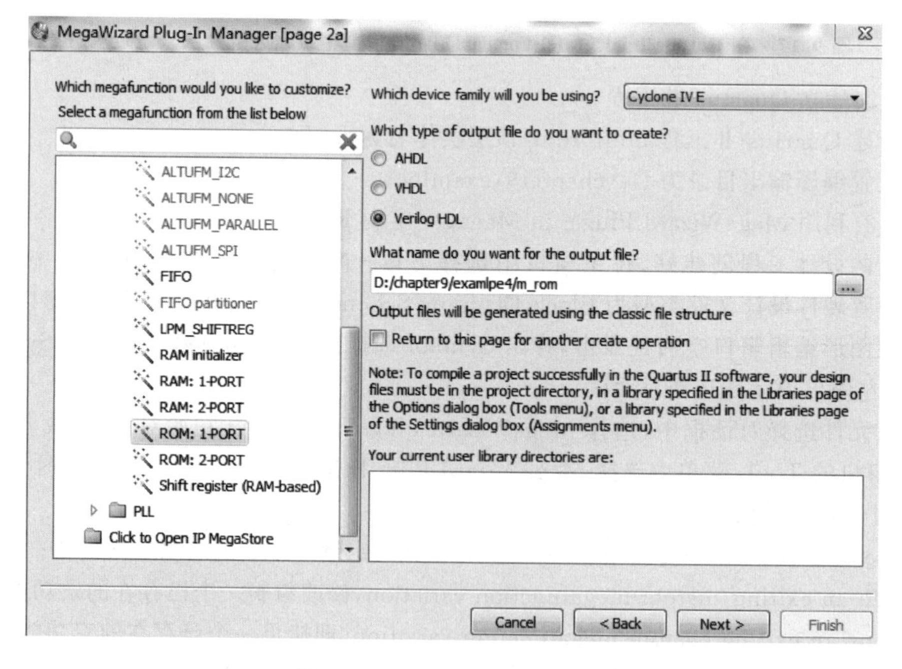

图 9.19 宏功能块模块选择框

图 9.19 中右侧部分包括器件选择、硬件描述语言选择、输出文件的路径和文件名，以及库文件的指定。这些库文件是设计者在 Quartus Ⅱ 中编译时需要用的文件库。设计者在使用非系统默认、自己安装的 IP 核时，须指定用户库。

⑤ 在图 9.19 所示窗口左栏 Memory Compiler 文件夹下选择 ROM:1 - PORT，在右上角下拉列表中选择 Cyclone IV E 器件和 Verilog HDL 语言方式，最后在 Browse 下的栏中键入输出文件存放的路径和文件名 D:\chapter9\example4\m_rom，单击 Next 按钮进入下一步，如图 9.20 所示。

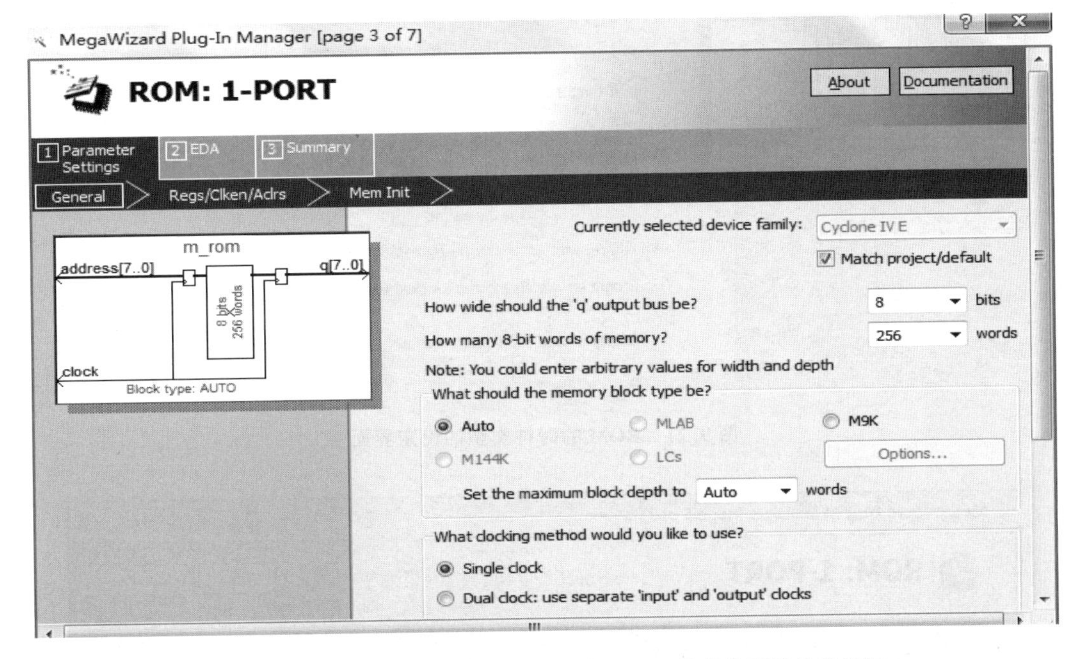

图 9.20　m_rom 的地址宽度、数据位数及存储块的类型的设定界面

⑥ 在图 9.20 所示窗口中，设定 ROM 的地址宽度、数据位数及所嵌入 RAM 块的类型。本题选择的地址宽度为 8 位，即 256 位(16 个字)；输入/输出数据位数均选为 8 位；ROM 块的类型将基于所选目标器件的系列，如不清楚所选目标器件的系列可选 Auto。

⑦ 在图 9.20 所示窗口中，单击 Next 按钮进入地址锁存控制信号选择界面，本实例中选择单时钟 Signal clock。单击 Next 按钮进入图 9.21 所示的界面，在 Which ports should be registered 栏选择“读”输出端口 q[7..0]为寄存输出(registered)，即输出将延迟一个周期。为简化设计，本实例不单独设置输出使能信号 rden 和异步清 0 信号 aclr，可单击 Next 按钮进入下一界面(见图 9.21)，此界面仅针对单时钟读数据输出的 ROM 而言。

⑧ 在图 9.21 所示窗口中单击 Next 按钮进入下一界面(见图 9.22)，指定 4×4 乘法表数据文件的路径和文件名为 D:\chapter9\mult_4X4rom.hex，此时单击 Finish 按钮即可自动生成 m_rom 的 Quartus Ⅱ IP Files(见图 9.23)，选择 Yes 按钮即可将 m_rom.qip 库文件加入当前工程文件 mult_rom 目录中。

步骤 4：设计文件存盘与编译。

完成 m_rom 模块定制设计后，添加相应的输入/输出端口，如图 9.24 所示。可对图 9.24 所示的原理图进行存盘与编译。

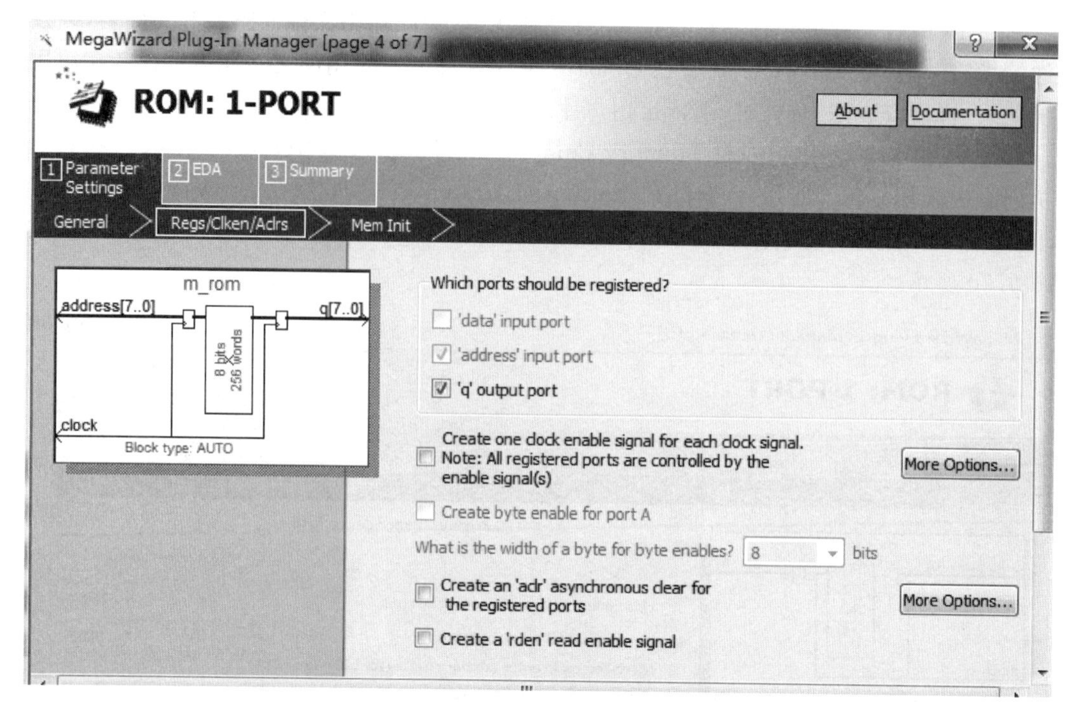

图 9.21　ROM 的时钟类型的设定界面

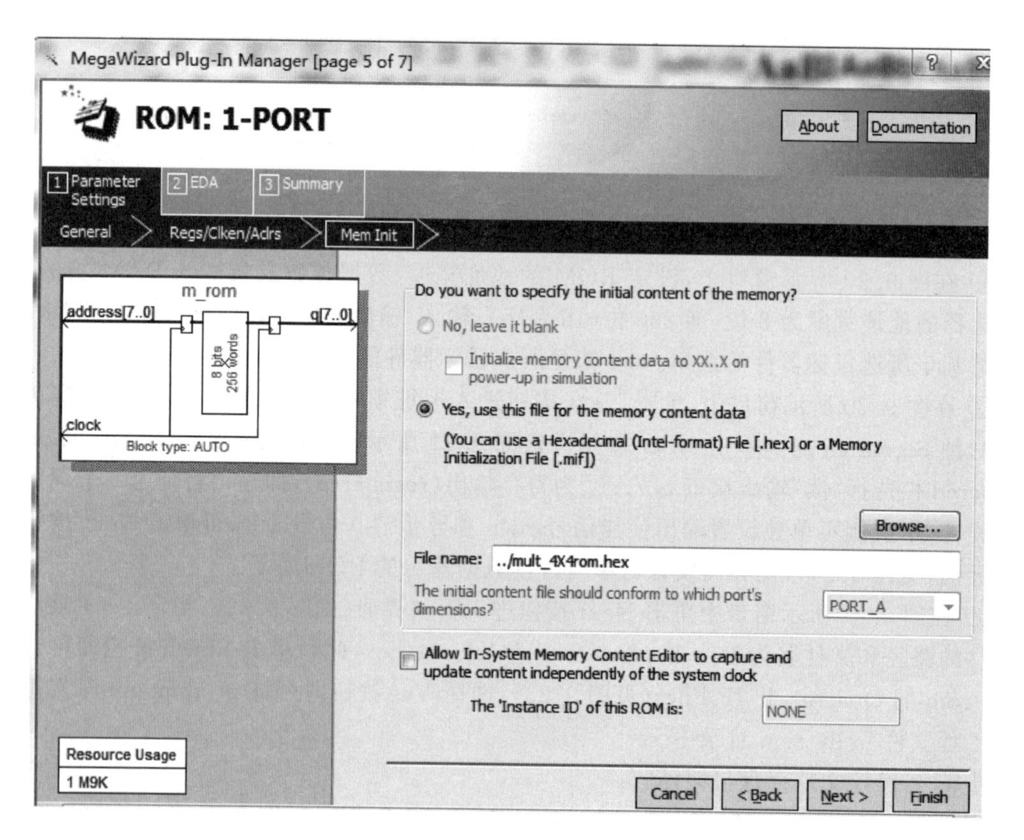

图 9.22　指定 4×4 乘法表数据文件的路径和文件名

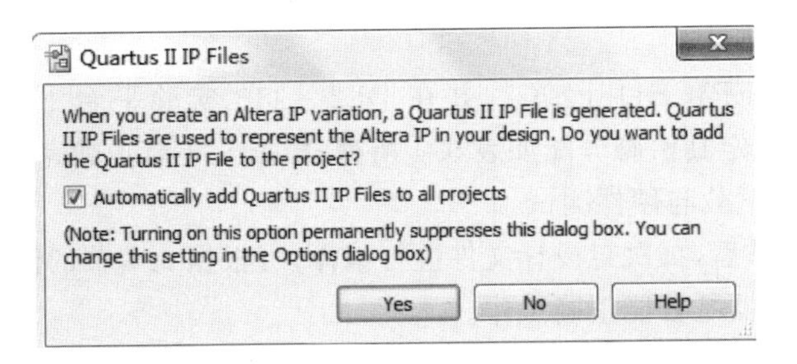

图 9.23　自动生成 m_rom 的 Quartus Ⅱ IP 的界面

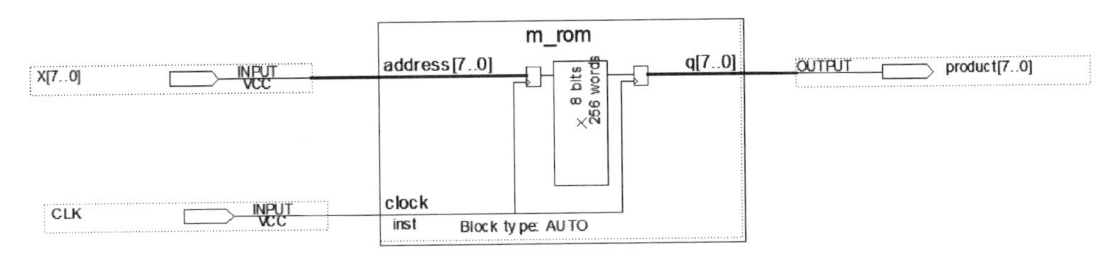

图 9.24　基于 lpm_rom 乘法器的原理图

步骤 5:设计项目校验。

编译完全通过后,接下来应该测试设计项目的正确性,即逻辑仿真。首先打开波形编辑窗建立波形文件 mult_rom.vwf。其次设定相关的仿真参数,在波形编辑窗的 Edit 菜单下选择 Grid Size=50 ns,仿真时间域 End Time=10 μs,设置输入时钟信号 clk 的周期为 50 ns,乘数 X1 被乘数 X2 的周期为 100 ns,如图 9.25 所示。其仿真波形如图 9.26 所示。

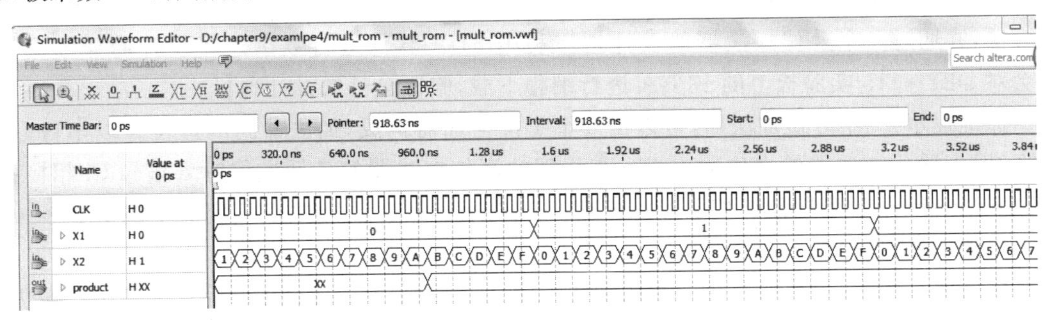

图 9.25　设置乘法器仿真波形参数

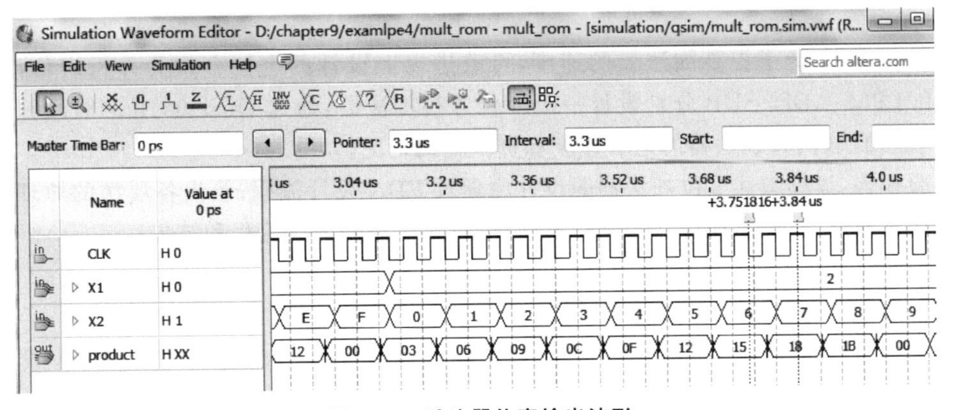

图 9.26　乘法器仿真输出波形

步骤 6:引脚锁定。

如果目标器件是 EP4CE115F29C7,并在 DE2－115 实验平台上,查看附录 A 中的附表 1、附表 2、附表 4,设定其引脚分配如表 9.4 所列,根据 8.4 节步骤完成引脚锁定。

步骤 7:器件编程下载与硬件测试。

完成引脚锁定工作后,再次对设计文件进行编译,可根据 8.4 节的流程进行编程下载和硬件测试,同时验证乘法器是否能正确工作。

表 9.4　乘法器电路输入输出管脚分配表

信号名	引脚号 PIN	对应器件引脚名称
CLK	PIN_Y2	CLOCK_50
X[3..0]	PIN_AD27,PIN_AC27,PIN_AC28,PIN_AB28	按键 SW[3..0](乘数)
X[7..4]	PIN_AB26,PIN_AD26,PIN_AC26,PIN_AB27	按键 SW[7..4](被乘数)
product[7..4]	PIN_H19,PIN_J19,PIN_E18,PIN_F18	LEDR[7]LEDR[6] LEDR[5]LEDR[4]
product[3..0]	PIN_F21,PIN_E19,PIN_F19,PIN_G19	LEDR[3]LEDR[2] LEDR[1]LEDR[0]

9.5　数字逻辑基础型实验

实验 1　多位加法器的 FPGA 设计

实验目的:熟悉利用 Quartus Ⅱ 的原理图输入方法,设计简单组合电路,掌握 EDA 设计的方法,并通过一个 8 位加法器的设计把握利用 EDA 软件进行数字逻辑设计的详细流程。学会对 DE2－115 实验板上的 FPGA 进行编程下载,验证自己的设计项目。

原理提示:一个 8 位加法器,可以由 8 个 1 位全加器构成,加法器间的进位可以串行方式实现,即将低位加法器的进位输出 Ci1 与相邻的高位加法器的最低进位输入信号 Ci 相接;也可以利用 Altera 的宏功能模块 LPM_ADD_SUB 或两片 74 系列中规模集成电路 74283(4 位并行进位加法器)构成。

实验内容 1:完全按照本章介绍的方法与流程,利用 8 个 1 位全加器完成 8 位串行加法器的设计,包括原理图输入、编译、综合、适配、波形仿真,并将此加法器电路设置成一个硬件符号入库。

实验内容 2:为了提高加法器的速度,可改进以上设计的进位方式为并行进位,即利用 74283 和 LPM_ADD_SUB 分别设计一个 8 位并行加法器,通过 Quartus Ⅱ 的时间分析器和 Report 文件比较两种加法器的运算速度和资源耗用情况。

实验报告:详细叙述 8 位加法器的设计原理及 EDA 设计流程;给出各层次的原理图及其对应的仿真波形图;给出加法器的延时情况;最后给出硬件测试流程和结果。

实验 2　译码器的 FPGA 设计

实验目的:熟悉利用 Quartus Ⅱ 的原理图输入方法设计组合电路,掌握 EDA 设计的方法,利用 EDA 的方法设计并实现一个译码器的逻辑功能,了解译码器的应用。

原理提示:把代码状态的特定含义翻译出来的过程称为译码,实现译码操作的电路称为译码器。译码器的种类很多，常见的有二进制译码器，码制变换器和数字显示译码器。

常见的MSI二进制译码器有2－4线（2输入，4输出）译码器（如74139）、3－8线（如74138）译码器和4－16线（4输入，16输出）译码器等，可用2片74138级联构成4－16线译码器，其原理图如图9.27所示。

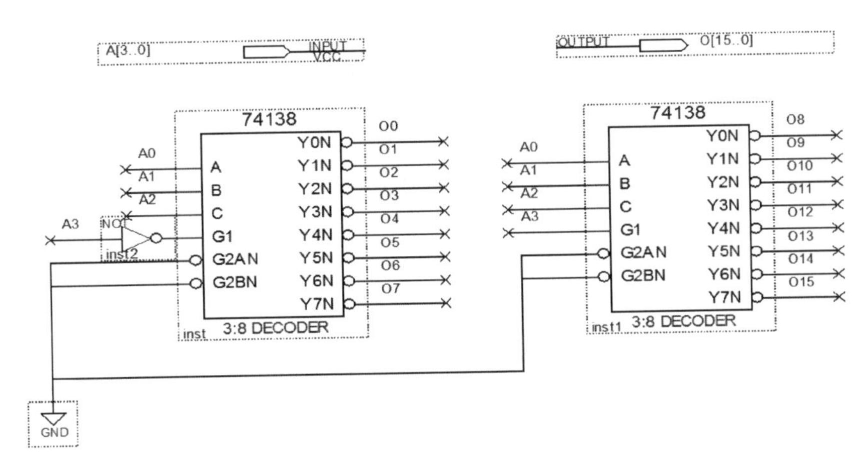

图9.27　4－16线译码原理图

实验内容1：用74138按图9.27设计一个4－16线译码器，包括原理图输入、编译、综合、适配、波形仿真，并将此电路设置成一个硬件符号入库。

实验内容2：在数字信号传输过程中，有时要把数据传送到指定输出端，即进行数据分配，译码器可作为数据分配器使用。请利用4－16线译码器和一个16选1多路选择器161MUX设计一个4位二进制数等值比较器，包括原理图输入、编译、综合、适配、仿真。

实验报告：详细给出各器件的原理图、工作原理、电路的仿真波形图和波形分析，详述实验过程和实验结果。

实验3　计数器的FPGA设计

实验目的：利用Quartus Ⅱ软件设计并实现一个计数器的逻辑功能，通过电路的仿真和硬件验证，进一步了解计数器的特性和功能。

原理提示：计数器的种类很多，通常有不同的分类方法。按其工作方式可分为同步计数器和异步计数器；按其进位制可分为二进制计数器、十进制计数器和任意进制计数器；按其功能又可分为加法计数器、减法计数器和加/减可逆计数器等。n个触发器可以构成模m的计数器，其中$m \leq 2^n$。计数器的具体设计方法参见第5章。

实验内容1：用D触发器设计2位二进制加法计数器，具有计数清0 CLR和进位输出COU功能，按图9.28所示完成2位二进制加法计数器原理图设计输入、编译、综合、适配、仿真，引脚锁定，下载、硬件测试。

实验内容2：用中规模集成电路74161设计模10加法计数器，并将计数输出用7447进行七段译码显示，同时利用DE2－115开发板上的七段数码管HEX0显示计数结果，操作DE2－115实验平台上的KEY[0]、KEY[1]，得到CLK、CLR不同的输入组合，观测0号七段数码管HEX0输出结果是否正确。

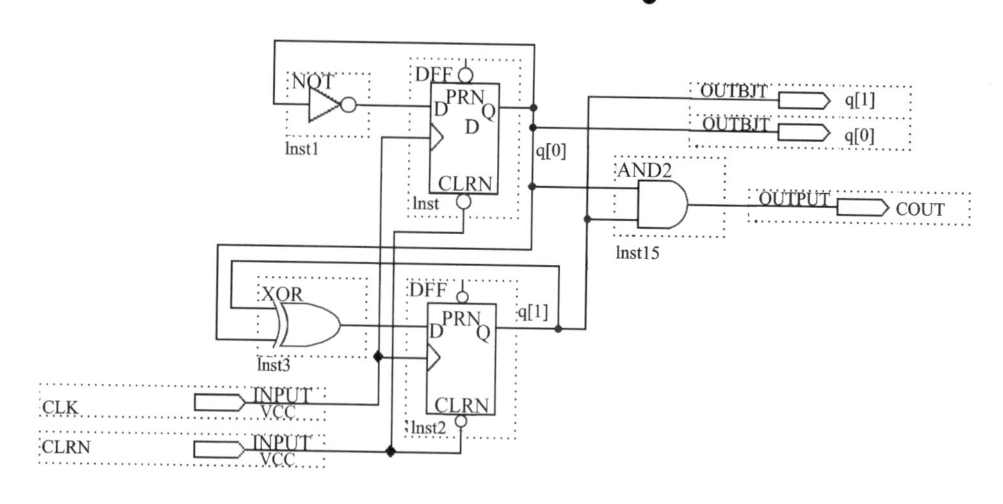

图 9.28　2 位二进制同步加法计数器的逻辑原理图

实验报告:详细给出各器件的原理图、工作原理、电路的仿真波形图和波形分析,详述硬件实验过程和实验结果。

实验 4　100 分频十进制加法计数器的 FPGA 设计

实验目的:熟悉各种常用的 MSI 计数器芯片的逻辑功能和使用方法,利用多片 MSI 计数器芯片级连和功能扩展技术,设计并实现一个计数器的逻辑功能,通过电路的仿真和硬件验证,进一步了解计数器的特性和功能。

原理提示:

多片 MSI 计数器芯片可级联应用,可构成模为 2^n 或 10^n 的计数器芯片(可参见 5.7.3 小节)。如图 9.29 所示,为用 74160 设计的 100 分频的计数器,其中 CLK 为计数时钟,Clr 为异步清 0 信号,CNT_EN 为计数使能,CARY 为进位输出。

实验内容 1:用中规模集成电路 74160 设计模 100 加法计数器,包括原理图设计输入、编译、综合、适配、仿真,引脚锁定,下载、硬件测试。将此计数器电路设置成一个硬件符号入库。

实验内容 2:给所设计的 100 分频加法计数器设计显示输出电路,该电路中用 74374 作数据锁存器,7447 作七段 BCD 译码器,它的七位输出可直接与七段共阳数码管相连,其输出为低电平有效,且 L[6..0]显示个位,H[6..0] 显示十位,请完成原理图设计输入、编译、综合、适配、仿真,引脚锁定,下载,硬件测试。

实验报告:详细给出各层次的原理图、工作原理、电路的仿真波形图和波形分析详述硬件实验过程和实验结果。

实验 5　伪随机信号发生器的 FPGA 设计

实验目的:通过实验掌握 Quartus Ⅱ 的宏功能函数 LPM_SHIFTTEREG 的使用,通过电路的仿真和验证,进一步了解移位寄存器的功能和特性,及其在数字通信中的应用。

原理提示:在雷达和数字通信中,常用伪随机信号(称 C)作为信号源,用来对通信设备进行调试或检修。伪随机信号的特点是,可以预先设置初始状态,且序列信号重复出现。如图 9.30 所示电路,shift4 为 4 位右移移位寄存器,shiftin=$Q[3]\oplus Q[2]$,其输出序列能周期性

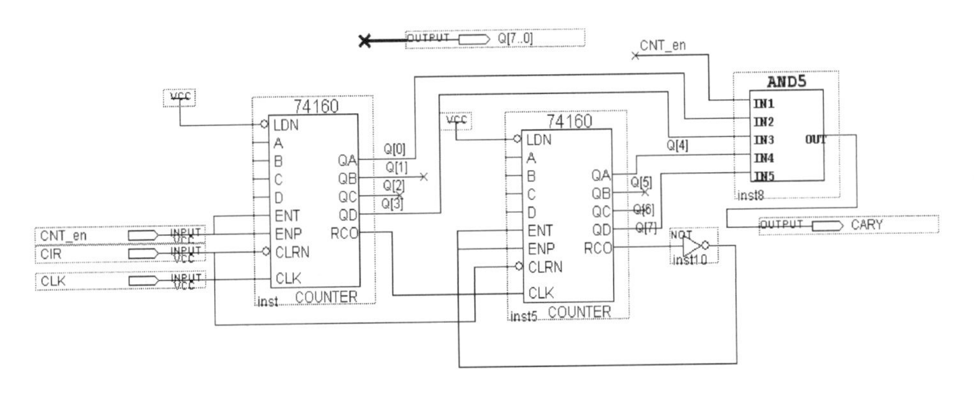

图 9.29　100 分频加法计数器原理图

地输出 0110 1011 1101 序列，此时设置初始状态 D[3..0]=8。电路中的“或非”门可保证电路具有自启动功能。

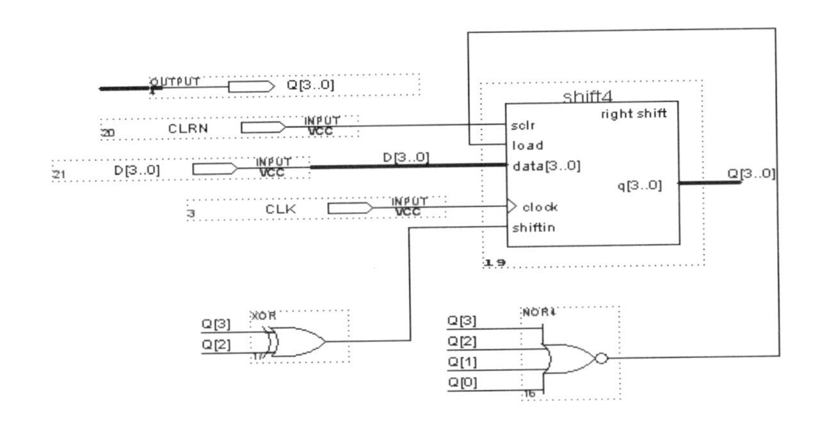

图 9.30　移位型 M 序列伪随机信号发生器原理图

实验内容 1：在 Quartus Ⅱ 中利用 MegaWizard Plug-In Manager 功能向导设计一个 4 位右移位寄存器 shift4，并仿真验证设计结果。

实验内容 2：利用实验 1 所生成 shift4 设计 M 序列脉冲发生器，包括原理图设计输入、编译、综合、适配、仿真，引脚锁定，下载，硬件测试。

实验报告：详细给出各层次的原理图、工作原理、电路的仿真波形图和波形分析，详述硬件实验过程和实验结果。

实验 6　应用 Verilog HDL 完成简单组合电路的 FPGA 设计

(1) 实验目的

熟悉利用 Quartus Ⅱ 的文本输入方法设计简单组合电路，掌握 FPGA 层次化设计方法，并通过一个 8 位加法器的设计把握利用 Verilog HDL 语言进行多层次电路设计的流程。学会对实验板上的 FPGA 进行编程下载，用硬件验证自己的设计项目。

(2) 原理提示

8 位加法器可以由 8 个 1 位加法器构成，加法器间的进位可以串行方式实现，即将低位加法器的进位输出 Cout 与相邻的高位加法器的最低进位输入信号 Cin 相接。首先利用 Verilog HDL 语言设计一个 1 位全加器,然后利用例化语句完成 8 位加法器的设计。

(3) 实验内容 1

完成 1 位全加器的 Verilog HDL 输入设计,该 1 位全加器具有进位输入信号 Cin 和进位输出 Cout,完成其仿真测试,并给出仿真波形。

(4) 实验内容 2

将 1 位全加器看作一个元件,利用例化语句完成 8 位加法器的设计,完成文本设计输入、编译、综合、适配、仿真,引脚锁定,下载,硬件测试。

(5) 实验报告

详细叙述 8 位加法器的设计原理及 VHDL 设计流程,包括程序设计、软件编译、硬件测试,给出各层次仿真波形图,最后给出硬件测试流程和结果。

实验 7　应用 Verilog HDL 完成简单时序电路的 FPGA 设计

(1) 实验目的

熟悉利用 Quartus Ⅱ 的文本输入方法设计简单时序电路,掌握 Verilog HDL 设计的方法,设计并实现一个 D 触发器、J-K 触发器的逻辑功能。

(2) 原理提示

参见 7.5.1 小节和 7.5.2 小节的内容。

(3) 实验内容 1

编写带置位和复位控制的 D 触发器的 Verilog HDL 程序。该触发器为上升沿触发,并带有两个互补的输出,包括 Verilog HDL 文本输入、编译、综合、适配、仿真,并将此电路设置成一个硬件符号入库。

(4) 实验内容 2

编写带置位和复位控制的主从 J-K 触发器的 VHDL 程序。该触发器下降沿触发,并带有两个互补的输出,包括 Verilog HDL 文本输入、编译、综合、适配、仿真,并将此电路设置成一个硬件符号入库。

(5) 实验报告

详细给出各器件的 Verilog HDL 程序的说明、工作原理、电路的仿真波形图和波形分析,详述实验过程和实验结果。

实验 8　基于 Verilog HDL 语言的 4 位多功能加法计数器的 FPGA 设计

(1) 实验目的

利用 Verilog HDL 语言设计并实现一个计数器的逻辑功能。该计数器具有计数使能、异步复位和计数值并行预置功能,通过电路的仿真和硬件验证,进一步了解计数器的特性和功能。

(2) 原理提示

例 9-1 是基于 Verilog HDL 描述的示例程序。RST 是异步清 0 信号,高电平有效;CLK 是锁存信号;D[3..0]是 4 位数据输入端。当 ENA 为 1 时,多路选择器将加 1 计数器的输出值加载于锁存器的数据端 D[3..0],完成并行置数功能;当 ENA 为 0 时,将 0000 加载于锁存器 D[3..0]。

例 9-1 示例程序：

```
module multiadder4(clk,rst,ena,clk_1,rst_1,ena_1,outy,cout);
 input clk,rst,ena;
 output clk_1,rst_1,ena_1;
 output[3:0] outy;
 output cout;
 reg[3:0] outy;
 reg cout;
 wire clk_1;
 wire rst_1;
 wire ena_1;
 assign clk_1 = clk;
 assign rst_1 = rst;
 assign ena_1 = ena;
 always@(posedge clk or negedge rst)
 begin
    if(! rst)
      begin
        outy<= 4'b0000;
        outy<= 1'b0;
      end
    else
    if(ena)
      begin
        outy<= outy + 1;
        cout<= outy[0]&outy[1]&outy[2]&outy[3];
        end
    end
 endmodule
```

(3) 实验内容 1

在 Quartus Ⅱ 上对例 9-1 进行编辑、编译、综合、适配、仿真，并说明源程序中各语句的作用，详细描述该示例的功能特点，给出所有信号的时序仿真波形。

(4) 实验内容 2

实验内容 1 基础上完成引脚锁定以及硬件下载测试，完成引脚锁定后再进行编译、下载和硬件测试实验，将仿真波形，实验过程和实验结果写进实验报告。

(5) 实验报告

详细给出实验原理、设计步骤、编译的仿真波形图和波形分析，详述硬件实验过程和实验结果。

实验 9 移位运算器的 FPGA 设计

(1) 实验目的

利用 Verilog HDL 语言设计一个具有移位控制的组合功能的移位运算器，通过电路的仿真和硬件验证,进一步了解移位运算的特性和功能。

(2) 原理提示

移位运算实验原理图如图 9.31 所示,其输入/输出端分别与键盘/显示器 LED 连接。电路连接、输入数据的按键、输出显示数码管的定义如图 9.31 中右上角所示。

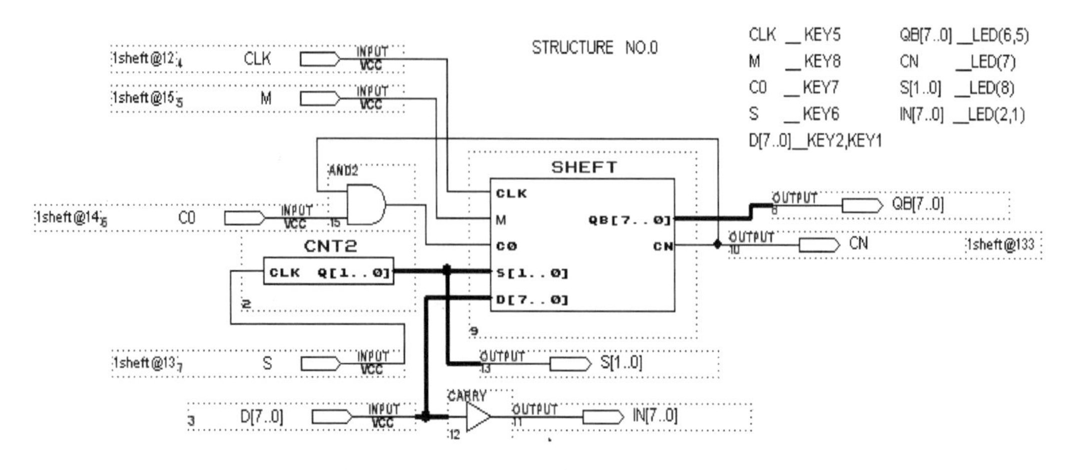

图 9.31 移位运算实验原理图

图 9.31 中,各符号意义如下:

CLK——时钟脉冲,通过 KEY[3]产生 01 计数脉冲;

M——工作模式,M=1 时带进位循环移位,由 SW[8]控制;

C0——允许带进位移位输入,由 SW[9]控制;

S——移位模式 0~3,由 SW[6]控制,显示在数码管 LEDR[10..9]上;

D[7..0]——移位数据输入,由 SW[7..0]控制,显示在数码管 LEDR[7..0]上;

QB[7..0]——移位数据输出,显示在数码管 LEDG[7..0]上;

CN——移位数据输出进位,显示在数码管 LEDG[8]上。

移位运算器 SHEFT 可由移位寄存器构成,移位运算器的具体功能如表 9.5 所列。在时钟信号到来时状态产生变化,CLK 为其时钟脉冲。由 S_0、S_1、M 控制移位运算的功能状态,具有数据装入、数据保持、循环右移、带进位循环右移,循环左移、带进位循环左移等功能。

表 9.5 移位运算器的功能表

G	S_1	S_0	M	功 能
0	0	0	任意	保持
0	1	0	0	循环右移
0	1	0	1	带进位循环右移
0	0	1	0	循环左移
0	0	1	1	带进位循环左移
任意	1	1	任意	加载待移位数

移位寄存器 shifter 参考程序,如例 9-2 所示。

例 9-2 移位寄存器 shifter 参考程序:

```
module shifter(clk,m,co,s,d,qb,cn);
 input clk,m,co;
 input[1:0] s;
 input[7:0] d;
 output[7:0] qb;
 output cn;
 reg[7:0] ss;
 reg[7:0] qb;
 reg cn;
 always@(posedge clk)
 begin
     case(s)
     'b00:qb[7:0]<= ss[7:0];              //00 保持
     'b01:
     begin
         if(m)
         begin cn = qb[7];qb[7:1] = ss[6:0];qb[0] = co;ss[7:0] = qb[7:0];end  //10,M = 1,
             else
             begin qb[7:1] = ss[6:0]; //10,M = 0,
             qb[0] = ss[7];
             ss[7:0] = qb[7:0];
             end
         end
     'b10:
         begin
           if(m)begin cn = qb[0];qb[6:0] = ss[7:1];qb[7] = co;ss[7:0] = qb[7:0];end  //10,M = 1,
           else begin qb[6:0] = ss[7:1];qb[7] = ss[0];ss[7:0] = qb[7:0];end          //10,M = 0,
         end
     'b11:begin ss = d;qb[7:0] = ss[7:0];end                                         //11,
     endcase
 end
 endmodule
```

(3) 实验内容 1

在 Quartus Ⅱ上分别对例 9-2 进行编辑、编译、综合、适配、仿真，并说明源程序中各语句的作用，详细描述该示例的功能特点，给出所有信号的时序仿真波形。

(4) 实验内容 2

在实验内容 1 的基础上完成引脚锁定以及硬件下载测试。将仿真波形、实验过程和实验结果写进实验报告。

① 通过 SW[7..0]向 D[7..0]键入待移位数据 01101011(6BH,显示于数码管 2 和 1)。

② 将 D[7..0]装入移位运算器 QB[7..0]。键 6 设置(S1,S0)=3,键 8 设置 M=0,(S&M=6,允许加载待移位数据,显示于数码管 8);此时用 KEY[3]产生 CLK(0-1-0),将数据装入(加载进移位寄存器,显示于数码管 6 和 5)。

③ 对输入数据进行移位运算。再用键 6 设置 S 为(S1,S0)=2(S&M=4,显示于数码 8,允许循环右移);连续按下键 5,产生 CLK,输出结果 QB[7..0](显示于数码管 6 和 5)将发生变化:6BH→B5H→DAH。

④ 键 8 设置 M=1(允许带进位循环右移),观察带进位移位允许控制 C0 的置位与清 0 对

移位的影响。

⑤ 根据表 9.5,通过设置(M、S1、S0)验证移位运算的带进位和不带进位移位功能。

(5) 实验报告

详细给出实验原理、设计步骤、编译的仿真波形图和波形分析,详细描述硬件实验过程和实验结果。

实验 10　循环冗余校验(CRC)模块的 FPGA 设计

(1) 实验目的

利用 HDL 语言设计一个在数字传输中常用的校验、纠错模块:循环冗余校验 CRC 模块,学习使用 FPGA 器件完成数据传输中的差错控制。

(2) 原理提示

CRC(Cyclic Redundancy Check)即循环冗余校验,是一种数字通信中的信道编码技术。经过 CRC 方式编码的串行发送序列码,可称为 CRC 码。它由两部分构成:k 位有效信息数据和 r 位 CRC 校验码。其中 r 位 CRC 校验码是通过 k 位有效信息序列被一个事先选择的 $r+1$ 位"生成多项式"相"除"后得到(r 位余数即是 CRC 校验码),这里的除法是"模 2 运算"。CRC 校验码一般在有效信息发送时产生,拼接在有效信息后被发送;在接收端,CRC 码用同样的生成多项式相除,除尽表示无误,弃掉 r 位 CRC 校验码,接收有效信息;反之,则表示传输出错,纠错或请求重发。本设计完成 8 位信息加 16 位 CRC 校验码发送、接收,由两个模块构成,CRC 校验生成模块(发送)和 CRC 校验检错模块(接收),采用输入、输出都为并行的 CRC 校验生成方式。其原理如图 9.32 所示。

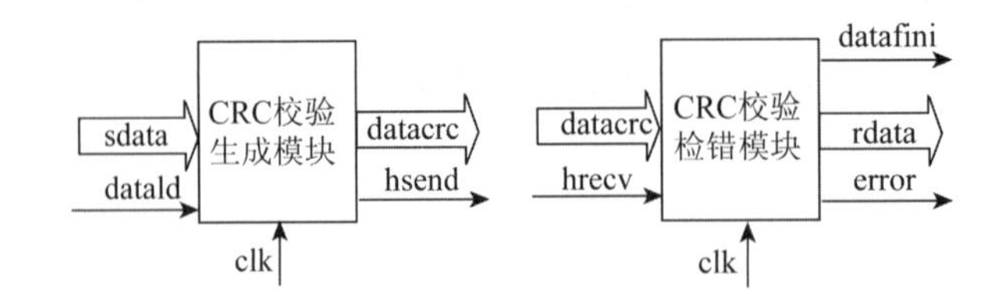

图 9.32　CRC 校验生成模块(发送)和 CRC 校验检错模块(接收)原理图

图 9.32 中,sdata 为位的待发送信息;datald 为 sdata 的装载信号;clk 为时钟信号;datacrc 为附加上 8 位 CRC 校验码的 16 位 CRC 码,在生成模块被发送,在接收模块被接收;Rdata 为接收模块(检错模块)接收的 8 位有效信息数据;hsend、hrecv 为生成、检错模块的握手信号,协调相互之间关系;error 为误码警告信号;datafini 表示数据接收校验完成。

不失一般性,假设图 9.32 中采用的 CRC 生成多项式为 $x^{16}+x^{12}+x^5+1$,校验码为 16 位,有效信息数据为 8 位,其示例 HDL 程序文件如例 9-3 所示。

例 9-3　CRC 校验码获取的示例 HDL 程序:

```
module crc(rst,clk,sdata,crcout);
 input clk,rst;
 input[1:0] s;
 input[7:0]sdata;
 output reg[15:0] crcout;
 reg[23:0] stemp;
```

```
wire[23:0] temp;
parameter gx = 17'b1_0001_0000_0010_0001;     //CRC - CCITT 生成多项式 g(x) = x^16 + x^12 + x^5 + 1
assign stemp = {sdata,16'b0000000000000000};
always@(posedge clk or negedge rst)
begin
if(!rst)
    begin
    crc<= 0;temp<= stemp;
    end
else
begin
if(temp[23])
    temp[23:7]<= temp[23:7]^gx;
else if(temp[22])
    temp[22:6]<= temp[23:6]^gx;
else if(temp[21])
temp[21:5]<= temp[21:5]^gx;
else if(temp[20])
temp[20:4]<= temp[20:4]^gx;
else if(temp[19])
temp[19:3]<= temp[19:3]^gx;
else if(temp[18])
temp[18:2]<= temp[18:2]^gx;
else if(temp[17])
temp[17:1]<= temp[17:1]^gx;
else if(temp[16])
temp[16:0]<= temp[16:0]^gx;
Else
    crcout<= temp[15:0];
end
end
endmodule
```

9.6 习　题

9－1　在 Quartus Ⅱ 中用 4 位二进制并行加法器设计一个 4 位二进制并行加法/减法器。

9－2　试设计一个 8 路安全监视系统来监视 8 个门的开关状态，每个门的状态可通过 LED 显示，为减少长距离内铺设多根传输线，可组合使用多路选择器和多路分配器实现该系统。

9－3　在 Quartus Ⅱ 中，利用 DFF 设计模 4 环形计数器。

9－4　在 Quartus Ⅱ 中，利用优先权编码器 74147 设计一个计算器键盘编码电路。该键盘共有 0～9 共 10 个按键，开关常态下是断开的，该电路将使 4 位十进制数通过数字键顺序输入，将其编码为 BCD 码，然后存储在寄存器中。

9-5 用一片 74194 和适当的逻辑门构成产生序列 10011001 的序列发生器,并用 Quartus Ⅱ 软件仿真验证其正确性。

9-6 利用 3-8 线译码器 74138 和一个 8 选 1 多路选择器 81mux 设计一个 3 位二进制数等值比较器,包括原理图输入、编译、综合、适配、仿真。

9-7 在 Quartus Ⅱ 中利用"与非"门设计一个同步 RS 触发器,包括原理图输入、编译、综合、适配、仿真。

9-8 在 Quartus Ⅱ 中利用 8D 锁存器 74373、模 8 计数器和数据选择器 74151 设计一个 8 位的并串转换器。

9-9 用 EP4CE115F29C7 器件设计一个 2 位数字显示的频率计电路。

9-10 基于 Verilog HDL 设计移位相加 8 位乘法器，并给出仿真结果。

第 10 章

数字系统的 FPGA 设计实践

数字系统是指由若干数字电路和逻辑部件构成的能够处理或传送、存储数字信息的设备。数字系统通常可以分为 3 部分，即系统输入/输出接口、数据处理器和控制器。

数字系统结构框图如图 10.1 所示。

控制器部分——控制器接收外输入和处理器的各个子系统的反馈输入，然后综合为各种控制信号，分别控制各个子系统在定时信号到来时完成某种操作，并向外输出控制信号，是数字电子系统的核心部分。它由存储当前逻辑状态的时序电路和进行逻辑运算的组合电路组成。根据控制器的外部输入信号、执行部分回送的反馈信号以及控制部分的当前状态信号，控制器可控制逻辑运算的进程，并向执行部分和系统外部发送控制命令。

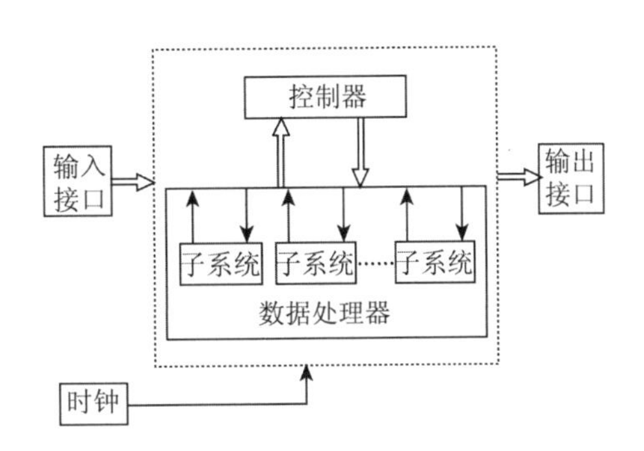

图 10.1　数字系统结构框图

数据处理器部分——由组合电路和时序电路组成。它接收控制命令，执行相应的动作。同时，还要将自身的状态反馈给控制部分。逻辑功能可分解为若干个子处理单元，通常称为子系统，例如译码器、运算器等都可作为一个子系统。

- 输入信号：控制部分的外部输入信号，作为控制部分的参数或控制；
- 输出信号：由控制部分产生的送到外部的控制信号；
- 反馈信号：由执行部分产生，反映执行部分状态的信号；
- 输入数据：送到数字系统的待处理数据；
- 输出数据：由数字系统处理过的输出到外部的数据。

时钟——为整个系统提供时钟和同步信号。

输入接口电路——为系统的输入信号提供预处理功能。

输出接口电路——输出系统的各类信号、信息。

有没有控制器是区别功能部件（数字单元电路）和数字系统的标志。凡是有控制器且能按照一定程序进行数据处理的系统，不论其规模大小，均称为数字系统。否则，只能是功能部件或是数字系统中的子系统。现在的数字系统设计已经逐渐向片上系统 SoC（System on Chip）发展。从芯片的功能和规模来看，一个芯片就是一个完整的数字电子系统，也称为系统芯片。在数字电子技术领域中，“系统芯片”的基本定义如下：这种芯片含有一个或多个主要功能块（CPU 模块、数字信号处理器模块和其他的专门处理功能模块）。它还含有其他功能模块，如静态 RAM、ROM、EPROM、闪存或动态 RAM 以及通用或专用 I/O 功能模块。尽管如此，没有两种系统芯片是完全相同的,大多数系统芯片都经过功能调整,使之专门适合指定的功能。

本章将通过一些数字系统开发实例说明怎样利用层次化结构的设计方法来构造大型系统。通过这些实例,逐步讲解设计任务的分解、层次化结构设计的重要性、可重复使用的库、程序包参数化的元件引用等方面的内容。

10.1 数字钟的 FPGA 设计

10.1.1 设计要求

本例在 Quartus Ⅱ 开发系统中用可编程逻辑器件完成数字钟的 FPGA 设计,具体要求如下:

① 数字钟功能:数字钟的时间为 24 小时一个周期,数字钟须显示时、分、秒。

② 校时功能:可以分别对时、分、秒进行单独校时,使其调整到标准时间。

③ 扩展功能:整点报时系统。设计整点报时电路,每当数字钟计时 59 min 50 s 时开始报时,并发出鸣叫声,到达整点时鸣叫结束,鸣叫频率为 100 Hz。

10.1.2 功能描述

数字钟实际上是一个对标准 1 Hz 信号进行计数的电路。图 10.2 所示为数字钟的系统框图。

秒计数器满 60 后向分计数器进位,分计数器满 60 后向时计数器进位,时计数器按 24 翻 1 规律计数,计数输出经译码器送 LED 显示器。由于计数的起始时间不可能与标准时间(如北京时间)一致,故需要在电路上加上一个校时电路,该数字钟除用于计时外,还能利用扬声器进行整点报时;除校时功能外,数字钟处于其他功能状态时并不影响数字钟的运行,其输入/输出功能键定义如下:

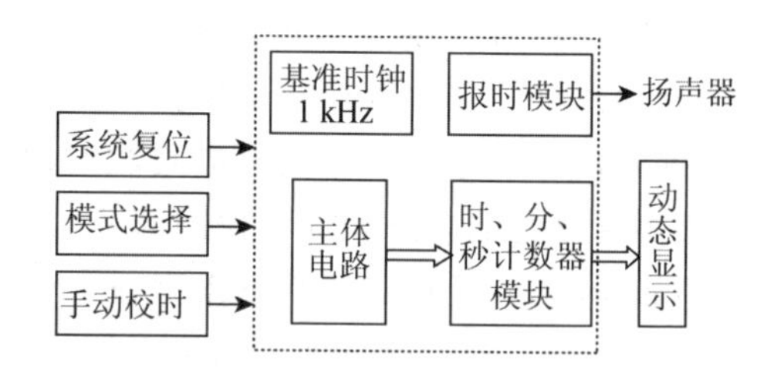

图 10.2 数字钟的系统框图

(1) 输 入

① K1:模式选择键,第 1 次按 K1 按钮为校秒状态,第 2 次按 K1 钮为校分状态,第 3 次按 K1 钮为校时状态,第 4 次按 K1 钮为计时状态,系统初始状态为计时状态。

② K2:手动校时调整键,当按住该键不放时,表示调整时间直至校准的数值,松开该键则停止调整。

③ 基准时钟:50 MHz 的基准时钟输入(由 DE2-115 开发板提供),该信号分频后产生 100 Hz 信号作为整点报时所需的音频信号的输入时钟,50 000 000 分频后的 1 Hz 信号作为数字钟输入秒时钟。

(2) 输 出

HH[1..0](时十位) HL[3..0](时个位)为 BCD 码小时输出显示;MH[2..0](分十位)、ML[3..0](分个位) 为 BCD 码分输出显示;SH[2..0](秒十位)、SL[3..0](秒个位)为 BCD

码秒输出显示;alarm 为报时输出。

10.1.3 数字钟的层次化设计方案

根据上述功能,可以把多功能数字式电子钟系统划分为三部分:时钟源(标准秒钟的产生电路)、时分秒计数器模块、数字钟模块、校时模块、数字秒表模块、闹钟和整点报模块。

1. 时钟源——50 MHz 分频电路

本教材采用的 DE2-115 平台的时钟频率是 50 MHz,本设计需要 100 Hz 和 1 Hz 的输入信号,因此需要设计 50 MHz 转为 100 Hz 和 1 Hz 的分频器电路。分频器电路采用 Verilog HDL 语言实现,如例 10-1 所示。

例 10-1 时钟源分频电路 Verilog HDL 程序:

```
//CLK_50M:系统基准时钟
//CLK_100:整点报时所需的音频信号的输入时钟及数字秒表时钟 100 Hz
//CLK_1:数字钟输入秒时钟 1 Hz
module FenPinDianLu(CLK_50M,CLK_100,CLK_1);
    inputCLK_50M;                              //50 MHz in
    output reg CLK_100;                        //100 Hz out
    output reg CLK_1;                          //1 Hz out
    reg [22:0] Count_FP0;                      //internal node
    reg [24:0] Count_FP1;                      //internal node
always@(posedge CLK_50M)
    begin
        if(Count_FP0 < 249999)
          Count_FP0<= Count_FP0 + 1'b1;        //+1
          else
          begin
          Count_FP0<= 0;                       //clear 0
          CLK_100<= ~CLK_100;                  //NOT
          end
    end
always@(posedge CLK_50M)
    begin
    if(Count_FP1 < 24999999)
      Count_FP1<= Count_FP1 + 1'b1;            //+1
      else
      begin
      Count_FP1<= 0;                           //clear 0
      CLK_1<= ~CLK_1;                          //NOT
      end
    end
endmodule
```

2. 时分秒计数器模块

(1) 原理说明

时分秒计数器模块由秒个位和秒十位计数器、分个位和分十位计数、时个位和时十位计数电路构成。其中,秒个位和秒十位计数器、分个位和分十位计数为六十进制计数器,而根据设计要求,时个位和时十位构成的为二十四进制计数器。

(2) 秒计数器模块的 FPGA 设计

秒计数器模块的输入来自时钟电路的秒脉冲 clk_1Hz。为实现六十进制可预置 BCD 码的秒计数器的功能,可采用两级 BCD 码计数器同步级联而成。第一级属于秒个位,用来计数和显示 0～9 s,BCD 码计数器每秒数值加 1,当这一级达到 9 s 时,BCD 码计数器使其进位输出信号 Tc 有效,在下一个时钟脉冲有效沿,秒个位计数器复位到 0。

根据分析,可用 2 片 74160 同步级联设计成六十进制计数器。74160 为同步可预置 4 位十进制加法计数器,它具有同步载入、异步清 0 的功能。构成该计数器的所有触发器都由时钟脉冲同步,在时钟脉冲输入波形上升沿同时触发。这些计数器可以使用置数输入端(LDN)进行预置,即当 LDN=0 时,禁止计数,输入 ABCD 上的数据在时钟脉冲上升沿被预置到计数器上;如果在时钟脉冲上升沿来到以前 LDN=1,则计数工作不受影响。2 个高电平有效允许输入(ENP 和 ENT)和行波进位(RCO)输出使计数器容易级联,ENT、ENP 都为高电平时,计数器才能计数。

图 10.3 所示为六十进制计数器模块的原理图。由前面的分析可知,分和秒计数器都是模 $M=60$ 的计数器,其规律为 00→01→…→58→59→00。此底层计数器模块的设计中保留了一个计数使能端 CEN、异步清 0 端 Clrn 和进位输出端 Tc,这三个引脚是为了实现各计数器模块之间进行级联,以便实现校时控制而预留的。

根据计数器置数清 0 法的原理,第一级计数器置数输入端的逻辑表达式为

$$\mathrm{Tc1}=\mathrm{not}(D_1\cdot D_3\cdot \mathrm{CEN}) \tag{10-1}$$

第二级计数器置数输入端的逻辑表达式为

$$\mathrm{Tc2}=\mathrm{not}(D_1\cdot D_3\cdot D_4\cdot D_6\cdot \mathrm{CEN}) \tag{10-2}$$

图 10.3 中,当秒计数到 01011001(59)时将产生一个进位输出 Tc,此输出分别通过 Tc1 和 Tc2 反馈至其置数输入端(LDN)实现 0 置数。

在 Quartus Ⅱ 中,利用原理图输入法完成源程序的输入、编译和仿真。六十进制计数器子模块 count60_160. bdf 的仿真输出波形如图 10.4(a)所示。分析知仿真结果,当计数输出 D[7..0]=59 时,进位输出 Tc=1,结果准确无误。可将以上设计的六十进制可预置 BCD 码计数器子模块设置成可调用的元件 count60_160. sym,以备高层设计中使用。其元件符号图如图 10.4(b)所示。

(3) 分计数器模块的设计

分计数器模块和秒计数器模块的设计完全相同。

(4) 时计数器模块的设计

时计数器模块由分和秒级使能,每小时只产生一个脉冲。当该条件满足时,74160 的

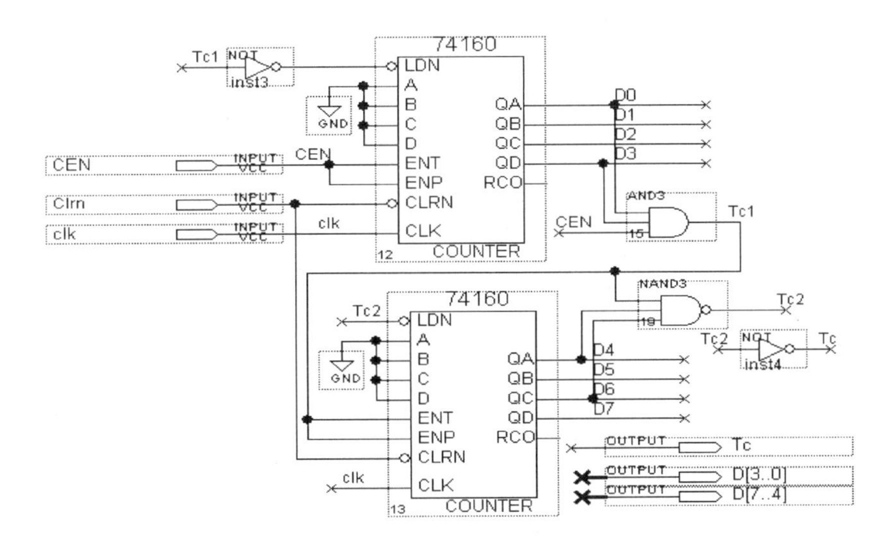

图 10.3　六十进制进制计数器原理图

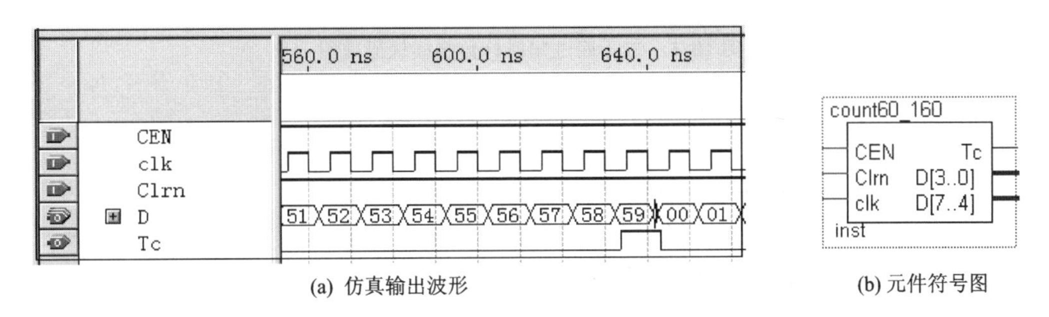

(a) 仿真输出波形　　(b) 元件符号图

图 10.4　六十进制计数器子模块

ENT 变为高电平，即分和秒级为“59 分 59 秒”。时计数器模块能计数和显示 0～23 小时. 同样可用 2 片 74160 同步级联设计成二十四进制计数器。由前面的分析时计数器是模 $M=24$ 的计数器，其规律为 00→01→…→22→23→00，即当数字钟运行到“23 时 59 分 59 秒”时，在下一个秒脉冲作用下，数字钟显示“00 时 00 分 00 秒”。为实现校时控制，时计数器模块的设计中仍保留了一个计数使能端 CEN、异步清 0 端 Clrn 和进位输出端 Tc，这三个引脚也是为了实现各计数器模块之间进行级联。其原理图如图 10.5 所示。

二十四进制时计数器子模块 count24_160. bdf 的仿真输出波形文件如图 10.6(a)所示。分析仿真结果可知，当计数输出 D[7..0]=23 时，进位输出 Tc=1，结果正确无误。可将以上设计的六十进制可预置 BCD 码计数器子模块设置成可调用的元件 count24_160. sym，以备高层设计中使用。其元件符号图如图 10.6(b)所示。

3. 数字钟校时单元电路模块

(1) 原理说明

当刚接通电源或走时出现误差时都需要对时间进行校正。对时间的校正是通过正常的计数通路，而用频率较高的方波信号加到其需要校正的计数单元的输入端，这样可以很快使校正

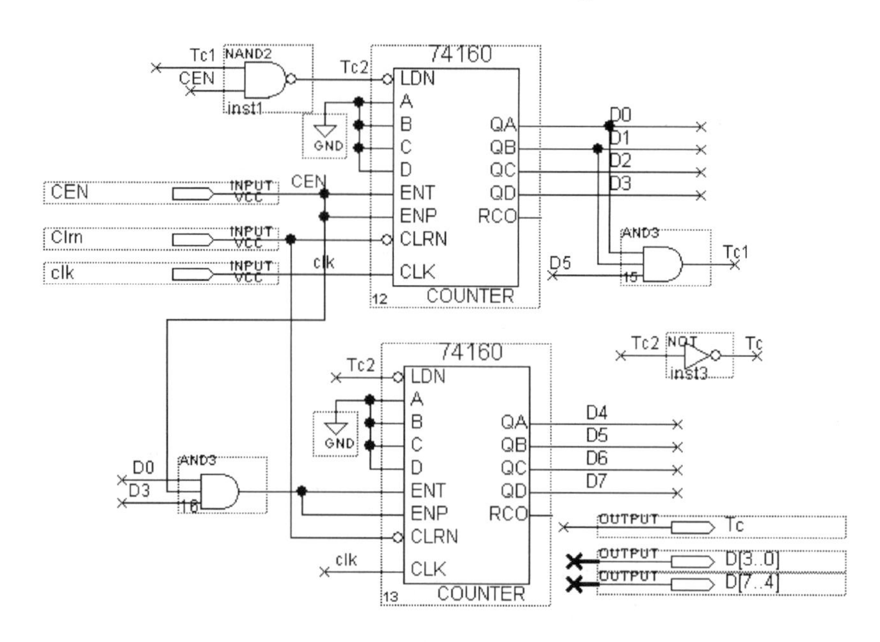

图 10.5　二十四进制时计数器模块原理图

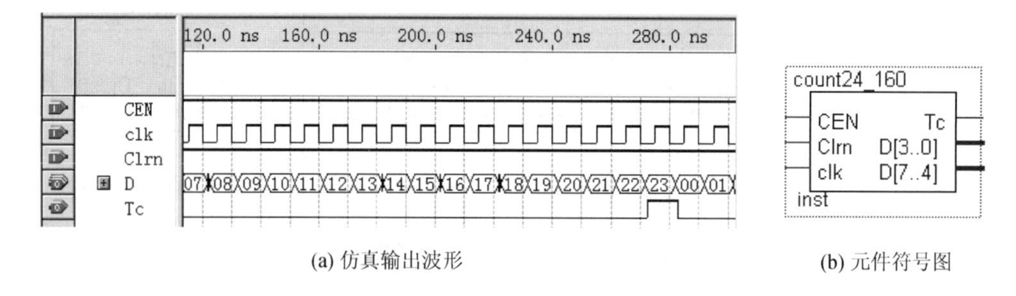

(a) 仿真输出波形　　(b) 元件符号图

图 10.6　二十四进制计数器子模块

的时间调整到标准时间的数值,这时再将选择开关打向正常时就可以准确走时了。在校时电路中,其实现方法是采用高速计数脉冲和计数使能来实现校时的,整个校时单元电路模块可分为两部分,一是模式计数译码器子模块,二是输出使能选择子模块。

(2) 模式计数译码器子模块的设计

模式计数译码器子模块的输入数字种的功能设置键 Mode 按钮,第 1 次按 Mode 按钮为校秒状态,第 2 次按 Mode 按钮为校分状态,第 3 次按 Mode 按钮为校时状态,第 4 次按 Mode 按钮为计时状态,如此循环。刚刚通电时 MODE=0 为计时状态。为了选择不同的功能设置,模式计数译码器子模块由宏模块 74160 组成的 2 位二进制计数器和 2-4 译码器,形成了计数译码器,该电路产生时分秒计数单元设置计数值的使能控制信号。其相应的功能如表 10.1 所列。在对分进行校时时应不能影响时计数,当校分时如果产生进位应该不影响时计数。

根据表 10.1 可得输出信号的逻辑表达式如下:

$$\mathrm{SEL}=\overline{Q1+Q2},\quad \mathrm{S\_EN}=\overline{Q2}\cdot Q1,\quad \mathrm{M\_EN}=Q2\cdot\overline{Q1},\quad H\_EN=Q2\cdot Q1 \tag{10-3}$$

表 10.1 计数单元选择功能表

Mode 按钮	输 入	输 出				功 能
	Q2Q1	S_EN	M_EN	H_EN	SEL	
1	00	0	0	0	1	计时
2	01	1	0	0	0	校秒
3	10	0	1	0	0	校分
4	11	0	0	1	0	校时

据此可在 Quartus Ⅱ 中设计出模式计数译码器子模块的原理图，如图 10.7 所示。

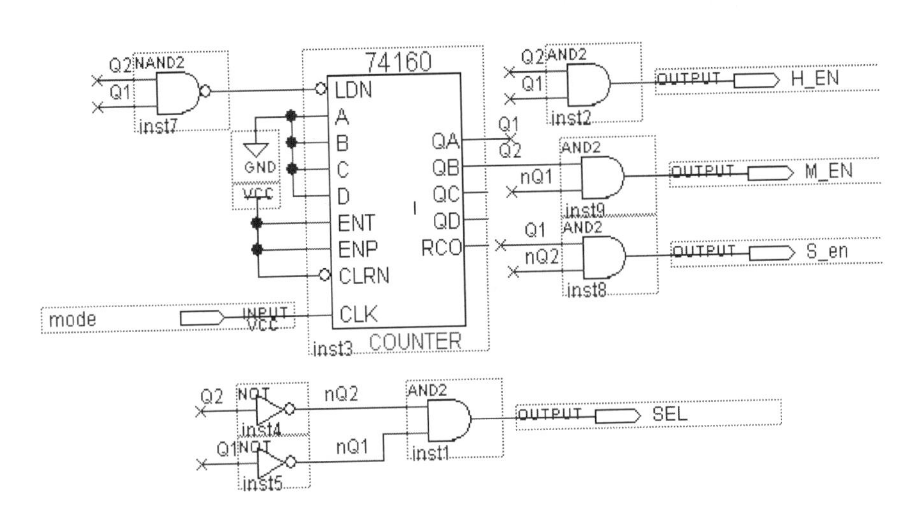

图 10.7 模式计数译码器子模块的原理图

图 10.7 中，SEL 为功能选择信号。当 SEL＝1 时，系统执行正常计时功能；当 SEL＝0 时，系统执行校时功能。H_EN、M_EN、S_EN 分别表示时分秒计数单元设置计数值的使能选择信号，高电平有效。图 10.8 所示为其编译仿真后的输出时序波形图和生成的元件符号图。

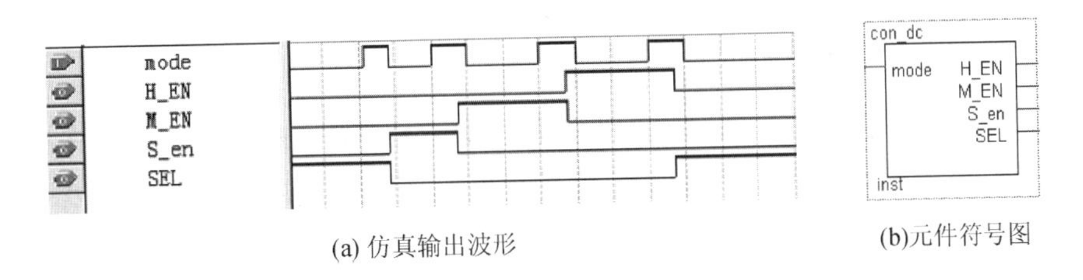

(a) 仿真输出波形　　(b)元件符号图

图 10.8 模式计数译码器子模块

(3) 数字钟校时单元顶层电路模块设计

根据校时单元的功能特性，可利用时钟基准输出的 100 Hz 信号自动校时，在功能设置键 Mode 按钮的选择下，拨动一个校时开关 KEY 后（KEY＝1 时开始校时；KEY＝0 时停止校时），100 Hz 信号分别作用于时分秒计数器，使之自动递增，直至增加到期望的值后，再将校时开关 KEY 拨回初始状态即可。其原理图如图 10.9 所示。21MUX 为 2 选 1 电路（S＝0 时选

Y=B，S=1 时选 Y=A)，用于选择正常计时状态和校时状态下和时分秒计数器的计数使能信号和时钟基准信号。Ts 和 Tm 分别为秒计数器、分计数器的进位输出。

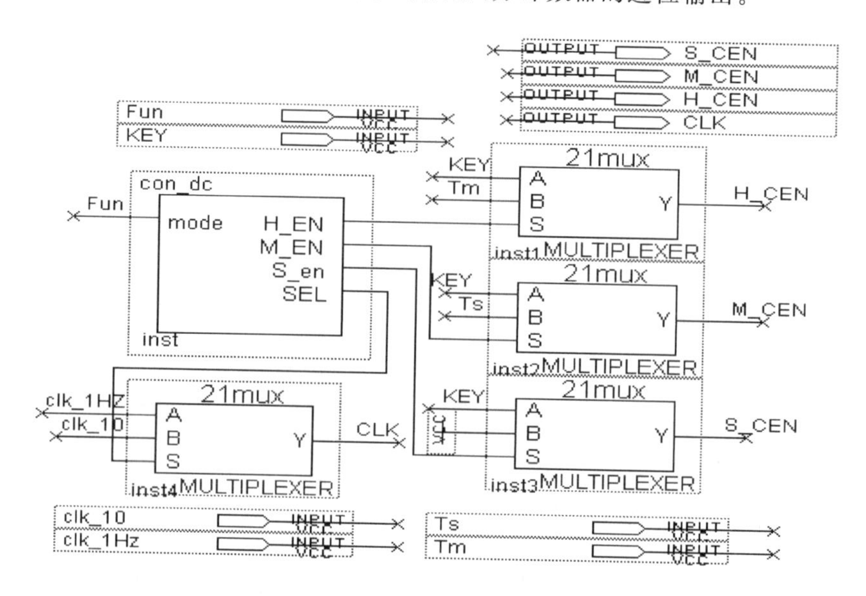

图 10.9　时、分、秒校时的校时电路逻辑图

4. 整点报时电路的设计

报时电路就是在整点前 10 s 时，整点报时电路输出为高电平(或低电路)，驱动蜂鸣电路工作，当时间到整点时蜂鸣电路停止工作。当时间为 59 min 50 s 到 59 min 59 s 期间“与非”门输出低电平，用“与非”门的输出驱动蜂鸣器蜂鸣，到整点时报时结束，其逻辑表达式为

$$\text{Alarm} = (\text{m6} \cdot \text{m4} \cdot \text{s6} \cdot \text{s4} \cdot \text{m3} \cdot \text{m0})\ \text{and}\ \text{clk\_10} \tag{10-4}$$

其中，m6、m4 为分十位计数器的输出；m3、m0 为分个位计数器的输出；s6、s4 为秒十位计数器的输出；clk_10 为送至蜂鸣器的 100 Hz 音频信号。

10.1.4　数字钟的顶层设计和仿真

1. 数字钟的顶层设计输入

按照层次化设计思路，在 Quartus Ⅱ图形编辑器中分别调入前面的设计方案所设计的低层模块的元件符号。根据图 10.2 可得数字钟的顶层原理图，如图 10.10 所示。

2. 仿真设计

本设计要仿真的对象为数字钟，须设定一个 50 MHz 的输入时钟信号和一个校时开关 K2，模式的设置开关信号 K1 的波形，如图 10.11 所示。为了能够看到合适的仿真结果，所设计的输入信号的频率和实际的 1 Hz 信号的频率是不同的，本设计中假定网格时间(Grid Size)为 10 ns，总模拟时间(END TIME)为 1 s。

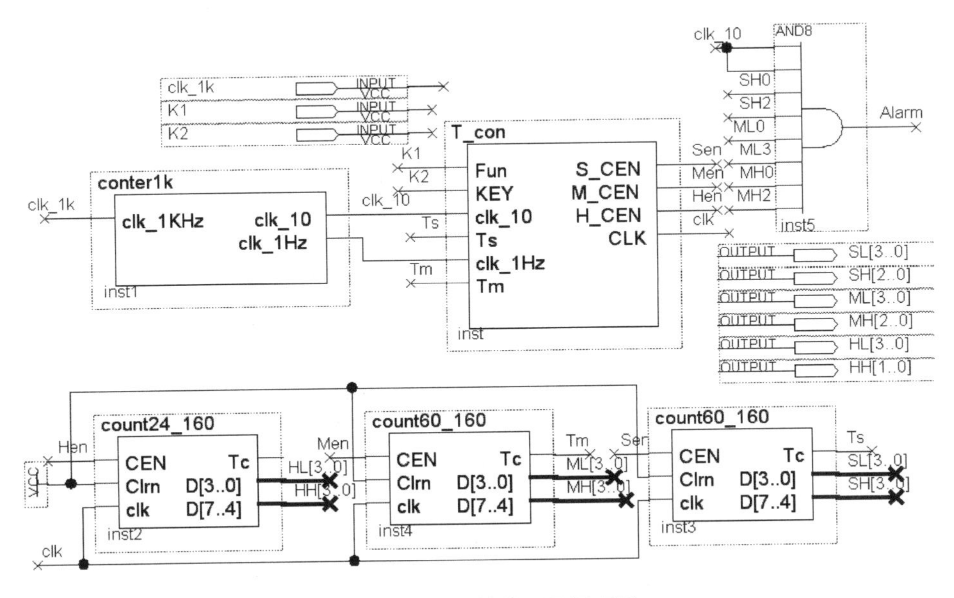

图 10.10 数字钟的顶层原理图

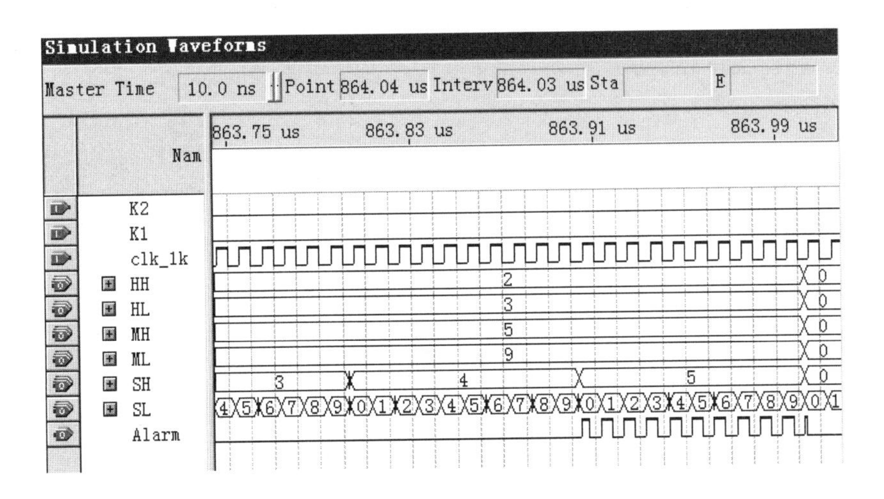

图 10.11 数字钟 23 时 59 分 59 秒状态时的仿真结果

10.1.5 硬件测试

为了能对所设计的多功能数字钟进行硬件测试，应将其输入/输出信号锁定在开发系统的目标芯片引脚上，并重新编译，然后对目标芯片进行编程下载，完成数字钟的最终开发。其硬件测试示意图如图 10.12 所示，其设计流程如下。

1. 数码管显示电路设计

依题意，我们利用 DE2-115 开发板上的 6 个共阳极七段数码管 HEX7～HEX2 来显示时分秒输出，译码电路既可选用中规模集成芯片 7447，也可用 Verilog HDL 语言实现，如例 10-2 所示。

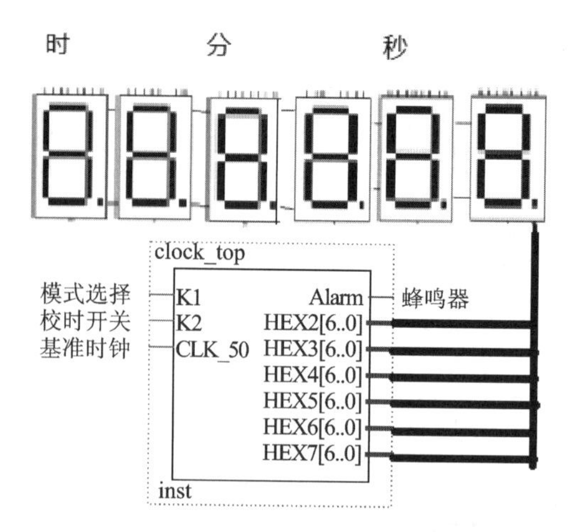

图 10.12 硬件测试示意图

例 10-2 共阳极七段数码管译码电路的 Verilog HDL 程序：

```
module Seg7_lut(iDIG,oSEG);
    input  [3:0] iDIG;                    //1 位 BCD 输入
    output reg [6:0] oSEG;
    always @(iDIG)
 begin
        case(iDIG)
        4'h0:oSEG = 7'b1000000;
        4'h1:oSEG = 7'b1111001;           //---0---
        4'h2:oSEG = 7'b0100100;           //|     |
        4'h3:oSEG = 7'b0110000;           //5     1
        4'h4:oSEG = 7'b0011001;           //|     |
        4'h5:oSEG = 7'b0010010;           //---6---
        4'h6:oSEG = 7'b0000010;           //|     |
        4'h7:oSEG = 7'b1111000;           //4     2
        4'h8:oSEG = 7'b0000000;           //|     |
        4'h9:oSEG = 7'b0011000;           //---3---
        default:oSEG = 7'b1111111;
        endcase
        end
Endmodule
```

2. 确定引脚编号

对于 DE2-115 实验平台，目标器件是 Cyclone Ⅳ E 系列的芯片 EP4CE115F29C7，可用键 KEY[0]作为模式输入信号 K1，SW[0]作为校时开关。查看附录中的附表 1～附表 4，汇总后的引脚分配如表 10.2 所列，按 8.4.5 小节中介绍的方法完成引脚锁定。

表 10.2 数字钟输入/输出引脚分配表

信号名称	引脚号 PIN	对应器件名称
K1	PIN_M23	KEY[0]
K2	PIN_AB28	按键 SW[0]
CLK_50	PIN_Y2	CLOCK_50
秒个位输出	PIN_W28,PIN_W27,PIN_Y26,PIN_W26,PIN_Y25,PIN_AA26,PIN_AA25	HEX2[6..0]
秒十位输出	PIN_Y19,PIN_AF23,PIN_AD24,PIN_AA21,PIN_AB20,PIN_U21,PIN_V21	HEX3[6..0]
分个位输出	PIN_AE18,PIN_AF19,PIN_AE19,PIN_AH21,PIN_AG21,PIN_AA19,PIN_AB19	HEX4[6..0]
分十位输出	PIN_AH18,PIN_AF18,PIN_AG19,PIN_AH19,PIN_AB18,PIN_AC18,PIN_AD18	HEX5[6..0]
时个位输出	PIN_AC17,PIN_AA15,PIN_AB15,PIN_AB17,PIN_AA16,PIN_AB16,PIN_AA17	HEX6[6..0]
时十位输出	PIN_AA14,PIN_AG18,PIN_AF17,PIN_AH17,PIN_AG17,PIN_AE17,PIN_AD17	HEX7[6..0]
Alarm	PIN_G19	LEDR[0]

3. 编程下载和硬件测试

完成引脚锁定工作后，再次对设计文件进行编译，排查错误并生成编程下载文件 clock_top. SOF。执行 Quartus Ⅱ 主窗口 Tools 菜单下的 Programmer 命令或者直接单击 Programmer 按钮进入设置编程方式窗口，将配置文件下载到 DE2－115 系统的目标芯片上。按实验板上的输入按钮“KEY[0]”，观察数码管输出，即可检查数字钟的输出是否正确。

10.2 乐曲演奏电路 FPGA 设计

10.2.1 设计要求

利用 DE2－115 开发板和可编程逻辑器件 FPGA，设计一个乐曲演奏电路。由键盘输入控制音响，同时可自动演奏乐曲。演奏时可选择手动输入乐曲或者已存入的乐曲，并配以一个小扬声器。其结构如图 10.13 所示。

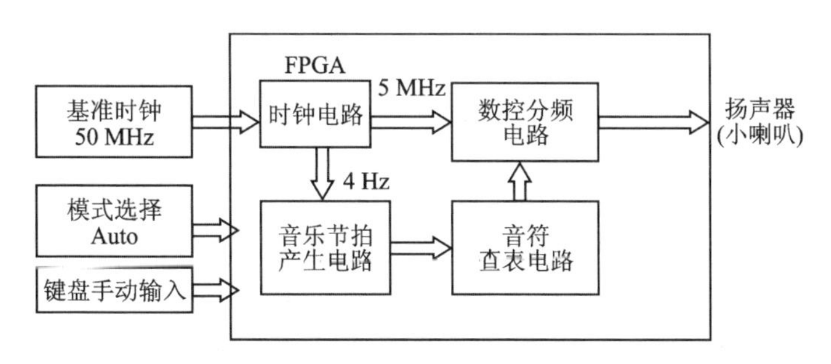

图 10.13 乐曲演奏电路结构方框图

10.2.2 原理描述

产生音乐的两个因素是音乐频率和音乐的持续时间。以纯硬件完成演奏电路比利用微处理器(CPU)来实现乐曲演奏要复杂得多,如果不借助功能强大的EDA工具和硬件描述语言,单凭传统的数字逻辑技术,即使最简单的演奏电路也难以实现。根据设计要求,乐曲硬件演奏电路系统主要由数控分频器和乐曲存储模块组成。数控分频器对FPGA的基准频率进行分频,得到与各个音阶对应的频率输出。乐曲存储模块产生节拍控制和音阶选择信号,即在此模块中可存放一个乐曲曲谱真值表,由一个计数器来控制此真值表的输出,而由计数器的计数时钟信号作为乐曲节拍控制信号。

1. 音名与频率的关系

音乐的十二平均率规定:每两个八度音(如简谱中的中音1与高音1)之间的频率相差一倍。在两个八度音之间,又可分为十二个半音。另外,音名A(简谱中的低音6)的频率为440 Hz,音名B到C之间,E到F之间为半音,其余为全音,由此可以计算出简谱中从低音1到高音1之间每个音名的频率(如表10.3所列)。

表10.3 简谱中的音名与频率的关系

音 名	频率/Hz	音 名	频率/Hz	音 名	频率/Hz
低音1	261.63	中音1	532.25	高音1	1 046.50
低音2	293.67	中音2	587.33	高音2	1 174.66
低音3	329.63	中音3	659.25	高音3	1 318.51
低音4	349.23	中音4	698.46	高音4	1 396.92
低音5	391.99	中音5	783.99	高音5	1 567.98
低音6	440	中音6	880	高音6	1 760
低音7	493.88	中音7	987.76	高音7	1 975.52

由于音阶频率多为非整数,而分频系数又不能为小数,故必须将得到的分频数四舍五入取整。若基准频率过低,则由于分频系数过小,四舍五入取整后的误差较大;若基准频率过高,虽然误码差变小,但分频结构将变大。实际的设计应综合考虑两方面的因素,在尽量减小频率误差的前提下取合适的基准频率。本例中选取的基准频率为12.5 MHz,实际上只要各个音名间的相对频率关系不变,C作1与D作1演奏出的音乐听起来都不会"走调"。

各音阶频率及相应的分频系数如表10.4所列。为了减小输出的偶次谐波分量,最后输出到扬声器的波形应为对称方波,因此在到达扬声器之前,有一个二分频的分频器。表10.4中的分频系数就是在50 MHz频率二分频得到的12.5 MHz频率基础上计算得出的。

由于最大的分频系数为9 555,故采用14位$(10\ 000)_{10}=(10\ 0111\ 0001\ 0000)_2$二进制计数器能满足分频要求。表10.3除给出了分频比以外,还给出了对应于各个音阶频率时计数器不同的初始值。对于乐曲中的休止符,要将分频系数设为0,即初始值为10 000即可,此时扬声器将不会发声。对于不同的分频系数,加载不同的初始值即可。用加载初始值而不是将分频输出译码反馈,可以有效地减少本设计占用可编程逻辑器件的资源,也是同步计数器的一个常用设计技巧。

表 10.4　各音阶频率对应的分频值

音　名	分频系数	初始值	音　名	分频系数	初始值	音　名	分频系数	初始值
低音 1	9 555	445	中音 1	4 697	5 303	高音 1	2 389	7 611
低音 2	8 513	1 487	中音 2	4 257	5 743	高音 2	2 128	7 872
低音 3	7 584	2 416	中音 3	3 792	6 208	高音 3	1 896	8 104
低音 4	7 159	2 841	中音 4	3 579	6 421	高音 4	1 790	8 210
低音 5	6 378	3 622	中音 5	3 189	6 811	高音 5	1 594	8 406
低音 6	5 682	4 318	中音 6	2 841	7 159	高音 6	1 420	8 580
低音 7	5 062	4 938	中音 7	2 531	7 469	高音 7	1 265	8 735

2. 控制音长的节拍发生器

不失一般性，以《世上只有妈妈好》乐曲简谱为例(见图 10.14)，第 1 行表示该乐曲是 D 调，以四分音符为一拍，每小节有四拍。简谱中的 2 个竖线间为一小节，如|6 · 5 3 5|是一小节。设 1 拍的时长定为 0.5 s，一小节四拍 2 s，每分钟演 120 拍，则只需要再提供一个 4 Hz 的时钟频率即可产生 1 拍的时长，演奏的时间控制通过查表的方式来完成。对于占用时间较长的节拍(一定是拍的整数倍)，如全音符为 4 拍(重复 4)，2/4 音符为 2 拍(重复 2)，1/4 音符为 1 拍(重复 1)。

要求演奏时能循环进行，因此需要另外设置一个时长计数器，当乐曲演奏完成时，保证能自动从头开始演奏。该计数器控制真值表按顺序输出简谱的频率值。

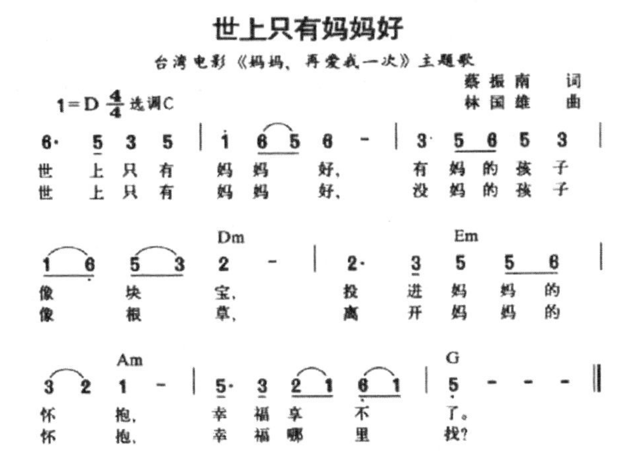

图 10.14　《世上只有妈妈好》简谱

10.2.3　乐曲硬件演奏电路的层次化设计方案

根据层次化的设计思路，可把乐曲硬件演奏电路分为 5 个模块，即基准时钟电路 Clockmod 模块、计数器 count 模块、音调译码器 decodeA 模块、预置数译码器 dcodec 模块、数控分频器 divb 模块乐。乐曲演奏电路的核心是分频计数器的设计。

1. 基准时钟电路 Clockmod

DE2-115 开发板提供的时钟信号为 50 MHz。为了得到满足实验要求的基准频率，必须增加一个基准时钟电路，用于将 DE2-115 开发板提供的 50 MHz 频率分频获得到 6.25 MHz 的基准频率。再从 6.25 MHz 的基准频率分频得到 4 Hz 的节拍频率，从而获得表 10.4 的 21 个音符的频率。

基准时钟电路 Verilog HDL 源程序如下：

```
module Clockmod(clk1,clkout4);
 input clk1;                              //输入 50 MHz 时钟
 outputreg clkout4;                       //输出 6.25 MHz 的时钟频率
 reg [31:0]q1;
 always @(posedge clk1)
 begin
 if (q1 == 6249999)
      begin q1 = 0;
      clkout4 = !clkout4;
 endelse
      q1 = q1 + 1;
 end
 endmodule
```

2. 音乐节拍发生器 count 模块

该模块主要利用基本的时钟分频来计数，并规定乐谱长度为 128，当到第 128 个点时完成乐曲的演奏，输出乐谱的播放时长。该模块计数器的计数频率为 12.5 Hz，即每一计数值的停留时间为 0.08 s，随着 count 模块中计数器按 12.5 Hz 的时钟频率作加法计数时，即随地址值递增时，所存储乐曲就开始连续自然地演奏起来。二进制计数器的位数将根据所存放乐曲简谱基本节拍数来决定，对于乐曲《世上只有妈妈好》片段其最小节拍数为 128，即选择计数器的位数为 8 即可。其 Verilog HDL 源程序如下：

```
module count(clk4,num,full);
 input clk4;
 output[7:0]num;                  //输出 8 位计数
 output full;
 reg full;
 reg[7:0]num;
 always@(posedge clk4)begin
 if(num == 127)                   //最小节拍为 1/4 拍 128
 begin
 full = 1;num = 0;
 endelse
 begin
 num = num + 1;full = 0;
 end
 end
 endmodule
```

3. 音调译码器 decodeA 模块

该模块属于存储歌曲乐谱的模块，直接将《世上只有妈妈好》的数字音谱对应节拍器依次将音调输入该模块。音调译码器 decodeA 的 Verilog HDL 设计源程序如下：

```
module decodeA(Qin,Q2);
 input [7:0]Qin;
 output[4:0]Q2;
 reg[4:0]Q2;                                                     //输出乐曲歌谱
 always@(Qin)
 begin
 case(Qin)
 0:Q2 = 13;1:Q2 = 13;2:Q2 = 13;3:Q2 = 13;                        //一拍中音 6
 4:Q2 = 12;5:Q2 = 12;6:Q2 = 12;7:Q2 = 12;                        // 一拍中音 5
 8:Q2 = 10;9:Q2 = 10;10:Q2 = 10;11:Q2 = 10;                      // 一拍中音 3
 12:Q2 = 12;13:Q2 = 12;14:Q2 = 12;15:Q2 = 12;                    // 一拍中音 5
 16:Q2 = 15;17:Q2 = 15;18:Q2 = 15;19:Q2 = 15;                    // 一拍高音 1
 20:Q2 = 13;21:Q2 = 13;                                          //半拍中音 6
 22:Q2 = 12;23:Q2 = 12;                                          // 半拍中音 5
 24:Q2 = 13;25:Q2 = 13;26:Q2 = 13;27:Q2 = 13;                    //一拍中音 6
 28:Q2 = 10;29:Q2 = 10;30:Q2 = 10;31:Q2 = 10;                    //一拍中音 3
 32:Q2 = 12;33:Q2 = 12;                                          //半拍中音 5
 34:Q2 = 13;35:Q2 = 13;                                          //半拍中音 6
 36:Q2 = 12;37:Q2 = 12;38:Q2 = 12;39:Q2 = 12;                    //一拍中音 5
 40:Q2 = 10;41:Q2 = 10;                                          //半拍中音 3
 42:Q2 = 9;43:Q2 = 9;                                            //半拍中音 2
 44:Q2 = 8;45:Q2 = 8;                                            //半拍中音 1
 46:Q2 = 6; 47:Q2 = 6;                                           //一拍低音 6
 48:Q2 = 12; 49:Q2 = 12;                                         //一拍中音 5
 50:Q2 = 10; 51:Q2 = 10;                                         //一拍中音 3
 52:Q2 = 9;53:Q2 = 9;54:Q2 = 9; 55:Q2 = 9;56:Q2 = 9; 57:Q2 = 9; 58:Q2 = 9;59:Q2 = 9;   //两拍中音 2
 60:Q2 = 10;61:Q2 = 10; 62:Q2 = 10; 63:Q2 = 10;                  //一拍中音 3
 64:Q2 = 12;65:Q2 = 12; 66:Q2 = 12;67:Q2 = 12;68:Q2 = 12;69:Q2 = 12;     //一拍半中音 5
 70:Q2 = 13; 71:Q2 = 13;                                         //半拍中音 6
 72:Q2 = 10;73:Q2 = 10;74:Q2 = 10;75:Q2 = 10;                    //一拍中音 3
 76:Q2 = 9;77:Q2 = 9;78:Q2 = 9;79:Q2 = 9;                        //一拍中音 2
 80:Q2 = 8;81:Q2 = 8;82:Q2 = 8;83:Q2 = 8;                        //一拍中音 1
 84:Q2 = 12;85:Q2 = 12; 86:Q2 = 12; 87:Q2 = 12;                  //一拍中音 5
 88:Q2 = 10; 89:Q2 = 10;90:Q2 = 10;91:Q2 = 10;                   //一拍中音 3
 92:Q2 = 9; 93:Q2 = 9;                                           //半拍中音 2
 94:Q2 - 8; 95:Q2 = 8;                                           //半拍中音 1
 96:Q2 = 6;97:Q2 = 6;                                            //半拍低音 6
 98:Q2 = 8; 99:Q2 = 8;                                           // 半拍中音 1
 100:Q2 = 5; 101:Q2 = 5; 102:Q2 = 5; 103:Q2 = 5;                 // 一拍低 5
 default:Q2 = 0;
 endcase
 end
 endmodule
```

4. 预置数译码器 dcodec 模块

预置数译码器即音调发生器，实际上是一个查表电路，放置 21 个音乐简谱对应的频率表，根据该表为数控分频模块(Speaker)提供所发音符频率的初始值(该初始值可参照表 6.4)，而此数在数控分频模块入口的停留时间即为此音符的节拍数。不失一般性，以下 Verilog 程序中仅设置了《世上只有妈妈好》乐曲全部音符所对应的音符频率的初始值，共 21 个，每个音符的停留时间由音乐节拍发生器的时钟频率决定。其 Verilog HDL 源程序如下：

```
module dcodec(din,origin);
 input[4:0]din;
 output[31:0]origin;
 reg [31:0]origin;
 always@(din)begin
 case(din)
 0:origin = 50000000;
 1:origin = 95749;                  //低音 1
 2:origin = 85266;                  //低音 2
 3:origin = 75965;                  //低音 3
 4:origin = 71695;                  //低音 4
 5:origin = 63857;                  //低音 5
 6:origin = 56883;                  //低音 6
 7:origin = 50669;                  //低音 7
 8:origin = 47819;                  //中音 1
 9:origin = 42604;                  //中音 2
 10:origin = 37948;                 //中音 3
 11:origin = 35817;                 //中音 4
 12:origin = 31908;                 //中音 5
 13:origin = 28425;                 //中音 6
 14:origin = 25332;                 //中音 7
 15:origin = 23901;                 //高音 1
 16:origin = 21291;                 //高音 2
 17:origin = 18962;                 //高音 3
 18:origin = 17903;                 //高音 4
 19:origin = 15949;                 //高音 5
 20:origin = 14209;                 //高音 6
 21:origin = 12658;                 //高音 7
 default:origin = 50000000;
 endcase
 end
 endmodule
```

5. 数控分频 divb 模块

数控分频器对 FPGA 的基准频率进行分频，得到与各个音阶对应的频率输出。数控分频模块是由一个初值可变的 14 位加法计数器构成。该计数器的模为 10 000，当计数器计满时，产生一个进位信号 Spk，然后进入蜂鸣器电路演奏乐曲。

其 Verilog HDL 源程序如下：

```
module divb(clk2,clkoutb,origin);
 input clk2;              //标准时钟 50 MHz
 input[31:0]origin;       //32 位音调输入
 output clkoutb;          //音调对应的时钟频率输出
 reg clkoutb;
 reg [31:0]q2;
 always @(posedge clk2)begin
 if (q2 == origin)
 begin q2 = 0;
 clkoutb = !clkoutb;
 end
 else           q2<= q2 + 1;
 end
 endmodule
```

10.2.4 乐曲硬件演奏电路顶层电路的设计和仿真

乐曲硬件演奏电路顶层电路分为 5 个模块，即计数器 count 模块、音调译码器 decodeA 模块、四分频 div4 模块、预置数译码器 dcodec 模块、任意分频器 divb 模块。

其顶层设计的 Verilog HDL 程序如下：

```
module musicbox(clk,speaker);                    // 硬件演奏电路顶层设计
 input clk;
 output speaker;
 wire A1,A2,A3;
 wire[7:0]B1;
 wire[4:0]B2;
 wire[31:0]C3;
 reg speaker;
 Clockmod u1(.clk1(clk),.clkout4(A1));
 count u2(.clk4(A1),.num(B1),.full(A2));
 decodeA u3(.Qin(B1),.Q2(B2));
 dcodec u4(.din(B2),.origin(C3));
 divb u5(.clk2(clk),.clkoutb(A3),.origin(C3));
 always@(posedge A3)
 begin
     speaker = !speaker;                          //二分频展宽脉冲，使扬声器有足够发声
 end
 endmodule
```

10.2.5 硬件测试

为了能对所设计的乐曲硬件演奏电路进行硬件测试，应将其输入/输出信号锁定在开发系

统的目标芯片引脚上，并重新编译，然后对目标芯片进行编程下载，完成乐曲硬件演奏电路的最终开发。本设计选用的开发工具为 DE2－115 开发板，目标器件是 Cyclone IV E 系列的芯片 EP4CE115F29C7，并且附加一个外设扬声器。

锁定引脚时将 clk 连至 CLOCK_50(接收 50 MHz 的时钟频率)；spk 接 GPIO[28]，作为扬声器的输入端之一。引脚锁定完毕后将配置数据下载到 DE2－115 开发板中。扬声器一端插在 DE2－115 的 GPIO 中的 30 号端口(GND)，另一端插在 33 号(PIN_AH22)端口(GPIO[28])，即可自动播放音乐。

10.3 数字系统 FPGA 设计课题选编

课题 1 多功能运算器的 FPGA 设计

1. 设计任务

设计一个能实现 2 种算术运算和 2 种逻辑运算的 8 位运算器。参加运算的 8 位二进制代码分别存放在 4 个寄存器 R1、R2、R3、R4 中，在选择变量控制下完成如下 4 种基本运算：

① 实现 A 加 B，显示运算结果并将结果送寄存器 R1；

② 实现 A 减 B，显示运算结果并将结果送寄存器 R2；

③ 实现 A“与”C，显示运算结果并将结果送寄存器 R3；

④ 实现 A“异或”D，显示运算结果并将结果送寄存器 R4。

2. 原理说明

根据设计任务，为了区分 4 种不同的运算，须设置 2 个运算控制变量。设运算控制变量为 S1 和 S0，可列出运算器的功能，如表 10.5 所列。

根据功能描述可得出运算器的原理框图，如图 10.15 所示。整个电路可由传输控制电路、运算电路、显示电路组成。

表 10.5 运算器的功能

S1S0	功 能	说 明
00	A+B—>A	A 加 B，结果送至 R1
01	A−B—>A	A 减 B，结果送至 R2
10	A·B—>A	A“与”C，结果送至 R3
11	A⊕B—>A	A“异或”D，结果送至 R4

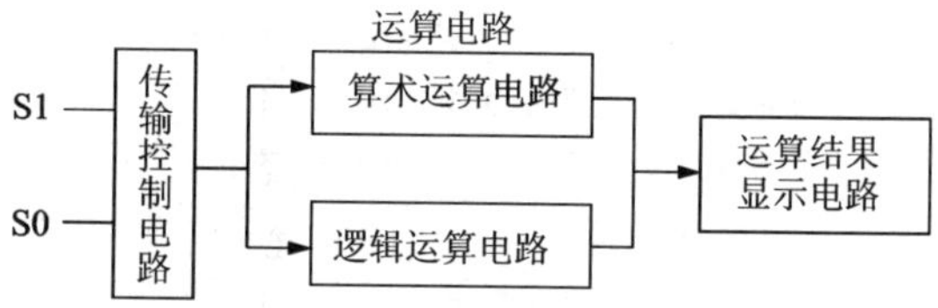

图 10.15 运算器的原理框图

课题 2 时序发生器的 FPGA 设计

1. 设计要求

计算机的工作是按照时序分步执行的，能产生周期节拍、时标脉冲等时序信号的部件称为时序发生器,因此,时序信号是使计算机能够准确、迅速、有条不紊地工作的时间基准。计算机每取出并执行一条指令所需要的时间通常叫作一个指令周期,而一个指令周期一般由若干个CPU 周期(通常定义为从内存中读取一个指令字的最短时间,又称为机器周期)组成。时序信号的最简单体制是节拍电位—节拍脉冲二级体制。一个节拍电位表示一个 CPU 周期的时间,在一个节拍电位中又包含若干个节拍脉冲,节拍脉冲表示较小的时间单位。时序信号发生器的功能就是产生一系列的节拍电位和节拍脉冲,它一般由时钟脉冲源、时序信号产生电路、启停控制电路等组成。请设计一个用于实验系统的时序信号发生器,功能如下:

① 由时钟脉冲源提供频率稳定的方波信号作为系统的主频信号(时序发生器的输入信号),要求系统的主频信号可以在 2 MHz、1 MHz、250 kHz 等几种不同频率之间进行选择。

② 为了保证系统可靠地启动和停止,必须对时序信号进行有效的控制。此外,由于启动信号和停止信号都是随机产生的,考虑到节拍脉冲的完整性,故要求时序信号发生器启动时从第 1 个节拍脉冲的前沿开始工作,停止时在第 4 个节拍脉冲的后沿关闭。

2. 功能描述

根据设计要求可知,时序信号发生器由时钟脉冲源、时序信号产生电路、启/停控制电路 3 个模块组成,其结构框图如图 10.16 所示。假定节拍脉冲信号用 T1、T2、T3、T4 表示,设该时序信号发生器产生的波形如图 10.17 所示。

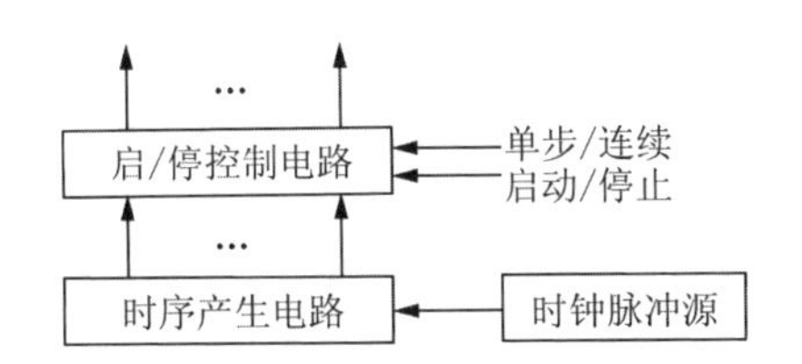

图 10.16　时序发生器结构框图

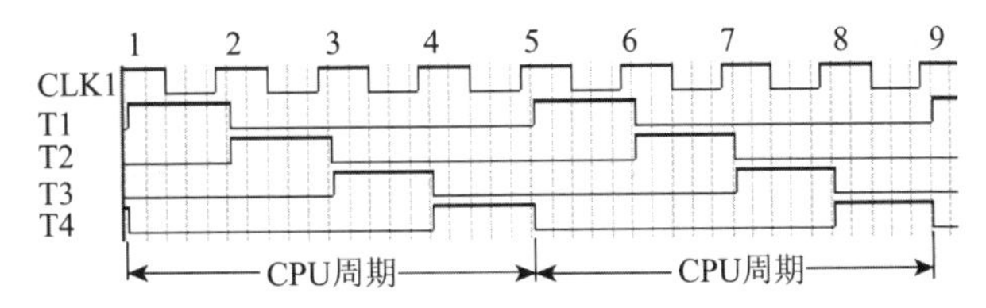

图 10.17　时序信号发生器产生的输出波形

课题 3　设计一个具有三种信号灯的交通灯控制系统

1. 设计要求

假设某十字路口是由一条主干道和一条次干道汇合而成的,在每个方向设置红、绿、黄三种颜色的信号灯,红灯亮禁止通行,绿灯亮允许通行,黄灯亮允许行驶中车辆有时间停靠到禁止线以外,并用传感器检测车辆是否到来。其具体要求如下:

① 主干道处于常允许通行状态,次干道有车来时才允许通行。

② 主次干道均有车时,交替允许通行,考虑到主次干道车辆数目的不同,主干道每次放行时间较长,次干道每次放行时间较短,当绿灯换成红灯时,黄灯需要亮一小段时间作为信号过度,以使车辆有时间停靠到禁止线以外。

③ 要求主干道每次放行时间为 45 s,次干道每次放行时间为 25 s。

④ 每当主干道或次干道绿灯变红灯时,黄灯先亮 5 s。

2. 原理描述

根据设计要求和层次化设计思想,整个系统可分为定时模块、控制模块和信号灯译码模块。控制模块接收系统时钟信号 clk 和主、次干道传感器信号 A、B,定时模块向控制模块发出

45 s(T45)、25 s(T25)、5 s(T5)定时信号,信号灯译码模块在控制模块的控制下,改变信号灯状态。用 T45、T25、T5 表示 45 s、25 s、4 s 定时信号,R1、Y1、G1 分别表示主干道红、黄、绿三色灯,R2、Y2、G2 分别表示次干道红、黄、绿三色灯,定时模块产生 3 个时间间隔后,向控制电路发出时间已到的信号,控制电路根据定时模块及传感器信号 A、B,决定是否进行状态转移。如果决定进行状态转移,则控制电路将给出状态转移使能控制信号到定时模块,定时模块开始计时。其系统框图如图 10.18 所示。

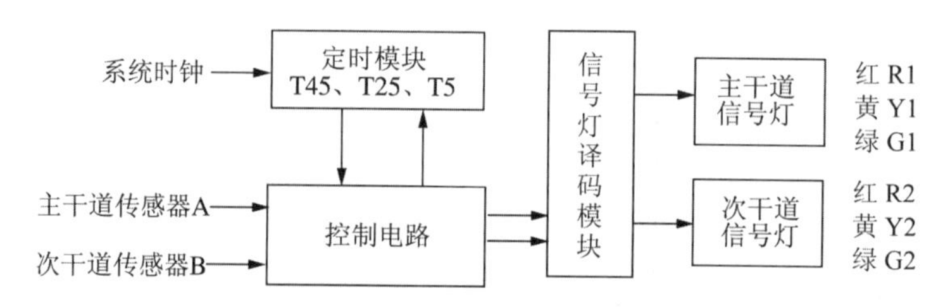

图 10.18　交通灯控制系统框图

课题 4　设计一个基于 FPGA 芯片的弹道计时器

1. 设计要求

利用 Altera 公司的 FPGA 芯片,设计一个测量手枪子弹等发射物速度的便携式计时器。

竞赛射手通常用这种设备来测定装备的性能。基本操作要求:射手在两个分别产生起始测量脉冲和终止测量脉冲的光敏传感器上方射出一个发射物,两个光传感器(本例中假定为阴影传感器)分开放置,二者之间的距离已知。发射物在两个传感器之间飞行时间直接与发射物的速度成正比。当子弹等发射物从上方经过起始传感器时产生 ST 信号,经过终止传感器时产生 SP 信号。传感器之间的距离 S 是固定的。通过测量子弹等发射物经过传感器之间的时间 T 即可计算出子弹的速度 $V(V=S/T)$。

2. 原理说明

由题意可知,弹道计时器的主要功能是测量出子弹等发射物穿过起始传感器和终止传感器之间的距离所需要的时间,并将该时间显示出来。因此,该计时器需要由方波信号发生器、控制电路、2 位十进制计数器和译码显示等几个部分组成。控制电路收到起始传感器产生的信号 ST 后,在一定频率脉冲作用下启动计数器开始计数,收到终止传感器产生的信号 SP 后令计数器停止计数。这样,计数器统计的脉冲数便直接对应子弹等发射物穿过起始传感器和终止传感器之间的距离所需要的时间。由此可得弹道计时器的系统框图,如图 10.19 所示。

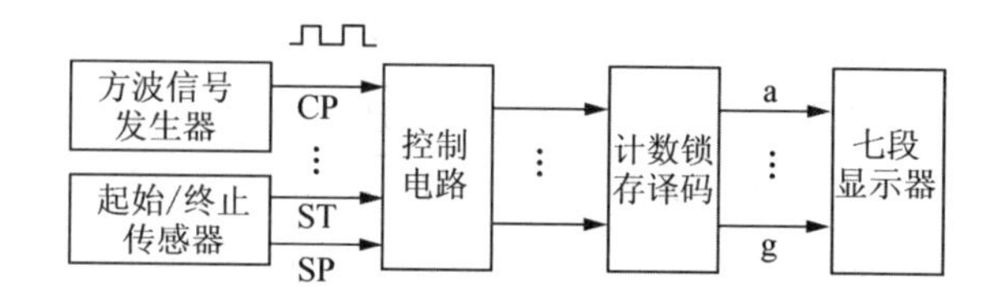

图 10.19　弹道计时器系统框图

弹道计时器的工作原理:由方波信号发生器产生稳定的高频脉冲信号,作为计时基准;控制电路接收方波信号发生器产生的脉冲信号以及来自传感器的起始信号 ST 和终止信号 SP,输出计数、锁存、译码等控制信号;

最后将计数器统计的脉冲数送显示器显示。

课题 5　设计一个基于 FPGA 芯片的汽车尾灯控制器

1. 设计要求

利用 Altera 公司的 FPGA 芯片设计一个汽车尾灯控制器，实现对汽车尾灯显示状态的控制。在汽车尾部左右两侧各有 3 个指示灯(假定采用发光二极管模拟)。根据汽车运行情况，指示灯具有以下 4 种不同的显示模式：

① 汽车正向行驶时，左右两侧的指示灯全部处于熄灭状态；

② 汽车右转弯行驶时，右侧的 3 个指示灯按右循环顺序点亮；

③ 汽车左转弯行驶时，左侧的 3 个指示灯按左循环顺序点亮；

④ 汽车临时刹车时，左右两侧的指示灯同时处于闪烁状态。

2. 原理说明

(1) 汽车尾灯显示状态与汽车运行状态的关系

为了区分汽车尾灯 4 种不同的显示模式，设置 2 个状态控制变量。假定用开关 K1 和 K0 进行显示模式控制，可列出汽车尾灯显示状态与汽车运行状态的关系，如表 10.6 所列。

表 10.6　汽车尾灯显示状态与汽车运行状态的关系

控制变量		汽车运行状态	左侧 3 个指示灯 DL1　DL2　DL3	右侧 3 个指示灯 DR1　DR2　DR3
K0	K1			
0	0	正向行驶	熄灭状态	熄灭状态
0	1	右转弯行驶	熄灭状态	按 DR1→DR2→DR3 顺序循环点亮
1	0	左转弯行驶	按 DL1→DL2→D33 顺序循环点亮	熄灭状态
1	1	临时刹车	左右两侧的指示灯在时钟脉冲 CP 作用下同时闪烁	

(2) 汽车尾灯控制器功能描述

在汽车左、右转弯行驶时，由于 3 个指示灯被循环顺序点亮，所以可用一个三进制计数器的状态控制译码器电路顺序输出高电平，按要求顺序点亮 3 个指示灯，参见表 10.6(表中指示灯的状态“1”表示点亮，“0”表示熄灭)。

设三进制计数器的状态用 Q1 和 Q0 表示，可得出描述指示灯 DL3、DL2、DL1、DR3、DR2、DR1 与开关控制变量 K1、K0，计数器的状态 Q1、Q0 以及时钟脉冲 CP 之间关系的功能真值表(见表 10.7)。

表 10.7　汽车尾灯控制器功能真值表

控制变量		计数器状态		左侧 3 个指示灯			右侧 3 个指示灯		
K0	K1	Q1	Q0	DL1	DL2	DL3	DR1	DR2	DR3
0	0	d	d	0	0	0	0	0	0
0	1	0	0	0	0	0	1	0	0
0	1	0	1	0	0	0	1	0	0

续表 10.7

控制变量		计数器状态		左侧3个指示灯			右侧3个指示灯		
0	1	1	0	0	0	0	0	0	1
1	0	0	0	0	0	1	0	0	0
		0	1	0	1	0	0	0	0
		1	0	1	0	0	0	0	0
1	1	d	d	CP	CP	CP	CP	CP	CP

课题6　数字密码锁的FPGA设计

1. 设计要求

设计一个8位串行数字密码锁,并通过DE2-115平台验证其操作。具体要求如下:

① 开锁代码为8位二进制数,当输入代码之位数和位值与锁内给定的密码一致,且按规定程序开锁时,方可开锁,并用开锁指示灯LT点亮来表示;否则,系统进入一个“错误error”状态,并发出报警信号。

② 开锁程序由设计者确定,并要求锁内给定的密码是可调的,且预置方便,保密性好。

③ 串行数字密码锁的报警方式是用指示灯LF点亮并且扬声器鸣叫来报警,直到按下复位开关,报警才停止。然后,数字锁又自动进入等待下一次开锁的状态。

2. 原理说明

数字密码锁亦称电子密码锁,其锁内有若干位密码,所用密码可由用户自己选定。数字锁有两类:一类并行接收数据,称为并行锁;另一类串行接收数据,称为串行锁,本设计为串行锁。如果输入代码与锁内密码一致时,锁被打开;否则,应封闭开锁电路,并发出告警信号。

设锁内给定的8位二进制数密码用二进制数D[7..0]表示,开锁时串行输入数据由开关K产生,可以为高电平1和低电平0。为了使系统能逐位地依次读取由开关K产生的位数据,可设置一个按钮开关READ,首先用开关K设置1位数码,然后按下开关READ,这样就将开关K产生的当前数码读入系统。为了标识串行数码的开始和结束,特设置RESET和TRY按钮开关,RESET信号使系统进入初始状态,准备进入接收新的串行密码。当8位串行密码与开锁密码一致时,按下TRY开关产生开锁信号,系统便输出OPEN信号打开锁,否则系统进入ERROR状态,并发出报警信号ERROR,直到按下复位开关RESE,报警才停止。数字密码锁可划分为控制器和处理器两个模块,其原理框图如图10.20所示。

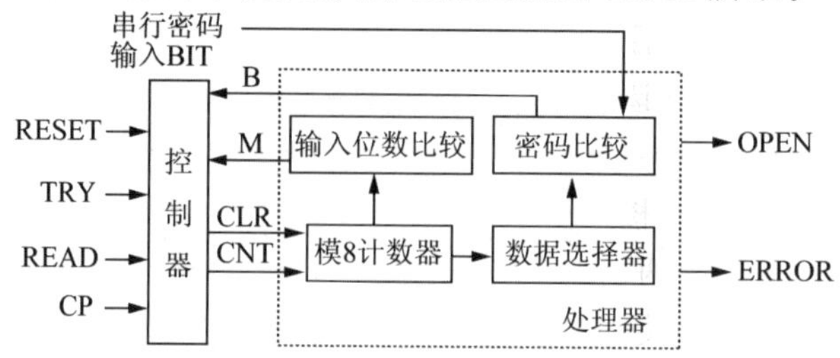

图10.20　数字密码锁原理框图

课题 7　电梯控制器的 FPGA 设计

1. 设计要求

设计一个 4 层楼的电梯控制器，要求如下：

① 每层电梯入口设有上下请求开关，电梯内设有乘客到达层次的停站请求开关。

② 设有电梯所处位置指示装置及电梯运行模式（上升或下降）指示装置。

③ 电梯每秒升（降）一层楼。

④ 电梯到达有停站请求的楼层后，经过 1 s 电梯门打开，开门指示灯亮，开门 4 s 后，电梯门关闭（开门指示灯灭），电梯继续运行，直至执行完最后一个请求信号后停在当前层。

⑤ 能记忆电梯内外的所有请求信号，并按照电梯运行规则按顺序响应，每个请求信号保留执行后消除。

⑥ 电梯运行规则：当电梯处于上升模式时，只响应比电梯所在位置高的上楼请求信号，由下而上逐个执行，直到最后一个上楼请求执行完毕；若更高层有下楼请求，则直接升到有下楼请求的最高楼层接客，然后便进入下降模式。当电梯处于下降模式时，与上升模式相反。

⑦ 电梯初始状态为一层开门，到达各层时有音乐提示，有故障报警。

2. 原理说明

根据设计要求可得电梯控制器系统组成框图（见图 10.21）。

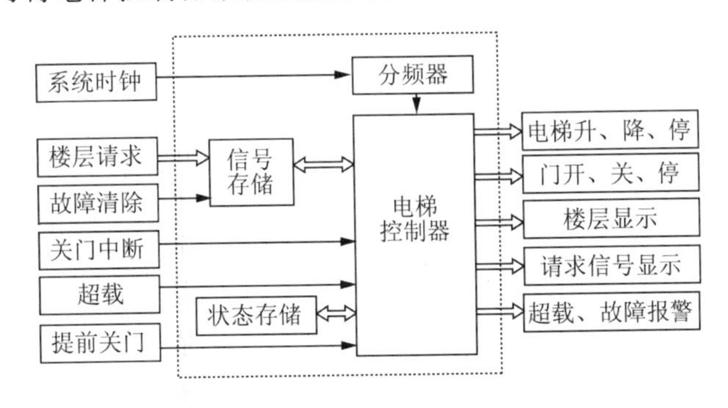

图 10.21　电梯控制器系统组成框图

该控制器可控制电梯完成 4 层楼的载客服务而且遵循方向优先原则，并能响应提前关门和延时关门，并具有超载报警和故障报警；同时指示电梯运行情况和电梯内外请求信息。

方向优先控制是指电梯运行到某一楼层时先考虑这一楼层是否有请求：有，则停止；无，则继续前进。停下后再启动时的控制流程如下：① 考虑前方（上方或下方）是否有请求；有，则继续前进；无，则停止。② 检测后方是否有请求，有请求则转向运行，无请求则维持停止状态。这种运作方式下，电梯对用户的请求响应率为 100%，且响应的时间较短。

本系统的输出信号有两种：一种是电机的升降控制信号（两位）和开门/关门控制信号；另一种是面向用户的提示信号（含楼层显示、方向显示、已接受请求显示等）。

电机的控制信号一般需要两位，本系统中电机有 3 种工作状态：正转、反转和停转状态。两位控制信号作为一个三路开关的选通信号。系统的显示输出包括数码管楼层显示、数码管请求信号显示和表征运动方向的箭头形指示灯的开关信号。

课题 8 自动售饮料控制器的 FPGA 设计

1. 设计要求

采用层次化设计方法,基于 Verilog HDL 设计一个自动售饮料控制器系统。具体要求如下:

① 该系统能完成货物信息存储、进程控制、硬币处理、余额计算、显示等功能。

② 该系统可以销售四种货物,每种的数量和单价在初始化时输入,在存储器中存储。用户可以用硬币进行购物,按键进行选择。

③ 系统根据用户输入的货币,判断钱币是否够,钱币足够则根据顾客的要求自动售货,钱币不够则给出提示并退出。

④ 系统自动的计算出应找钱币余额、库存数量并显示。

2. 原理说明

系统按功能分为分频模块、控制模块、译码模块、译码显示模块。系统组成框图如图 10.22 所示。

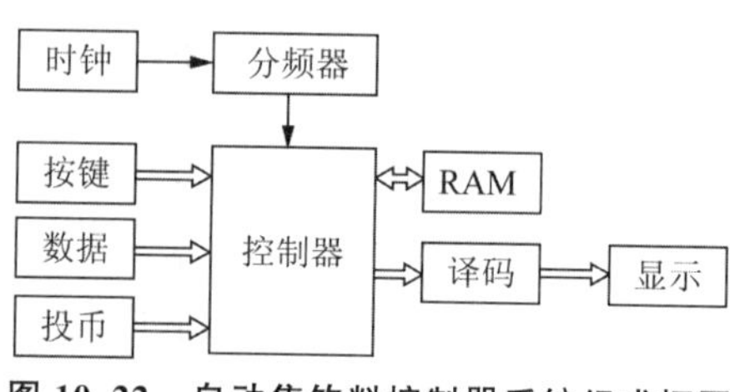

图 10.22 自动售饮料控制器系统组成框图

课题 9 出租车自动计费器的 FPGA 设计

1. 设计要求

设计一个出租车自动计费器,计费包括起步价、行车里程计费、等待时间计费三部分,用三位数码管显示金额,最大值为 999.9 元,最小计价单元为 0.1 元,行程 3 km 内,且等待累计时间 3 min 内,起步费为 8 元,超过 3 km,以 1.6 元/km 计费,等待时间单价为 1 元/mm。用两位数码管显示总里程。最大为 99 km,用两位数码管显示等待时间,最大值为 59 min。

2. 原理说明

根据层次化设计理论,该设计问题自顶向下可分为分频模块、控制模块 计量模块、译码和动态扫描显示模块,其系统框图如图 10.23 所示。

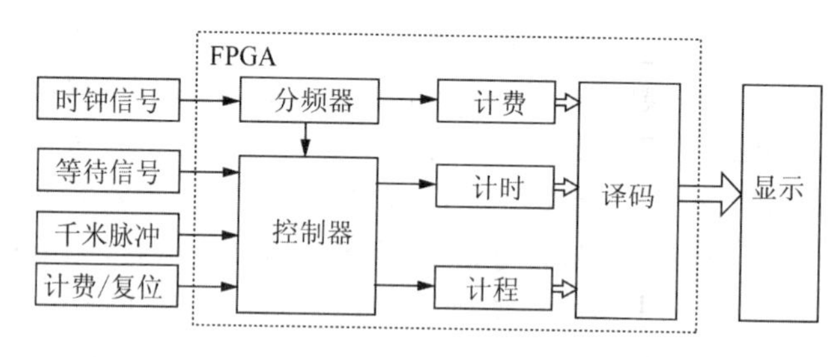

图 10.23 出租车自动计费器系统框图

(1) 分频模块

分频模块对频率为 240 Hz 的输入脉冲进行分频,得到的频率为 16 Hz、10 Hz 和 1 Hz 的三种频率。该模块产生频率信号用于计费,每个 1 Hz 脉冲为 0.1 元计费控制,10 Hz 信号为 1 元的计费控制,16 Hz 信号为 1.6 元计费控制。

(2) 计量控制模块

计量控制模块是出租车自动计费器系统的主体部分，该模块主要完成等待计时功能、计价功能、计程功能，同时产生 3 min 的等待计时使能控制信号 en1，行程 3 km 外的使能控制信号 en0。

计价功能主要完成的任务：行程 3 km 内，且等待累计时间 3 min 内，起步费为 8 元；3 km 外以 1.6 元/km 计费，等待累计时间 3 min 外以 1 元/min 计费。

计时功能主要完成的任务：计算乘客的等待累计时间，计时器的量程为 59 min，满量程自动归零。

计程功能主要完成的任务：计算乘客所行驶的公里数。计程器的量程为 99 km，满量程自动归零。

(3) 译码显示模块

该模块经过 8 选 1 选择器将计费数据(4 位 BCD 码)、计时数据(2 位 BCD 码)、计程数据(2 位 BCD 码)动态选择输出。其中计费数据 jifei4～jifei1 送入显示译码模块进行译码，最后送至百元、十元、元、角为单位对应的数码管上显示，最大显示为 999.9 元；计时数据送入显示译码模块进行译码，最后送至分为单位对应的数码管上显示，最大显示为 59 s；计程数据送入显示译码模块进行译码，最后送至以 km 为单位的数码管上显示，最大显示为 99 km。

课题 10　基于 FPGA 的信号发生器设计

1. 设计要求

① 设计三角波、锯齿波、矩形波(方波)、正弦波信号输出；

② 输出三角波、锯齿波、矩形波(方波)、正弦波信号的组合波形；

③ 输出波形频率可调。

2. 原理说明

信号发生器设计结构框图如图 10.24 所示。根据系统要求信号发生器产生三角波、矩形波(方波)、正弦波信号的不同组合波形，由外围按键控制不同波形得输出，针对输出波形频率可调，可采用不同的波形提供不同的时钟频率来实现。

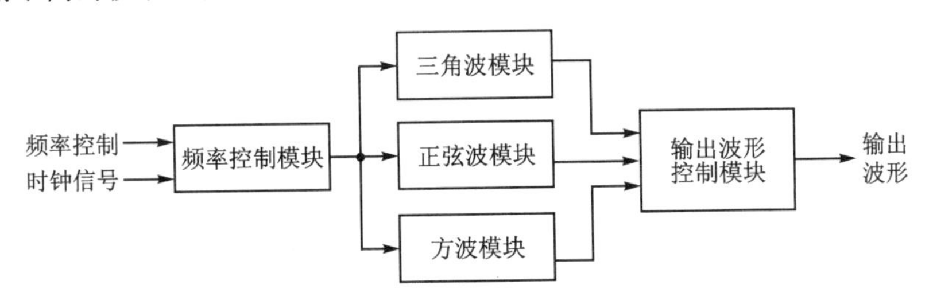

图 10.24　信号发生器设计结构框图

该系统包含 5 个功能模块：三角波模块、矩形波(方波)模块、正弦波模块、频率控制模块和输出波形控制模块。各波形模块采用 64 个时钟周期作为一个波形得数据周期并存储在 ROM 中。频率控制模块的功能是对基准时钟频率分频，然后将产生的时钟信号输入基本波形模块作为驱动时钟，这样就改变了输出波形的时钟频率，实现了输出波形的频率可调。

参考文献

[1] 刘昌华,管庶安.数字逻辑原理与FPGA设计[M].2版.北京:北京航空航天大学出版社,2015.

[2] 刘昌华.EDA技术与应用——基于Qsys和VHDL[M].北京:清华大学出版社,2017.

[3] 黄继业,潘松.EDA技术实用教程——Verilog HDL版[M].6版.北京:科学出版社,2018.

[4] RONALD J T, NEAL S W, GREGORY L M,等.Digital Systems Principles and Applicantions[M].北京:电子工业出版社,2005.

[5] BHASKER J. Verilog HDL入门[M].夏宇闻,甘伟,译.3版.北京:北京航空航天大学出版社,2008.

[6] 罗杰.Verilog HDL与FPGA数字系统设计[M].北京:机械工业出版社,2015.

[7] ALTERA C. Alerta Introduction to Quartus Ⅱ. http://www.altera.com.cn,2015.

[8] DE2-115_User_manual,Copyright 2010Terasic Technologies,2015.

[9] 教育部高等学校计算机科学与技术教学指导委员会.高等学校计算机科学与技术专业实践教学体系与规范[M].北京:高等教育出版社,2008.